Perspektiven Sozialwirtschaft und Sozialmanagement

Die Buchreihe „Perspektiven Sozialwirtschaft und Sozialmanagement" widmet sich der Darstellung und kritischen Diskussion von theoretischen Konzepten und Fragestellungen aus Wissenschaft, Forschung und Praxis der Sozialwirtschaft und des Sozialmanagements. Monographien und Sammelbände thematisieren aktuelle Diskurse und Forschungen aus relevanten wissenschaftlichen (Teil-) Disziplinen (wie z. B. Soziale Arbeit, Sozialwirtschaftslehre, Sozialmanagement, Organisationssoziologie und -psychologie, Ethik, Betriebswirtschaftslehre, Volkswirtschaftslehre, ...). Bearbeitet werden weiterhin methodische Fragen sowie Herausforderungen der Sozialwirtschaft im Allgemeinen und sozialwirtschaftlicher Unternehmen im Besonderen. Die Bände richten sich an Lehrende und Teilnehmer_innen von Masterstudiengängen der Sozialwirtschaft und des Sozialmanagements sowie an Fach- und Führungskräfte.

Birgit Schmidtke · Martin Lu Kolbinger ·
Daniela Molzbichler
(Hrsg.)

Sozial - Innovativ - Nachhaltig

Herausforderungen und Perspektiven für die Sozialwirtschaft

Springer VS

Hrsg.
Birgit Schmidtke
KU Eichstätt-Ingolstadt, Deutschland

Martin Lu Kolbinger
Fachhochschule Salzburg
Puch, Österreich

Daniela Molzbichler
Fachhochschule Salzburg
Puch/ Salzburg, Österreich

ISSN 2569-2127 ISSN 2569-2135 (electronic)
Perspektiven Sozialwirtschaft und Sozialmanagement
ISBN 978-3-658-42846-4 ISBN 978-3-658-42847-1 (eBook)
https://doi.org/10.1007/978-3-658-42847-1

Die Deutsche Nationalbibliothek verzeichnet diese Publikation in der Deutschen Nationalbibliografie; detaillierte bibliografische Daten sind im Internet über https://portal.dnb.de abrufbar.

Planung/Lektorat: Katrin Emmerich
Springer VS ist ein Imprint der eingetragenen Gesellschaft Springer Fachmedien Wiesbaden GmbH und ist ein Teil von Springer Nature.
Die Anschrift der Gesellschaft ist: Abraham-Lincoln-Str. 46, 65189 Wiesbaden, Germany

Das Papier dieses Produkts ist recycelbar.

Geleitwort

Die Internationale Arbeitsgemeinschaft Sozialmanagement/Sozialwirtschaft INAS e. V. widmet sich als Fachgesellschaft den aktuellen Themen der Sozialwirtschaft. Die Fachkongresse sind dabei das wichtigste Format, bei dem der fachliche Austausch und die internationale Begegnung im Vordergrund stehen.

Als der Vorstand der Fachgesellschaft im Februar 2020 im Rahmen des siebten INAS Fachkongresses an der Berner Fachhochschule das nächste Thema vorstellte: „Sozial! Innovativ! Nachhaltig!“, war noch nicht absehbar, welche gewaltigen Herausforderungen auf die Gesellschaft im Allgemeinen und auf die Sozialwirtschaft im Speziellen zukommen würden. Die Pandemie lag zwar schon in der Luft, dennoch konnte sich wohl niemand vorstellen, wie fordernd, aber auch prägend die nächsten Jahre sein würden. Das Motto von Bern „Zwischen gesellschaftlichem Auftrag und Wettbewerb - Sozialmanagement in einem sich wandelnden Umfeld“ sollte in der Folgeveranstaltung in Salzburg aufgegriffen werden und ein breites Licht in die Zukunft werfen. Soziale, innovative und nachhaltige Perspektiven für Sozialmanagement und Sozialwirtschaft 2030, so die Intention, sollte Wissenschaftler*innen und Lehrende dazu inspirieren, über den Status-Quo der Sozialwirtschaft hinaus nachzudenken und aufzeigen, mit welchen Themen und Werkzeugen sich diese in 10 Jahren beschäftigen wird. Aus Sicht des INAS-Vorstands waren die drei Schlagworte also Auftrag, Rahmen und Programm zugleich.

Schon wenige Wochen später war die Weltgesellschaft aufgrund der Pandemie mit einer völlig neuartigen Situation konfrontiert, die den Alltag an Hochschulen sowie der Sozial- und Gesundheitswirtschaft auf den Kopf stellte. Alle mussten sich mit veränderten Gegebenheiten abfinden, an geänderte Rahmenbedingungen und neue Gesetze anpassen und den Blick dennoch nach vorne richten.

Besondere Zeiten erfordern flexible Lösungen, auch von einer Fachgesellschaft. Der Kongress in Salzburg musste um ein Jahr verschoben werden, es wurde erstmal in der INAS -Geschichte ein hybrides Veranstaltungsformat eingeführt und die Ansprüche, bis ins Jahr 2030 zu leuchten, relativierten sich ob der durchaus volatilen und kaum einzuschätzenden Gegenwart in den Jahren 2021 bis 2023: Gemeinsam haben die INAS und die FH Salzburg die Herausforderungen angenommen.

Lu Kolbinger, der den Kongress in Salzburg federführend organisierte, formulierte bereits aus den Erfahrungen der ersten Pandemiemonate folgenden Themenaufriss:

„Ein beschleunigter sozialer, kultureller und ökonomischer Wandel verändert das gesellschaftliche Miteinander und fordert die Staaten und ihre Funktionssysteme ebenso heraus wie die Individuen in ihren jeweiligen Lebenswelten: Technische Entwicklungen (z. B. neue Medien), Krisen (z. B. Bankenkrise, Pandemie), Globalisierung (z. B. Mobilität und Migration) etc. führen teils zu gesellschaftlicher Verwerfung und Verunsicherung, bieten jedoch auch neue Chancen und Möglichkeiten für die Zukunftsgestaltung. Mit sozialen, innovativen und nachhaltigen Ansätzen kann sowohl auf spezifische Problemlagen reagiert als auch auf (zukünftige) Herausforderungen (besser) aktiv zugegangen werden“ (Fachhochschule Salzburg GmbH, o. J.).

Seit 2021 haben sich die gesellschaftlichen Herausforderungen kumuliert: der Krieg in Europa, die Inflation, die noch raschere Erhitzung des Klimas. Diese Herausforderungen tauchen so rasch und vehement auf, dass man mit der Analyse der Situationen und der Entwicklung von Maßnahmen und nachhaltigen Ansätzen kaum noch nachzukommen scheint.

An der Überzeugung, dass die Zukunft sozial – innovativ – nachhaltig gestaltet werden muss, haben die verschiedenen Krisen in den letzten Jahren jedoch nichts verändert. Ganz im Gegenteil, es scheint eher eine Bestärkung des Ansatzes zu sein:

- Der Sozialstaat und seine Instrumente sind nicht überflüssig. Die Sozialwirtschaft ist eine Schlüsselbranche und Teil der sozialen Infrastruktur. Sie muss aber mehr Selbstvertrauen entwickeln, den eigenen Stellenwert zu kommunizieren.
- Innovationen sind nicht nur technischer oder wirtschaftlicher Art. Wir brauchen auch gesellschaftliche Innovationen, um Lösungen für die Herausforderungen zu entwickeln.
- Die Klimakatastrophe droht unmittelbar und wir müssen auch als Sozialwirtschaft unseren Beitrag zur Bewältigung liefern.

Zum Jahresbeginn 2023 haben Wissenschaftler*innen, Lehrende und Praktiker*innen das Kongressthema Sozial! Innovativ! Nachhaltig! aufgenommen und ihre Sichtweise von der Gegenwart und Zukunft der Sozialwirtschaft präsentiert. Die Artikel in diesem Sammelband basieren auf den Kongressbeiträgen des achten INAS Fachkongresses. Dieser hat im Februar 2023 an der FH Salzburg stattgefunden.

Im Namen des Vorstandes danken wir der durchführenden Hochschule für den gelungenen Kongress und wünschen viel Inspiration bei der Auseinandersetzung mit den Beiträgen des Bandes.

Vorstand INAS e. V.

Andreas Laib
Monika Sagmeister
Peter Stepanek

Quellen

Fachhochschule Salzburg GmbH (o.J.): Fachkongress der Internationalen Arbeitsgemeinschaft Sozialwirtschaft/Sozialmanagement (INAS) an der FH Salzburg mit Live-Stream. https://sozial-innovativ-nachhaltig.com/einladung. Aufgerufen 31.03.2023.

Inhaltsverzeichnis

Einleitung

Birgit Schmidtke und Daniela Molzbichler

Der vorliegende Tagungsband ist ein Ergebnis des 8. Fachkongresses der Internationalen Arbeitsgemeinschaft Sozialwirtschaft/Sozialmanagement (INAS e.V.), der von 8. bis 10. Februar 2023 in Kooperation mit dem Studiengang Soziale Innovation am Department für Angewandte Sozialwissenschaften an der Fachhochschule Salzburg in hybrider Form stattgefunden hat. Lehrende und Forschende, Studierende, Vertreter*innen der Politik und Verwaltung, Praktiker*innen, INAS-Mitglieder*innen und thematisch Interessierte aus sozialwirtschaftlichen Organisationen aus Deutschland, Österreich, der Schweiz sowie Südtirol diskutierten in diesem Rahmen aus vielfältigen Perspektiven das Tagungsthema „Sozial! Innovativ! Nachhaltig! – Perspektiven für Sozialmanagement und Sozialwirtschaft 2030“. Die Vorträge befassten sich mit den Herausforderungen und Auswirkungen des beschleunigten sozialen, kulturellen und ökonomischen Wandels sowie den damit verbundenen Transformationsprozessen auf individueller, gesellschaftlicher, organisatorischer und institutioneller Ebene. Die thematische Vielfalt der Vorträge spiegelt sich auch in dem daraus resultierenden Sammelband wider. Er zeigt auf, wie durch soziale Innovationen und nachhaltige Ansätze auf gesellschaftliche Problemlagen reagiert und proaktiv

B. Schmidtke (✉)
KU Eichstätt-Ingolstadt, Eichstätt, Deutschland
E-Mail: birgit.schmidtke@ku.de

D. Molzbichler
Fachhochschule Salzburg, Department Angewandte Sozialwissenschaften, Puch, Österreich
E-Mail: daniela.molzbichler@fh-salzburg.ac.at

B. Schmidtke et al. (Hrsg.), *Sozial - Innovativ - Nachhaltig,* Perspektiven Sozialwirtschaft und Sozialmanagement,
https://doi.org/10.1007/978-3-658-42847-1_1

zukünftigen Herausforderungen begegnet werden kann. Ziel des Sammelbandes ist es, durch sozialwissenschaftliche Expertise und Einblicke in Pilot- und Praxisprojekte die Entstehungsbedingungen, Funktionsweisen, Methoden sowie Auswirkungen sozialer und nachhaltiger Innovationen besser zu verstehen und dadurch die Entwicklung innovationsförderlicher Umgebungen zu unterstützen.

Das Buch befasst sich mit den zentralen Begriffen „Sozial", „Innovativ" und „Nachhaltig" sowie deren Verschränkungen und Wechselwirkungen aus drei unterschiedlichen Perspektiven. Im ersten Teil wird der Fokus auf die Ausbildung von Fach- und Führungskräften im Sozialmanagement und der Sozialwirtschaft sowie deren berufliche Tätigkeit gelegt. Das zweite Kapital befasst sich auf organisationaler Ebene mit innovativen Organisationsformen und Innovationen innerhalb von Organisationen der Sozialwirtschaft sowie den relevanten gesellschaftlichen und sozialpolitischen Rahmenbedingungen. Das dritte Kapitel nimmt die mittel- und längerfristigen Wirkungen von Innovationen in den Blick sowie deren nachhaltige Gestaltung.

Im Zentrum des ersten Teils steht die Frage, welche Veränderungen und Anpassungen in Ausbildung, Studium, Weiterbildung und Beruf angesichts der gesellschaftlichen, ökologischen und ökonomischen Herausforderungen aus sozialinnovatorischer Sicht notwendig und zielführend sind. Insbesondere die Herausforderungen und Veränderungen in Folge der Covid-19-Pandemie haben gezeigt, dass eine Auseinandersetzung mit gesellschaftlichen Transformationsprozessen bereits in der Ausbildung der Fach- und Führungskräfte notwendig ist. *Cornelia M. Enger* und *Linda Bursch* befassen sich im ersten Beitrag mit der Frage, inwiefern in den Curricula von Studiengängen des Sozialmanagements an Hochschulen ein Innovationkompetenzprofil formuliert und gefördert wird. Auf Grundlage einer Bestandsaufnahme im Rahmen einer explorativen Studie werden Perspektiven und Thesen formuliert, die Diskussionen zur (Weiter-)Entwicklung der Hochschulausbildung von Sozialmanager*innen anregen. *Philipp Aldendorff* und *Julian Löhe* stellen daran anschließend einen Vorschlag vor, wie Curricula in der Hochschulausbildung gestaltet werden können, um (zukünftigen) Sozialmanager*innen insbesondere auf Führungsebene, Kompetenzen im Umgang mit den spezifischen Herausforderungen und Möglichkeiten der Digitalisierung zu vermitteln. Die gegenwärtigen und zukünftigen Anforderungen in Zusammenhang mit dem digitalen Wandel und den damit verbundenen Spannungsfeldern im Kontext der Kinder- und Jugendarbeit werden von *Christiane Reischl, Max Kölbl* und *Marie-Therese Sagl* analysiert. Auf Grundlage der Ergebnisse einer empirischen Studie zu den Anforderungen und Weiterbildungsbedarfen aus Perspektive von Fach- und Führungskräften werden erste Weiterbildungsideen für dieses Handlungsfeld entwickelt. *Brigitta Nöbauer, Daniela Wetzelhütter* und

Alexandra Riegler-Klinger untersuchen in ihrem Beitrag die von Führungskräften in Sozialorganisationen wahrgenommenen Führungsherausforderungen und notwendigen Führungskompetenzen mit einem besonderen Fokus auf den Stellenwert von Innovationen. Die Ergebnisse ermöglichen auch einen Blick auf die Zusammenhänge zwischen Innovation und Covid-19-Pandemie. Führungsherausforderungen werden daran anschließend von *Hartwin Maas* aus Perspektive der Mitarbeiter*innen untersucht, indem er sich mit dem Führungskräftemangel in elementarpädagogischen Einrichtungen beschäftigt. Auf Grundlage einer Fragebogenstudie wird untersucht, ob der Führungskräftemangel in elementarpädagogischen Einrichtungen in Bayern auf eine geringer ausgeprägte Führungsmotivation von Erzieher*innen zurückzuführen ist. *Maik Arnold* wendet sich in seinem theoriegeleiteten Beitrag dem beruflichen Handeln der Fachkräfte zu und thematisiert das Coaching als eine der wichtigsten Interventionsmethoden in der Sozialwirtschaft. Sein Fokus liegt auf der bewussten Reflexion des räumlichen Settings in der analogen und digitalen Coachingpraxis.

Der zweite Teil befasst sich auf Ebene der Organisation mit der Entstehung von Innovationen. Aus unterschiedlichen Perspektiven wird der Frage nachgegangen, welche Organisationsformen im sozialen Sektor für eine soziale, innovative und nachhaltige Entwicklung benötigt werden. *Marisa Gawron* und *Peter Zängl* präsentieren in ihrem Beitrag Ergebnisse aus einer quantitativen Studie mit Mitarbeiter*innen von Selbstorganisationen. Die Ergebnisse zeigen auf, welche Potenziale Selbstorganisation als eine innovative Organisationsform in der Sozialwirtschaft bieten kann. *Petra Flieger* und *Volker Schönwiese* diskutieren die politischen und strukturellen Hintergründe der institutionalisierten Behindertenhilfe in Österreich mit einem besonderen Fokus auf die (fehlenden) Prozesse der Deinstitutionalisierung bei Angeboten für Kinder mit Behinderungen. Die Autor*innen zeigen die Notwendigkeit und die Möglichkeiten einer partizipativ ausgerichteten, strukturierten und durch Case-Management unterstützten Deinstitutionalisierung auf. *Meinrad Kibili* diskutiert in seinem Beitrag die Strategien und Ziele hybrider Organisationen in der Sozialwirtschaft und arbeitet das gestalterische und innovative Potential heraus, dass durch die Integration von verschiedenen Organisationslogiken entsteht. Möglichkeiten der Vernetzung auf Organisationsebene nähern sich *Werner Schönig* und *Herbert Schubert* in ihrem Beitrag weiter an, indem sie sich mit dem Begriff des Innovationsnetzwerks befassen. Der Beitrag fokussiert die Verschränkung unterschiedlicher Netzwerkebenen, um dadurch die Innovationsbereitschaft zu erhöhen. *Paul Brandl, Gabriele Hösl* und *Jürgen Schnabler* stellen einen Vorschlag für eine ressourcenschonende, analoge und digitale Weiterentwicklung der mobilen Betreuung und Pflege vor. Auf Grundlage einer Analyse der Probleme und Herausforderungen wird eine gemeinsam gedachte analoge und digitale Plattform für Personen mit Selbstversorgungsdefiziten vorgestellt. Mit den durch Digitalisierung und Ökonomisierung veränderten Rahmenbedingungen Sozialer Arbeit befasst sich *Andrea Hirschfeldt*. Auf Grundlage einer begrifflichen und strukturellen Analyse werden verschiedene Umgangsformen mit der Ökonomisierung in Bezug auf die Digitalisierung in der Sozialen Arbeit diskutiert.

Die kurz- und längerfristigen Wirkungen sowie die nachhaltige Gestaltung von und durch soziale Innovationen bilden den gemeinsamen Fokus der Beiträge des dritten Kapitels. Die unterschiedlichen Zugänge beziehen sich auf die zentrale Frage, wie sich gezielte soziale Entwicklungen auf die Entstehung, Durchsetzung und Verbreitung neuer sozialer Praktiken auswirken und diese unterstützen. *Sebastian Ottmann* und *Joachim König* befassen sich in ihrem Beitrag mit der wirkungsorientierten Konzeptentwicklung von Angeboten und Innovationen in sozialen Dienstleistungsunternehmen. Wirkungsorientierung wird von den Autoren über die empirische Ebene hinaus als eine ganzheitliche Haltung und Arbeitsweise in der Sozialen Arbeit formuliert. *Wolfgang Gehra* und *Barbara Hieronymus* thematisieren daran anschließend die zunehmenden Anforderungen an Sozialunternehmen, die Wirksamkeit ihrer Angebote empirisch zu belegen, um entsprechende Finanz- und Fördermittel zu erhalten. Auf Grundlage einer qualitativen Studie wird der Zusammenhang zwischen methodisch fundierten Wirkungsanalysen und der Akquise von Finanz- und Fördermitteln diskutiert. *Frank Unger, Uli Sann*, *Dagmar Wiesmann* und *Carolin Martin* stellen erste Ergebnisse der wissenschaftlichen Begleitung eines für das Jobcenter innovativen Beratungsangebots für langzeitarbeitslose Menschen mit gesundheitlichen Einschränkungen vor und diskutieren dieses hinsichtlich der zugrunde liegenden Wirkmechanismen. *Tobias Kindler* und *Konstantin Kehl* befassen sich mit den Wirkungen Sozialer Arbeit auf struktureller und gesellschaftlicher Ebene. Auf der Grundlage von drei Fallbeispielen aus der Schweiz zeigen die Autoren auf, wie Fachpersonen der Sozialen Arbeit politischen Wandel beeinflussen und aktiv gestalten können. Nachhaltigkeit als eine zentrale Aufgabe für eine längerfristig wirksame und zukunftsfähige Sozialwirtschaft steht im Fokus des Beitrags von *Peter Stepanek*. Er befasst sich mit der systematischen Integration von Nachhaltigkeit im Management sozialer Organisationen. Nachhaltigkeitsmanagement wird als ein neues Tätigkeitsfeld beschrieben, das eine entsprechende Verankerung in der Ausbildung zukünftiger Fach- und Führungskräfte erfordert. *Daniela Molzbichler* und *Sabrina Stattmann* konkretisieren daran anschließend die Notwendigkeit sich im Rahmen der Ausbildung mit ökologischen, sozialen und ökonomischen Auswirkungen des Klimawandels und sozial-ökologischer Transformationsprozesse zu beschäftigen. Der Fokus liegt auf dem Projekt 1FHSustain der Fachhochschule Salzburg, dessen Ziel es ist, Nachhaltigkeit in der Lehre zu verankern, indem transformative Bildungsarbeit für nachhaltige Entwicklung in allen Studiengängen vorangetrieben wird.

Danksagung Wir möchten uns an dieser Stelle bei allen Personen bedanken, die bei der Erstellung des Sammelbandes mitgearbeitet und uns dabei unterstützt haben – insbesondere angesichts der Herausforderungen in Folge der Einschränkungen durch die Covid-19-Pandemie. Zunächst bedanken wir uns bei dem INAS-Vorstand für die hilfreiche Unterstützung bei der Durchführung der Tagung und der Erstellung des Tagungsbandes. Wir danken unserem Mitherausgeber Martin Lu Kolbinger, der die thematische Idee für die Tagung eingebracht und die Zusammenarbeit für den Sammelband initiiert hat. Unser Dank geht an Klaus Grunwald, der uns während des gesamten Entstehungsprozesses des Buches zur Seite gestanden ist. Wir bedanken uns bei unserer Lektorin Sabrina Stattmann und dem Team des Departments für Angewandte Sozialwissenschaften der FH Salzburg für den Rückhalt und die verlässliche Mitarbeit. Abschließend geht unser Dank an alle Autor*innen, die sich pandemiebedingt auf veränderte Zeitpläne sowie ein gegenseitiges Kennenlernen und den Austausch im Online-Format eingelassen haben.

Birgit Schmidtke, Dr. phil. (birgit.schmidtke@ku.de) Wissenschaftliche Mitarbeiterin an der Professur für Lebenslanges Lernen, Katholischen Universität Eichstätt-Ingolstadt und freiberufliche Tätigkeit für das Department Angewandte Sozialwissenschaften, Fachhochschule Salzburg. Ihre Arbeitsschwerpunkte liegen in der Erwachsenen- und Weiterbildung, Pädagogischen Professionalisierung, Beratungs- und Migrationsforschung, Bildungs- und Anerkennungstheorie.

Daniela Molzbichler, Mag.a Dr.in (daniela.molzbichler@fh-salzburg.ac.at) Mag.a Dr.in Daniela Molzbichler ist Leiterin des Departments Angewandte Sozialwissenschaften an der Fachhochschule Salzburg. Sie ist Fachbereichsleiterin für Transformation & Development, sowie Nachhaltigkeitsbeauftragte an der FH Salzburg. Ihre Arbeitsschwerpunkte sind Konfliktmanagement, nachhaltige Entwicklung und sozial-ökologische Transformation, Diversität und Intersektionalität. Darüber hinaus engagiert sie sich im Friedensbüro Salzburg, am Afro-Asiatische Institut sowie in der entwicklungspolitischen Zusammenarbeit und ist Teil der S4F Salzburg.

Innovation in (Aus-)Bildung und Beruf

Innovationskompetenz in der Hochschulausbildung von Sozialmanager*innen – Eine explorative Studie zur Bestandsaufnahme, Perspektiven und Thesen zur Diskussion

Cornelia M. Enger und Linda Bursch

Inhaltsverzeichnis

C. M. Enger (✉)
Fakultät Wirtschaftswissenschaften, Westsächsische Hochschule Zwickau, Zwickau, Deutschland
E-Mail: cornelia.enger@fh-zwickau.de

L. Bursch
Technische Universität Dresden, Dresden, Deutschland
E-Mail: Lbursch_linda@web.de

B. Schmidtke et al. (Hrsg.), *Sozial - Innovativ - Nachhaltig*, Perspektiven Sozialwirtschaft und Sozialmanagement,
https://doi.org/10.1007/978-3-658-42847-1_2

1 Einleitung

Organisationen der Sozialwirtschaft stehen aufgrund des sozialen Wandels und ihrer gesellschaftlichen sowie wirtschaftlichen Einbindung stetig vor Herausforderungen und in der Folge vor vielfältigsten Veränderungsnotwendigkeiten. Hieraus resultieren Handlungserfordernisse, die einer zielgerichteten Anpassung ihrer Leistungen, Prozesse und Strukturen bedürfen. (Früchtel et al. 2013; Botzum 2015) Solche Veränderungen zeugen von (sozialer) Innovationsfähigkeit, d. h. von der Fähigkeit Einzelner, von Organisationen oder auch von Netzwerken Innovationen hervorzubringen. Als subjektive Bedingung für Innovationsfähigkeit stehen Innovator*innen auf Individualebene mit ihrem Wissen, ihren Kompetenzen und Werten. (Romijn und Albaladejo 2002; Armbruster et al. 2005) Sie bestimmen auf der individuellen Ebene die betrieblichen bzw. organisationalen Strukturen (Staudt et al. 2002) und sind zugleich eingebettet in innovationsfördernde Umfeldbedingungen. Unbenommen bleibt dabei, dass eine innovative Organisation mehr als die Summe der Kompetenzen ihrer Mitglieder*innen ist und es im Grundsätzlichen für Innovationen und Innovationsfähigkeit einer organisationalen Kompetenz bedarf, basierend auf sozialen Beziehungen, stabilen, belastbaren Strukturen und anpassungsfähigen Prozessen. Zu den individuellen Ressourcen, über die Personen im Innovationsprozess verfügen müssen, zählen die Komponenten Wissensarbeit und Kompetenz. Die Komponente Wissensarbeit ist zwischenzeitlich gut erforscht, (Amabile 1983; Bergmann et al. 2006; Beerheide und Katenkamp 2011) dem hingegen steht ein allgemeingültiges Kompetenzprofil noch aus. (Bergmann et al. 2006; North et al. 2005).

2 Innovationslehre – Innovation verstehen

Sich dem Begriff *Innovation* zu nähern, eröffnet schnell vielgestaltige Dimensionen. Zum einen kann er auf alle Bereiche übertragen werden. Zum anderen existiert bis dato keine allgemein akzeptierte Definition. Das heutige Verständnis über Innovation und eine*n Innovator*in prägte maßgebend der Ökonom Joseph A. Schumpeter. Für ihn zeugt das Wesen einer Innovation von einer diskontinuierlichen, ruckweisen Entwicklung in Form einer Durchsetzung neuer

Kombinationen. (Schumpeter 1987, S. 99 f.) Auf Schumpeters Definition folgten unzählige weitere, die sich entsprechend ihrer Ausrichtung unterscheiden, wie hinsichtlich: Inhalt, Subjekt, Prozess oder Intensivität (vgl. auch Hauschildt et al. 2016, S. 5 ff.). Alle vereint, dass Innovationen Veränderungen bedeuten, ob neue Wege in den (Management-)Prozessen, in Organisationsstrukturen oder auch in Form neuartiger Dienstleistungen, Märkte oder Geschäftsmodelle. (Disselkamp 2017, S. 11) Innovationen werden hierbei immer gesehen als Ergebnis eines systematischen Prozesses (Innovationsmanagement), welcher als Disziplin erlern- und steuerbar ist. (Drucker 1986)

2.1 (Soziale) Innovation und Veränderung in der Sozialwirtschaft

Deutlicher wird die Tragweite einer Innovation durch den Begriff der Invention, d. h. erst wenn eine Idee sich qualitativ deutlich vom Bisherigen unterscheidet und erfolgreich umgesetzt wurde, gilt sie im engeren Sinne als Innovation. (Schuh & Bender 2012, S. 2) Vor allem in Verbindung mit dem sozialen Wandel fällt zunehmend der Begriff der *sozialen Innovation* – gesehen als eine von Beteiligten ausgehende intentionale Neukonfiguration sozialer Praktiken, mit dem Ziel Probleme besser zu lösen. (Howaldt & Schwarz 2010, S. 89; Howaldt & Schwarz 2014, S. 322; Zapf 1989, S. 177) Als *Dienstleistungsinnovation* zielt sie, mit Lösungsansätzen zur Bewältigung gesellschaftlicher Problemstellungen, verstärkt auf das Gemeinwohl. (Mulgan et al. 2007, S. 9; Franz & Kaletka 2018) Im Handlungsfeld der Sozialen Arbeit bzw. der Organisation sozialer Dienstleistungen stehen entsprechend Innovationen im Vordergrund, die zielgerichtet Maßnahmen der „Veränderung gesellschaftlicher Prioritäten und Normen sowie ein[em] Ersetzen herkömmlicher Handlungsabläufe in den Institutionen durch neue bzw. andere Steuerungsinstrumente, andere professionelle Zuständigkeiten oder gar andere[r] Steuerungsbereiche“ (Rosenbrock 1995, S. 143) dienen.

2.2 Innovationsfähigkeit (Können) und Innovationsmanagement (Machen)

Um eine Idee zur Innovation werden zu lassen, braucht es ihrer Umsetzung, eines systematischen Prozesses von der Formulierung einer Vision (Initiierung), über die Ideenfindung und -auswahl bis zur Implementierung (Disselkamp

2017, S. 47 ff.) und dies im Kontext eines für Innovationen dienlichem *Organisationsmilieus.* Zugleich konkretisieren sich Innovationen immer in einem Spannungsfeld zwischen Person, Gruppe und Organisation sowie über Organisationsgrenzen hinweg, was bei der Frage nach Innovationsfähigkeit und einem Innovationsmanagement der Berücksichtigung verschiedener Betrachtungsebenen und Voraussetzungen bedarf. Denn auch wenn Innovationen immer durch Menschen umgesetzt werden, bedarf es doch auf jeder Ebene für ein innovatives Handeln unterstützender Kontexte. (North et al. 2005, S. 89 ff.) Je geeigneter (Innovations-)Instrumente auf der individuellen Ebene zur Ideenfindung, Bewertung und Umsetzung vorhanden sind und im Rahmen von Personalentwicklung gefördert werden, umso höher ist auf der Können-Ebene *Innovationsfähigkeit* gegeben. Eine weitere Grundvoraussetzung ist die konsequente Prozessbegleitung mit einem zielorientierten *Innovationsmanagement,* d. h. mit zielstrebiger Führung und Steuerung sowie geübtem Umgang mit situativen Einflüssen, wie begrenzten Spielräumen und Sachzwängen. (Hauschildt et al. 2016, S. 44).

2.3 Innovationskompetenz

Innovationen resultieren dementsprechend aus selbstorganisierten Lernprozessen. Dies verdeutlicht auch Baitsch (1998) in seiner Innovationsdefinition, indem er Innovation und Kompetenz in einen engen Zusammenhang bringt; Innovation als „das kreative und potentiell erfolgreiche Ergebnis kompetenten Handelns von Menschen“ (ebd., S. 89). Demnach bereiten Kompetenzen Innovationen vor, konkret durch einen bewussten Umgang mit einem gezielten *Kompetenzmanagement* und der *Ressource Wissen.* Ausgangspunkt ist auch hier ein Kompetenzverständnis auf der Ebene des Individuums, welches sich im Weiteren auf die Aggregationsebenen der Gruppe und Organisation übertragen lässt. (ebd., S. 93, analog Armbruster et al. 2005). Die Vorstellungen, was innovative Mitarbeitende im Detail auszeichnet, sind allerdings wieder vielgestaltig. (Runco 2004, S. 657 ff.) Ein Kompetenzansatz verdeutlichen North et al. (2005) indem Individuen vier förderliche Voraussetzungen für Innovation erfüllen müssen: Persönlichkeit, Kompetenzbiografie, fachliche und methodische Kompetenzen sowie Selbstwirksamkeitserwartung. Nicht zwangsläufig, aber im Sinne eines möglichst realitätsnahen Innovationskompetenzmodells empfiehlt sich die *Anlehnung an* die verschiedenen *Innovationsphasen,* denn „Innovationskompetenz bezieht sich […] auf die Bewältigung des gesamten Innovationsprozesses“ (Bergmann et al. 2007, S. 39).

Vorgegriffen wurde auf den Kompetenzbegriff, ohne ihn definiert zu haben. Recht allgemeingültig, aber dementsprechend auch uneingeschränkt übertragbar, konkretisiert Weinert (2001) *Kompetenz* als: „die bei Individuen verfügbaren oder durch sie erlernbaren kognitiven Fähigkeiten und Fertigkeiten, um bestimmte Probleme zu lösen, sowie die damit verbundenen motivationalen, volitionalen und sozialen Bereitschaften und Fähigkeiten, um die Problemlösungen in variablen Situationen erfolgreich und verantwortungsvoll nutzen zu können" (ebd., S. 27 f.). Daran anknüpfend verhilft das Konstrukt von Hardt et al. (2011, S. 235 ff.) zu einer einschlägigen Bestimmung von Innovationskompetenz und bedingt eine erfolgreiche Gestaltung von Innovationsprozessen ausgehend von den Innovationsphasen und den Teilbereichen einer beruflichen Handlungskompetenz. Grundlegende Voraussetzung für eine fundierte Auseinandersetzung mit Herausforderungen ist die *Fachkompetenz.* Sie stellt die Bedingung für die Identifikation von Anknüpfungspunkten zu bestehenden Lösungen und die Beurteilung der Realisierbarkeit neuer Ideen dar. Die *Personalkompetenz* zeigt sich in einer hinterfragenden, zugleich auch offenen Haltung sowie in einem kreativen und eigenständigen Umgang mit bestehenden Routinen, Lösungen und Wissensbeständen. (Hardt et al. 2011, S. 235 ff.) Im Grunde verdeutlicht dies auch die gegenseitige Abhängigkeit von Handlungsfähigkeit und -bereitschaft. (Staudt et al. 2002, S. 221) *Handlungsfähigkeit* zeugt von (implizitem und explizitem) Wissen sowie Fertigkeiten und wird durch Persönlichkeitseigenschaften beeinflusst. Zugleich braucht es der *Handlungsbereitschaft,* d. h. eines Motives zum Handeln sowie einer organisatorisch definierten Zuständigkeit.

3 Innovationskompetenzmodell – eine theoriegeleitete Demarkation

Für die Frage nach Wesensmerkmalen von Innovationskompetenz galt es sich eingangs mit dem Forschungsfeld und bereits existierenden Innovationskompetenzmodellen auseinanderzusetzen. Verschiedenste Modelle ließen erkennen, dass insbesondere mit Blick auf die individuelle Ebene und Übertragbarkeit auf den Bereich der sozialen Dienstleistungsorganisationen es einer dezidierten Abwägung bedarf. Nur das Modell nach Yams (2017) umfasste intra- und interpersonale Dimensionen sowie fachlich-inhaltliche Komponenten, die sich vollumfänglich für eine Analyse der Modulbeschreibungen nutzen ließen.

Yams (2017) schlägt in ihrem *Integrated Modell of Innovative Competence* auf der Basis eines systematischen Literatur Review (Webster & Watson 2002, S. XIIIff.) ein Modell der Innovationskompetenz speziell auf der individuellen

Ebene vor, indem sie verschiedene Theorien aus dem Innovationsmanagement in ein Modell integriert, es mit der Theorie aus der Kompetenzforschung verknüpft und auf das Kompetenzmodell von Illeris (2013, S. 61) rückbezieht. Sie entwickelt ein Modell, welches aufzeigt wie das Individuum verschiedene Kenntnisse, Persönlichkeitsmerkmale, funktionale und interaktive Fähigkeiten kombinieren muss, um innovatives Verhalten in der Praxis zu zeigen, beginnend von der Ideengenerierung bis zur Ideenumsetzung und -nutzung. Damit entspricht sie den Postulaten und Diskursen zur Innovationskompetenz. Im Detail umfasst das Modell drei Dimensionen innovationsunterstützender Wesensmerkmale (Kompetenzen): „Content", „intrapersonal" und „interpersonal". Jede Dimension charakterisiert sich mittels ihr zuordenbarer Merkmale. (vgl. Abb. 1).

Die *Dimension „Content"* umfasst vier Teildimensionen des Wissens und Denkens sowie sechs damit einhergehende Handlungsdimensionen. (Yams 2017, S. 155 ff.) Unterschieden werden zum einen das bereichsbezogene und heterogene Wissen. *Bereichsbezogenes bzw. domänenrelevantes Fach- und Faktenwissen,* welches den Fokus auf das alltägliche berufliche Tun richtet, wird hierbei unterschieden von einem breiten (Erfahrungs-)Wissen außerhalb des eigenen Berufs, dem sog. *heterogenen Wissen,* welches zur Entwicklung möglicher Alternativen durch Kombinationen mit domänenrelevantem Wissen genutzt werden kann. Das divergente, konvergente und assoziative Denken baut in gewisser Weise aufeinander auf. *Divergentes Denken* zeugt von einem bewussten Verzicht auf bereits vorhandene Bewertungen, um für neue Optionen offen zu bleiben. Aufbauend auf dem divergenten, wird bei einem *konvergenten Denken* eine Bewertung zugrunde gelegt, wobei der Blick auf das Positive, konkret auf das Potential, gelenkt wird. Das *assoziative Denken* verhilft dazu, analog der Kombination von domänenrelevantem und heterogenem Wissen, neue Informationen mit bereits Bekanntem zu vergleichen und miteinander zu verknüpfen bzw. auf eine neue Weise zu kombinieren. Damit einhergehende Handlungsdimensionen des *Beobachtens, Experimentierens, Reflektierens, Hinterfragens* und *Problemlösens* werden ebenso der Dimension „Content" zugeordnet.

Die *„intrapersonale" Dimension* umfasst zehn personale Fähigkeiten; im Einzelnen sind dies Eigenständigkeit, intrinsische Motivation, Offenheit, Flexibilität, Neugierde, Selbstvertrauen, Ausdauer, Intuition, Risikobereitschaft und Streben nach Leistung. (Yams 2017, S. 153 ff.) *Eigenständig* bzw. autonom zu handeln und Entscheidungen zu fällen, fördern bspw. Fähigkeiten wie Zeitmanagement und eigenständige Arbeitsplanung.

Die dritte, *„interpersonale" Dimension* zielt auf Kommunikation und Kooperation. (Yams 2017, S. 158 ff.) Eingangs steht die *Netzwerkarbeit,* d. h. die Kooperation mit Akteur*innen aus einer Vielzahl von Disziplinen, Branchen und

Funktionen zu initiieren und zu pflegen. Wobei dies nicht impliziert, dass interpersonal ausschließlich organisationsextern zu denken ist. Vielmehr umschreibt diese Dimension grundlegende Fähigkeiten des Miteinanders, wie Zuhören, Vertrauensbildung, empathische Kommunikation, Improvisation, Austausch, Rückmeldung, Umgang mit Konflikten, Verhandlung und andere zu mobilisieren. All diese Dimensionen und Fähigkeiten zielen im übergeordneten Sinn ebenso auf die Findung (idea exploration), Generierung (idea generation), Verteidigung (idea championing) und Umsetzung von Ideen (idea implementation). (ebd., S. 151).

4 Innovationskompetenz in der Hochschulausbildung von Sozialmanager*innen

Ausgehend von der zentralen Frage, in welcher Prägung durch eine staatliche Hochschulausbildung für den Bereich des Managements in sozialen Organisationen ein Innovationskompetenzprofil explizit bzw. implizit formuliert und befördert wird, wurden im Rahmen der *explorativen qualitativen Studie* Studiendokumente, speziell *Modulhandbücher* ausgewählter weiterführender Studiengänge im Bereich Sozialmanagement, analysiert.[1] Studiengangbezogene Lehr-/Lernziele in den Curricula sollen Aufschluss darüber geben, wie die Kompetenzen nach einem Studienabschluss mit dem Fokus auf das Sozialmanagement ausgeprägt sind. Studiengangdokumente gestalten sich überwiegend einheitlich in ihrer Struktur (Nennung von *Qualifikationszielen/Kompetenzen und Lehrinhalten*) und zielen auf die Darstellung eines (über-)fachlichen Kompetenzprofils, welches ebenso die Anforderungen des künftigen Tätigkeitfeldes widerspiegelt.

4.1 Verknüpfungen zwischen Curricula und Innovationskompetenzmodell

Zugrunde gelegt wird, dass durch eine externe Qualitätssicherung im Rahmen der Akkreditierungsanstrengungen der Hochschulen kontinuierlich eine Überprüfung der Qualifikationsziele, d. h. der Befähigung zur Übernahme einer qualifizierten

[1] Eine erste Studie zur Rekonstruktion bestehender Bachelor- und Masterstudiengänge entstand bereits 2007 (Boeßenecker & Markert 2007), dem bereits ein langjähriger Diskurs zur Professionalisierung und Akademisierung vorausging. (Pfaffenberger 1974/1993; Boeßenecker 1992; Grohall 1997; Klüsche & Effinger 1999; Rauschenbach 1999; Klüsche 2002) Die Studie fußt auf speziellen Berufsfeldanforderungen, der Ökonomisierung der Sozialen Arbeit und den daraus resultierenden Bedarfen und Anforderungen für Sozialmanager*innen.

Erwerbstätigkeit der Persönlichkeitsentwicklung und des Gesellschaftsbezuges, erfolgt. Die Kompetenzdimensionen des Qualifikationsrahmens, konkretisiert in der Darstellung des Qualifikationsprofils, der angestrebten Lernergebnisse und der zu vermittelnden Kompetenzen, dienen hierbei als Leitorientierung. (Kultusministerkonferenz 2017, S. 2) Speziell auf der Master-Ebene umfasst dies Aspekte wie Wissensverbreiterung, -vertiefung und -verständnis, den Einsatz, die Anwendung und die Erzeugung von Wissen (Nutzen und Transfer), Kommunikation und Kooperation, aber auch das Selbstverständnis (berufliches Selbstbild) einschließlich professioneller Handlungsstandards. (ebd., S. 9).

Benannt werden Standards, die sich rückbezogen auf Kompetenzmodelle im Allgemeinen – aber auch im Speziellen wie im Handlungsfeld Sozialmanagement – kontrastiv gegenüberstellen lassen. So wird zum einen die Wissens-, Verstehens-, Anwendungs- und Erzeugungsebene formuliert (Kultusministerkonferenz 2017, S. 9), welche ausgehend vom Innovationskompetenzmodell nach Yams der Dimension „Content" – Wissen, funktionale Fähigkeiten und struktureller Überblick über den Bereich – (Yams 2017, S. 155 f.) gleichzusetzen ist. Für die Dimension „interpersonal", welche die Fähigkeit des Einzelnen, sich mit anderen zu vernetzen und mit ihnen auf verschiedene Weisen innovativ tätig zu sein, umschreibt, (ebd., S. 158) stellt laut Kultusministerkonferenz (2017, S. 9) die Ebene der Kommunikation und Kooperation die Bezugsebene dar. Die von Yams (2017, S. 145) definierte dritte Dimension „intrapersonal" zeugt von individuellen Einstellungen, einer ganzheitlichen Selbstbetrachtung sowie der Fähigkeit autonom und kompetent handeln und entscheiden zu können. Auch für diese Dimension lässt sich ausgehend vom Qualifikationsrahmen ein Äquivalent aufzeigen, konkret die Ebene des Selbstverständnisses und der Professionalität. (Kultusministerkonferenz 2017, S. 9).

Im Zentrum stehen folgende *Forschungsfragen:* Welches Grundverständnis besteht in Bezug auf Innovation und Veränderung? In welchem Ausmaß findet sich die Innovationsthematik in der weiterführenden Hochschulausbildung der Sozialmanager*innen wieder? Inwiefern lassen sich Muster im Sinne einer Typisierung identifizieren? Welche Ausprägungen hinsichtlich der einzelnen Kompetenzdimensionen lassen sich im Bereich Sozialmanagement kennzeichnen? Inwiefern werden Kompatibilitäten, Kohärenzen sowie Vergleichbarkeiten deutlich?

4.2 Vorgehensweise und Methodik

Zur Beantwortung dieser Fragestellungen wurde ein qualitativer Weg gewählt, in Form einer Inhaltsanalyse zur Erfassung und Rekonstruktion eines sozialen Prozesses bzw. sozialer Realität. (Lisch & Kriz 1978, S. 11, 44) Modulbeschreibungen einschlägiger weiterbildender Studiengänge im Bereich Sozialmanagement deutschsprachiger Hochschulen stellten als Textmaterial die Grundlage dar, welche theoriegeleitet analysiert wurden. Das Integrated Modell of Innovative Competence nach Yams (2017) bot die Basis für ein entwickeltes Kategoriensystem, (vgl. Strukturierung/Kategorienanwendung, Mayring 2010, S. 97 f.) mittels welchem deduktiv das Material ausgehend von ausgewählten Kodiereinheiten inhaltlich strukturiert und weiterführend typenbildend analysiert wurde. (Kuckartz & Rädiker 2022, 129 ff., 176 ff.) Zugrunde gelegt wurden 18 Studiengänge. Nicht berücksichtigt wurden Lehrmethoden, der Anteil von Selbststudienphasen und Prüfungsmodi, insofern diese nicht selten individuell bei Dozierenden ihren Einsatz finden. Die vorgenommene typisierende Strukturierung zog besonders markante Bedeutungszusammenhänge heran, welche von besonderem theoretischem Interesse sind, aber ebenso eine „extreme“ Ausprägung beschreiben; ausgehend von besonders repräsentativen Beispielen bzw. Prototypen. (Eckes & Six 1983, S. 246 ff.)

5 Ergebnisse

5.1 Innovation gleich Veränderung?

Ausgangspunkt einer jeden wissenschaftlichen Arbeit ist, vorab relevante Begriffe abgrenzend zu definieren und zu diskutieren. Dass dies in Bezug auf Innovation und den Innovationskontext nur schwer trennscharf erfolgen kann, zeigt sich auch in den Modulbeschreibungen der zugrunde gelegten Studiengänge. Schnell bestätigt sich die anfangs resümierte Erschwernis, dass keine allgemein akzeptierte Definition für Innovation existiert und alle Ansätze vereint, dass Innovationen auch Veränderungen bedeuten und damit Ergebnisse eines systematischen Prozesses sind. Zutreffend mag dies durch Innovations- oder auch Veränderungsprozesse geschehen, verbunden mit einem Innovations- oder auch Change-Management. Letztlich geht es immer um Initiierung, Gestaltung, Steuerung und Bewertung von Wandel. Einem Wandel, welcher sich organisationsintern oder gesellschaftlich, ökonomisch und politisch begründet, um mögliche Perspektiven der Überlebenssicherung und innovativen Weiterentwicklung für die eigene Organisation aufzuzeigen.

All diese Aspekte lassen sich ebenso in Fragen einer Unternehmensgründung und zu Abwägungen der gewählten Rechtsform sowie sich verändernder Finanzierungsquellen wiederfinden. Verschiedenste methodische Ansätze sowie akteur*innenbezogene Beteiligungsformen bieten sich disziplinübergreifend an und werden in ausgewählten Fällen mit konkreten dienstleistungsbezogenen Praxisbezügen im Bereich der Sozialen Arbeit gedacht (wie Sozialplanung, Freiwilligenmanagement, Formen der gesellschaftlichen Teilhabe oder gerontologische Versorgungskonzepte). Organisationsintern prägen Themen wie Wissensmanagement sowie Lern- und Organisationskultur. Es geht um Organisationsentwicklung als Veränderungsansatz, um Aktivierung und Erweiterung des (Problemlösungs-) Potentials einer Organisation und ihrer Mitarbeitenden, das reflexive Aufgreifen von Anforderungen der internen und externen Umwelt und die Gestaltung von Veränderungsprozessen. Disziplinen der Organisationsentwicklung wie Change-Management als aktive Handhabung von Wandlungsprozessen und die „Lernende Organisation" werden explizit thematisiert.

Erkennbar ist aber auch, dass Innovation sich in zwei weiteren Ausprägungen wiederfindet – zum einen als Modulthema bzw. *Lehr-/Lerninhalt (Fachkompetenz, Wissen)* und zum anderen als *(fach-)übergreifende Schlüsselkompetenz,* primär als soziale (u. a. Beteiligungs- und Konfliktmanagement) und methodische Kompetenz (u. a. Projekt- und Prozessmanagement). Die persönliche Kompetenz zeigt sich in diesen Konstellationen eher nachrangig, bleibt aber nicht völlig vernachlässigt. Sie wird u. a. angesprochen im zu hinterfragenden Zusammenspiel von sozialer Innovation und Wertebasis sowie Ethik.

Abschließend sei noch die *Verknüpfung bzw. der Transfer von Theorie und Praxis* betrachtet. Methodische Anknüpfungspunkte, wie die Bearbeitung von Fallbeispielen bzw. die Bearbeitung von Fällen aus der eigenen Praxis mittels empirischer Forschungsmethoden (Forschungswerkstatt) sowie verschiedenste Kreativitäts- und Moderationstechniken, fördern in ausgewählten Fällen einen stärkeren Praxisbezug.

Es lässt sich erkennen, dass selbst Curricula, die sich explizit dem Thema Innovation verschreiben und Module, die sich inhaltlich innovativem Denken und Handeln widmen, dies mit unterschiedlicher Intensivität in einen begrifflichen Kontext von *„Veränderung" und „Evaluation"* einbinden. Vereinzelt finden sich explizite Bestimmungsmerkmale für eine (soziale) Innovation, indem Innovationen „in der Sozialen Arbeit in engem Sinne [...] neuartige Konzepte,

Verfahren und Organisationsformen bezeichne[n], die auf neuem oder neu kombiniertem Wissen basieren, in kooperativen Prozessen entwickelt wurden und Beiträge zur Realisierung der Zielsetzungen der Sozialen Arbeit leisten. Im weiteren Sinne bilden soziale Innovationen die Grundlage gesellschaftlichen Wandels, indem sie Lösungen für aktuelle oder zukünftige gesellschaftliche Bedarfe in den Fokus nehmen. Entsprechend geht es darum, soziale Innovationen zu verstehen, Innovationsprozesse zu planen, zu dokumentieren und zu kommunizieren, Wirkungen von Verfahren und Angeboten einzuschätzen und diese im Rahmen von qualitätsorientierten Prozessen weiterzuentwickeln“ (HS Bremen 2019, S. 11).

Zwar lassen Studiengangtitel mit Begriffen wie „innovativ“ und „Innovation“ darauf schließen, dass explizit Aspekte eines Innovationsmanagements behandelt werden, jedoch schließt sich dies bei bspw. „Sozialmanagement“ ohne expliziten Innovationsbezug im Titel nicht zwangsläufig aus. Auch hier konnten in unterschiedlicher Intensivität Lehrinhalte und Kompetenzformulierungen zugeordnet werden, die ebenso ein „innovatives Standing“ erkennen lassen.

5.2 Innovationskompetenzorientiertes Curriculum für Sozialmanager*innen?

Eine erste *Kompetenzdimension* stellt der *„Content“* dar, der wissensbezogen zwischen *bereichsbezogenem Faktenwissen* und *heterogenem Wissen* unterschieden werden kann. *Wissen,* welches sich auf das alltägliche berufliche Tun richtet, wird abgegrenzt von einem vielfältigen (Erfahrungs-)Wissen außerhalb des eigenen Berufs. (Yams 2017, S. 155 ff.) Es stellt sich folglich die Frage: *Welches Wissen kann bereichsbezogen und welches als „außerhalb des eigenen Berufs“ identifiziert werden?* Die Gegenüberstellung aller Lehrinhalte lässt kein einheitliches Konstrukt erkennen, welches gleichermaßen auf alle übertragbar ist, d. h. nicht alle im Folgenden aufgezählten Lehrinhalte finden gleichermaßen in allen Studiengängen eine Nennung. Zu resümieren ist, dass deutlich der Schwerpunkt auf den *betriebswirtschaftlichen Disziplinen* liegt. Hierzu zählen: Einführung in die BWL (der Sozialwirtschaft), (Sozial-)Politik, Rechnungswesen, Finanzierung und Controlling, Unternehmensgründung/ Social Entrepreneurship, Recht (in der Sozialwirtschaft), Marketing (Presse- und Öffentlichkeitsarbeit), Unternehmensführung und Personalmanagement, Wirtschaftsethik, (Sozial-)Informatik sowie Qualitätsmanagement. Eine Besonderheit im Vergleich zu einem betriebswirtschaftlichen Pflichtprogramm stellen dar: Netzwerke und Kooperationen, Gemeinwesen, Sozialplanung und sozial(arbeits)wissenschaftliche Diskurse. Inhalte, die verstärkt auf Fachkräfte aus dem Bereich der sozialen Dienstleistungen/ Sozialen Arbeit zutreffen. Im Methodenbereich gilt es zu ergänzen: Coaching und Beratung, Kommunikation, Präsentation und Moderation, Projektmanagement sowie empirische Sozialforschung.

Die einbezogenen Studiengänge sind recht unterschiedlich hinsichtlich der *Zugangsvoraussetzungen.* Manche Hochschule formuliert explizit einen nicht managementorientierten Abschluss in Sozialer Arbeit, (Sozial-)Pädagogik, Psychologie, Soziologie, Theologie und Philosophie, andere wiederum öffnen für Studienabschlüsse wie Betriebs- und Volkswirtschaftslehre oder Recht. Und wiederum andere öffnen sich komplett ohne Orientierung auf eine explizite Fachdisziplin. Deutlich wird, dass sich das Sozialmanagement ebenso wie das weiterführende Studium an sich durch Interdisziplinarität und in gewisser Weise durch heterogenes Wissen auszeichnet, d. h. durch innovationsfördernde Aspekte, die gerade für soziale Organisationen innovationsbegünstigend wirken und Potentiale für Innovationsfähigkeit bieten. Was sozialunternehmerische Innovation letztlich behindern oder gar verhindern könnte, sei im Wissenskontext erst einmal dahingestellt. (ausführlicher Schöttler 2017, S. 89 ff.)

Dies mag in Bezug auf eine von Yams vorgenommene Unterscheidung zwischen bereichsbezogenem und heterogenem Wissen allerdings noch nicht gänzlich zufriedenstellen. Schumpeter, wie im Folgenden auch noch detaillierter ausgeführt, geht es um eine neue Kombination von Faktoren, Prozessen und Denkweisen, d. h. von bislang noch nicht praktizierten Konstellationen. Auch Yams betont die vielfältigen Interessen, die es ermöglichen domänenrelevantes mit heterogenem Wissen aus anderen Bereichen zu kombinieren. Konstellationen, die wegweisend durch Trends der Digitalisierung, Globalisierung, New Work, Konnektivität u. a. mehr geprägt sind. Beispielhaft sei die (Sozial-)Informatik genannt, (Kreidenweis 2018; Pölzl & Wächter 2019; Ückert et al. 2020) die sich nur in wenigen der analysierten Studiengänge wiederfindet und wenn, dann jedoch in vielfältiger Weise Trends des IT-Einsatzes in Einrichtungen der Sozialen Arbeit aufzeigt. Zugleich ist dies auch exemplarisch für ursprünglich *heterogenes Wissen* im Sinne von Yams, aus *welchem aufgrund einer fachlichen Offenheit und Anwendbarkeit systematisch berufsbezogenes Fachwissen wurde.*

Bei den *„interpersonalen" Dimensionen* nimmt der *Austausch,* als Fähigkeit, Informationen, Wissen, gute Praktiken und Fehlererfahrungen mit anderen zu teilen, eine herausragende Bedeutung ein, gefolgt von *Vertrauensbildung* und *emphatischer Kommunikation.* Die von Yams favorisierte *Improvisation* als Fähigkeit unmittelbar auf unerwartete Ereignisse reagieren zu können und dies mittels Kreativität und sich nicht auf Schemata und festgelegte Denkmuster zu verlassen, um Neues durch gemeinsame Anstrengungen zu schaffen, fand in den zugrunde gelegten Beschreibungen keine manifeste Nennung. *Zwischen diesen Extremen* werden teilweise explizit, teilweise auch nur rudimentär Fähigkeiten wie Netzwerkarbeit, Zuhören, Rückmeldung, Umgang mit Konflikten, Verhandlung und die Mobilisierung anderer thematisiert.

Speziell bei den *„intrapersonalen" Dimensionen* fanden in fast allen Studiengängen eine besondere Berücksichtigung: die Förderung von *Eigenständigkeit* und das *Selbstvertrauen,* konkret die Fähigkeit, selbstständig handeln und Entscheidungen treffen zu können sowie die Fähigkeit eigene Ansichten und Ideen zu haben, trotz möglicher Barrieren autonom zu agieren, um (positive) Erfahrungen machen zu können. Kaum wurde die *Neugierde,* in Form der Fähigkeit stetig Neues erfahren zur wollen, offenes und vielfältiges Interesse zu haben, angesprochen. Im ausbaubaren *Mittelfeld* bewegen sich auch hier mit verschiedener Intensität: die Fähigkeit zur selbstbestimmten Motivation, Offenheit bei der Generierung von Ideen, die Fähigkeit zur Anpassung an Veränderungen verbunden mit einer hohen Ambiguitätstoleranz (Unsicherheits-/ Ungewissheitstoleranz), die Risikobereitschaft als Vereinbarung des Bedürfnisses nach Zielerreichung, die Beharrlichkeit gegenüber Herausforderungen und Widerständen gegen Veränderungen und das Streben nach Leistung als Treiber, um Ideen zu verwirklichen. Für eine Förderung der Dimensionen, wie Offenheit, Neugierde, Risikobereitschaft und Flexibilität, ermutigen die Denkansätze wie divergierendes, konvergentes und assoziatives Denken, wie auch ein stetiges Beobachten, Experimentieren, Reflektieren und Hinterfragen, die wiederum der Dimension „Content" zuzuordnen sind. *Kein Studiengang deckte die gesamte Breite der von Yams zugrunde gelegten inter- und intrapersonalen Kompetenzen ab.*

Nock et al. (2013, S. 28) identifizierten in einer Studie zu Innovationsprozessen eine Reihe von Innovationshemmnissen, die aus einer nur eingeschränkten Veränderungs- und Risikobereitschaft, einem „lähmenden Konsensmodell" und einem zu wenig systematisierten Informationsaustausch resultieren. (Schmieder & Vogt-Wuchter 2015, S. 104 ff.) Weitere Hemmnisse stellten nicht ausreichend qualifizierte Mitarbeitende und mangelndes fachliches Wissen dar. Erschwernisse, denen ein innovationskompetenzorientiertes Curriculum versuchen kann gezielt entgegenzuwirken.

5.3 Typisierung von Sozialmanager*innen ausgehend von den Curricula

Die empirische Analyse des Materials bot zugleich abgrenzbare Merkmale für eine Typologie, konkret die Bildung merkmalshomogener Zugehörigkeiten. Maßgebende Merkmale stellen die zwei Dimensionen: „wirtschaftsrelevantes Wissen" im Sinne einer bereits durch Boeßenecker und Markert (2007) aufgezeigten Ökonomisierung der Sozialen Arbeit sowie mit einer „Innovatorenrolle verbundene Handlungskompetenz" dar, die explizit im Kontext von Innovationskompetenz gefordert werden und sich mit einer geringen bis starken Ausprägung in den Curricula wiederfinden. Im Ergebnis werden drei Typen von Ausrichtungen unterschieden, die sich charakterisieren lassen als „Ökonom*in des Sozialen", „Change Ökonom*in des Sozialen" und „Innovator*in des Sozialen".

Bei der/dem *„Ökonom*in des Sozialen"* liegt ein besonderer Schwerpunkt auf den grundlegenden betriebswirtschaftlichen Denk- und Handlungsweisen bzw. den klassischen Aufgaben- und Funktionsbereichen eines wirtschaftlichen Studiums (Sozialbetriebslehre) mit dem ergänzenden Fokus auf die Soziale Arbeit bzw. die Sozialwirtschaft. Schnittmengen zur Ansprache von innovationsbefördernden Denkweisen sowie intra- und interpersonalen Kompetenzen lassen sich nur sehr nachrangig in den Curricula belegen. Dem entgegen steht konträr die/der *„Innovator*in des Sozialen",* versehen im Curriculum mit ausgeprägten innovationsbefördernden Denkweisen sowie Lehr-/Lernprozessen zur Förderung intra- und interpersonaler Innovationskompetenzen. Innovation ist selbst ein Thema und dies im Sinne eines recht umfassenden Innovationsmanagements. Dazwischen fungiert die/ der „Change Ökonom*in des Sozialen". Neben bereichsrelevantem Wissen werden insbesondere projektmanagementbezogene Kompetenzen gefördert, d. h. Kompetenzen, die sich analog dem Kompetenzmodell der GPM (2016) zuordnen lassen, insbesondere aber Ansätze eines Veränderungs- bzw. Change-Managements zeigen.

Wie bereits auch Boeßenecker und Markert (2007) die Berufsfeldanforderungen als Ausgangsbasis ihrer Betrachtung in den Vordergrund stellten, so lassen ebenso die Typen-Abgrenzungen sich verändernde Praxisanforderungen und damit einhergehende Adaptionen im Bereich der Hochschulausbildung erkennen. Dabei sei im Ergebnis keinem Typ eine explizite Existenzberechtigung ab- oder auch zugesprochen, insofern uneingeschränkt wirtschaftswissenschaftliches Wissen das Grundverständnis im Bereich des Sozialmanagements darstellt. Zugleich lässt aber die Typologie erkennen, dass ergänzende Anforderungen in Bezug auf Veränderungsmanagement mit sensibilisierenden Inhalten an Bedeutung gewinnen und sogar Raum und Bedarf für Spezialisierungen, wie den „Innovator*innen des Sozialen" gesehen werden, die mit einer entsprechenden *Professionalisierung* einhergehen, wie auf der individuellen Ebene im berufsbiografischen Prozess der Qualifizierung und der damit verbundenen Erlangung von Professionalität als Fachkraft.

6 Thesen zur Diskussion

Die folgenden Thesen verstehen sich, ausgehend von den zusammengefassten Ergebnissen, als Anregung für einen Diskurs zur (Weiter-)Entwicklung in der Hochschulausbildung von Sozialmanager*innen.

6.1 Innovation vs. Veränderung im Kontext eines Sozialmanagementstudiums

Offen blieb bislang noch eine *eindeutige Abgrenzung* zwischen Innovation und Veränderung und damit die Antwort, ob beides das Gleiche oder doch etwas Unterschiedliches ist. Und wenn es zu unterscheiden ist, inwiefern es für eine nähere Betrachtung der Curricula maßgebend sein kann. Beide Begriffe vereint, dass sie auf eine Umsetzung sich ändernder Strategien, Strukturen, Prozesse oder Verhaltensweisen abzielen. *Veränderungen* können als etwas Dauerhaftes angesehen werden. Es braucht sie unvermeidlich für die Entwicklung, um zukunftsfähig zu bleiben, was bspw. auch das agile Veränderungsmanagement als einen neueren Ansatz deutlich macht. Die *Innovation* verkörpert hingegen verstärkt das Neue, in sehr markanter Form als sogenannte *disruptive* Innovation bezeichnet. Eine zweite Kategorie stellt die *inkrementelle* Innovation dar, die sich auf die Verbesserung des Bestehenden konzentriert und im Verständnis wieder die Veränderung naheliegen lässt. Deutlich wird eine enge Interdependenz, insofern Veränderungen in der Konsequenz zu Innovationen und Innovationen zu Veränderungen führen. Eingespielte Praktiken werden einschneidend durch sog. „schöpferische Praktiken" verdrängt. D. h. durch Praktiken, die die Dienstleistung selbst betreffen, durch Prozesse zur Leistungserstellung, durch Märkte mit neuen Wettbewerbskonstellationen oder durch neue Geschäftsmodelle und in der Folge einer spezifischen Art zur Erwirtschaftung von Gewinnen und organisatorischer Innovationen bzw. einer Weiter-/Neuentwicklung von innerbetrieblichen Strukturen und Abläufen dienen.

Die Inhalte der Modulbeschreibungen thematisieren verstärkt organisatorische Innovationen verbunden mit Prozessinnovationen zur Leistungserstellung. Nachrangig lassen sich Anhaltspunkte für Dienstleistungs- und Geschäftsmodellinnovationen finden, die explizit auf eine Marktinnovation im Sinne von Ansoff (1966) abzielen, d. h. eine Wachstumsstrategie, bei welcher Märkte mit ihren bereits etablierten Dienstleistungen „erobert" werden wollen. Dies impliziert nicht, dass trotzdem eine gewisse Praxisrelevanz inkludiert ist, sondern mag vielmehr in Bezug auf explizite Ansprache in Lehr-/Lernformaten gesehen werden. Hilfreich mag diese Systematik aber trotzdem sein, um aufzuzeigen wie sich Innovationen, auch mit Bezug auf die sozialen Dienstleistungen und die Sozialwirtschaft ausprägen können, wie viel „Wettbewerb" in einem Absatzmarkt angesprochen werden kann.

Ein weiterer aufzugreifender Aspekt, ausgehend von Schumpeter, stellt die „neue Kombination" dar, d. h. sich der noch unbegrenzten Möglichkeiten bewusst zu sein und dies u. U. über das eigene Fachgebiet hinweg. Ein Sozialmanagementstudium vereint i. d. R. Inhalte der Sozialen Arbeit und der Wirtschaftswissenschaften. Damit ist es auf den ersten Blick bereits fachübergreifend und heterogen ausgerichtet. Doch zeigen sich für beide Disziplinen ebenso starke gesellschaftliche Prägungen, die sich in einer praxisvorbereitenden bzw. -begleitenden Ausbildung abbilden müssen, ob es nun Branchen- oder Soziokulturtrends – betrachtet auf das jeweilige Umwelt- und Referenzsystem – sind. (Kongress der Sozialwirtschaft e. V. (2018): Digitalisierung, Demographie, Ökonomisierung, Nachhaltigkeit und Fragen der sozialen Zukunftsgestaltung) Dies kann weit oder auch eng gedacht werden, wichtig ist nur, dass es im Sinne von Schumpeter gedacht wird: „Und stets handelt es sich darum, die gegenseitigen Beziehungen der Dinge und Kräfte zu verändern, Dinge und Kräfte zu vereinigen, die wir getrennt vorfinden, und Dinge und Kräfte aus ihrem bisherigen Zusammenhang herauszulösen." (Schumpeter 1987, S. 17). In Bezug auf Lehrinhalte und die Frage nach bereichsbezogenem und heterogenem Wissen wird in der Schlussfolgerung die *These* formuliert: *Um innovationsfördernde Ideen zu generieren, bedarf es einer (noch viel) stärkeren Öffnung für bislang noch heterogenes Wissen für Sozialmanager*innen in der Ausbildung.* Erste Ansätze sind bspw. durch Digitalisierung, Big Data und Künstliche Intelligenz erkennbar, doch weitere fachdisziplinunterschiedliche Konglomerate sind mit Blick auf die Zukunft zu diskutieren.

6.2 Inkrementelle vs. disruptive Vielfalt an Studiengängen

Kennzeichnen lassen sich verschiedene Konstellation in der Hochschulausbildung im Bereich Sozialmanagement – in Bezug auf die einzelnen Aufgaben- und Funktionsbereiche, die es auch im Bereich der sozialen Einrichtungen zu organisieren gilt. In unterschiedlichen Ausprägungen findet sich überwiegend die funktionale Betriebswirtschaftslehre wieder (Typ „Ökonom*in des Sozialen"). Andere Ausbildungsrichtungen lassen stärkere Tendenzen zu prozess- und veränderungsorientierten Organisationsmanagement („Change Ökonom*in des Sozialen") erkennen.

Die dritte Ausprägung widmet sich primär dem Thema Innovation und Veränderung („Innovator*in des Sozialen"). Eine solche Unterscheidung verdeutlicht eine zunehmende Vielfalt von parallel studierbaren Ansätzen von Sozialmanagement, wobei jeder Studiengang für sich genommen eine eigene Daseinsberechtigung erfährt. Zugleich könnte sich mit dieser Abgrenzung auch folgende *These* verbinden: *Ein sich insbesondere dem Thema Innovation und Veränderung annehmender Studiengang im Bereich Sozialmanagement zeugt in sich schon von einer Innovation (im Sinne von Schumpeter), d. h. einer neuen, andersartigen Kombination der zur Verfügung stehenden Inhalte.* Gelte es dies weiterzudenken, könnten Fragen nach einer neuen Dienstleistungsqualität, der neuen Dienstleistung an sich und der Erschließung eines neuen Absatzmarktes folgen. Sehr technologisch klingende Begrifflichkeiten im Kontext von sozial(pädagogisch)en Studiengängen, aber rückbezogen auf Lehrinhalte, Lehrmethoden und Zielgruppen sind auch diese wieder greifbarer im Diskurs.

6.3 Content vs. intra- und interpersonale Kompetenzförderung

Das Modell von Yams greift die drei Dimensionen „Content", „intrapersonale" und „interpersonale" auf. Im Rückschluss zu den identifizierten Innovationshemmnissen (vgl. Kap. 2) setzt insbesondere eine weiterführende Ausbildung im Bereich Sozialmanagement mit einem verstärkt innovationsfördernden Ansatz an solch „wunden" Punkten an. Fachliches Wissen wird verstärkt durch bereichsbezogenes und (noch) heterogenes Wissen sowie interpersonale Fähigkeiten. Diese werden im Anwenden verschiedenster Instrumente und Methoden des Veränderungsmanagements ausgeprägt, die zugleich aufgrund damit verbundener Erfahrungen die intrapersonalen Aspekte befördern. Denn letztlich geht es um eine aus der Erfahrung kommenden Bereitschaft eines Individuums in Bezug auf eine Situation oder eine Vorstellung, die sich kognitiv, affektiv oder behavioral ausdrückt. Herausgearbeitet wurde die Bedeutung einer Verknüpfung von Theorie und Praxis. Methodenvielfalt wird oftmals gefordert und bietet sich insbesondere im Kontext einer Innovationskompetenz an. Verstärkt (agile) Methoden, die Kreativitäts-, Moderations- und Innovationstechniken üben, befähigen für ein Begleiten von Innovationsprozessen. Zugleich ist mit der Befähigung auf der individuellen die organisationale Ebene verbunden, (Baitsch 1998, S. 93) denn diese überträgt sich im Weiteren auf die Aggregationsebenen der Gruppe und Organisation. Eine daraus resultierende *These* lautet: *Einhergehend mit einer ausgeprägten Qualifizierung von Sozialmanager*innen auf der Grundlage eines umfassenden*

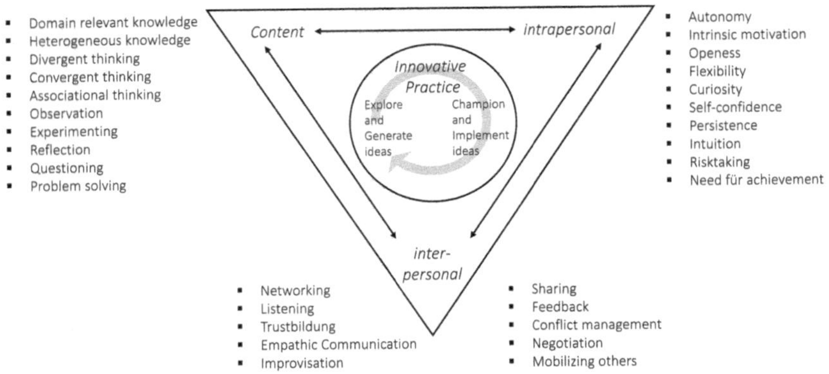

Abb. 1 Integrated Modell of Innovative Competence (Yams 2017, S. 161, Fig. 10)

Verständnisses von Innovationskompetenz erhöht sich die Innovationsfähigkeit von Organisationen und reduzieren sich potentielle, verstärkt in den letzten Jahren, resümierte Innovationshemmnisse.

Ein konvergent (positiv) resümierter Abschluss, welcher sehr gern zu einem weiteren, assoziativen und divergenten, aber auch zu einem reflektierenden und hinterfragenden Denken bewegen mag.

Literatur

Amabile, T. M. (1983). The Social Psychology of Creativity: A Componential Conceptualization. *Journal of Personality and Social Psychology, 45*, (S. 237–376).

Ansoff, I. (1966). *Managementstrategie*. Moderne Industrie.

Armbruster, H., Kinkel, S., Kirner, E., & Wengel, J. (2005). *Innovationskompetenz auf wenigen Schultern*. Frauenhofer Institut System- und Innovationsforschung.

Baitsch, C. (1998). Innovation und Kompetenz – Zur Verknüpfung zweier Chimären. In F. Heideloff & T. Radel (Hrsg.), *Organisation von Innovation: Strukturen, Prozesse, Interventionen* (S. 89–104). Rainer Hampp.

Beerheide, E., & Katenkamp, O. (2011). Wissensarbeit im Innovationsprozess. In J. Howaldt, R. Kopp & E. Beerheide (Hrsg.), *Innovationsmanagement 2.0. Handlungsorientierte Einführung und praxisbasierte Impulse*. (S. 67–99). Springer Fachmedien.

Bergmann, B., Debitz, U. Hacker, W., Looks, P., Prescher, C., & Winkelmann, C. (2007). Unterstützung innovierenden Handelns als strategische Unternehmensaufgabe. In E. Barthel, J. Erpenbeck, J. Hasebrook & O. Zawacki-Richter (Hrsg.), *Kompetenzkapital heute – Wege zum Integrierten Kompetenzmanagement* (S. 31–78). School Verlag.

Bergmann, B., Eisfeldt, D., Prescher, C., & Seeringer, C. (2006). Innovationen – eine Bestandsaufnahme bei Erwerbstätigen. *Zeitschrift für Arbeitswissenschaft, 60*, (S. 17–26).

Boeßenecker, K.-H., & Markert, A. (2007). *Sozialmanagement studierende. Studienangebote im Bereich Sozialmanagement und Sozialwirtschaft und Analysen sich verändernder Rahmenbedingungen.* Hans-Böckler-Stiftung.

Boeßenecker, K.-H. (1992). Anmerkungen zur BRD – Tradition der Sozialarbeiterausbildung. *Theorie und Praxis der sozialen Arbeit, 6* (92), (S. 224–230).

Botzum, E. (2015). Soziale Innovationen in der Freien Wohlfahrtspflege – Verständnis, Funktion und Beispiele. In G. Moos & A. Peters (Hrsg.), *Innovationsmanagement in der Sozialwirtschaft* (S. 61–73). Nomos Verlagsgesellschaft.

Disselkamp, M. (2017). *Innovationen und Veränderungen.* Kohlhammer.

Drucker, P. F. (1986). *Innovations-Management für Wirtschaft und Politik.* Econ.

Eckes, T., & Six, B. (1983). Prototypen und Basiskategorien zur alltäglichen Kategorisierung von Objekten, Personen und Situationen. In G. Lüer (Hrsg.), *Berichte über den 33. Kongreß der DGfPs. Band 1* (S. 246–252). Hogrefe.

Franz, H.-W., & Kaletka, C. (Hrsg.). (2018). *Soziale Innovationen lokal gestalten.* Springer.

Früchtel, F., Budde, W., & Cyprian, C. (2013). *Sozialer Raum und Soziale Arbeit. Methoden und Techniken.* Springer.

GPM (2016). *Kompetenzbasiertes Projektmanagement.* GPM.

Grohall, K.-H. (1997). *Studienreform in den Fachbereichen für Sozialwesen. Materialien, Positionen, Zielsetzungen.* Lambertus.

Hardt, J. V., Felfe, J., & Herrmann, D. (2011). Innovationskompetenz: Entwicklung eines neuen Konstrukts durch eine explorative Studie. *Zeitschrift für Arbeitswissenschaft, 65*, (S. 235–244).

Hauschildt, J., Salomo, S., Schultz, C., & Kock, A. (2016). *Innovationsmanagement.* 6. Aufl., Franz Vahlen.

Hochschule Bremen (2019). Modulhandbuch Praxisforschung und Innovation in der Sozialen Arbeit M.A. https://www.hs-bremen.de/assets/hsb/de/Dokumente/Fakult%C3%A4ten/Fakult%C3%A4t_3/Soziale_Arbeit_Master/Modulhandbuch/sozarb_ma_modulhandbuch_hsb_homepage.pdf. Zugegriffen: 05.01.2024.

Howaldt, J., & Schwarz, M. (2010). Soziale Innovation – Konzepte, Forschungsfelder und -perspektiven. In J. Howaldt. & H. Jacobsen (Hrsg.), *Soziale Innovation. Auf dem Weg zu einem postindustriellen Innovationsparadigma* (S. 87–108). Springer.

Howaldt, J., & Schwarz, M. (2014). Soziale Innovation – Eine Herausforderung und Chance für Wissenschaft und Gesellschaft. In M. Jostmeier, A. Georg & H. Jacobsen (Hrsg.), *Sozialen Wandel gestalten: Zum gesellschaftlichen Innovationspotenzial von Arbeits- und Organisationsforschung* (S. 321–339). Springer.

Illeris, K. (2013). *Kompetens.* Lund: Studienliteratur.

Klüsche, W., & Effinger, H. (1999). *Ein Stück weiter gedacht ...: Beiträge zur Theorie und Wissenschaftsentwicklung der sozialen Arbeit.* Lambertus.

Klüsche, W. (Hrsg.). (2002). Entwicklung von Studium und Praxis in den Sozial- und Gesundheitsberufen. *Schriften des Fachbereichs Sozialwesen an der Hochschule Niederrhein.*

Kongress der Sozialwirtschaft e.V. (Hrsg.). (2018). *Der Zukunftskongress der Sozialwirtschaft. Die vernetzte Gesellschaft sozial gestalten.* Nomos.

Kreidenweis, H. (Hrsg.). (2018). *Digitaler Wandel in der Sozialwirtschaft. Grundlagen – Strategien – Praxis.* Nomos.

Kuckartz, U., & Rädiker, S. (2022). *Qualitative Inhaltsanalyse. Methoden, Praxis, Computerunterstützung.* 5. Aufl., Beltz.

Kultusministerkonferenz (2017). Qualifikationsrahmen für deutsche Hochschulabschlüsse. https://www.kmk.org/fileadmin/Dateien/veroeffentlichungen_beschluesse/2017/2017_02_16-Qualifikationsrahmen.pdf. Zugegriffen: 01.06.2023.

Lisch, R., & Kriz, J. (1978). *Grundlagen und Modelle der Inhaltsanalyse.* Rowohlt.

Mayring, P. (2010). *Qualitative Inhaltsanalyse. Grundlagen und Techniken.* 12. Aufl., Beltz.

Mulgan, G., Rushanara, A., Halkett, R., & Sanders, B. (2007). *In and out of sync: The Challenge of Growing Social Innovations.* Research Report.

Nock, L., Krlev, G., & Mildenberger, G. (2013). *Soziale Innovationen in den Spitzenverbänden der Freien Wohlfahrtspflege – Strukturen, Prozesse und Zukunftsperspektiven.* Bundesarbeitsgemeinschaft der Freien Wohlfahrtspflege.

North, K., Friedrich, P., & Brahtz, M. (2005). Innovationskompetenz – Bestandsaufnahme, Modell, Ebenen. In Arbeitsgemeinschaft Betriebliche Weiterbildungsforschung e.V. (Hrsg.), *Kompetenzentwicklung: Kompetente Menschen – Voraussetzung für Innovation.* (S. 69–122). Waxmann.

Pfaffenberger, H. (1974). Sozialpädagogik/ Sozialarbeitswissenschaft als universitäre Disziplin. In: *Nachrichtendienst des Deutschen Vereins für öffentliche und private Fürsorge, 54 (7),* (S. 173–179).

Pfaffenberger, H. (1993). Professionalisierung und Verwissenschaftlichung als Momente in der Entwicklung einer Profession/ Disziplin Sozialpädagogik/ Sozialarbeitswissenschaft. In H. Pfaffenberger & M. Schenk (Hrsg.), *Sozialarbeit zwischen Berufung und Beruf. Professionalisierungs- und Verwissenschaftlichungsprobleme der Sozialarbeit/ Sozialpädagogik* (S. 223–243). LIT Verlag.

Pölzl, A., & Wächter, B. (2019). *Digitale (R)Evolution in Sozialen Unternehmen.* Walhalla.

Rauschenbach, T. (1999). *Das sozialpädagogische Jahrhundert. Analysen zur Entwicklung Sozialer Arbeit in der Moderne.* Juventa.

Romijn, H., & Albaladejo, M. (2002). Determinants of innovation capability in small electronics and software firms in southeast England. *Research Policy, 31,* (S. 1053–1067).

Rosenbrock, R. (1995). *Public Health als soziale Innovation. Das Gesundheitswesen, 57 (3),* (S. 140–144).

Runco, M. A. (2004). Creativity. *Annual Review of Psychology, 55,* (S. 657–687).

Schmieder, E., & Vogt-Wuchter, B. (2015). Befunde zu Innovationen in der Sozialwirtschaft auf Basis einer empirischen Studie. In G. Moos & A. Peters (Hrsg.), *Innovationsmanagement in der Sozialwirtschaft.* (S. 95–114). Nomos.

Schöttler, R. (2017). *Die Innovationsparadoxie der Sozialwirtschaft. Rekonstruktion eines multirationalen Innovationsprozesses in einem diakonischen Unternehmen.* V&R unipress.

Schuh, G., & Bender, D. (2012). Grundlagen des Innovationsmanagements. In G. Schuh (Hrsg.), *Innovationsmanagement* (S. 1–16). Springer.

Schumpeter, J. (1987). *Theorie der wirtschaftlichen Entwicklung.* 7. Aufl., Duncker & Humblot.

Staudt, E., Kailer, E., Kriegesmann, B., Meier, A. J., Stephan, H., & Ziegler, A. (2002). Kompetenz und Innovation – Eine Bestandsaufnahme jenseits von Personalmanagement und Wissensmanagement. In Arbeitsgemeinschaft Betriebliche Weiterbildungsforschung e.V. (Hrsg.), *Kompetenzentwicklung und Innovation: Die Rolle der Kompetenz bei Organisations-, Unternehmens- und Regionalentwicklung* (S. 127–236). Waxmann.

Ückert, S., Sürgit, H., & Diesel, G. (Hrsg.). (2020). *Digitalisierung als Erfolgsfaktor für das Sozial- und Wohlfahrtswesen.* Nomos.

Webster, J., & Watson, R. T. (2002). Analyzing the past to prepare for the future: Writing a literature review. *Mis Quarterly, 26 (2),* (S. XIII–XXIII).

Weinert, F. E. (2001). Vergleichende Leistungsmessung in Schulen – eine umstrittene Selbstverständlichkeit. In F. E. Weinert (Hrsg.), *Leistungsmessungen in Schulen* (S. 17–31). Beltz.

Yams, N. B. (2017). Integrated Model of Innovative Competence. *Journal of Creativity and Business Innovation, 3,* (S. 140–169).

Zapf, W. (1989). Über soziale Innovationen. *Soziale Welt, 40,* (S. 170–183).

Cornelia M. Enger, Prof. Dr. phil. (Cornelia.Enger@fh-zwickau.de) Prof. Dr. phil. Cornelia M. Enger, MBA ist Professorin für Allgemeine Betriebswirtschaftslehre/Sozialmanagement an der Westsächsischen Hochschule Zwickau, Fakultät Wirtschaftswissenschaften. Als studierte Ökonomin und Pädagogin (Martin-Luther-Universität Halle-Wittenberg) und zertifizierte Wirtschaftsmediatorin liegen ihre Fach- und Forschungsschwerpunkte in den Überschneidungsbereichen von Ökonomie und Sozialer Arbeit sowie dem Bildungssektor, u. a. im Sozial- und Bildungsmanagement, der Gestaltung und Entwicklung von Organisationen (auch) aus soziologischer Perspektive, dem Qualitätsmanagement sowie den Theorien und Methoden der Evaluationsforschung.

Linda Bursch, B.A. (Linda.Bursch@mailbox.tu-dresden.de) Aktuell Masterstudentin „Weiterbildungsforschung und Organisationsentwicklung" an der Technischen Universität Dresden. 2021 schloss sie an der Technischen Universität Chemnitz das Bachelorstudium der Pädagogik ab. Ihre Schwerpunkte liegen im Bereich Personalmanagement, Organisations- und Qualitätsentwicklung, Lehren und Lernen in der Erwachsenen- und Weiterbildung. Seit 2021 ist sie zudem Wissenschaftliche Hilfskraft an der Westsächsischen Hochschule Zwickau, Fakultät Wirtschaftswissenschaften.

Digitalisierung im Sozialmanagement – Das Curriculum zukunftsfähig machen

Philipp Aldendorff und Julian Löhe

Inhaltsverzeichnis

1 Ausgangssituation

Digitalisierung hat längst Einzug in das alltägliche Leben gehalten und auch die Soziale Arbeit sieht sich in ihrer beruflichen Praxis zunehmend mit dieser Entwicklung konfrontiert. Der Fachverband Informationstechnologie in Sozialwirtschaft und Sozialverwaltung e. V. (FINSOZ) definiert dabei Digitalisierung als „einen durch technische Innovationen und Technik-Durchdringung getriebenen Wandel aller gesellschaftlichen Bereiche von der Arbeitswelt über die Freizeit bis hin zu sozialen Beziehungen. […] Zunehmend prägende Merkmale sind […] der Ersatz oder die Ergänzung menschlicher Denk- und Kommunikationsleistungen und komplexer Handlungen durch Computer und Roboter" (FINSOZ 2017, S. 2). Für die Soziale Arbeit ist der Ersatz oder die Ergänzung

P. Aldendorff (✉) · J. Löhe
FH Münster, Münster, Deutschland
E-Mail: aldendorff@fh-muenster.de

J. Löhe
E-Mail: loehe@fh-muenster.de

B. Schmidtke et al. (Hrsg.), *Sozial - Innovativ - Nachhaltig,* Perspektiven Sozialwirtschaft und Sozialmanagement,
https://doi.org/10.1007/978-3-658-42847-1_3

menschlicher Denk- und Kommunikationsleistungen und komplexer Handlungen durch Computer und Roboter besonders relevant (vgl. ebd.). Digitalisierung wird damit nicht lediglich als rein technisches Phänomen, sondern als ein Prozess des technikgetriebenen gesamtgesellschaftlichen Wandels gesehen. Im Konglomerat mit weiteren Megatrends wie Globalisierung, Individualisierung und dem demografischen Wandel führt dies zu weitreichenden Veränderungen für Soziale Organisationen[1].

Besonders herausfordernd ist dabei, dass sich die herausgestellten Umweltbedingungen in zunehmender Geschwindigkeit ändern. Hier sind vor allem Digitalisierung und die damit verbundenen gesamtgesellschaftlichen Wandlungsprozesse hervorzuheben. Denn die hinter dem digitalen Wandel stehenden Technologien entwickeln sich nicht linear, sondern vielmehr exponentiell (vgl. Kreidenweis 2020, S. 390 f.). Auffallend ist, dass trotz des rasant fortschreitenden gesellschaftlichen Wandels durch Digitalisierung Einrichtungen der Sozialen Arbeit mit Verzögerung auf die digitalisierte (Arbeits-)Welt reagieren. Soziale Organisationen sind somit nur unzureichend vorbereitet, mit den Treibern von Digitalisierung wie weltumspannendes Internet, Cloud Computing, Big Data, Mobilisierung von IT und Internet oder Krisen wie z. B. die Covid-19 Pandemie angemessen umzugehen. Für diesen Umstand lassen sich drei Begründungen anführen. Erstens steht für Soziale Organisationen der Mensch im Mittelpunkt. Das Produkt der Sozialwirtschaft sind personenbezogene, soziale Dienstleistungen und die Orientierung am Menschen ist tief im Selbstverständnis und damit in den normativ gestalteten Zielen vieler Sozialer Organisationen verwurzelt (vgl. Pölzl & Wächter 2019, S. 92). Zudem werden häufig berufsethische Vorbehalte vor dem übermäßigen Einsatz von Technik in Sozialen Organisationen benannt. Diese beziehen sich vor allem auf datenschutzrechtliche Aspekte sowie das Argument, dass „die Soziale Arbeit [...] es in der Regel mit Personen zu tun [hat], die vor allem Zuwendung und Betreuung benötigen, und das kann sicherlich nicht von einer Maschine oder einer digitalen App übernommen werden“ (Stüwe & Ermel 2019, S. 53). Hier gibt es auch gegensätzliche Stimmen. So widersprechen Schönauer et al. (2021) dem „Stereotyp einer eher zögerlichen Annahme beziehungsweise sogar ablehnenden Haltung neuer digital gestützter Methoden durch Sozialarbeiter*innen“

[1] Der Begriff »Sozial« ist bzgl. der Groß- und Kleinschreibung zu unterscheiden. Denn nicht jede Organisation – und hier sei auf Ökonomisierungstendenzen im Bereich der Sozialen Arbeit verwiesen – ist »sozial« und diese Zuschreibung kann mit der Perspektive der Bewertung stark unterschiedlich ausfallen. Deswegen ist »Sozial« hier nicht als Zuschreibung einer Organisation zu verstehen, vielmehr wird Soziale Organisation als ein Eigenname für Organisationen verwendet, die im Bereich der Sozialen Arbeit (ebenfalls ein Eigenname) tätig sind.

(S. 50). Basierend auf einer deutschlandweiten quantitativen Befragung geben sie an, dass der Einsatz digitaler Technologien weiter verbreitet als angenommen ist und von den Beschäftigten überwiegend positiv aufgenommen wird (vgl. ebd., S. 49). Diese Einschätzung bezieht sich jedoch vor allem auf den Einsatz von klassischer Informationstechnik[2] zur Unterstützung administrativer und koordinierender Prozesse und die Autor*innen räumen ein, dass der Einsatz von moderner Digitaltechnologie in direkter Interaktion mit den Adressat*innen mit Skepsis begegnet wird (vgl. ebd., S. 56). Zweitens wird das Phänomen Digitalisierung und die dadurch angestoßenen Veränderungsprozesse im beruflichen Alltag von Sozialmanager*innen und Sozialarbeiter*innen aufgrund mangelnden Wissens über den Stand der Technologien anders wahrgenommen. Mitunter wird noch immer die Umstellung von analogem Berichtswesen auf Fachsoftware und Computern als Digitalisierung verstanden (vgl. FINSOZ 2017, S. 2). Drittens werden Soziale Organisationen aufgrund der Haushaltsdefizite der Kommunen mit erheblichen Einsparzwängen und limitierter Ausschüttungen öffentlicher Mittel konfrontiert. Zudem wird die Sozialwirtschaft bei staatlichen Subventionen, bezogen auf den digitalen Wandel unter dem Stichwort „Arbeit 4.0", im Vergleich zu For-Profit-Unternehmen, unzureichend beachtet. Damit ergeben sich nur wenig finanzielle Spielräume für die Implementierung von Digitalisierungsbestrebungen (vgl. Kreidenweis 2018, S. 21 f.).

Mit ihrer langjährigen Tradition ist die Sozialwirtschaft von Verlässlichkeit und Kontinuität geprägt, durch schnelle(re) Umweltveränderungen wird von Organisationen gleichzeitig auch Dynamik gefordert. Mit der Kopplung von Merkmalen unterschiedlicher Anforderungen und Komplexität entstehen für Soziale Organisationen Konflikte mit Blick auf den digitalen Wandel zwischen ihren bisherigen Stärken der Verlässlichkeit und Kontinuität einerseits und den

[2] Schöttler (2016 zitiert nach Kreidenweis 2018) unterscheidet in Arbeitsprinzipien *klassischer Informationstechnologie* und Arbeitsprinzipien *moderner Digitaltechnologie*. Klassische Informationstechnologie zeichnet sich durch die punktuelle Unterstützung existierender Arbeitsprozesse aus und arbeitet mit Datentypen (Buchstaben und Zahlen), welche es schon vor der IT-Nutzung gab. Der Arbeitsprozess an sich ändert sich durch die Nutzung der klassischen Informationstechnologie nicht. Beispiele für die Nutzung klassischer Informationstechnologie sind die Verwendung von Textverarbeitungsprogrammen oder Druckern, welche das Niederschreiben von Text auf Papier und deren Vervielfältigung übernommen haben. Demgegenüber charakterisiert moderne Digitalisierungstechnologie die Veränderung oder Neugestaltung von Arbeitsprozessen, indem mit neuen Datentypen (Sensordaten, Bild, Ton, Video) operiert wird. Videokonferenzsysteme sind hier ein aktuelles Beispiel, an dem schnell erkennbar wird, dass sich z. B. Kommunikation im digitalen Raum anders darstellt als im analogen Raum (vgl. S. 12 ff.).

durch Dynamik und Komplexität gekennzeichneten Anforderungen der Digitalisierung andererseits. Es wird für Soziale Organisationen zum Problem, wenn Flexibilisierung und Veränderungsdruck mehr Bedeutung erlangen als Tradition, Kontinuität und Verlässlichkeit (vgl. Kopf & Schmolze-Krahn 2018, S. 81). Kopf und Schmolze-Krahn (vgl. ebd., S. 84 ff.) beschreiben die Auswirkungen des digitalen Wandels in vier Thesen:

(1) Digitalisierung führt zu neuen Marktteilnehmenden

Durch neue Geschäftsmodelle kommen neue Teilnehmende auf den Markt, welche in der Folge mit den etablierten Anbietern personenbezogener sozialer Dienstleistungen um die Klientel und Finanzierung konkurrieren. Neue derartige Geschäftsmodelle sind beispielsweise die Plattform-Ökonomie oder datenbasierte Free-Modelle. Plattform-Ökonomie in der Sozialwirtschaft verfolgt dabei das Ziel, Anbietende und Interessent*innen sozialer Dienstleistungen auf einer digitalen Plattform ganzheitlich und niedrigschwellig zusammenzubringen. Datenbasierte Free-Modelle hingegen bieten Produkte ohne finanzielle Gegenleistung an. Die „Bezahlung" erfolgt jedoch durch die Preisgabe personenbezogener Daten. Durch neue Technologien ergeben sich allerdings auch neue Möglichkeiten und Notwendigkeiten hinsichtlich neu(artiger) Dienstleistungen für Soziale Organisationen, woraus sich die nächste These ableitet.

(2) Digitalisierung verändert die Leistungserbringung

Klient*innen bewegen sich längst in digitalen Räumen. Damit leitet sich für die Profession gemäß einer lebensweltorientierten Sozialen Arbeit der Auftrag ab, auch dort Leistungen von Sozialen Organisationen anzubieten. Hier stellt sich die Frage, wie Technologien dabei behilflich sein können, Menschen im Rahmen der sozialen Dienstleistungserbringung im digitalen Raum zu erreichen. Dies kann in vorgelagerten Hilfsprozessen durch den Einsatz einer Onlineterminvergabe oder von Chatbots für eine niedrigschwellige Kontaktanbahnung geschehen. Der Einsatz von digitalen Technologien kommt jedoch auch für den Kern der Dienstleistungsprozesse infrage. In der Beratung werden zum einen asynchrone digitale Angebote wie beispielsweise Informationsvideos oder themenspezifische, von Fachkräften moderierte Foren durchgeführt. Zum anderen werden gehäuft Videokonferenzsysteme zur synchronen Gruppen- oder Einzelberatung genutzt. Darüber hinaus ist der Einsatz digitaler Technologien zur Unterstützung der Dienstleistungserbringung im analogen Raum zu prüfen. In der Pflege werden so beispielsweise seit Jahren erfolgreich Pflegeroboter eingesetzt (vgl. Löhe &

Aldendorff 2022, S. 184 f.). Zudem können digitale Technologien z. B. älteren Menschen bzgl. einer besseren Teilhabe am Leben in der Gesellschaft helfen: Wie kommuniziere ich über das Smartphone/Tablet mit meiner Familie oder wie erhalte ich aktuelle und verlässliche Nachrichten im Internet? Damit ältere Menschen Zugang zu diesen Möglichkeiten bekommen sind Soziale Organisationen zum Beispiel angehalten, ihr Dienstleistungsportfolio um Angebote zum Umgang mit entsprechenden digitalen Medien zu erweitern.

(3) Digitalisierung verändert die Kommunikation von Sozialen Organisationen

Mittlerweile umfasst die Forschung zu computervermittelter Kommunikation („computer mediated communication“, CMC) wesentlich mehr als nur den Computer als Kommunikationsmittel (Yao & Ling 2020). Während es sich in den 90er Jahren bei computervermittelter Kommunikation um ein recht festgelegtes Setting handelte (Desktop-Computer), haben sich Erscheinungsformen von Computern mannigfaltig gewandelt und neu entwickelt. Computer befinden sich in Sprachassistenten, Robotern, Autos, Industriemaschinen, Laptops, Tablets sowie Smartphones und haben stationäre Desktop-Computer an vielen Stellen abgelöst. Das W-Lan und (weitgehend) flächendeckendes mobiles Internet ermöglichen eine Verwendung des Computers zu Kommunikationszwecken nahezu universell. Weil die Erscheinungsformen sehr unterschiedlich sind und das Endgerät einem ständigen Wandel unterliegt, hat sich auch die Forschungsrichtung, die sich mit CMC befasst, im Laufe der Zeit geändert. Carr (2020, S. 11) zum Beispiel plädiert für eine stärkere Konzentration auf den Prozess, die Rolle und die Auswirkungen der Vermittlung, anstelle der Auseinandersetzung mit verschiedenartigen Endgeräten. Forschungen haben darüber hinaus gezeigt, dass Computer auch als Teammitglieder empfunden werden können (vgl. Linnemann et al. 2022, S. 228 f.). Daran wird deutlich, dass Digitalisierung auch die Kommunikation in Organisationen verändert. Als Schlussfolgerung aus den vorherigen Thesen kann die vierte These betrachtet werden:

(4) Digitalisierung erfordert „digitales Transformationsmanagement“

Der digitale Wandel betrifft Soziale Organisationen sehr vielfältig. Ausgehend von unterschiedlichen Kompetenzen der Mitarbeitenden und unterschiedlichen Ansprüchen der Klient*innen sind Organisationen gefordert, den digitalen Wandel umfassend zu begreifen. Denn der „Megatrend Digitalisierung“ hat die Art, wie wir leben und arbeiten grundlegend verändert. Kennzeichnend sind neuartige

Geschäftsmodelle, digitale Plattformen und weltweite Vernetzung. Hinzukommen Social Media, Augmented Reality und Virtualisierung, die vollkommen neue Formen der internen Interaktion sowie in Netzwerken mit Klient*innen, Kooperationspartner*innen, potentiellen Mitarbeitenden und allen weiteren Stakeholdern ermöglichen (siehe auch die Aufzählung der Treiber weiter oben). Daraus entsteht eine Anforderung, die umfassend und systematisch anzugehen ist. Die gewinnorientierte Wirtschaft hat das erkannt: Die Notwendigkeit zum digitalen Transformationsmanagement wird auch von den zunehmenden Studienangeboten dazu unterstrichen. Allein neun werden unter exakt dieser Bezeichnung beim Portal studieren.de geführt (vgl. studieren.de). Soziale Organisationen sind ebenfalls gefordert, diese Herausforderung unter Berücksichtigung der Besonderheiten Sozialer Arbeit anzunehmen.

Löhe und Aldendorff (2022) beschreiben diese Herausforderungen in dem Modell der drei Perspektivbetrachtungen von „Digitalisierung und Soziale Organisationen". Und in der dritten Perspektive (Organisation) gehen sie explizit darauf ein, dass verschiedene Menschen unter Berücksichtigung unterschiedlicher Durchdringungsgrade von Digitalisierung „mitgenommen" werden müssen. Sowohl der Innenblick auf eine heterogene Mitarbeiter*innenschaft sowie der Außenblick auf unterschiedliche Ansprüche der Klient*innen zeichnet die Herausforderungen für Organisationen aus, sowohl digital als auch analog zu denken (Abb. 1).

Die Abgrenzung von „digital" und „nicht-digital" ist in der Realität nicht trennscharf. „Die digitale Gesellschaft" gibt es nicht und ist theoretisch modelliert. Lediglich exemplarische Unterschiede mit Blick auf die Durchdringung von Digitalisierung werden damit aufgezeigt, denn die Komplexität in der Realität ist noch höher. Es lässt sich auch eine Heterogenität bei einzelnen Menschen bezüglich ihrer Kompetenzen im Umgang mit digitalen Technologien feststellen: Jemand kann in einem bestimmten Bereich besonders kompetent sein, beispielsweise im Umgang mit sozialen Netzwerken, und gleichzeitig vollkommen „digital ahnungslos" sein, wenn es um Office-Anwendungen oder digitale Behördengänge geht (vgl. Löhe & Aldendorff 2022, S. 187 ff.). Das beschreibt die hohen Anforderungen für Soziale Organisationen, wenn es um einen sensiblen Umgang mit dem Thema Digitalisierung geht.

Eine Begründung für die nicht hinreichende Auseinandersetzung mit diesen Thematiken ist auf der Ebene des Managements in Sozialen Organisationen zu finden. Denn es gehört zu den Managementaufgaben, die entscheidenden Parameter solcher Veränderungsprozesse frühzeitig zu erkennen und daraus entsprechende Konsequenzen abzuleiten. Die daraus gezogenen Schlüsse sind in die

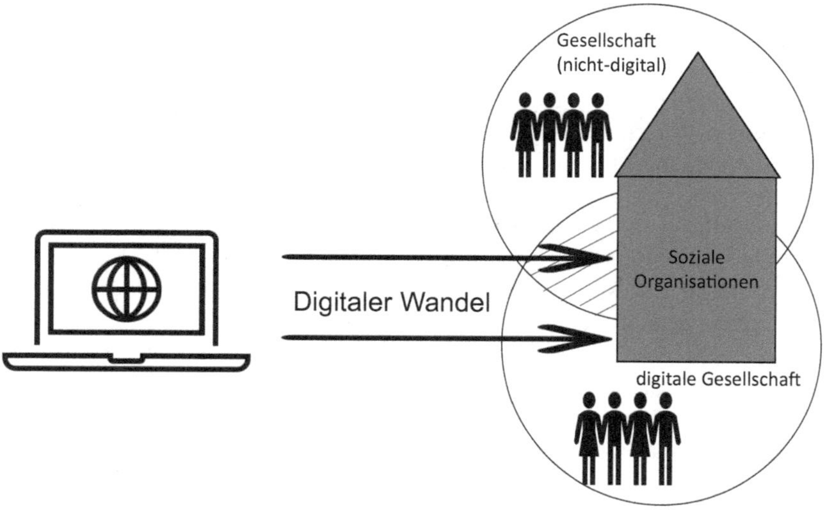

Abb. 1 Auswirkungen des digitalen Wandels auf Soziale Organisationen (Löhe & Aldendorff 2022, S. 190)

Weiterentwicklung der Organisationsstrategie, fachlichen Konzepte und Handlungsvollzüge einfließen zu lassen (vgl. Kreidenweis 2020, S. 390). Das Management Sozialer Organisationen muss demnach eine Schlüsselposition einnehmen: Zögerliche Bemühungen und (ausbleibende) Reaktionen auf die Digitalisierung, mangelnde Bereitschaft und Offenheit für die Ausprägung eines Bewusstseins für Veränderungsprozesse und das Ausbleiben von umfassenden Anpassungen können in diesem Zusammenhang folgenschwere Auswirkungen mit sich bringen (vgl. Dufft et al. 2017, S. 22; Kreidenweis 2020, S. 395).

Soziale Organisationen erbringen personenbezogene soziale Dienstleistungen, welche sich gegenüber Sachgütern durch spezifische Charakteristika abgrenzen. Durch die Immaterialität, Koproduktion, Individualität und das uno-actu-Prinzip von Dienstleistungen sind Automatisierungsbestrebungen[3] Grenzen gesetzt und das Personal Sozialer Organisationen rückt als zentraler Erfolgsfaktor für das

[3] Automatisierung wird hier in dem Sinne verstanden, als dass der Faktor Mensch durch digitale Technik in dem Dienstleistungsprozess vollständig substituiert wird. Digitale Prozesse zur Unterstützung der Dienstleistungsproduktion werden bereits erfolgreich eingesetzt und sind zukünftig auch verstärkt zu erwarten.

Erreichen der sachzieldominierten Einrichtungsziele noch immer in den Mittelpunkt (vgl. Merchel 2015, S. 66 ff.; Hölzle 2017, S. 12). Zudem liegt der Anteil der Personalkosten von Einrichtungen der Sozialen Arbeit bei 70 % bis 80 % (vgl. Löhe & Aldendorff 2022, S. 106). Insgesamt kommt damit den Mitarbeiter*innen in Einrichtungen der Sozialen Arbeit eine herausragende Bedeutung zu. Aufgrund ihrer Steuerungsfunktion nehmen Führungskräfte noch einmal eine besonders signifikante Stellung unter den Mitarbeiter*innen ein. Die Digitalisierung hat Effekte auf sämtliche Steuerungsbereiche Sozialer Organisationen und kann damit als Querschnittsherausforderung angesehen werden (vgl. Apollonio et al. 2020, S. 20). Konsequenterweise macht es vor diesem Hintergrund Sinn, Führungskräfte als einen entscheidenden Erfolgsfaktor für den Umgang mit den Auswirkungen der Digitalisierung auf Soziale Organisationen zu identifizieren und der Frage nachzugehen, welche Kompetenzen (durch die dort tätigen Führungskräfte) in Organisationen der Sozialen Arbeit vorhanden sein müssen, um den digitalen Wandel erfolgreich bewältigen zu können.

In der Praxis mangelt es an Fähigkeiten und Kompetenzen, die im Umgang mit den vielschichtigen Herausforderungen, mit denen sich die Organisationen durch den digitalen Wandel konfrontiert sehen, benötigt werden (vgl. Dufft et al. 2017, S. 33 ff.). Sozialen Organisationen gelingt eine digitale Transformation mangels Handlungskompetenz und Kenntnissen in Hinblick auf die Umsetzung von Veränderungsprozessen, agilen Arbeitsweisen, Innovationsimpulsen oder Wirkungsmessung bisher nur unzureichend (vgl. ebd.). Dieser deutliche Mangel an entsprechender digitaler (Handlungs-)Kompetenz liegt häufig in fehlendem Wissen über den Stand der Informationstechnologie, agilen Methoden, digitalen Produkte und Tools, Künstlichen Intelligenz und Robotik als auch den damit verbundenen Chancen und Risiken für die Sozialwirtschaft begründet (vgl. FINSOZ 2017, S. 2; Dufft et al. 2017, S. 39; Kreidenweis 2018, S. 22 f.).

Gleichzeitig ist zu erkennen, dass Digitalisierung in Curricula von Sozialmanagement-Studiengängen allenfalls mitgedacht oder in Modulen mitverhandelt wird, die sich stark auf administrative Prozesse beschränken (wie z. B. „Sozialinformatik"). Eine Anpassung der Curricula erscheint daher notwendig, um Fach- und Führungskräften von Sozialen Organisationen erforderliches Wissen mitzugeben, um eine digitale Transformation proaktiv zu gestalten. Um dies zu bewirken benötigen Hochschulen ein strategisches Vorgehen, damit die Ziele der (Weiter-)Entwicklung und nachhaltigen Implementierung von Strukturen im Bereich der curricularen Verankerungen in Hinblick auf Digitalisierungskompetenzen erreicht werden können (vgl. Budde 2021, S. 165 f.). Eine Auseinandersetzung und Einbeziehung der beiden Aspekte im Bereich der (Weiter-)Entwicklung von Curricula blieb jedoch bisher weitestgehend außer Acht (Seidl & Michel

2021, S. 414 f.; Grünewald 2020, S. 9). Betrachtet man die Aktualität der Kontroverse zur Thematik der Vermittlung von digitalen (Handlungs-)Kompetenzen und deren Verankerung in Curricula ist zu berücksichtigen, dass es sich dabei um einen verhältnismäßig jungen Diskurs handelt (vgl. Grünewald 2020, S. 32).

2 Problembeschreibung

Die Hochschulen in Deutschland stehen vor der Herausforderung, Studierende auf die immer komplexer werdende, sich stetig wandelnde Arbeitswelt vorzubereiten und dabei die grundlegende Orientierung des jeweiligen Studienfaches nicht außer Acht zu lassen. Derzeit mangelt es an akademischen Bildungsangeboten, die den Fokus auf die Vermittlung von zukunftsfähigen Kompetenzen sowie auf die Ausprägung von digitalen als auch nicht digitalen Schlüsselqualifikationen richten (vgl. Meyer-Guckel et al. 2019, S. 2).

Eine empirische Auseinandersetzung mit den für eine Welt des Wandels und der Digitalisierung benötigten Kompetenzen von zukünftigen Fach- und Führungskräften findet sich im aktuellen Hochschul-Bildungs-Report. Die Ergebnisse des Reports verdeutlichen, dass zukünftig Kompetenzen benötigt werden, um den komplexen Herausforderungen, die an nahezu alle Organisationen – Soziale Organisationen eingeschlossen – und der in ihnen wirkenden Mitarbeiter*innen gestellt werden, begegnen zu können. Es gilt ein tiefgreifendes Verständnis für die Komplexität der Anforderungen und Herausforderungen zu entwickeln, sich lösungsorientiert mit den Problemen und Veränderungen auseinanderzusetzen und zwischen verschiedenen Interessengruppen vermitteln zu können. An dieser Stelle wird die grundlegende Bedeutung der (Weiter-)Entwicklung von zukunftsfähigen Curricular an Hochschulen deutlich: Die Forschungsergebnisse zeigen auf, dass Deutschland bis 2026 einen zusätzlichen Bedarf an 780.000 Personen mit diesen Kompetenzen hat (vgl. Hochschul-Bildungs-Report 2022, S. 48).

In der Fachliteratur werden die geforderten Schlüsselqualifikationen bzw. Kompetenzen als „Future Skills“ bezeichnetet. Future Skills sind Fähigkeiten, „die in den nächsten fünf Jahren für Berufsleben und/oder gesellschaftliche Teilhabe deutlich wichtiger werden – und zwar über alle Branchen hinweg, nicht nur in einzelnen Industriezweigen“ (Meyer-Guckel et al. 2019, S. 3). Diese Zeitspanne ließe zum einen die Wahrnehmung von Entwicklungen und zum anderen die Reaktion auf dadurch angestoßene Veränderungen zu (vgl. ebd.). Der Hochschul-Bildungs-Report (2022) benennt vier Kategorien in denen die Futur

Skills an Relevanz gewinnen werden: klassische Kompetenzen, digitale Schlüsselkompetenzen, technologische Kompetenzen und erstmalig transformative Kompetenzen (vgl. S. 50). Die Berücksichtigung der digitalen Schlüsselkompetenzen und der transformativen Kompetenzen verdeutlicht die Wechselwirkung zwischen den Anforderungen der Arbeitswelt des 21. Jahrhunderts und den Führungs- und Fachkräften in Organisationen. Die digitalen Transformationsprozesse wirken auf die Handelnden als Hinweisreize ein und müssen umgewandelt werden in spezifisch für das Handlungsfeld benötigte Fähigkeiten und Kompetenzen. Insbesondere durch die Vermittlung von digitalen Schlüsselkompetenzen sollen Führungs- und Fachkräfte in die Lage versetzt werden, sich in der digitalisierten Welt zu orientieren, handlungsfähig zu sein und aktiv an Veränderungsprozessen mitzuwirken. Der durch die Covid-19-Pandemie bedingte Aufschwung in Hinblick auf die Digitalisierung im Handlungsfeld der Sozialen Arbeit hat verdeutlicht, von welcher Wichtigkeit diese Kompetenzen für eine aktive und effektive Teilnahme am Berufsleben sind. Gerade für Soziale Organisationen ist das Vorhandensein von Kompetenzen wie Digital Literacy, Digital Learning und agiles Arbeiten maßgebend, um in der digitalisierten Welt handlungsfähig bleiben zu können. Zusätzlich soll es mittels bewusster Ausprägung von nicht-digitalen, transformativen Kompetenzen wie Dialog- und Konfliktfähigkeit gelingen, den kommenden Herausforderungen und komplexen Anforderungen eloquent und lösungsorientiert begegnen zu können. Spezifische Veränderungskompetenzen sollen dazu beitragen, Potenziale bestmöglich nutzbar machen zu können (vgl. ebd.). Doch wie kann es gelingen den Ansprüchen gerecht zu werden, die Fachkräfte von morgen in den geforderten und benötigten Kompetenzen auszubilden und zu schulen? Hier müssen die Angebote von Hochschulen, Studium und Lehre entsprechend angepasst und fortwährend intensiviert werden (vgl. ebd.).

Bei einer Betrachtung der komplexer werdenden Herausforderungen und zunehmenden fachlichen Anforderungen bzw. Qualifikationen, die mit der Digitalisierung einhergehen, scheint eine Neuausrichtung der Studiengänge und Weiterbildungsangebote unausweichlich. Gerade im Bereich der (Pflicht-)Ausbildung zukünftiger Sozialarbeiter*innen wird die Notwendigkeit spürbar. Die Ergebnisse der Studie von Helbig und Roeske (2020) verdeutlichen, dass in Masterstudiengängen der Sozialen Arbeit den Themen von Digitalisierung bisher kaum Beachtung geschenkt werden. Eine abschließende Aussage über den Stellenwert von Digitalisierung in Studium und Weiterbildung lässt sich anhand der Ergebnisse der Studie jedoch nicht treffen. Dennoch erscheinen mit Blick auf die zunehmenden Anforderungen in allen Bereichen der Praxis Sozialer Arbeit Nachjustierungen notwendig (vgl. S. 344 f.).

Gleichwohl wird versucht, die Digitalisierung an Hochschulen und damit nicht zuletzt auch in Studium und Lehre voranzutreiben. Die Kultusministerkonferenz der Länder hat umfangreiche Handlungsempfehlungen zur Digitalisierung in der Hochschullehre beschlossen. Die Empfehlungen liegen einem Verständnis zugrunde, in dem der digitale Wandel der Gesellschaft und die damit verbundenen Transformationsprozesse als gewinnbringende Impulse wahrgenommen werden (vgl. Kultusministerkonferenz 2019, S. 4). Dabei wird Digitalisierung als ein kontinuierlicher Prozess verstanden, „dessen Inhalte und Ziele stetig überdacht und weiterentwickelt werden müssen" (ebd., S. 2).

Aspekten der Digitalisierung wird eine treibende Kraft in Hinblick auf die strategische Hochschulentwicklung zugeschrieben. Für die Konstruktion einer zukunftsfähigen Hochschule scheint die Auseinandersetzung mit den Chancen und Möglichkeiten von Digitalisierung sowie das Aufzeigen und die Konkretisierung von Weiterentwicklungstendenzen unabdingbar zu sein. Den Ausführungen folgend wird ersichtlich, dass die (Weiter-)Entwicklung von Curricula dabei als eine Kernaufgabe der Hochschullehre verstanden werden sollte, welche in Bezug auf die Vermittlung und Ausprägung entsprechend (digitaler) Fähigkeiten, Fertigkeiten und Kompetenzen von Studierenden zunehmend eine essentielle Bedeutung zugeschrieben wird (vgl. ebd., S. 6 ff.).[4]

Eine Antwort auf den Erwerb entsprechender Kompetenzen und der Verankerung im Curriculum kann in Sozialmanagement-Studiengängen gefunden werden. In Studium und Lehre wird das Ziel verfolgt, (zukünftigen) Fachkräften in der Sozialen Arbeit umfassende Kompetenzen zu vermitteln, die es ihnen ermöglichen, Strukturierungs- und Leitungsaufgaben in Einrichtungen zu analysieren und kompetent zu bewältigen. Die zu vermittelnden Kompetenzen der Studiengänge müssen sich dabei nach den vorherrschenden Gegebenheiten in der Praxis und den dort vorhandenen fachlichen Anforderungen, einschließlich der Herausforderung zur Gestaltung der digitalen Transformation richten.

Somit liegt es in der Verantwortung der Hochschulen, ihre Adressat*innen und damit den (zukünftigen) Sozialmanager*innen entsprechende Kompetenzen zum

[4] Auch scheint die Verordnung über die Lehrverpflichtung an Universitäten und Fachhochschulen (Lehrverpflichtungsverordnung – LVV) des Landes Nordrhein-Westfalen in Hinblick auf die Ausführlichkeit und Aktualität der Forderung nach Digitalisierung in Studium und Lehre diskussionswürdig: Der § 4 Absatz 6 der LVV trägt zwar den neuen, digitalen Lehr- und Lernformaten Rechnung, eine tiefergehende Ausformulierung von Forderungen bleibt jedoch aus. Dies ist in diesem Zusammenhang deshalb von besonderer Bedeutung, weil durch die Digitalisierung der Form der Lehre auch bei den Studierenden Aneignungsprozesse im tatsächlichen Umgang mit digitalen Medien angestoßen und somit eventuell vorhandene Hemmnisse abgebaut werden können.

Umgang mit den Herausforderungen und Chancen der Digitalisierung zu vermitteln und auf die geänderten Arbeitsanforderungen vorzubereiten. Eine empirische Bedarfsanalyse im Masterstudiengang Sozialmanagement der FH Münster hat diese Annahmen unterstrichen und den konkreten Bedarf aufgezeigt. Eine Befragung aller Studierenden des Masterstudiengangs Sozialmanagement an der FH Münster (N = 123) wurde im Frühjahr 2022 online mit der Software Evasys durchgeführt und erzielte einen Rücklauf von 46,3 % (n = 57). Alle Studierenden der Stichprobe sind gleichzeitig Berufstätige der Sozialen Arbeit. Bezogen auf die Stichprobe sind die Arbeitsfelder Arbeits- und Berufsförderung (14 %), Erwachsenenbildung (1,8 %), Kinder- und Jugendhilfe (38,6 %), Klinische Sozialarbeit (1,8 %), Migration und Flucht (5,3 %), Obdachlosenhilfe (3,5 %), Soziale Altenhilfe (3,5 %), Soziale Arbeit und Menschen mit Behinderung (15,8 %), Sucht- und Drogenhilfe (1,8 %) sowie weitere Arbeitsfelder (14 %) vertreten. Mehrheitlich haben die Befragten 9 Jahre oder mehr (58,2 %) Berufserfahrung. In öffentlicher Trägerschaft befinden sich 31,6 % der Befragten, in frei-gemeinnütziger 63,2 % und in privat-gewerblicher Trägerschaft 5,3 %. Die Ergebnisse der Befragung spiegeln damit einen Querschnitt aus unterschiedlichen Arbeitsfeldern (mit Schwerpunkten auf der Kinder- und Jugendhilfe sowie der Arbeit mit Menschen mit Behinderung) wider. Gleichzeitig ist mehrheitlich eine Berufserfahrung vorhanden, die nicht von den Besonderheiten eines Berufsanfangs gekennzeichnet ist. Auf einer Skala von 1 (sehr herausfordernd) bis 5 (überhaupt nicht herausfordernd) haben die Befragten unterschiedliche Herausforderungen durch Digitalisierung beurteilt. Von insgesamt 20 abgefragten Herausforderungen ist kein Item mit einem Mittelwert (mw) von über 2,9 bewertet worden. Daran ist abzulesen, dass Digitalisierung grundsätzlich von allen als Herausforderung wahrgenommen wird. Besonders hervorgestochen sind die Punkte *Umgang mit Datenschutz* (mw = 1,9) sowie *Herstellung von IT-Sicherheit* (mw = 2). An diesen Punkten wird beispielhaft auch die Querschnittsherausforderung deutlich, indem Fragen von IT-Sicherheit gleichsam personenbezogene Daten, betriebswirtschaftliche Kennzahlen sowie Informationen zu pädagogischen Konzepten und Arbeitsweisen betreffen. Gleichzeitig wurde deutlich, dass einige Einrichtungen auch bereits Opfer von IT-Angriffen geworden sind (keine Quantifizierung möglich, da diese Angabe in Freitextantworten ergänzt wurde). Eine anschließende Diskussion der Befragungsergebnisse mit ausgewählten Teilnehmenden – ohne Diskussionsregeln einer geordneten wissenschaftlichen Erhebung – hat dies bestätigt sowie ein unterschiedliches Ausmaß von IT-Angriffen auf die betroffenen Organisationen gezeigt. Aus Sorge vor schwindendem Vertrauen in die Organisation bei Klient*innen und Auftraggebenden sowie Kooperationspartner*innen wurde damit aber vielfach betont diskret umgegangen. Als weitere Herausforderungen sind in der Befragung die *Anleitung der Mitarbeiter*innen hinsichtlich digitaler Prozesse* (mw = 1,8) sowie der *Einsatz assistiver Technologien und Robotik* (mw = 1,8) hervorgestochen. Die *technische Ausstattung mit Endgeräten* (mw = 2,8) sowie der *Umgang mit digitalen Phänomenen wie Hate Speech, Fake News, Cybermobbing* (mw = 2,9) wurden als am wenigsten herausfordernd von den Befragten gekennzeichnet. Anhand der Ergebnisse ist deutlich erkennbar, dass die Auswirkungen der Digitalisierung auf Soziale Organisationen als Querschnittsherausforderung aller Steuerungsbereiche wahrgenommen werden muss.

Einschränkend ist zum Datensatz und den daraus gezogenen Schlüssen anzumerken, dass es sich lediglich um eine Erfassung im Studiengang Sozialmanagement der FH Münster handelt, um den spezifischen Bedarf des Studiengangs im Rahmen einer Weiterentwicklung des Curriculums zu eruieren. Es handelt sich dabei nicht um ein breit angelegtes Forschungsprojekt. Eine Repräsentativität für Sozialmanager*innen wurde nicht angestrebt. Vielmehr ist die Befragung als eine Felderkundung und Vorbereitung für weitergehende Studien zu werten. Gleichsam ist festzustellen, dass die Ergebnisse mit den theoretischen Diskursen zu Fragen von Digitalisierung in Sozialen Organisationen korrespondieren (siehe weiter oben).

3 Lösungsansatz

Für das Management von Sozialen Organisationen ist es mittlerweile unerlässlich, auf der Grundlage eines Orientierungswissens über die Entwicklungslinien der Digitalisierung im Sozialwesen die Bedeutung der technischen Abläufe und deren fachlich menschbezogenen Implikationen für das Organisationsgeschehen einschätzen und auf dieser Basis Entscheidungen vorbereiten und treffen zu können. Jedoch wird Digitalisierung bisher häufig isoliert in einzelnen Modulen der Sozialmanagement-Studiengänge bearbeitet. Die durch die Digitalisierung entstandenen neuen Arbeitsanforderungen schlagen sich allerdings in allen Arbeitsbereichen von Einrichtungen der Sozialen Arbeit nieder und müssen somit als Querschnittsthema in allen Modulen eines Sozialmanagement-Studiums Berücksichtigung finden. Ein isoliertes Modul zur Digitalisierung zum Sozialmanagement erscheint als nicht angemessen. Zu hoch ist die Gefahr, dass in nur einem Modul nicht hinreichend auf die Bedeutung von Digitalisierung in den unterschiedlichen Arbeitsbereichen hingewiesen werden kann. Darüber hinaus beschäftigen sich die Studierenden somit nur zur Laufzeit des Moduls mit dem

Thema und nur selten darüber hinaus. Vernetzung und Synergieeffekte bleiben aus.

Der Masterstudiengang Sozialmanagement der FH Münster hat diese Thematik erkannt und einen innovativen Lösungsansatz entwickelt. Im Rahmen der Verankerung von Digitalisierung als Querschnittsmodul soll erreicht werden, dass Studierende das Thema als Querschnittsthema im Rahmen des Studiums vermittelt bekommen und in die Lage versetzt werden, Digitalisierung über die Modulbereiche hinweg als integralen Bestandteil zu verstehen. Damit werden sie befähigt, Digitalisierungsstrategien und -konzepte im Rahmen der Leitung von Organisationen zu entwickeln und so gegenwärtigen und zukünftigen Herausforderungen proaktiv zu begegnen. Bei dem Modul geht es also nicht allein um die technische Seite von Digitalisierung und deren Handhabung im Kontext von Management, sondern auch um die Einbettung der technischen Abläufe in die gesamten Organisationsabläufe sowie um deren Bedeutung für fachliches Handeln und für das gesamte soziale Geschehen in Organisationen der Sozialen Arbeit. Um diesem Anspruch gerecht zu werden, hat die FH Münster in ihrem Masterstudiengang Sozialmanagement ein Konzept entworfen, indem das bisherige Modul „Sozialinformatik" durch das Querschnittmodul „Digitalisierung im Sozialmanagement" ersetzt wird und damit die ganzheitliche Betrachtung der Thematik festen Einzug in das Curriculum des Masterstudiengangs erhält. Damit wird ein Modul entwickelt, das einen Reflexionsrahmen zur Digitalisierung konsequent über die gesamte Laufzeit des Studiums vom 1. bis zum 5. Semester in den unterschiedlichen Modulbereichen – theoretisch wie praktisch – bildet. Somit wird dem Anspruch Rechnung getragen, dass Digitalisierung inhaltlich eine Querschnittsaufgabe ist, die sich auch in der Struktur des Wissenserwerbs als solche abbilden sollte.

Konkret ist folgende curriculare Durchführung geplant: In den ersten vier Fachsemestern wird es jeweils einen Präsenztag des neuen Querschnittmoduls geben. Hier wird das Thema vor dem Hintergrund der in den übrigen in dem entsprechenden Fachsemester behandelten Module und deren Inhalten anhand von Leitfragen reflektiert und entsprechende Handlungskompetenz erarbeitet und vermittelt. Dies geschieht allerdings nicht als reine Nachbetrachtung – vielmehr werden im Vorfeld der übrigen Module spezielle Arbeitsaufgaben hinsichtlich der digitalen Herausforderungen die Inhalte der jeweiligen Module betreffend gestellt. So wird eine ganzheitliche Auseinandersetzung der Thematik vor, während und am Ende des Semesters auch nach den jeweiligen Modulen erreicht. Dies geschieht zudem vor dem Hintergrund der jeweiligen Praxiserfahrungen der Studierenden sowie aktuellen Fragestellungen und Herausforderungen ihrer Organisationen. Durch den Einbezug der Lehrenden der übrigen Module bei der

Aufgabenstellung wird zudem auch ein Einbezug der Thematik aufseiten der Lehrenden erreicht (Bsp. dazu siehe Abb. 2).

Im abschließenden 5. Fachsemester wird das Querschnittmodul mit einer Prüfung abgeschlossen. Bei der Konzeptionierung des Moduls wird darauf geachtet, dass die Laufzeit über fünf Semester im Sinne der Studienakkreditierungsverordnung NRW keinen nachteiligen Effekt auf die inhaltliche Binnenstrukturierung des Studiengangs oder aber eine eingeschränkte Mobilität für die Studierenden hat.

Theoretisch greift das Konzept auf die Erkenntnisse zum Lernen von Illeris zurück (Hauptwerk „How We Learn" 2007, verschiedene kürzere Versionen 2006, 2009). Er stellt darin dar, dass Lernen traditionell als der Prozess definiert wurde, durch den ein Individuum Wissen, Fertigkeiten und möglicherweise auch Einstellungen und Meinungen erwirbt. Fachlich wurde dies dem Bereich der kognitiven Psychologie zugeordnet, zusammen mit Bereichen wie Wahrnehmung, Denken und Gedächtnis. In den letzten Jahrzehnten haben jedoch mehrere Autor*innen diese Auffassung infrage gestellt. In erster Linie wird konstatiert, dass Lernen grundsätzlich als ein sozialer Prozess zu betrachten ist, der in der Interaktion zwischen Menschen stattfindet, beispielsweise in verschiedenen praktischen Situationen (vgl. Lave & Wenger 1991) oder allgemeiner und ausschließlich im Rahmen der sogenannten sozialkonstruktivistischen Sichtweise (vgl. Gergen 1994; Burr 2003). Daraus ergibt sich die Frage, ob die Fähigkeit zu lernen allein Individuen vorbehalten ist oder ob angenommen werden kann, dass auch Gruppen, Unternehmen, Organisationen und vielleicht sogar Nationen über die Fähigkeit zum Lernen verfügen. Sowohl die traditionelle Auffassung, dass Lernen ein innerpsychischer Prozess des Individuums ist, wie sie von der klassischen Lernpsychologie vertreten wird, als auch die Auffassung, dass Lernen ausschließlich ein sozialer Prozess ist, wie sie von den Sozialkonstruktivisten vertreten wird, führen jedoch zu falschen Schlussfolgerungen. Vielmehr geht es darum, dass menschliches Lernen immer beide Elemente gleichzeitig beinhaltet: Durch die soziale Interaktion zwischen dem Individuum und seiner Umwelt erhält das Individuum Einflüsse oder Impulse, die es durch innerpsychische Verarbeitungs- und Aneignungsprozesse aufnehmen kann. Nur wenn sowohl die Interaktionsprozesse als auch die Aneignungsprozesse aktiv sind, findet Lernen statt. Das bedeutet, dass an den Lernprozessen immer eine Form von direkter oder indirekter Interaktion, Sozialität, Gemeinschaft oder Kollektivität beteiligt ist. Selbst wenn ein Individuum in einer aktuellen Situation allein ist, sind die von der Umwelt empfangenen Einflüsse sozial mitbestimmt, und wenn der Einfluss durch Lektüre, elektronische Medien, Bilder, Architektur usw. vermittelt

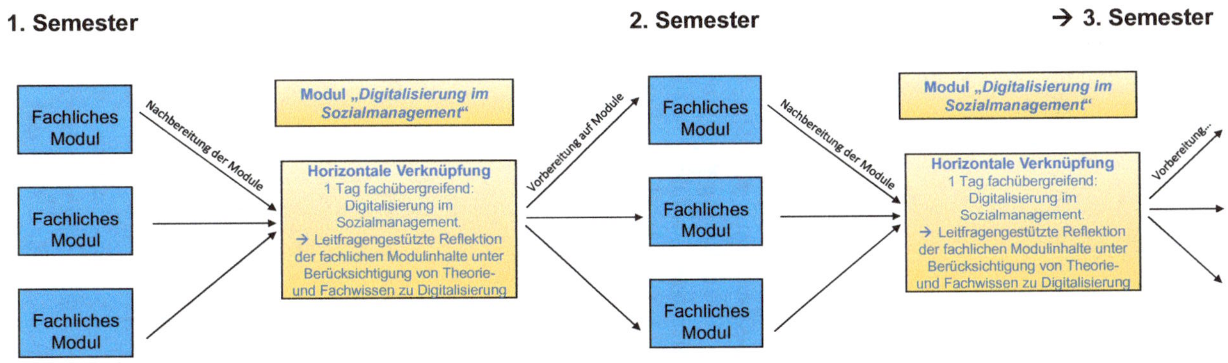

Abb. 2 Verzahnung des Moduls „Digitalisierung im Sozialmanagement“ als Querschnittsmodul zu den Fachmodulen, Überblicksansicht im Studiengangsverlauf

wird, sind ein oder mehrere spezifische Einflüsse auch indirekt vorhanden (vgl. Illeris 2011, S. 11).

Ein passender Ansatz, um Interaktionsprozesse als Aneignungsprozesse aktiv zu gestalten, ist das Konzept der reflexiven Praxis (vgl. Bräuer 2016). Im Rahmen des Moduls wird unter Rückgriff auf das Konzept in der Lehre die selbst- oder fremdgesteuerte Anregung zur Betrachtung einer bestimmten (eigenen oder fremden) Aktivität unter dem Gesichtspunkt der Effizienz des Handelns und/oder des Handlungsergebnisses verstanden (vgl. Bräuer 2016, S. 21). Dies wird umgesetzt, indem Studierende zur Reflexion über Erkenntnisgegenstände, aber auch über ihren eigenen Lernprozess angeregt werden. Damit werden diese sichtbar und für Feedback und Dialog zugänglich. Das Konzept der reflexiven Praxis fördert dabei die Kommunikation zwischen Lehrenden und Studierenden und provoziert damit eine für den Lernerfolg wichtige Beziehungsgestaltung (vgl. ebd.) als Interaktionsprozess (vgl. Illeris 2011, S. 11). Um nicht auf einer Ebene der Wissensrekonstruktion, dem sogenanntem surface learning (dt. oberflächliches Lernen) zu verbleiben, wird auf die Verwendung von ausschließlich Klausuren, Referate und Präsentationen am Ende des Semesters verzichtet. Vielmehr wird die Lehre durch reflexive Praxis und der dualen Verknüpfung mit Einsatzfeldern am tatsächlichen und berufszielorientierten Bedarf von Studierenden ausgerichtet und damit das sogenannte deep learning (dt. tiefgehendes Lernen) angeregt. Dies soll erreicht werden, indem Studierende kontinuierlich und aufeinander aufbauend durch das gesamte Studium hinweg durch Arbeitsformen wie z. B. praxisbezogene Aufgaben, Social-Video-Learning, Literacy Management, Portfolioarbeit und Glossar auf die Modulabschlussprüfung am Ende des Studiums vorbereitet werden und durch Peer-Feedback sowie Feedback von Lehrenden die Aufgaben und Lerninhalte als persönlich bedeutsam erleben. Damit erhalten diese das Potential, den Transfer zwischen Studium und Beruf nachhaltig zu bewerkstelligen (vgl. Bräuer 2016, S. 22; Illeris 2011, S. 11). Konkret wird sich dabei an dem von Bräuer (2016) vorgeschlagenen Konzept zur reflexiven Praxis orientiert, in dem über spezielle Aufgabenarten zur Primärreflexion (Schwerpunkt liegt auf Dokumentation) und Aufgabenarten zur Sekundärreflexion (Schwerpunkt liegt auf Analyse und Interpretation) systematisch unterschiedliche Ebenen der Reflexion durchlaufen werden (siehe Abb. 3).

Es werden damit Erkenntnisse zum Konstruktionsprozess von Wissen berücksichtigt, wonach dieser in zwei Phasen eingeteilt werden kann: einer subjektiven Phase, indem sich Lernende Inhalte (Primärreflexion) aneignen und einer sozialkommunikativen Phase (Sekundärreflexion), in der subjektives Wissen mit anderen geteilt wird (vgl. Macke et al. 2016, S. 38). Ausgehend von einem „privaten

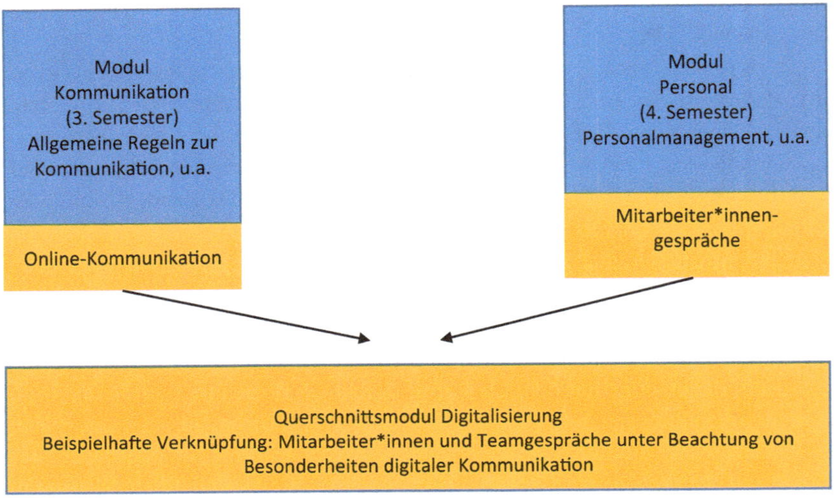

Abb. 3 Verzahnung des Moduls „Digitalisierung im Sozialmanagement" als Querschnittsmodul zu den Fachmodulen, Beispielansicht an zwei Modulen

Diskurs" schlägt Bräuer dazu konkrete Aufgaben vor, die unterschiedlich miteinander kombiniert werden können, wie z. B. Blog, Forum und Wiki (vgl. Bräuer 2016, S. 107 ff.). Die unterschiedlichen Aufgaben werden dabei in einem (E-) Portfolio und zum „öffentlichen Diskurs" zusammengeführt und für die gesamte Community der Lernenden sowie Lehrpersonen veröffentlicht.

Zusätzlich wird Blended Learning und Hybride Lehre in dem Modul verwendet, um auch den Aneignungsprozess im tatsächlichen Umgang mit digitalen Medien anzustoßen und somit eventuell vorhandene Hemmnisse abzubauen. Im Rahmen von Studium und Lehre können dabei bspw. die folgenden elektronischen/medialen Lehr- und Lernformen einbezogen werden:

- Reflecting Teams Online (Online-Diskussionsmethode), entwickelt 2015 von Schranz und Löhe (damals noch unter dem Namen Vazquez) an der Hochschule Koblenz
- Podcast (sehen + hören)
- Virtuelle Klassenzimmer
- Live-Streaming von Seminaren, ggf. auch als MOOC's (hochschulübergreifend)
- Online-Coaching

- E-Portfolio (strukturierte Reflexion z. B. von Methoden-, Sach- und Führungskompetenz, etc.)
- Glossar
- Wiki
- Wissenschaftliche Forendiskussion
- Blog
- Praxisaufgaben und Peer-Reflexion
- Selbst erstellte Flipped-Classrooms

Bezüglich der in dem Modul zu vermittelnden Kompetenzen für Sozialmanager*innen hinsichtlich des digitalen Wandels und der Administration digitaler Prozesse wurde im Rahmen eines an der FH Münster bewilligten Projekts „Digitalisierung im Sozialmanagement – Das Curriculum zukunftsfähig machen" eine Bedarfsanalyse erhoben. Auf der Grundlage des damit erarbeiteten Kompetenzprofils erfolgte die Konzipierung des Querschnittmoduls. Die Fortschreibung und Aktualisierung von Inhalten und Methoden des Moduls werden nach einer ersten Implementierung als wichtige Elemente einer prozesshaften, dynamischen und gleichermaßen wissenschaftlichen wie praxisrelevanten Modulgestaltung anerkannt.

Es ist davon auszugehen, dass von dem zuvor dargestellten Lösungsansatz in erster und unmittelbarer Form alle Studierenden des Masterstudiengangs Sozialmanagement profitieren. Die Verbindung zwischen theoretisch Gelerntem sowie beruflichen Erfahrungen und Kenntnissen der Teilnehmer*innen bedient entscheidend den Weiterbildungscharakter des Studiums. Diese Verknüpfung ist besonders bedeutsam für die Entwicklung von Managementkompetenzen, also für die Herausbildung nicht nur von relevantem Managementwissen, sondern für die Entwicklung der Fähigkeit, das erworbene Wissen auch in Können und berufliche Haltungen zu transformieren. Darüber hinaus werden ebenso langfristig positive Wirkungen für die Organisationen, in denen die Studierenden hineinwirken, entstehen. Die Ausprägung der benötigten Kompetenzen von Fach- und Führungskräften für eine Welt des Wandels und der Digitalisierung werden auch in den kommenden Jahren nicht an Relevanz verlieren. Der hier vorgeschlagenen Lösungsansatz – die Veränderung des Curriculums – ist damit auch eine Antwort auf die Lehre der benötigten digitalen und nicht digitalen (Schlüssel-) Kompetenzen, die im Future-Skills-Framework beschrieben werden.

Literatur

Apollonio, L., Kletzl, H., & Wächter, B. (2020). *Digitale Arbeitswelten von helfenden Berufen*. Walhalla Fachverlag.

Bräuer, G. (2016). *Das Portfolio als Reflexionsmedium für Lehrende und Studierende*. utb.

Budde, J. (2021). Der digitale Wandel als Motor der Hochschulentwicklung – Strategiemuster für die Digitalisierung der Hochschullehre. In Hochschulforum Digitalisierung (Hrsg.), *Digitalisierung in Studium und Lehre gemeinsam gestalten. Innovative Formate, Strategien und Netzwerke* (S. 165–180). Springer VS.

Burr, V. (2003). *Social Constructionism*. Routledge.

Carr, C. T. (2020). CMC is Dead, Long Live CMC!. Situating Computer-Mediated Communication Scholarship beyond the Digital Age. *Journal of Computer-Mediated Communication*, 25(1), (S. 9–22).

Dufft, N., Kreutter, P., Peters, S., & Olfe, F. (2017). Digitalisierung in Non-Profit-Organisationen. Kultur und Kompetenzen im digitalen Wandel. https://www.betterplace-lab.org/digitalisierung-in-nonprofit-organisationen. Zugegriffen: 13. Mai 2022.

FINSOZ (o.J.). Der Verband. Zukunft. Digital. Sozial. Gemeinsam mehr erreichen. https://www.finsoz.de/verband. Zugegriffen: 13. Mai 2022.

FINSOZ e.V. (2017). *Positionspapier. Digitalisierung der Sozialwirtschaft*.

Gergen, K. J. (1994). *Realities and Relationships*. Harvard University.

Grünewald, S. (2020). *Studiengänge in der Digitalisierung. Baustelle Curriculumentwicklung. Arbeitspapier Nr. 52*. Hochschulforum Digitalisierung.

Helbig, C., & Roeske, A. (2020). Digitalisierung in Studium und Weiterbildung der Sozialen Arbeit. In N. Kutscher, T. Ley, U. Seelmeyer, F. Siller, A. Tillmann, & I. Zorn (Hrsg.), *Handbuch Soziale Arbeit und Digitalisierung* (S. 333–346). Beltz Juventa.

Hölzle, C. (2017). *Personalmanagement in Einrichtungen der Sozialen Arbeit. Grundlagen und Instrumente*. Beltz Juventa.

Illeris, K. (2011). *The Fundamentals of Workplace Learning: Understanding how People Learn in Working Life*. Taylor & Francis Group.

Kopf, H., & Schmolze-Krahn, R. (2018). Zwischen Tradition und Digitalisierung – Unternehmenskulturen sozialer Organisationen im Wandel. In H. Kreidenweis (Hrsg.), *Digitaler Wandel in der Sozialwirtschaft. Grundlagen – Strategien – Praxis* (S. 81–102). Nomos.

Kreidenweis, H. (2018). *Digitaler Wandel in der Sozialwirtschaft. Grundlagen – Strategien – Praxis*. Nomos.

Kreidenweis, H. (2020). Digitalisierung der Sozialwirtschaft - Herausforderungen für das Management sozialer Organisationen. In N. Kutscher, T. Ley, U. Seelmeyer, F. Siller, A. Tillmann, & I. Zorn (Hrsg.), *Handbuch Soziale Arbeit und Digitalisierung* (S. 390–401). Beltz Juventa.

Kultusministerkonferenz (2019). Empfehlungen zur Digitalisierung in der Hochschullehre. Beschluss der Kultusministerkonferenz vom 14.03.2019. https://www.kmk.org/fileadmin/Dateien/veroeffentlichungen_beschluesse/2019/2019_03_14-Digitalisierung-Hochschullehre.pdf. Zugegriffen: 18. Mai 2022.

Lave, J., & Wenger, E. (1991). *Situated Learning: Legitimate Peripheral Participation*. Cambridge University Press.

Linnemann, G., Tappe, E.-H., & Löhe, J. (2022). Digitalisierung in der Arbeitswelt. In P. Ozimek, H.-W. Bierhoff, E. Rohmann & S. Hanke (Hrsg.), *Angewandte Sozialpsychologie. Ein Lehrbuch* (S. 225–240). Kohlhammer

Löhe, J., & Aldendorff, P. (2022). *Grundlagen zum Sozialmanagement. Zentrale Begriffe und Handlungsansätze.* Vandenhoeck & Ruprecht.

Macke, G., Hanke, U., Viehmann-Schweizer, P., & Raether, W. (2016). *Kompetenzorientierte Hochschuldidaktik. Lehren – vortragen – prüfen – beraten.* Beltz.

Merchel, J. (2015). *Management in Organisationen der Sozialen Arbeit. Eine Einführung.* Beltz Juventa.

Meyer-Guckel, V., Klier, J., Kirchherr, J., & Winde, M. (2019). *Future Skills: Strategische Potenziale für Hochschulen.* Stifterverband für die Deutsche Wissenschaft e.V. (Hrsg.). Diskussionspapier 3. https://www.future-skills.net/analysen/strategische-potenziale-fuer-hochschulen. Zugegriffen: 15. Mai 2022.

Pölzl, A., & Wächter, B. (2019). *Digitale (R)Evolution in Sozialen Unternehmen.* Walhalla Fachverlag.

Schönauer, A.-L., Schneiders, K., & Hoose, F. (2021). Akzeptanz und Nutzung digitaler Technologien in der Sozialen Arbeit. In C. Freier, J. König, A. Manzeschke & B. Städtler-Mach, (Hrsg.), *Gegenwart und Zukunft sozialer Dienstleistungsarbeit. Chancen und Risiken der Digitalisierung in der Sozialwirtschaft* (S. 49–60). Springer VS.

Seidl, T., & Michel, A. (2021). Curriculumentwicklung im Zeitalter der Digitalisierung:
Rahmenbedingungen, Herausforderungen, Formate und Inhalte. In Hochschulforum Digitalisierung (Hrsg.), *Digitalisierung in Studium und Lehre gemeinsam gestalten. Innovative Formate, Strategien und Netzwerke* (S. 413–430). Springer VS.

Stifterverband für die Deutsche Wissenschaft e.V. (Hrsg.). (2022). Hochschulbildung in der Transformation. Ein Fazit nach zehn Jahren Bildungsinitiative. https://www.hochschulbildungsreport.de/sites/hsbr/files/hochschul-bildungs-report_abschlussbericht_2022.pdf. Zugegriffen: 18. Mai 2022.

Stüwe, G., & Ermel, N. (2019). *Lehrbuch Soziale Arbeit und Digitalisierung.* Beltz Juventa.

Yao, M. Z., & Ling, R. (2020). "What is Computer-Mediated Communication?"— An Introduction to the Special Issue. *Journal of Computer-Mediated Communication*, 25(1). (S. 4–8).

Philipp Aldendorff, M.A. (aldendorff@fh-muenster.de) Philipp Aldendorff, M.A. Sozialmanagement, ist wissenschaftlicher Mitarbeiter an der FH Münster. Zuvor war er u. a. in der Eingliederungshilfe sowie der professionellen Ehrenamtsarbeit und zuletzt als Geschäftsführer eines Trägers der Arbeitsförderung tätig. Im Rahmen seiner wissenschaftlichen Tätigkeit beschäftigt sich Herr Aldendorff mit Prozessmanagement und Digitalisierung im Sozialmanagement. Zurzeit promoviert er zu den Auswirkungen der Digitalisierung auf Soziale Organisationen.

Julian Löhe, Prof. Dr. (loehe@fh-muenster.de) Prof. Dr. Julian Löhe ist Coach/Supervisor (DGSv), Sozialarbeiter und Professor für Organisation und Management an der FH Münster und leitet den Masterstudiengang Sozialmanagement. Er ist Gründungsmitglied und Sprecher der AG Digitalisierung am Fachbereich Sozialwesen der FH Münster und begleitet Organisationen bei Organisationsentwicklungsprozessen unterschiedlicher Art.

Digital-soziale Kinder- und Jugendarbeit: Anforderungen und Weiterbildungsbedarfe

Christiane Reischl, Max Kölbl und Marie-Therese Sagl

Inhaltsverzeichnis

1 Einleitung

Der digitale Wandel bringt Veränderungen in der sozialen Realität mit sich. Besonders deutlich zeigt sich das im Bereich der Kommunikation, die inzwischen für viele Altersgruppen zu einem großen Teil digital stattfindet (siehe dazu

C. Reischl (✉) · M.-T. Sagl
FH JOANNEUM, Institut Soziale Arbeit, Graz, Österreich
E-Mail: christiane.reischl@gmx.at

M.-T. Sagl
E-Mail: marie-therese.sagl@fh-joanneum.at

M. Kölbl
Escuela de Negocios, Universidad Mayor, Santiago de Chile, Chile
E-Mail: m-koelbl@posteo.de

B. Schmidtke et al. (Hrsg.), *Sozial - Innovativ - Nachhaltig*, Perspektiven Sozialwirtschaft und Sozialmanagement,
https://doi.org/10.1007/978-3-658-42847-1_4

z. B. Fromme 2015; Pelikan & Rehm 2018). Kommunikation mit unterschiedlichen Zielgruppen in prekären Lebenslagen ist ein großer Bestandteil der Sozialen Arbeit, weshalb sich die Profession laufend verändert und weiterentwickelt. Die digitale Transformation vieler verschiedener Lebensbereiche trägt in den letzten Jahren dazu bei, dass auch die Soziale Arbeit selbst schrittweise digitaler wurde und wird (dazu auch Kreidenweis 2017, 2018). Besonders durch die Pandemie beschleunigte sich diese Dynamik rasant (vgl. Seelmeyer & Kutscher 2021, S. 17).

Kinder und Jugendliche sind die Zielgruppe, für die Digitalisierung am greifbarsten ist (vgl. Mayrhofer & Neuburg 2019, S. 5). Sie werden oft als *Digital Natives*[1] bezeichnet, d. h. sie wachsen mit digitalen Tools sowie in digitalen Räumen auf und sind angesichts der sich ständig weiterentwickelnden digitalen Umgebungen anpassungs- und lernfähig. Die Nutzung von digitalen Medien (Social Media, Videospiele etc.) ist für viele Kinder und Jugendliche eine Selbstverständlichkeit und neue Tools und Trends werden schnell aufgegriffen (vgl. Evans 2020, S. 272). Für die Kinder- und Jugendarbeit (KiJuA) stellt dies eine große Herausforderung dar, aus der sich mehrere Spannungsfelder ergeben.

Das erste Spannungsfeld betrifft eines der Fundamente der Sozialen Arbeit, das Prinzip der Lebensweltorientierung (ausführlich dazu Thiersch 2014), welches genauso wie neue medienpädagogische Ansätze die Auseinandersetzung der Fachkräfte mit digitalen Tools/Medien nahelegt. Die Lebensweltorientierung verlangt von Fachkräften mit der Erweiterung der jugendlichen Lebenswelten um digitale Räume schrittzuhalten und eine offene Haltung diesbezüglich einzunehmen (vgl. Brock und Fritzsche 2022, S. 6, 10). Problematisch ist in diesem Zusammenhang aber, dass manche Fachkräfte im Sozialbereich keine besondere Affinität für digitale Medien haben und der Thematik eher kritisch gegenüberstehen (vgl. Brandt 2021, S. 117; Zorn & Seelmeyer 2015, S. 143). Gleichzeitig ist ein Auftrag der medienpädagogischen KiJuA der Zielgruppe eine kritische Haltung gegenüber (digitalen) Medien beizubringen, d. h. beispielsweise Informationen zu hinterfragen und zu verstehen (vgl. Bröckling 2018, S. 87; Bundeskanzleramt o. J.).

Das zweite Spannungsfeld besteht auf Ebene der Auftraggebenden der KiJuA. Bis heute gibt es keinen einheitlichen, strukturierten Auftrag für digital-soziale KiJuA in Österreich. Erst durch die Pandemie sind erste Leitfäden und -linien auch landes- bzw. bundesweit entstanden, die aber als Empfehlungen zu

---

[1] Demgegenüber steht das Konzept der *Digital Naives*, das jugendliche Nutzer*innen beschreibt, die sich allzu sorgenfrei, unreflektiert und unbedacht im Internet bewegen (vgl. Koubek 2016) und damit deutlich machen, wie wichtig es auch für diese Generation ist, Medieninhalte kritisch zu betrachten.

interpretieren sind (einige davon zu finden unter: Amt der Steiermärkischen Landesregierung 2021; bOJA 2021; Findenig et al. 2022). Diesen Entwicklungen ist zu entnehmen, dass digitale KiJuA in der Praxis bewusst umgesetzt werden muss, um die Zielgruppe adäquat zu erreichen, da diese sich zu einem großen Teil im digitalen Raum bewegt.

Wird jedoch digitaler KiJuA, ob nun von Auftraggebenden vorgesehen oder als Eigenengagement der Mitarbeiter*innen entstanden, ernst genommen, wird ein drittes Spannungsfeld sichtbar: Die Umsetzung digitaler Sozialer Arbeit konform arbeitsrechtlicher Vorgaben sowie dem europäischen und österreichischen Datenschutz entsprechend. Zum einen sind Jugendliche sehr oft abends online erreichbar, d. h. in der Praxis zeigt sich die Notwendigkeit einer flexiblen Gestaltung von Arbeitszeiten, welche dies berücksichtigt. Zum anderen ergeben sich rechtliche Schwierigkeiten aufgrund der Datenschutzgrundverordnung (DSGVO), da Träger*innenorganisationen die Nutzung bestimmter Dienste in der Kommunikation mit Jugendlichen (z. B. WhatsApp) untersagen, weil sie den Mindeststandards nicht gerecht werden. Jedoch befinden sich Kinder und Jugendliche genau auf diesen Plattformen und eine strenge Befolgung des Datenschutzes würde somit an der sozialen Realität vorbeiführen (vgl. Stainer 2020, S. 308 f.).

Neben all diesen Herausforderungen der digitalen KiJuA besteht eine Notwendigkeit für die Integration der Thematik in die Grundausbildung sozialer Berufe sowie in berufliche Weiterbildungskonzepte (vgl. Späte 2022, S. 15–18). Zwar gibt es bereits vereinzelt digitale Themenschwerpunkte an den Instituten Sozialer Arbeit österreichischer Fachhochschulen und auch zahlreiche Weiterbildungen zum Thema finden statt (siehe bOJA 2022), jedoch steht aufgrund der viel diskutierten Problematik die Vermutung im Raum, dass diese Angebote den Bedarf an Wegen zur Vermittlung von digitalen Kompetenzen nicht ausreichend abdecken.

Das in diesem Beitrag beschriebene Forschungsprojekt[2] adressierte den digitalen Wandel in der KiJuA und die damit einhergehenden Problemstellungen. Themenschwerpunkte, denen nachgegangen wurde, waren die neuen Anforderungen, die für Fachkräfte entstehen sowie die Qualifizierungsbedarfe, die sich daraus ergeben. Bezugnehmend auf die dargestellten Spannungsfelder präsentiert dieser Beitrag zum einen empirische Befunde aus der digital-sozialen Praxis in puncto neue Anforderungen und Kompetenzerwerbsbedarfe. Zum anderen werden erste Ideen für künftige Weiterbildungen skizziert.

[2] Alle Informationen zum Projekt sowie der offizielle Endbericht sind unter SUDOKU – Digitalisierung in der Sozialen Arbeit mit Kindern und Jugendlichen abrufbar.

Der Beitrag ist wie folgt strukturiert: Der Einleitung folgend werden in Abschn. 2 die leitenden Forschungsfragen und angewandte Methoden beschrieben. Abschn. 3 widmet sich den Ergebnissen zu Anforderungen und Qualifizierungsbedarfen sowie der Skizzierung von drei Ideen für berufliche Weiterbildungen. Abschn. 4 diskutiert die Ergebnisse in Verbindung mit den eingangs dargelegten Spannungsfeldern. Limitationen der Studie sowie Ausblicke auf weitere nötige Aktivitäten finden sich in Abschn. 5.

2 Methoden

Ausgehend von den Veränderungen des Arbeitsalltags in der KiJuA durch Digitalisierungsprozesse wurden folgende Forschungsfragen formuliert:

1. Welche neuen Anforderungen an Beschäftigte der KiJuA in der Steiermark sind durch digitale Technologien entstanden?
2. Welche Kompetenzen sind notwendig, um diesen neuen Anforderungen gerecht zu werden[3]?

Um diese Fragestellungen zu beantworten, wurde ein Mixed-Methods-Design gewählt, welches aus Workshops, Fokusgruppen sowie einer quantitativen Online-Umfrage bestand. Der erste Workshop, an dem zehn Personen teilnahmen, fand zu Beginn der Studie mit Führungskräften der KiJuA sowie Expert*innen zu Digitalisierung im Feld statt. Aus Sicht der Teilnehmer*innen wurden neu entstandene Anforderungen für Fachkräfte sowie notwendige Kompetenzen diskutiert. Basierend auf den Ergebnissen dieses Workshops wurden Fokusgruppen mit Fachkräften der Offenen Jugendarbeit (OJA) und der Kinder- und Jugendhilfe (KiJH) durchgeführt. In den Fokusgruppen wurde darauf geachtet sowohl hinsichtlich des Handlungsfeldes als auch des Geschlechts Ausgewogenheit herzustellen[4]. Es fanden schließlich drei Fokusgruppen mit folgender Verteilung in Bezug auf Geschlecht und Handlungsfeld statt: Sieben Frauen und neun Männer sowie zehn Fachkräfte aus der OJA und sechs aus der KiJH. Aufbauend auf

[3] Zusätzlich zu diesen beiden Forschungsfragen wurde danach gefragt, wie Beschäftigte mit neuen Anforderungen umgehen und wie digital-soziale KiJuA in der Steiermark bisher im Sinne von Good-Practices funktioniert. Auf diese Fragen wird im Rahmen dieses Beitrags nicht eingegangen. Ergebnisse zu diesen Aspekten finden sich in Kölbl et al. (2022).

[4] Bei der Rekrutierung von Teilnehmer*innen wurde darauf geachtet, nicht nur digital-affine Personen, sondern v. a. auch Personen, die mit digitalen Veränderungen hadern, einzubeziehen.

diesem Schritt wurde eine quantitative Umfrage mit Fachkräften der steirischen OJA durchgeführt, um explizit auf Anforderungen und Weiterbildungsbedarfe der gesamten OJA einzugehen[5]. Für die Teilnahme an der Umfrage wurden alle 71 steirischen Einrichtungen der OJA mit ca. 210 Mitarbeiter*innen kontaktiert, wovon 92 Personen teilnahmen und davon 67 den Fragebogen vollständig ausfüllten. Soziodemographisch charakterisieren sich die Teilnehmer*innen wie folgt: 63 % weiblich, 36 % männlich, 1 % divers; 36 % zwischen 20 und 30 Jahren, 46 % zwischen 31 und 40 Jahren, 17 % zwischen 41 und 50 Jahren, 1 % keine Angabe. Schließlich fand ein zweiter Workshop mit Führungskräften der KiJuA und Expert*innen statt, in welchem alle Ergebnisse kommunikativ validiert sowie drei Ideenskizzen für Weiterbildungen erarbeitet wurden. An diesem abschließenden Workshop nahmen zwölf Expert*innen und Führungskräfte aus der KiJuA teil. Die qualitativen empirischen Schritte (Workshopdiskussionen, Fokusgruppen) wurden aufgenommen und transkribiert sowie protokolliert und mittels qualitativer Inhaltsanalyse nach Kuckartz ausgewertet (vgl. Kuckartz 2018, S. 97 ff.). Mit den Daten aus der Umfrage wurden univariate und bivariate[6] statistische Analysen durchgeführt.

3 Ergebnisse

Dieser Abschnitt behandelt Ergebnisse zu neuen Anforderungen und Weiterbildungsbedarfen aus unterschiedlichen Perspektiven. Zu den Anforderungen wird sowohl auf die Sicht von Führungskräften als auch auf die der Fachkräfte selbst eingegangen. Zu den Weiterbildungsbedarfen werden ausschließlich die Ergebnisse der Fokusgruppen und der Umfrage, also die Fachkräfteperspektive, dargelegt. Der dritte Schwerpunkt behandelt Ideen zu Weiterbildungen, die in einem Workshop mit Führungskräften erarbeitet wurden.

[5] Die Einschränkung auf Fachkräfte der OJA erfolgte aufgrund eines zentralen Registers aller OJA-Einrichtungen über den Steirischen Dachverband für OJA. Ein solches Register gibt es für Einrichtungen der KiJH nicht, weshalb es schwer möglich gewesen wäre, repräsentative Ergebnisse zu erhalten.

[6] Es wurden Kreuztabellenanalysen mit Chi^2-Tests sowie Korrelationsanalysen durchgeführt.

3.1 Neue Anforderungen in der KiJuA durch Digitalisierungsprozesse

Ein besonders herausfordernder Faktor, welcher während der Pandemie sichtbar wurde, sind fehlende Ressourcen. Aufgrund veralteter technischer Ausstattung oder fehlender zeitlicher Ressourcen, sowohl zur Umsetzung digitaler Arbeit als auch zur Weiterbildung in digitalen Agenden, kann digital-soziale Arbeit teilweise nicht oder nur unzufriedenstellend umgesetzt werden. Diese Ressourcen hängen wesentlich von einem klaren, einheitlichen Auftrag für digitale KiJuA ab, der in Österreich bis jetzt nicht existiert. Aus dem fehlenden Auftrag resultieren unklare Regelungen im Sinne der Arbeitsorganisation: Ein Problem hierbei ist die Grenze zwischen Arbeit und Privatleben der Fachkräfte, die in digitalen Räumen immer wieder verschwimmt, indem sich Kinder und Jugendliche abends bei Fachkräften melden und Antworten erwarten. Verschärft wird diese Problematik, wenn die Arbeitsaufteilung im Team Schwierigkeiten hinsichtlich gelingender digitaler KiJuA bereitet. Häufig sind es digital affine Mitarbeiter*innen, die für digitale Agenden eingeteilt werden, während digital Nichtaffine diesen Arbeitsbereich eher meiden.

Der Datenschutz stellt eine weitere Herausforderung dar. Einerseits besitzen Fachkräfte oft nicht die Expertise hinsichtlich ihrer Möglichkeiten, digitale Technologien und Internet in der KiJuA unter Einhaltung aller rechtlichen Vorgaben selbst zu verwenden, andererseits gibt es in diesem Bereich große Grauzonen, die auch von Expert*innen nicht immer klar einzuschätzen sind. Mögliche Verletzungen rechtlicher Vorgaben sorgen deshalb in vielen Fällen für Ängste und verhindern, dass Fachkräfte sich auf digitale KiJuA einlassen.

Die Auseinandersetzung mit den digitalen Kenntnissen der Zielgruppe macht eine weitere Anforderung sichtbar: Kinder und Jugendliche sind im Umgang mit sozialen Medien oft sehr kompetent, alles, was darüber hinausgeht, übersteigt jedoch ihr Wissen und Können. Statt *Digital Natives* haben es Fachkräfte häufig mit *Digital Naives* zu tun und stehen vor der Herausforderung sowohl Grundlagenkenntnisse im Umgang mit digitalen Technologien sowie kritische Perspektiven auf digitale Inhalte zu vermitteln. Nicht unberücksichtigt bleiben darf außerdem, dass Kinder und Jugendliche aus prekären Verhältnissen häufig nicht über adäquate technische Ausstattung verfügen und deshalb digital gar nicht erreicht werden können. Dieser *Digital Divide* muss den Fachkräften bewusst und von ihnen adressiert werden.

Als konkrete Anforderungen digital-sozialer KiJuA wurden mehrere Kompetenzkategorien diskutiert. Persönliche Kompetenzen die Fachkräfte haben sollten, sind eine generelle Offenheit gegenüber und Neugierde für digitale Jugendkulturen. Da man im digitalen Setting im Sinne von *Trial-and-Error* viel ausprobieren muss, ist außerdem Mut zum Scheitern und eine gewisse Frustrationstoleranz nötig. Ist man selbst digital aktiv und im Netz präsent, ist weiters eine Selbstreflexionsfähigkeit über das Selbstbildnis im digitalen Raum wichtig. Bei sozialen Kompetenzen wurde die digitale Kommunikationskompetenz angesprochen. Damit ist die Fähigkeit, Kontakt zur Zielgruppe herzustellen und aufrechterhalten zu können, gemeint. Hinsichtlich Fachkompetenzen ist Grundlagenwissen zu und ein routinierter Umgang mit Computern, Smartphones und gängigen Apps nötig. Auch beim Datenschutz in Verbindung mit relevanten digitalen Aktivitäten sind Grundkenntnisse wichtig. Eine weitere nötige Fachkompetenz ist außerdem die Medienpädagogik, v. a. ein Verständnis für die Logik sozialer Medien (Digital Literacy). Dafür ist geschultes Hintergrundwissen zur grundlegenden Funktionsweise von Algorithmen sozialer Medien essenziell.

Eine Besonderheit des schnellen Digitalisierungsschubs während der Pandemie war die Umstellung von direkter Klient*innenarbeit auf digitale Medien. Es wurde notwendig, analoge Arbeitsschritte von einem Tag auf den anderen in den digitalen Raum zu verlagern. Oft fehlten dazu aber die notwendigen Kompetenzen, wie z. B. Hilfegespräche online durchzuführen oder Chatkommunikation moderieren zu können. Da solche Arbeitsbereiche zumindest teilweise weiterhin digital stattfinden, stellen sich diese Anforderungen auch weiterhin.

Basierend auf den qualitativen Ergebnissen zu Herausforderungen und Anforderungen der digital-sozialen KiJuA wurde im Rahmen der quantitativen Umfrage danach gefragt, welche Faktoren die Fachkräfte der OJA für ein Gelingen der digitalen Arbeit wichtig finden. Abb. 1 stellt die Ergebnisse dar.

3.2 Weiterbildungsbedarfe

In den Fokusgruppen wurde danach gefragt, zu welchen digitalen Themen Weiterbildungen gewünscht werden. Die folgenden Punkte wurden genannt: Umgang mit Grafikprogrammen, Inhalte zu Cyber-Grooming, Pornographie und Cyber-Mobbing, soziale Medien in der Mädchenarbeit, Umgang mit aktuellen Plattformen sowie kreative Tools und Mini-Spiele, die für kleinere Gruppen geeignet sind.

Abb. 2 stellt die Ergebnisse der Umfrage hinsichtlich der Interessen an zukünftigen Weiterbildungen im digitalen Bereich dar.

Aus der Umfrage lassen sich interessante inferenzstatistische Ergebnisse hinsichtlich Weiterbildungen gewinnen. Es wird ersichtlich, dass Männer signifikant

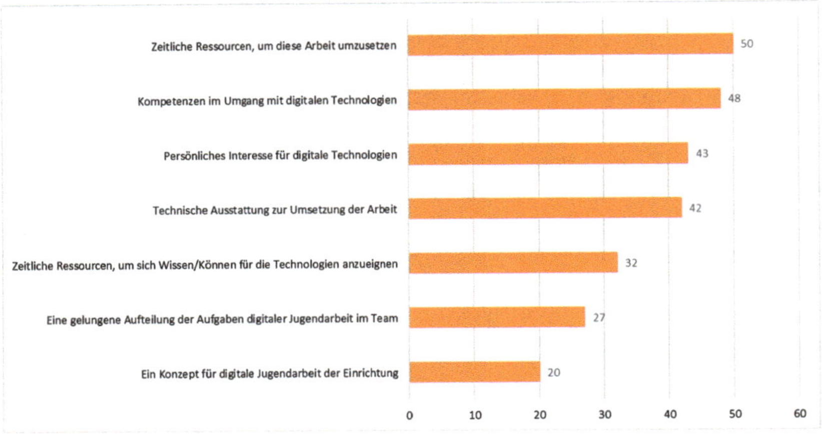

Abb. 1 Erfolgsfaktoren für gelingende digital-soziale OJA (absolute Häufigkeiten bei möglichen Mehrfachnennungen). Copyright: FH JOANNEM Ges.m.b.H

Interessen an künftigen Weiterbildungen
Rechtlicher Rahmen digitaler Jugendarbeit und Datenschutz (38 Nennungen)
(Neue) Social-Media-Plattformen (31 Nennungen)
Onlineberatung (30 Nennungen)
Privatsphäre im Internet (26 Nennungen)
Fakenews/Propaganda im Netz sowie Digitalisierung und Partizipation (jeweils 24 Nennungen)

Abb. 2 Weiterbildungen, die Fachkräfte nach eigenen Angaben in Zukunft gerne besuchen würden (absolute Zahlen). Copyright: FH JOANNEUM Ges.m.b.H

häufiger ($p < = 0{,}05$) angaben Interesse an einer künftigen Weiterbildung zum Thema (neue) Social-Media-Plattformen zu haben als Frauen. Zwei weitere signifikante Unterschiede ($p < = 0{,}05$) zeichnen sich hinsichtlich der Größe der Einrichtung und dem Interesse an künftigen Weiterbildungen in den Bereichen *rechtlicher Rahmen und Datenschutz* sowie *Öffentlichkeitsarbeit und Marketing* ab. Am meisten Interesse daran haben kleine Einrichtungen mit ein bis zwei

Mitarbeiter*innen, gefolgt von großen Einrichtungen mit vier und mehr Mitarbeiter*innen. Am wenigsten Interesse daran haben Einrichtungen mit drei Angestellten. Diese signifikanten Ergebnisse lassen sich auf die Grundgesamtheit der steirischen OJA-Einrichtungen übertragen.

3.3 Skizzierung erster Weiterbildungsideen

In einem abschließenden Workshop wurden erste Ideen für innovative Weiterbildungen mit Führungskräften der KiJuA sowie Expert*innen zu Digitalisierung im Handlungsfeld ausgearbeitet. Diese werden folgend beschrieben. Auffallend ist, dass diese Ideen in ganz andere Richtungen gehen als die Interessen der Fachkräfte.

3.3.1 Spielregeln des Internets

Die Idee zu einem Weiterbildungsformat für das Thema digitale Weltbilder wurde mit dem Namen *Spielregeln des Internets durchschauen* betitelt. Die Zielgruppe der Weiterbildung sind Fachkräfte in der KiJuA. Ziel ist ein Verständnis für die Funktionsweise gängiger Algorithmen auf Social-Media-Plattformen und dadurch entstehende *Bubbles*[7] herzustellen. Inhaltlich beginnt die Weiterbildung mit einem theoretischen Input zum Thema Fakenews, algorithmischen Logiken sowie Marktlogiken von Social-Media-Plattformen. Darauf folgt ein aktiver Teil, in dem gemeinsam bspw. eine Facebook-Timeline oder eine Youtube-Startseite angeschaut wird. Durch das Vergeben von Likes an bestimmte Kanäle oder Postings (z. B. von politischen Parteien) wird betrachtet, welche Veränderungen auftreten und wie sich der gezeigte Inhalt ändert. Ziel dieses Teils ist es, einen Vergleich zwischen unterschiedlichen Feeds herstellen zu können. Methodisch ist diese Weiterbildung neben einem Anfangsinput durch spielerische Zugänge, Phasen des Ausprobierens und Reflexionsteile gekennzeichnet. Ein zentrales Reflexionsthema könnte sein, wie die eigene digitale Sozialisation abgelaufen ist.

---

[7] Als Bubbles oder Filterblasen wird das „(…) einzigartige Universum eines jeden Internetnutzers [beschrieben], welches fundamental die Art und Weise beeinflusst, wie Informationen wahrgenommen und verarbeitet werden." (Ovens 2017) Einer Person werden durch ihr Internetnutzungsverhalten vor allem solche Inhalte vorgeschlagen, denen sie wahrscheinlich zustimmt (vgl. Flaxman et al. 2016, S. 312). In sozialen Medien wird außerdem das Verhalten von Freund*innen in das Vorschlagssystem miteinbezogen. Das bedeutet wiederum, dass Nutzer*innen sozialer Medien nur noch eingeschränkt Informationen angezeigt werden (vgl. Zweig et al. 2017, S. 324).

Der hier skizzierte Workshop konzentriert sich auf die medienpädagogischen Fertigkeiten der Fachkräfte hinsichtlich kritischer Reflexionsfähigkeit, wie sie in der Einleitung im ersten Spannungsfeld der digitalen KiJuA erwähnt wurde. Der Workshop trägt nicht nur dazu bei, Kenntnisse und Methoden hinsichtlich der Verbreitung und Etablierung von Ansichten, Meinungen und Ideologien im Netz und deren kritisches Hinterfragen zu schulen, sondern auch den persönlichen Hintergrund diesbezüglich zu analysieren. Die Reflexion der eigenen Einstellung zu digitalen Technologien könnte im besten Falle dazu beitragen, als Fachkraft nicht aus Furcht vor negativen Auswirkungen in eine vollständige Ablehnung dieser Technologien zu gelangen oder zu verharren, sondern diese auch als Möglichkeit und befähigendes Instrument der KiJuA wahrzunehmen.

3.3.2 Digitale Jugendkultur

Zum Thema digitale Jugendkultur wurde ein Weiterbildungsformat ausgearbeitet, das in Form von regelmäßigen Mini-Workshops gemeinsam von Jugendlichen und Fachkräften in der OJA gestaltet und besucht werden kann (z. B. eine Art Jour Fixe einmal pro Monat in der jeweiligen Einrichtung). Ziel ist das gemeinsame Arbeiten und dadurch das Herstellen eines Verständnisses für digitale Jugendkulturen unter anderem durch gemeinsame Reflexion. Inhaltlich orientieren sich die regelmäßigen Treffen an aktuellen Interessen und Bedarfen der Jugendlichen (bspw. Gaming, Soziale Medien). D. h. im Vorfeld muss erhoben werden, welche digitalen Themen die Jugendlichen aktuell beschäftigen. Da sowohl Fachkräfte als auch Jugendliche bei der Gestaltung der Mini-Workshops eingebunden sind, erscheinen alternierende Tandems sinnvoll, die den monatlichen Termin vorbereiten. Zu jedem Thema soll zu Beginn ein inhaltlicher Input stehen, der entweder von einem*einer Jugendlichen mit adäquater Expertise oder sonst von einem*einer externen Expert*in gemacht werden kann. Zentral ist dann eine aktive Phase, in der Fachkräfte und Jugendliche gemeinsam etwas ausprobieren (z. B. gemeinsames Gaming). Bei jedem Mini-Workshop soll etwas gestaltet werden (z. B. ein Video, ein Posting mit Foto, oder ein Instagram-Reel), d. h. jeder Termin ist ergebnisorientiert. Nach jedem Mini-Workshop sollen außerdem Evaluierungen stattfinden, um für die kommenden Termine dazuzulernen.

Dieses Weiterbildungsformat, welches eher einem mehr oder weniger regelmäßigen Format der Einrichtungen der KiJuA selbst ähnelt, betont ganz klar den partizipativen Charakter dieses Bereiches der Sozialen Arbeit. Junge Menschen können und sollen sich auch nicht nur in der Themenfindung, sondern auch der Erarbeitung der Inhalte beteiligen. Dies trägt nicht nur dazu bei, dass diese Themen einen guten Anklang bei der Zielgruppe finden bzw. deren relevante Themen betreffen, sondern unterstützt Fachkräfte auch darin, nicht alle Inhalte alleine aufbereiten zu müssen, sondern Teile (unter Supervision) an den*die jugendliche Expert*in weitergeben zu können. Fachkräfte könnten somit auch selbst im Prozess „mitlernen“. Da, wie eingangs erwähnt, Fachkräfte oftmals kaum die zeitlichen Ressourcen für digitale KiJuA haben bzw. gewisse Kenntnisse aus der Grundausbildung hinsichtlich Digitalisierung fehlen, könnte durch dieses Format zusätzlich Synergien genutzt und das Können der Zielgruppe einbezogen werden.

3.3.3 Professionelle Haltung

Schließlich wurde auch eine Weiterbildungsidee zum Thema professionelle Haltung gegenüber digitalen Inhalten ausgearbeitet. Hier geht es darum, einen Reflexionsrahmen für die eigene Haltung der Fachkräfte zu schaffen. Im Gegensatz zu den anderen beiden Ideen wird nicht an ein eigenständiges Seminar gedacht, sondern an die Integration des Themas in bereits bestehende Weiterbildungen als Querschnittsmaterie bzw. als Schwerpunkt bei internen Organisationsentwicklungsprozessen. Der inhaltliche Arbeitsauftrag liegt vor allem darin, Mitarbeiter*innen zu mehr Offenheit zu bewegen, damit sie an digitale Lebenswelten der Jugendlichen neugierig und weniger voreingenommen herangehen. Aber es soll auch die eigene Haltung und der Umgang mit digitalen Medien reflektiert werden. So geht es auch um eine adäquate Selbstdarstellung im Internet oder die Reflexion der eigenen Nutzung von digitalen Medien. Dabei ist es wichtig, sich als Zielgruppe auf alle Fachkräfte jeden Alters zu beziehen. Expert*innen im Workshop gaben zu Protokoll, dass das Alter in puncto Digitalisierungsaffinität nicht unbedingt eine Rolle spielt und dass es sowohl jüngere nichtaffine als auch ältere affine Fachkräfte gibt. Oft wird angenommen, dass jüngere Menschen offener seien, die Praxis zeigt aber auch hier andere Realitäten. Wichtig ist, dass das Thema „offene und neugierige Haltung der Fachkräfte“ laufend thematisiert wird, um so langfristige Veränderung in dieser Hinsicht zu ermöglichen.

In diesem Vorschlag einer methodologischen Herangehensweise zu Fortbildungen der KiJuA generell geht es im Kern wiederum um die Reflexion der eigenen Positionierung zu Digitalisierungsprozessen in der eigenen Arbeit. Dabei wird darauf aufmerksam gemacht, dass Digitalisierung in Bezug auf die Generationen U25 kein abgegrenztes, sondern Querschnittsthema ist.

4 Diskussion

Die vorgestellten Ergebnisse hinsichtlich neuer Anforderungen an Fachkräfte der KiJuA durch den digitalen Wandel sowie die damit einhergehenden Bedarfe nach Weiterbildungsinhalten zeichnen ein differenziertes Bild, welches in eingangs dargestellte Spannungsfelder eingegliedert werden muss. Interessant ist, dass sich die Wahrnehmungen von Führungs- und Fachkräften in Bezug auf neue Anforderungen großteils decken, während Wünsche bzw. Ideen für Weiterbildungen inhaltlich divergieren. Hinsichtlich des ersten Spannungsfeldes, das sich zwischen dem sozialarbeiterischen Prinzip der Lebensweltorientierung und der in der Praxis oft vorliegenden ablehnenden Haltung gegenüber digitalen Medien ergibt, zeigen die Ergebnisse insbesondere in Bezug auf die Frage nach neuen Anforderungen mehrere Handlungspotenziale auf. Zum einen muss Offenheit der Thematik gegenüber von Beginn an gelernt und darauf aufbauend konstant praktiziert werden. Eine eigene professionelle Haltung gegenüber digitalen Medien und Tools ist für Fachkräfte essenziell, in der Praxis aber leider noch nicht überall genug ausgeprägt. Kritisiert wurde das Fehlen digitaler Inhalte in den Curricula von Ausbildungseinrichtungen, die Sozialarbeiter*innen und Sozialpädagog*innen ausbilden. Dazu ist zu sagen, dass die Lehrpläne an österreichischen Hochschulen nur ca. alle fünf Jahre überarbeitet werden, was es erschwert die Schnelllebigkeit von Digitalisierungsprozessen adäquat in der Ausbildung zu berücksichtigen. Nichtsdestotrotz deuten die Appelle darauf hin, dass Grundkompetenzen und Inhalte zu relevanten Themen wie Medienpädagogik, Umgang mit digitalen Tools und Datenschutz Bestandteile der Ausbildungen werden sollten. Die Schnelllebigkeit der Thematik ruft aber vor allem die Träger*innenorganisationen der KiJuA in die Pflicht, da diese flexibler reagieren können als Ausbildungsstätten. Regelmäßige berufliche Weiterbildungen zu digitalen Themen oder auch Formate, die interaktiv und partizipativ mit der Zielgruppe in den Arbeitsalltag integriert werden (siehe Abschn. 3.3.2), erscheinen vielversprechend.

Das zweite Spannungsfeld, zwischen dem fehlenden offiziellen Auftrag für digitale KiJuA und der Realität, in der diese trotz unzureichender Ressourcen stattfinden muss, wird ebenso angesprochen. Adressiert werden dabei Politik und Fördergeber*innen, indem klare und einheitliche Aufträge und Leitlinien sowie die Bereitstellung von zeitlichen und materiellen Ressourcen für eine gelingende digitale KiJuA gefordert werden.

Hinsichtlich des dritten Spannungsfeldes – der Umsetzung digitaler KiJuA gemäß arbeitsrechtlichen Vorgaben und entsprechend den gesetzlichen Rahmenbedingungen der DSGVO zeigen die Ergebnisse weiteren Handlungsbedarf auf.

Neben Weiterbildungen zum Thema Datenschutz sollte es klare und praktikable Leitlinien von den Träger*innenorganisationen und Einrichtungen geben, an denen sich Fachkräfte in der digitalen Kommunikation und Beziehungsarbeit orientieren können. Erste Ansätze dazu wurden, wie oben erwähnt, bereits erarbeitet (vgl. Amt der Steiermärkischen Landesregierung 2021; bOJA2021; Findenig et al. 2022). Die Ergebnisse deuten weiters darauf hin, dass speziell Führungskräfte bei der Aufteilung digitaler Aufgaben im Team sowie bei der Trennung zwischen Beruf und Privatleben ihrer Mitarbeiter*innen den Auftrag haben, einen Arbeitsstil im Sinne einer ausgewogenen Work-Life-Balance vorzugeben. Natürlich sind auch die Fachkräfte selbst in der Verantwortung darauf zu achten, Beruf und Privatleben nicht verschwimmen zu lassen.

Hinsichtlich der Frage nach Weiterbildungsbedarfen äußerten Fachkräfte vor allem Interesse an rechtlichen Inhalten und dem Umgang mit Social-Media-Plattformen (siehe Abb. 2), während sich die Weiterbildungsideen der Führungskräfte vor allem am Grundsatz der Lebensweltorientierung (siehe Abschn. 3.3) orientierten. Im abschließenden Workshop der Studie diskutierten leitende Fachkräfte und Expert*innen die Ergebnisse zu Weiterbildungsinteressen der Fachkräfte und stellten dabei die Hypothese auf, dass die Interessen an Weiterbildungen zum Datenschutz und dem Umgang mit virtuellen Plattformen aus Unsicherheiten entstehen. Wichtiger seien laut leitenden Fachkräften Weiterbildungen zu medienpädagogischen Inhalten sowie generell an einer offenen und neugierigen professionellen Haltung zu arbeiten. Offen bleibt dabei aber die Frage, wie das Bedürfnis der Fachkräfte nach Absicherung durch Weiterbildungen zu Datenschutz und technischem Umgang bedient werden kann, ohne sich das Wissen in der Freizeit aneignen zu müssen.

Für die Ausbildung (Bildungseinrichtungen) sowie die berufliche Weiterbildung (Träger*innenorganisationen) kann man die Ergebnisse als Auftrag interpretieren, der einerseits persönliche Kompetenzen im Sinne einer professionellen Haltung und andererseits Fachkompetenzen in Medienpädagogik, Datenschutz sowie den Umgang mit aktuellen Plattformen beinhalten sollte.

5 Limitationen und Fazit

Die Ergebnisse zu Anforderungen und Weiterbildungsbedarfen durch Digitalisierungsprozesse in der KiJuA geben eine Übersicht über notwendige Kompetenzen und Handlungspotenziale im Arbeitsfeld. Bei der Beurteilung der Ergebnisse ist es notwendig, bestimmte Limitationen zu berücksichtigen. Die Studie konzentrierte sich auf die Region Steiermark, was bedeutet, dass die Ergebnisse nur in dieser Eingrenzung Gültigkeit haben und überregional mit Vorsicht gelesen werden müssen. Weiters ist ein Bias der Studie nicht auszuschließen. Obwohl versucht wurde, auch digital nichtaffine Fachkräfte zu erreichen, ist zumindest bei den Ergebnissen der Umfrage nicht sicher, ob diese nicht trotzdem stärker vertreten sind.

Als Herausforderung wurde bereits relativ früh in der Studie der *Digital Divide* zwischen Kindern und Jugendlichen aus gut situierten Familien und Familien in prekären Verhältnissen sichtbar. Damit geht ein Mangel an digitalem Zugang für jene aus prekären Verhältnissen einher und es entstehen Fragen digitaler Inklusion. Weitere Forschung zu diesem Thema ist insbesondere im Anschluss an die Pandemie und aufgrund der Tatsache notwendig, dass viele Kinder und Jugendliche in wiederholt monatelangem Homeschooling nicht erreicht werden konnten und somit in ihrer schulischen sowie persönlichen Entwicklung auf der Strecke geblieben sind.

Hinsichtlich der Ergebnisse zu Weiterbildungsbedarfen ist anzumerken, dass Interessen an Weiterbildungen von Fachkräften und Ideen für konkrete Formate von Führungskräften inhaltlich nebeneinanderstehen und sich teilweise unterscheiden. Eine mögliche Erklärung dafür, lieferten die Führungskräfte selbst, indem sie meinten, dass Fachkräfte sehr unsicher im Umgang mit digitalen Medien sind vor allem was den Datenschutz betrifft. Deshalb würden sie sich besonders absichernde Weiterbildungen diesbezüglich wünschen. Aufbauend auf den Umfrageergebnissen wäre zusätzlich zum Führungskräfteworkshop ein Workshop mit Fachkräften zur Ausarbeitung von Weiterbildungsideen ratsam, um konkrete Weiterbildungsbedarfe zu erarbeiten. Anschließend an Ideen aus beiden Perspektiven wäre ein nächster Schritt die Bedarfserhebung dafür in der breiteren Masse der KiJuA-Fachkräfte sowie eine konkrete Entwicklung von Weiterbildungsmodulen für aktive Praktiker*innen. Fachhochschulen und Universitäten, die künftige Sozialarbeiter*innen und Sozialpädagog*innen ausbilden, sind für nächste Curricula-Akkreditierungen gefordert, grundlegende digitalisierungsrelevante Inhalte wie Medienpädagogik, Datenschutz und Umgang mit digitalen Tools einzubauen. (Abb. 1 und 2).

Es zeigt sich insgesamt, dass im Feld der KiJuA trotz des Digitalisierungsschubes durch die Pandemie noch Aufholbedarf bei Kompetenzen im Umgang mit digitalen Themen vorhanden ist. Aktuell löst die Praxis dies vielfach mit viel Eigenengagement.

Literatur

Amt der Steiermärkischen Landesregierung. (2021). Digitale Jugendarbeit und Social Media. Eine Handreichung für die Offene Jugendarbeit in der Steiermark. http://www.dv-jugend.at/wp-content/uploads/2021/05/Leitfaden_Digitale-Jugendarbeit_2021_v7.pdf. Zugegriffen: 25. April 2022.

bOJA, Bundesweites Netzwerk Offene Jugendarbeit. (2021). BOJA-Leitfaden Digitale Jugendarbeit. https://www.boja.at/sites/default/files/downloads/2021-02/bOJA-Leitfaden_Digitale_Jugendarbeit_final.pdf. Zugegriffen: 26. April 2022.

bOJA, Bundesweites Netzwerk Offene Jugendarbeit. (2022). Termine. https://www.boja.at/kalender. Zugegriffen: 26. April 2022.

Brandt, A.-S. (2021). Digitalisierung in der Gemeinwesenarbeit – Bedarfe und Herausforderungen von Fachkräften in der Sozialen Arbeit. In M. Wunder (Hrsg.), *Digitalisierung und Soziale Arbeit. Transformationen und Herausforderungen* (S. 110–121). Verlag Julius Klinkhardt.

Brock, J., & Fritzsche, K. (2022). Bollerwagen, Lautsprecher, Powerbank, Hotspot. Der Rest ergibt sich. Anregungen für eine gemeinwesenorientierte mobile Jugendarbeit im digitalen Wandel. https://www.mja-sachsen.de/wp-content/uploads/2021/09/Brock_Fritzsche_Anregungen-fuer-eine-gemeinwesenorientierte-Mobile-Jugendarbeit-im-digitalen-Wandel.pdf. Zugegriffen: 27. April 2022.

Bröckling, G. (2018). Digitalisierte Lebenswelten von Kindern und Jugendlichen. Kommunikationsbedürfnis und Orientierungssuche als Gegenstand der Jugend- und Sozialarbeit. In W. Stadler (Hrsg.), *Mehr als Algorithmen. Digitalisierung in Gesellschaft und sozialer Arbeit.* (S. 84–87). Beltz/Juventa.

Bundeskanzleramt. (o.J.). Informationskompetenz und Fake News—Bundeskanzleramt Österreich. https://www.bundeskanzleramt.gv.at/agenda/jugend/medien-und-information/informationskompetenz-und-fake-news.html. Zugegriffen: 05. Mai 2022.

Bundesministerium Bildung, Wissenschaft und Forschung. (o.J.). Saferinternet.at. https://www.bmbwf.gv.at/Themen/schule/schulpraxis/pwi/pa/saferinternet.html. Zugegriffen: 06. Mai 2022.

Discord. (o.J.). Über Discord - Unser Ziel und unsere Werte. Discord. https://discord.com/. Zugegriffen: 08. Mai 2022.

Evans, C. (2020). The four phases of the digital natives debate. *Human Behavior and Emerging Technologies*, 2, (S. 269–277).

Findenig, I., Grabner, K., Buchegger, B., Koppendorfer, M., Maierl, K., Marte, C., Meschik, M., Prochaszka, E., Straskraba, L., Trimmel, K., & Pospischill, W. (2022). Medienpädagogik in der Kinder- und Jugendhilfe. Praxishandbuch und Leitfaden. *SOS Kinderdorf.* https://www.sos-kinderdorf.at/getmedia/985e039c-8104-4ecd-83d3-10f55a2d625d/Handbuch_Medienpadagogik_SOSKinderdorf.pdf. Zugegriffen: 30. April 2022.

Flaxman, S., Goel, S., & Rao, J. M. (2016). Filter Bubbles, Echo Chambers, and Online News Consumption. *Public Opinion Quarterly*, 80 (S1), (S. 298–320).

Fromme, J. (2015). Freizeit als Medienzeit. Wie digitale Medien den Alltag verändern. In R. Freericks & D. Brinkmann (Hrsg.), *Handbuch Freizeitsoziologie* (S. 431–466). Springer Fachmedien.

Kölbl, M., Reischl, C., & Sagl, M.-T. (2022). Soziale Arbeit mit Kindern und Jugendlichen. Digitale und soziale Kompetenzen im Umbruch. *Soziales Kapital*, 26, (S. 147–165).

Koubek, J. (2016). Digital natives und digital naives – Soziale Netze zwischen Schule und Beruf. In J. Jacobs, N. Zowislo-Grünewald & F. Beitzinger (Hrsg.), *Social Media in der Lebenswelt und bei der Berufswahl Jugendlicher - Who cares?* (S. 25–44). Nomos.

Kreidenweis, H. (2017). Soziale Arbeit im digitalen Wandel. *Blätter der Wohlfahrtspflege, 164 (5),* (S. 163–165). https://doi.org/10.5771/0340-8574-2017-5-163

Kreidenweis, H. (Hrsg.). (2018). *Digitaler Wandel in der Sozialwirtschaft: Grundlagen - Strategien - Praxis*. Nomos.

Kuckartz, U. (2018). *Qualitative Inhaltsanalyse: Methoden, Praxis, Computerunterstützung* (4. Aufl.). Beltz Juventa.

Mayrhofer, H., & Neuburg, F. (2019). Offene Jugendarbeit in einer digitalisierten und mediatisierten Gesellschaft. Endbericht zum Forschungsprojekt „E-YOUTH.works—Offene Jugendarbeit in und mit Sozialen Medien als Schutzmaßnahme gegen radikalisierende Internetpropaganda." https://www.boja.at/sites/default/files/downloads/2020-04/Digitale%20Jugendarbeit_E-YOUTH.works_Endbericht_2019.pdf. Zugegriffen: 25. April 2022.

Ovens, C. (2017). Filterblasen – Ausgangspunkte einer neuen, fremdverschuldeten Unmündigkeit? *kommunikation@gesellschaft*, 18 (2), (S. 1–25).

Pawluczuk, A., Hall, H., Webster, G. & Smith, C. (2019). Digital youth Work: youth workers' balancing act between digital innovation and digital literacy insecurity. In: *Information Research*, 24. http://informationr.net/ir/24-1/isic2018/isic2018.html. Zugegriffen: 05. Oktober 2022.

Pelikan, R., & Rehm, J. (Hrsg.). (2018). *Arbeit im Alltag 4.0. - Wie Digitalisierung ethisch zu lernen ist: Beiträge aus betrieblicher, arbeitsmarktpolitischer und theologischer Sicht.* LIT Verlag.

Seelmeyer, U., & Kutscher, N. (2021). Zum Digitalisierungsdiskurs in der Sozialen Arbeit: Befunde - Fragen - Perspektiven. In M. Wunder (Hrsg.), *Digitalisierung und Soziale Arbeit. Transformationen und Herausforderungen.* (S. 17–30). Verlag Julius Klinkhardt.

Späte, J. (2022). Digitale Jugendarbeit als soziotechnisches System: Zur notwendigen Erweiterung professioneller Handlungskompetenzen von Sozialarbeitenden. *Medienimpulse*, 60 (1), (S. 1–28).

Stainer, K. S. (2020). Möglichkeiten und Grenzen digitaler Jugendarbeit. *Soziales Kapital*, 24, (S. 304–317).

Thiersch, H. (2014). *Lebensweltorientierte soziale Arbeit: Aufgaben der Praxis im sozialen Wandel.* (9. Aufl). Beltz Juventa.

Zorn, I., & Seelmeyer, U. (2015). Digitale Technologien in der Sozialen Arbeit—Zur Notwendigkeit einer technischen Reflexivität. *Der pädagogische Blick - Zeitschrift für Wissenschaft und Praxis*, 23, (S. 134–146).

Zweig, K. A., Deussen, O., & Krafft, T. D. (2017). Algorithmen und Meinungsbildung: Eine grundlegende Einführung. *Informatik-Spektrum*, 40 (4), (S. 318–326).

Christiane Reischl, MA MSc (christiane.reischl@gmx.at) Christiane Reischl studierte Soziologie und Umweltsystemwissenschaften an der Karl-Franzens-Universität Graz. Nach wissenschaftlichen Haltestellen an der Universität Graz (Nachhaltigkeitsforschung), der FH

Campus 02 Graz (Innovationsmanagement) und der FH JOANNEUM Graz (Soziale Arbeit) ist sie inzwischen als Jugendcoach bei der LebensGroß GmbH beschäftigt. Zusätzlich arbeitet sie auf selbstständiger Basis in Projekten zu Themen der Inklusion und zum Klimaschutz.

Max Kölbl, BA MA (m-koelbl@posteo.de) Max Kölbl studierte Soziologie an der Karl-Franzens-Universität in Graz. Er arbeitete als wissenschaftlicher Mitarbeiter am Institut für Soziale Arbeit und als externer Lehrender am Institut für International Management and Entrepreneurship an der FH JOANNEUM und ist derzeit als externer Dozent in Lehre und Entwicklung an der Universidad Mayor in Santiago de Chile tätig. Neben Erfahrung in der Arbeits- und Migrationssoziologie, der Forschung zu Digitalisierung in der Sozialwirtschaft und der Erforschung psychosozialer Folgen der SARS-Covid-19 Krise verfügt er über breite Kenntnisse in der quantitativen Datenanalyse und im Bereich Data Science sowie über methodische Kenntnisse in der Praxis qualitativer Interviewforschung mit vulnerablen Zielgruppen.

Marie-Therese Sagl, Mag. (FH) Dr. (marie-therese.sagl@fh-joanneum.at) Marie-Therese Sagl ist Sozialarbeiterin, promovierte Soziologin sowie selbstständige Supervisorin, Coach und Organisationsberaterin. Nach beruflichen Stationen in der Arbeitsintegration von Jugendlichen, der Regionalentwicklung zum Thema Jugend, der Standort- und Projektleitung von Jugendzentren und Gemeinwesenprojekten in Graz und der Oststeiermark sowie der Studiengangsleitung für Soziale Arbeit an der HS Fresenius in München ist sie seit 2019 am Institut für Soziale Arbeit an der FH JOANNEUM als Dozentin und seit 2022 als Institutsleitung tätig. Schwerpunkte in Lehre und Forschung: soziale Nachhaltigkeit, (digitale) Jugendarbeit, Gemeinwesenarbeit, Projektmanagement, empirische Sozial(arbeits)forschung, Stadt- und Regionalentwicklung, Supervision und Reflexion.

Führungsherausforderungen, Führungskompetenzen und der Stellenwert von Innovation

Implikationen für die Organisations- und Führungskräfte-Entwicklung in Sozialorganisationen

Brigitta Nöbauer, Daniela Wetzelhütter und Alexandra Riegler-Klinger

Inhaltsverzeichnis

B. Nöbauer (✉)
Fachhochschule OÖ, Linz, Österreich
E-Mail: brigitta.noebauer@fh-linz.at

D. Wetzelhütter
Professorin für Empirische Sozialforschung, Fakultät für Medizintechnik und angewandte Sozialwissenschaften, FH OÖ, Linz, Österreich
E-Mail: daniela.wetzelhuetter@fh-linz.at

A. Riegler-Klinger
ARK Coaching, Linz, Österreich
E-Mail: a.riegler-klinger@ark-coaching.at

B. Schmidtke et al. (Hrsg.), *Sozial - Innovativ - Nachhaltig,* Perspektiven Sozialwirtschaft und Sozialmanagement,
https://doi.org/10.1007/978-3-658-42847-1_5

Der vorliegende Beitrag beleuchtet aus dem Blickwinkel von Führungskräften wahrgenommene Herausforderungen, notwendige Kompetenzen sowie den Stellenwert von Innovationen. Dazu wurden strukturierte Interviews mit 246 Führungskräften unterschiedlicher Hierarchieebenen in Sozialorganisationen geführt. Das Vorgehen orientierte sich an der Methodik von Anforderungsanalysen, bei denen aus den Aufgaben einer Funktion bzw. ‚erfolgskritischen Situationen' die Anforderungen an Bewerber*innen abgeleitet werden. Dem Fokus der INAS-Tagung „Sozial!Innovativ!Nachhaltig!" entsprechend lag ein besonderes Augenmerk auf der Frage, inwieweit bzw. welche Innovationen im Führungsalltag der Befragten eine Rolle spielen.

1 Führungskräfte in der Sozialwirtschaft – Aufgaben und Herausforderungen

In der Literatur werden Führungsaufgaben und spezielle Führungsherausforderungen für Nonprofit- bzw. Sozialorganisationen ausführlich thematisiert, etwa von Simsa und Patak (2008), Braune und Alberternst (2013), Langer (2013) und Grunwald (2018). Im Gegensatz dazu gibt es kaum empirische Daten zu den tatsächlich wahrgenommenen Führungsaufgaben in Sozialorganisationen. Das trifft auch für das Themenfeld Innovation zu: Es wird in den Systematiken angesprochen, z. B. im Aufgabenfeld Organisationsentwicklung, dennoch sind Innovationsprozesse in Nonprofit- und Sozialorganisationen vergleichsweise wenig beforscht.

1.1 Aufgabensystematiken für Führungskräfte in Nonprofit- bzw. Sozialorganisationen

Die Literatur stellt verschiedene Systematiken von Führungsaufgaben für Nonprofit- bzw. Sozialorganisationen zur Verfügung, die einen Rahmen für die weiteren Überlegungen bilden bzw. erste Hinweise auf Herausforderungen geben können.

- Aktionsfelder des Führungshandelns in Nonprofit-Organisationen

Braune und Alberternst (2013, S. 36 ff.) sprechen mit Bezug auf Nonprofit-Organisationen von „Handlungsachsen" der Führung: Innerhalb der Organisation bezieht sich Führungshandeln sowohl auf das ‚Arbeitssystem' (Strukturen, Prozesse, Ressourcen…) als auch auf das ‚Sozialsystem' (Mitarbeitende, Information und Kommunikation…). Andererseits geht es darum, ‚Sach- und Facharbeit ' (Ergebnisse, Qualität, inhaltliche Entwicklung) und das ‚Organisationsumfeld' (Stakeholder, Rechtssystem, Technologieumfeld…) zu verknüpfen, um das Gesamtziel der Organisation zu erreichen. Diese vier Felder stellen aus ihrer Sicht die „Aktionsfelder des Führungshandelns" dar (Braune & Alberternst 2013, S. 36). Führung ist demnach Gestaltung und Steuerung *in* und *zwischen* diesen Aktionsfeldern. Innovation ist in diesem Modell nicht explizit als Aufgabenfeld angesprochen, sie kann aber Auslöser oder Folge einer Verknüpfung der einzelnen Handlungsachsen sein.

- „Führungspuzzle" für Nonprofit-Organisationen

Simsa und Patak (2008) entwickeln das sog. ‚Führungspuzzle' - ebenfalls mit Blick auf Nonprofit-Organisationen (s. Abb. 1). Sie entwerfen damit eine „Landkarte der Führung" (Simsa & Patak 2008, S. 39) mit sieben ineinandergreifenden Aufgabenfeldern, in deren Zentrum die Selbstführung steht. Um sie gruppieren sich mitarbeiter*innen- und sachbezogene Aufgaben auf der operativen Ebene, die wiederum vom strategischen Rahmen umgeben sind. Die äußerste Ebene bildet die Beobachtung der Umwelt, relevanter Trends und Rahmenbedingungen.

Hinter diesen Aufgaben stehen für Simsa und Patak (2008) Felder der Aufmerksamkeit, denen sich Führungskräfte widmen sollten: sich selbst, den

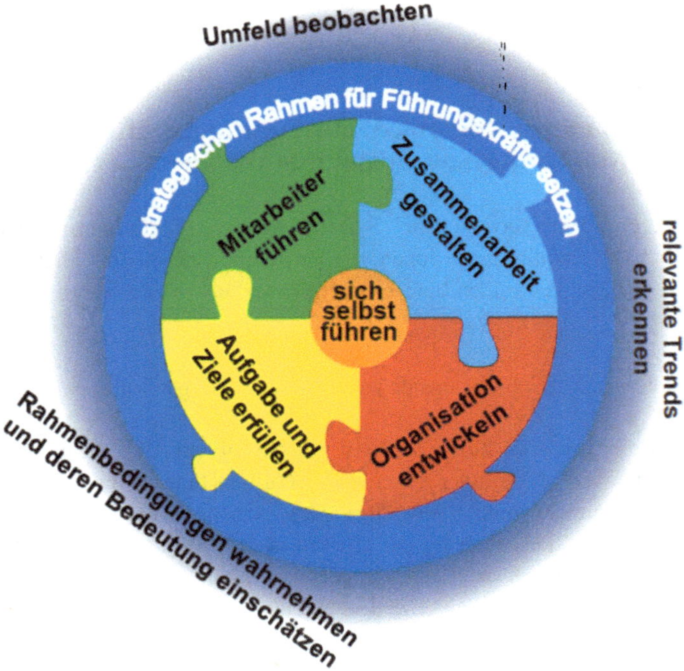

Abb. 1 Führungspuzzle‘ (Simsa & Patak 2008, o.S.)

Mitarbeitenden, den Aufgaben usw. Sie führen in ihrem Buch diese Aufgabenfelder weiter aus, beschreiben auch notwendige Kompetenzen sowie wichtige Führungswerkzeuge. Auch in diesem Modell ist Innovation implizit als Aufgabe von Führung angesprochen, nämlich im Bereich ‚Organisation entwickeln‘ und ‚strategischen Rahmen setzen‘.

- Steuerungsbereiche in der Sozialwirtschaft

Speziell auf die Besonderheiten der Sozialwirtschaft zielt das Steuerungsmodell von Biesenkamp und Merchel (2007) bzw. Pamme/Merchel (2014) ab. Sie unterscheiden darin folgende Steuerungsbereiche (Pamme & Merchel 2014, S. 266):

- Organisationsbezogene Steuerung: Gestalten von Abläufen, Prozessen, Zuordnung von Aufgaben
- Betriebswirtschaftliche Steuerung: Gewährleistung einer sachgerechten und wirtschaftlichen Verwendung der finanziellen Ressourcen
- Personen- und gruppenbezogene Steuerung: Gestaltung der personellen Ressourcen und interaktiven Bezüge zur Erbringung der Dienstleistungen
- Reflexion und Gestaltung der Außenbezüge: Wahrnehmen und Bewerten der relevanten sozialpolitischen Entwicklungen und Ausrichtung der Leistungen an den relevanten Umweltsegmenten
- Fachliche Steuerung: Erkennen und Bewerten der fachlichen Anforderungen und Einschätzen der Spannung zwischen diesen und anderen Steuerungsanforderungen

Aus diesen fünf Steuerungsbereichen leiten sie spezifische Anforderungen an Führungskräfte ab (s. dazu auch Abschn. 2.1).

Ein Vergleich der drei Systematiken zeigt, dass die Aufgabenbereiche ähnlich gefasst sind, aber mit unterschiedlichem Fokus: Bei Simsa und Patak ist Selbstführung der Kern des Modells, um die herum die weiteren Ebenen liegen. Die beiden anderen Ansätze betonen die unterschiedlichen ‚Logiken', die Führungskräfte in den Ebenen bedienen und zwischen denen auch Vermittlungsarbeit geleistet werden muss (z. B. Fachlichkeit vs. Betriebswirtschaft, Arbeits- vs. Sozialsystem). Diese Vermittlungsarbeit wird speziell in Sozialorganisationen als Aufgabe und Herausforderung von Führungsarbeit gesehen.

1.2 Führung in Sozialorganisationen als Vermittlungsarbeit zwischen verschiedenen Logiken

Herausforderungen, Spannungsfelder und Widersprüche für die Führung können innerhalb, aber auch zwischen den Handlungsachsen, Aufgabenfeldern bzw. Steuerungsbereichen entstehen (Neuberger 1990, Simsa & Patak 2008; Merchel 2010). Das gilt nicht nur, aber im Speziellen für Nonprofit- bzw. Sozialorganisationen, in denen sie schon durch ihr Agieren an den „Schnittstellen von Privatwirtschaft, sozialen Bewegungen und der öffentlichen Hand" (Simsa & Patak 2008, S. 19) vorgegeben sind. Je nach Hierarchieebene manifestieren sich solche teilweise konträren Logiken auf eigene Weise. Folgende Spannungsfelder werden in der Literatur genannt (Simsa & Patak 2008, S. 20; Grunwald 2018, Merchel 2015):

Mit Blick auf die Organisation der Leistungen wird in der Literatur das *Spannungsfeld zwischen ideellen Werten bzw. fachlichen Standards und betriebswirtschaftlichen Kriterien* beschrieben. Letztere drücken sich häufig als Vorgaben aus der Hierarchie bzw. Kennzahlen aus, die u. U. mit fachlichen Standards/ Werthaltungen in Widerspruch stehen. Hilfelogik und Finanzlogik stehen in Konkurrenz zueinander. In Bezug auf den Ressourceneinsatz ist das *richtige Maß zwischen Effizienz und ‚Slack* ‘zu finden: Ressourcen und Prozesse sollen optimal ausgenutzt werden, was dazu führt, dass es keine überschüssigen Ressourcen, Pufferkapazitäten, Mehrfachbesetzungen etc. (‚slack‘) gibt. Das ermöglicht zwar Einsparungen, kann aber zu einer Schwächung der Organisation führen. Darüber hinaus gilt es *Formalität versus Lebendigkeit* auszubalancieren und das richtige Maß zwischen einer Dominanz des Informellen und einer Überbetonung bürokratischer Strukturen zu finden. In eine ähnliche Richtung geht das *Spannungsfeld zwischen Stabilität und Wandel:* Das Überleben der Organisation bzw. deren Erfolg verlangt sowohl Veränderung als auch Kontinuität.

Mit Blick auf die Führungsarbeit selbst sind *Nähe (Emotionalität) und Distanz (Sachlichkeit)* zu den Mitarbeitenden in Balance zu halten: Das trifft vor allem dann zu, wenn Personen aus dem Team zur Führungskraft werden. Ähnliches gilt auch für das Dilemma zwischen *Gleichbehandlung und Eingehen auf den Einzelfall*. Vor allem Führungskräfte in kleinen Organisationen müssen auch *Facharbeit und Leitung* in Einklang bringen. Das kann nicht nur zu zeitlichen, sondern auch zu Rollenkonflikten führen.

Grunwald (2018) sieht die Bearbeitung derartiger Widersprüche gleichermaßen als Aufgabe und Herausforderung für Führungskräfte. Eine wichtige Existenzberechtigung des Managements liegt für ihn darin, „allgemeine und diffuse Paradoxien und Widersprüche der Organisation in formulier- und greifbare Spannungsfelder und Dilemmata zu überführen (…). Führungskräfte bürgen dafür, den Umgang mit den Paradoxien und Dilemmata in Organisationen in eine kanalisierte und damit bearbeitbare Form zu bringen.“ (ebd., S. 384) Ihre Bearbeitung erfordert eine „soziale Mehrsprachigkeit“ (Simsa & Patak 2008, S. 19; Zierer 2018, S. 120) um zwischen den unterschiedlichen Feldern vermitteln zu können.

1.3 Innovation als Aufgabe und Herausforderung für Führungskräfte

Im Spannungsfeld von Kontinuität und Veränderung ist der Aufgabenbereich Innovation angesiedelt. Als Innovationen werden in der Literatur jene Ideen bezeichnet, die in neue Produkte, Dienstleistungen oder Verfahren münden und erfolgreich angewendet werden bzw. am Markt Fuß fassen (Müller-Prothmann & Dörr 2020, S. 7; Schuh & Bender 2012, S. 2; Guldin 2012). Krause (2013) beschreibt Innovation als das „Hervorbringen neuer und nützlicher Problemlösungen“ (ebd., S. 134). Im Rahmen dieses Beitrags sollen zwei Aspekte von Innovation beleuchtet werden:

- Derzeitige Innovationsthemen in Sozialorganisationen

Neuerungen können sich sowohl auf die angebotenen Produkte/Dienstleistungen, auf Verfahren/Prozesse als auch auf Neuerungen im Humanbereich von Organisationen beziehen (Guldin 2012, Krause 2013; Müller-Prothmann & Dörr 2020). Letztere sollen z. B. die Attraktivität der Organisation am internen und externen Arbeitsmarkt erhöhen, bessere Arbeitsbedingungen für die Mitarbeitenden schaffen bzw. deren Identifikation mit der Organisation stärken. Interessant ist daher, welche Arten von Innovationen Führungskräfte in Sozialorganisationen derzeit beschäftigen und welche gesellschaftlichen Themen sich darin widerspiegeln. Nachdem die Befragung auch in die Phase der COVID-19-Pandemie fiel, wird auch deren Einfluss auf Innovationen beleuchtet.

- Herausforderungen im Kontext von Innovationsprozessen

In der Innovationsliteratur wird das Management von Innovationen meist als Prozess begriffen, in dem Ideen schrittweise in Innovationen übergeführt werden. Der in Abb. 2 dargestellte Innovationstrichter verdeutlicht diesen Prozess:

Der Innovationstrichter geht davon aus, dass am Beginn mehrere Ideen stehen, die sukzessive eingegrenzt und entwickelt werden (Inventionen) bis sie am Markt Fuß fassen (Diffusion). Erst dann kann von einer Innovation gesprochen werden. Diese Vorstellung weist auf ein technologisch geprägtes Innovationsverständnis hin. In der Literatur zu sozialen Innovationen wird dieses lineare Innovationsmodell zunehmend kritisiert. Gerade soziale Innovationen seien durch vielfältige interaktive Prozesse gekennzeichnet (Howaldt & Schwarz 2010). In diesem Beitrag wird die Hypothese vertreten, dass in den Sozialorganisationen Innovationen aus unterschiedlichen Richtungen angestoßen werden und die Herausforderungen aufgrund der fachlichen Expertise und der speziellen Finanzierungslogik nicht in der Invention liegen.

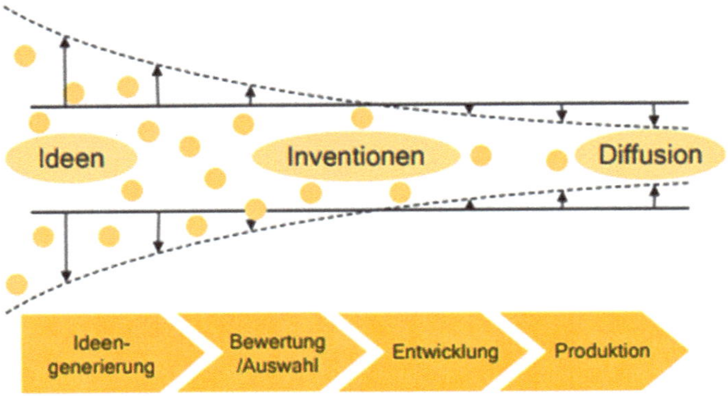

Abb. 2 Innovationstrichter (Müller-Prothmann & Dörr 2020, S. 31)

1.4 Resumée: Führungs-Herausforderungen in der Sozialwirtschaft

Aus den vorangegangenen Ausführungen lassen sich folgende Thesen zu Herausforderungen von Führungskräften in Sozialorganisationen ableiten:

- Führungskräfte auf der untersten Ebene (z. B. Team-/Hausleitungen) sehen Herausforderungen stärker im operativen Bereich, in der Erfüllung ihrer Sachaufgaben und der Mitarbeiter*innen-/Teamführung.
- Diese Führungskräfte sind aufgrund ihrer Ausbildung fachlich sicher; herausfordernd sind organisationsbezogene bzw. betriebswirtschaftliche Aufgaben.
- Herausforderungen entstehen vor allem durch das Aufeinandertreffen von verschiedenen Logiken der einzelnen Handlungsfelder, die sich in widersprüchlichen Anforderungen an Führungskräfte ausdrücken.
- Widersprüchliche Ansprüche unterschiedlicher Gruppen (Mitarbeiter*innen, übergeordnete Führungsebene) werden ebenfalls als herausfordernd erlebt. Die Sandwich-Funktion ist vor allem für die unterste Führungsebene spürbar.
- Herausfordernd für untere Führungsebenen in Sozialorganisationen ist, eine Balance zwischen fachlicher Arbeit und Leitung zu finden.
- Die Herausforderungen im Top-Management liegen stärker in den betriebswirtschaftlichen und strategischen Handlungsfeldern sowie der Organisationsentwicklung. Dazu gehören auch das Initiieren und Vorantreiben von Innovationen.

- Innovationen werden auf sehr unterschiedliche Weise angestoßen: ethische Fragen auf gesellschaftlicher Ebene, gesetzliche Veränderungen, Bedarfe von Klient*innen, COVID-19 usw. sind Auslöser für Innovationen.
- Die Invention (Generieren und Verfeinern von Ideen) wird nicht als Herausforderung gesehen.

Die identifizierten Aufgaben und Herausforderungen von Führungskräften bilden die Basis für Überlegungen, welche Anforderungen an Führungskräfte in Sozialorganisationen gestellt werden.

2 Empirische Studien zu Anforderungen an Führungskräfte in Sozialorganisationen

Im Zuge der Recherche konnten bis zum Verfassen dieses Beitrags nur zwei Studien gefunden werden, die sich mit Führungsanforderungen im Nonprofit- bzw. Sozialbereich beschäftigen und auf die sich eine Qualifizierung der Führungskräfte stützen könnte. Es handelt sich um eine Erhebung von Biesenkamp und Merchel (2007) sowie eine Delphi-Studie bei Führungskräften von Pielach und Schubert (2018). Um die Ergebnisse einordnen bzw. kritisch beleuchten zu können, werden sowohl der methodische Zugang wie auch zusammengefasste Ergebnisse vorgestellt.

2.1 Studie zu „kritischen Situationen" und erforderlichen Kompetenzen für Leitungskräfte in der sozialen Arbeit

In einer Studie von Biesenkamp und Merchel (2007) wurden auf Basis von Herausforderungen in vier Steuerungsbereichen von Führung (s. Abschn. 1.1) Qualifizierungskonzepte (inhaltlich und methodisch) für Leitungspersonen in der sozialen Arbeit abgeleitet.

68 Absolvent*innen bzw. Teilnehmer*innen eines Lehrgangs wurden dazu gebeten, für zwölf vorgegebene, in Fallbeispiele gekleidete Herausforderungen die notwendigen Kompetenzen (Kenntnisse, Fähigkeiten, Haltungen) offen zu beschreiben. Weiters sollten die Herausforderungen nach Relevanz für die Führungstätigkeit gereiht werden. Die verdichteten Ergebnisse waren anschließend Gegenstand von Gruppengesprächen mit Führungskräften. Zuletzt wurden die erarbeiteten Kompetenzprofile mit Expert*innen diskutiert, um inhaltliche bzw. didaktische Implikationen für die Führungskräfte-Ausbildung abzuleiten.

Die folgende Tabelle zeigt die Reihung (1–12) der erarbeiteten zwölf Herausforderungen, differenziert nach zwei ausgewählten Führungsspannen[1] und nach Hierarchieebenen. Pro Gruppe sind die 3 erstgereihten Bereiche markiert.

Auf den ersten Blick zeigt die Tabelle ein relativ homogenes Bild hinsichtlich der Haupt-Herausforderungen: Qualitätsentwicklung, Umgang mit Kosten- und Leistungsrechnung, Organisieren von Arbeitsabläufen, fachliche Beratung sowie Konfliktgespräche im Team.

Bezogen auf die Führungsebenen zeigen sich wider Erwarten viele Entsprechungen zwischen Geschäftsführungen und Teamleitungen; sie sind aber aufgrund der geringen Fallzahlen bei den Teamleitungen wenig aussagekräftig. Hinsichtlich der Führungsspanne fallen zwei Abweichungen auf: Bei einer Führungsspanne von 30 Mitarbeitenden und mehr ist der Umgang mit Kosten- und Leistungsrechnung eine der Haupt-Herausforderungen, während Führungskräfte mit wenigen Mitarbeitenden die Balance zwischen beruflichen Anforderungen und Privatleben herausfordernd finden.

Methodisch folgt die Studie der Logik von Anforderungsanalysen, da sie auf Herausforderungen/erfolgskritischen Situationen basiert und daraus Kompetenzen ableitet. Die Herausforderungen wurden allerdings vorgegeben, sodass sich der Spielraum der Befragten auf die Reihung beschränkte. Einschränkend sind auch die relativ geringe Stichprobe sowie mögliche Verzerrungen, da die Befragten auch Teilnehmer*innen einer Ausbildung waren. Zu bedenken ist auch, dass die Ergebnisse aus 2007 stammen und sich Herausforderungen seither vermutlich verändert haben.

2.2 Delphi-Studie zu Kompetenzanforderungen in Gesundheits- und Sozialeinrichtungen

2018 wurde eine Studie von Pielach und Schubert veröffentlicht. Die Autoren befragten in einem dreistufigen Online-Delphi-Verfahren Führungskräfte, Geschäftsführungen bzw. Einrichtungsleitungen[2] zu notwendigen Führungskompetenzen. In den drei Runden konnten 127, 65 bzw. 56 Fragebögen ausgewertet werden. Davon kamen in der ersten Runde zirka 40 % von Geschäftsführungen/Einrichtungsleitungen und 60 % von Führungskräften der Ebenen darunter; in

[1] Biesenkamp und Merchel unterschieden vier Gruppen: Führungsspanne 1–5, 6–15, 16–30 und mehr als 30 Mitarbeiter*innen.

[2] Die Befragten waren Studierende und Absolvent*innen eines postgradualen, weiterbildenden Master-Fernstudiengangs, ‚Management von Gesundheits- und Sozialeinrichtungen'.

den beiden weiteren Befragungsrunden waren die beiden Gruppen etwa gleich verteilt. (Pielach & Schubert 2018, S. 35 ff.)

In der ersten Runde wurden in einer offenen Frage 84 Kompetenzen gesammelt, verdichtet und nach Fach-, Methoden-, Sozial- und Personalkompetenz gruppiert. In den weiteren beiden Runden wurden diese Kompetenzen gewichtet. Dies ergab folgende Reihung:

Die größte Bedeutung haben demnach (s. Tab. 2) Analysefähigkeit, Glaubwürdigkeit und branchenspezifische Fachkenntnisse, gefolgt von weiteren sozialen und personalen Kompetenzanforderungen. Auffällig ist, dass branchenspezifische Fachkenntnisse für die Führungsarbeit an die dritte Stelle gereiht wurden (Tab. 1 und 2).

Leider liefern die Ergebnisse weder Erläuterungen noch Kontexte zu den einzelnen Kompetenzen (z. B. Situationen oder Herausforderungen im Sinne erfolgskritischer Ereignisse). Dazu kommt, dass keine Differenzierung hinsichtlich Einrichtungsgrößen, Führungsebene bzw. -spanne vorgenommen wurde.

3 Empirische Erfassung der Herausforderungen und Kompetenzen von Führungskräften in oberösterreichischen Sozialorganisationen

Ähnlich wie Biesenkamp und Merchel (2007) orientierte sich das Erhebungsdesign der Autorinnen an den Schritten einer Aufgaben- und Anforderungsanalyse, wie sie im Kontext von Stellenbesetzungen bzw. zur Planung von Qualifizierungsprogrammen durchgeführt wird. Um das Vorgehen zu verdeutlichen, werden zunächst die zugrunde liegenden theoretischen Modelle und anschließend das Vorgehen bei der Datenerhebung erläutert.

3.1 Konzeptionelle Grundlagen: Methode der ‚kritischen Ereignisse' und Kompetenzsystematik KODE®

Um die Führungskräfte-Herausforderungen festzustellen, wurde auf die Methode der ‚kritischen Ereignisse' zurückgegriffen. Sie stellt eine bewährte Methode dar, um Anforderungen an spezifische Positionen oder Job-Familien zu erarbeiten (Schuler & Mussel 2012, S. 58 ff.) Jetter (2008, S. 125 f.) beschreibt die Schritte wie folgt:

Tab. 1 Herausforderungen von Führungskräften in Sozialorganisationen – eigene Darstellung (vgl. Biesenkamp & Merchel 2007, S. 30 ff.)

Herausforderungen	Führungsspanne 6–15 (n = 12)	Führungsspanne 30 + (n = 28)	Geschäftsführung (n = 20)	Abt./Bereichsleitung (n = 19)	Teamleitung (n = 5)
Anregen und Gestalten von Prozessen der Qualitätsentwicklung	3	7	1	1	1
Betriebswirtschaftliches Handeln: Umgang mit Kosten- und Leistungsrechnung	9	1	1	9	1
Organisieren von Arbeitsabläufen	1	1	3	5	3
Fachliche Beratung von Mitarbeiter*innen in schwierigen Situationen	9	5	3	2	3
Konfliktgespräche im Team	5	1	5	2	5
Analysieren von Umweltveränderungen in ihrer Bedeutung für die Leistungserstellung	7	10	7	2	7

(Fortsetzung)

Tab. 1 (Fortsetzung)

Herausforderungen	Führungsspanne 6–15 (n = 12)	Führungsspanne 30 + (n = 28)	Geschäftsführung (n = 20)	Abt./ Bereichsleitung (n = 19)	Teamleitung (n = 5)
Umgang mit der Spannung zwischen beruflichen Anforderungen und Privatleben	1	11	8	8	8
Mitarbeiter*innengespräche im Rahmen der Personalentwicklung	4	4	5	7	5
Betriebswirtschaftliches Handeln: Bewertung von Bilanzen	11	8	10	–	10
Interessensdurchsetzung innerhalb eines Verbandes	7	8	10	5	10
Interessensdurchsetzung im politischen Raum	5	5	8	–	8
Umgang mit Angriffen von Mitarbeiter*innen auf die eigene Person	12	12	10	–	10

Tab. 2 Am höchsten bewertete Kompetenzen aus der Delphi-Befragung (Pielach & Schubert 2018, S. 39)

	Kompetenzen	Rang
Fachkompetenz	Branchenspezifische Fachkenntnisse	3
Methodenkompetenz	Analysefähigkeit	1
	Ganzheitliches Denken	5
Sozialkompetenz	Kommunikationsfähigkeit	4
	Beziehungsfähigkeit	6
	Empathie	7
	Konfliktlösungsfähigkeit	8
	Auftreten	9
	Teamfähigkeit/Kooperationsfähigkeit	10
	Verantwortungsbewusstsein	11
Personalkompetenz	Glaubwürdigkeit	2
	Ambiguitätstoleranz	6
	Entscheidungsfähigkeit	6
	Belastbarkeit	7
	Einsatzbereitschaft/Engagement	11

- Identifizieren der erfolgskritischen Situationen für eine Position durch Befragung der jeweiligen Vorgesetzten
- Auswahl der erfolgsrelevanten Anforderungskriterien für die speziellen Situationen mithilfe von Kriterienkatalogen
- Formulieren der erfolgskritischen Verhaltensweisen (Operationalisierung) zu den einzelnen Anforderungen
- Gewichten der Anforderungskriterien

Für die Erhebung wurden nicht die Vorgesetzten, sondern die Führungskräfte selbst zu herausfordernden Führungssituationen befragt. Darauf aufbauend wurden Anforderungskriterien mit Hilfe des „KODE®-Kompetenzatlas"[3] (s. Abb. 3) erfasst. Darin sind insgesamt 64 Kompetenzen in fachliche, methodische, soziale und personale Kompetenzen geordnet.

Bewusst wurde der Kompetenzbegriff der Erhebung zugrunde gelegt, da sich diese auf situative Anforderungen beziehen und handlungsorientiert sind

[3] KODE® steht für Kompetenzdiagnostik und -entwicklung.

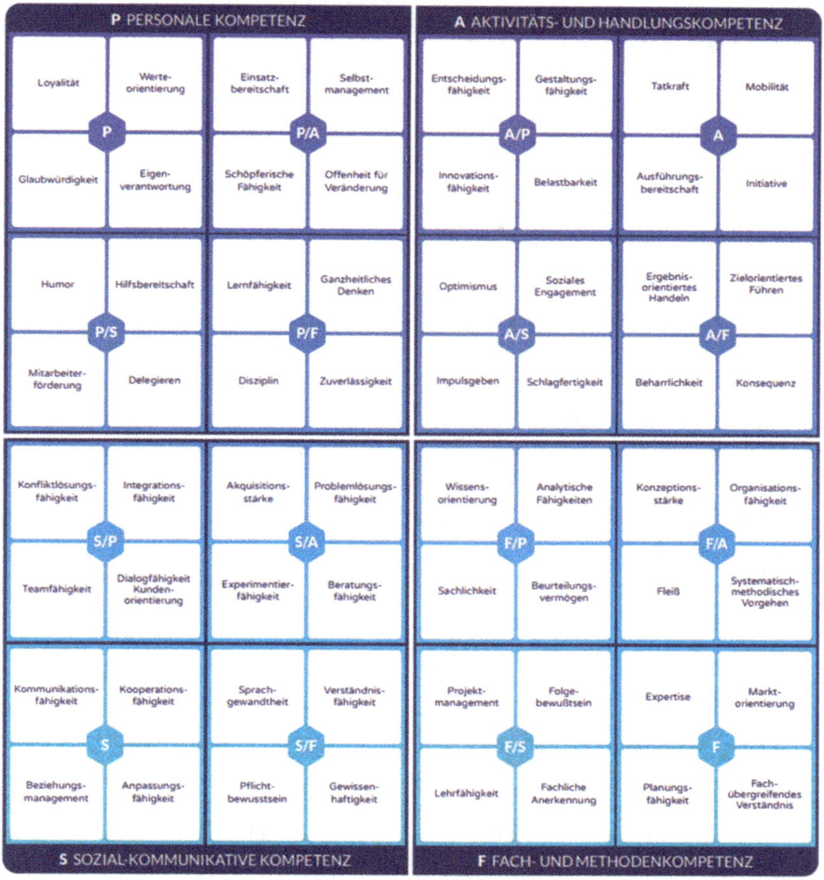

Abb. 3 KODE® KompetenzAtlas/Stand 04.2019 Dritte revidierte Fassung/ (© 2017 KDOE GmbH/Alle Rechte vorbehalten)

(Nöbauer 2019, S. 171). Kompetenzen werden in der Literatur als die Fähigkeit verstanden, Wissen und Können so zu verbinden, dass berufsbezogene Aufgaben den Anforderungen gemäß eigenverantwortlich und situationsgerecht zu bewältigen sind. Kompetenzen umfassen demnach Wissen, Fertigkeiten und Fähigkeiten, aber auch motivationale Aspekte sowie Werte und Normen (Kauffeld & Grote 2019, S. 170 f.; Erpenbeck & Heyse 2022).

Die einheitliche Terminologie des Atlas ermöglicht eine gute Vergleichbarkeit der Ergebnisse. Üblicherweise werden beim Einsatz von KODE® 10–12 Kompetenzen pro Funktion ausgewählt. Um Komplexität zu reduzieren, wurde dies in der Erhebung auf 8 Kompetenzen beschränkt. Entsprechend den Vorgehensschritten bei Jetter (2008, S. 125 f.) wurden die Befragten anschließend um Erläuterungen zu den ausgewählten Kompetenzen gebeten, z. B. „Was bedeutet Konzeptionsstärke konkret für Sie?". Die von Jetter beschriebene Gewichtung der Kompetenzen wurde nicht durchgeführt.

3.2 Datenerhebung und -auswertung

Um das Forschungsziel zu erreichen, wurden zwischen 2018 und 2022 insgesamt 246 Interviews nach den oben geschilderten Schritten mit Führungskräften aus unterschiedlichen Sozialorganisationen (z. B. Behindertenhilfe, Altenbetreuung, Jugendwohlfahrt, Sozialpädagogik) geführt.[4]

Die Stichprobe setzte sich wie folgt zusammen (Abb. 4):

Um Vergleichbarkeit zwischen den Interviews herzustellen, wurden die Gespräche entlang eines teilstrukturierten Leitfadens geführt. Erfragt wurden zunächst Eckdaten wie Unternehmensgröße, Führungsspanne, Führungs-Ebene und Hauptaufgaben. In einem zweiten Schritt wurden herausfordernde Führungssituationen in der derzeitigen Funktion besprochen und die acht Kompetenzen aus dem KODE®-Kompetenzraster (s. Abb. 3) ausgewählt. In den Gesprächen mit den 57 im Wintersemester 2021/22 befragten Führungskräften waren zusätzlich Innovationen der letzten Jahre Gesprächsthema.

Die Interviews wurden aufgezeichnet und transkribiert – es wurden Teiltranskripte erstellt. Als Analyseverfahren fand die Inhaltsanalyse nach Mayring (2015) Anwendung. Ausgangspunkt hierfür bildeten einerseits der KODE-Kompetenzraster (4 Bereiche, 64 Teilkompetenzen) und andererseits die sieben Aufgabenfelder von Simsa und Patak (2008) (s. Abschn. 1.1). Zur Operationalisierung der Aufgabenfelder wurden die von Simsa und Patak zugeordneten Teilaufgaben induktiv anhand des Interviewmaterials ergänzt und präzisiert. Auf Basis des daraus resultierende Kategoriensystems (43 Teilaufgaben bzw. 64 Kompetenzen) wurden – entsprechend der strukturierenden Inhaltsanalyse nach

---

[4] Die Interviews wurden von Studierenden des Bachelor-Studiengangs ‚Soziale Arbeit' im Rahmen des Seminars „Leitungskompetenz in der Sozialen Arbeit" in den Jahren 2018–2020 nach einem vorgegebenen Leitfaden geführt und dokumentiert.

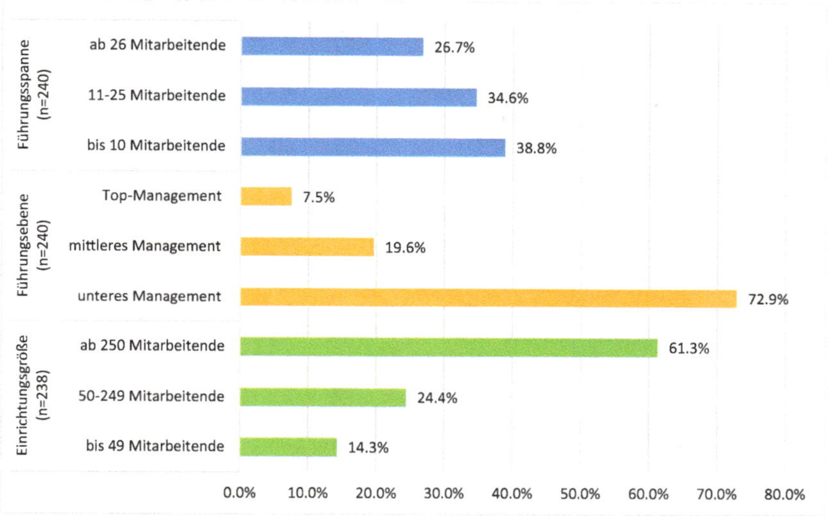

Abb. 4 Stichprobenbeschreibung

Mayring (2015) – die genannten Kompetenzen dem Kompetenzraster und die geschilderten Herausforderungen den einzelnen Teilaufgaben zugeordnet.

Diese Zuordnung resultierte – entsprechend der Anzahl der Befragten – in maximal 246 Nennungen bzw. Nicht-Nennungen je Kategorie. Die Aufbereitung der Ergebnisse erfolgte anhand des Anteils der Nennungen. Diese wurden insgesamt und differenziert nach ausgewählten Merkmalen (z. B. Hierarchieebene, Führungsspanne) dargestellt. Hierfür wurden vorrangig Balkendiagramme erstellt. Die Kategorisierung der Aussagen erfolgte unterstützt durch das MS-Office-Tool Excel. Die Analyse der Daten erfolgen mittels SPSS von IBM und die Aufbereitung der Graphiken erfolgte wiederum mittels Excel.

3.3 Herausfordernde Situationen für Führungskräfte in Sozialorganisationen

Entsprechend der Vielzahl möglicher Herausforderungen verteilten sich die Antworten unterschiedlich auf die 43 möglichen Situationen. Abb. 5 zeigt jene, die von mehr als 10 % der Führungskräfte genannt wurden. Die Farben symbolisieren die Aufgabenbereiche des Führungspuzzle.

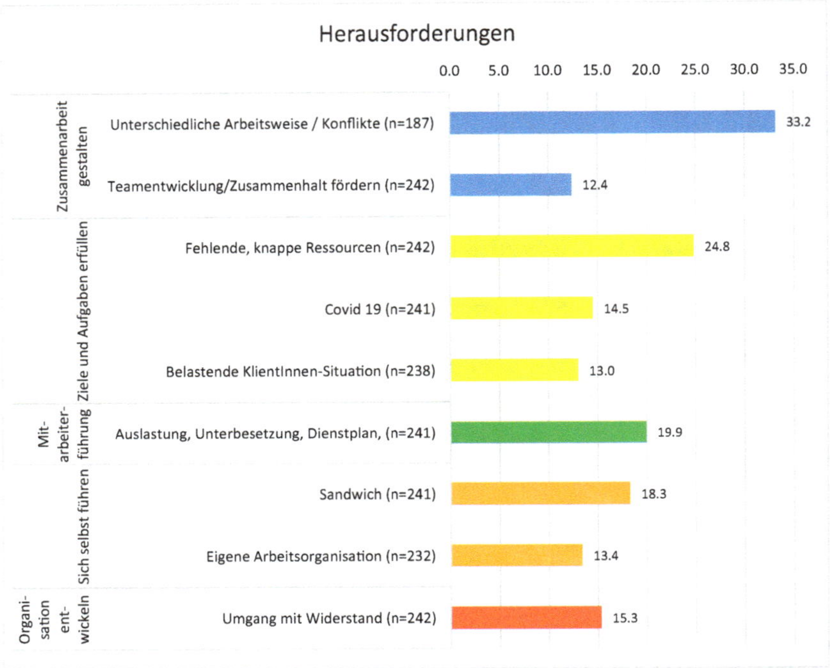

Abb. 5 Haupt-Herausforderungen für Führungskräfte in Sozial- und Gesundheitseinrichtungen; (n = 187–242)

Die dahinter liegenden Situationen wurden wie folgt erläutert:

- Aufgabenbereich ‚Zusammenarbeit gestalten‘

Darunter fällt aus Sicht der Führungskräfte vor allem die Vermittlung zwischen unterschiedlichen Arbeitsweisen bzw. Ansprüchen, bedingt durch verschiedene fachliche Blickwinkel oder Funktionen (33,2 %). Solche Herausforderungen werden am häufigsten thematisiert.

Schwierig kann auch sein, wenn die Leitung selbst – u. U. in der Doppelrolle als Kolleg*in und Leitung – in die Fallarbeit eingreifen will/muss.

> *„... von außen in ein Sozialpädagog*innen-Team einzugreifen, wenn ich bemerke, dass ein Kind spezielle Bedürfnisse hat. (...) Die Schwierigkeit liegt darin, als Leitungsperson von außen etwas zu verändern ohne die Mitarbeiter*innen in ihrer Handlungsweise zu beschränken."* (Teamleitung Sozialpädagogik)

Aber auch die Teamentwicklung bzw. Förderung des Zusammenhalts im Team wird im Aufgabenbereich ‚Zusammenarbeit gestalten' als Herausforderung genannt.

- Aufgabenbereich ‚Ziele und Aufgaben erfüllen'

Die Herausforderung wird darin gesehen, mit knappen Ressourcen bzw. unter Einflussnahmen externer Stakeholder (24,8 % der Befragten) Leistungen zu erbringen. Hier werden starre Vorgaben, finanzielle Kürzungen, neue Leistungen/mehr Klient*innen bei gleichen Ressourcen, Vorgaben zu Rahmenbedingungen der Tätigkeit, Divergenzen zwischen fachlichen Standards/Kriterien der Organisation und jenen der Geldgeber oder anderen involvierten Institutionen (z. B. Behörden) angesprochen.

> *„Durch den Sparkurs gab es Einschränkungen, die ich an mein Team weiterzugeben hatte. Dadurch entstand ein Frust im Team und auch bei mir selbst und diesen musste ich aushalten und kompetent vermitteln, obwohl ich selbst auch frustriert war."* (Teamleitung Behindertenarbeit)

Schwierige Klient*innen sowie die COVID-Pandemie werden ebenfalls als Herausforderungen im Hinblick auf das Erreichen der Leistungsziele thematisiert; auf Letztere wird in Abschn. 3.3.1.2 speziell eingegangen.

- Aufgabenbereich ‚Sich selbst führen'

Herausforderungen der Selbstführung sehen Führungskräfte in Zusammenhang mit der eigenen Arbeitsorganisation (13,4 % der Befragten), aber vor allem durch ihre Sandwichfunktion (18,3 %) bedingt. Teamleitungen beziehen die Sandwichfunktion auf ihre Rolle zwischen der übergeordneten Ebene und den Mitarbeitenden: Sie müssen ihr Team ‚enttäuschen', Demotivation abfedern/vorbeugen, Informationen dosieren/filtern und Aufträge transportieren, hinter denen sie manchmal selbst nicht stehen können. Die Sandwichfunktion wird aber auch von den anderen Hierarchieebenen thematisiert.

„*Das Transportieren dieser Aufträge ist eine unschöne Angelegenheit. Es gibt Gegenwind und es entstehen Konflikte. Die Inhalte müssen verstehbar erklärt werden und gleichzeitig steht man als Person nicht dahinter.*“ (Teamleitung Kinder- und Jugendhilfe)

Auch in diesem Zusammenhang wird wieder die Doppelrolle, zugleich Kolleg*in und Leitung zu sein, zum Thema.

„*Es ist daher oftmals unangenehm als Kollegin gewisse Verhalten anzusprechen, (…) oder Situationen einzufordern/weiterzugeben, welche beispielsweise Kürzungen betreffen.*“ (Teamleitung forensische Nachbetreuung)

- Aufgabenbereich ‚Mitarbeiter*innenführung‘ und ‚Organisation entwickeln‘

Knapp 20 % der Führungskräfte sprechen den Themenbereich Auslastung, Personaleinsatz, Unterbesetzung bzw. die Dienstplanung an, vor allem in Urlaubszeiten, bei Krankenständen bzw. in Zusammenhang mit Karenzierungen und/oder verzögerten Nachbesetzungen. Besonders gravierend wirkt sich das bei kleinen Teams bzw. einem hohen Teilzeitanteil aus. Damit verbunden kamen häufig auch Herausforderungen hinsichtlich Kommunikation und Information zur Sprache.

„*.. die Koordination der 25 Mitarbeiter*innen. Wir haben Mütter in Teilzeit im Team und Arbeitsumfänge mit den unterschiedlichsten Stundenausmaßen. Da wird es eine sehr große Herausforderung den Dienstplan so zu gestalten, dass alle Mitarbeiter*innen zufrieden sind.*“ (Teamleitung Mobile Hilfen)

Im Aufgabenbereich ‚Organisation entwickeln‘ wird speziell der Umgang mit Widerstand zum Thema gemacht.

Ein Blick auf das zugrunde liegende Modell von Simsa und Patak (2008) zeigt, dass den strategischen Aufgabenfeldern (‚strategischen Rahmen setzen‘, ‚Umfeld beobachten‘) nur sehr wenige herausfordernde Situationen zugeordnet wurden. Auch vermutete Herausforderungen wie eine fehlende Einführung in die Funktion, unzureichende technische Ausstattung oder die Zusammenarbeit mit Ehrenamtlichen wurden kaum angesprochen. Von keiner Führungskraft wurden Generationenkonflikte bzw. Herausforderungen im Hinblick auf Evaluierung und Lernen (Steuerung über Messgrößen/Kennziffern, Reflexion und Lernen aus Fehlern) thematisiert. Das kann durch die Fragestellung nach herausfordernden Situationen bedingt bzw. dem Überhang an Teamleitungen bzw. der Pandemie-Situation zuzuschreiben sein. Daher wurden die Haupt-Herausforderungen nach

Führungsebene, Organisationsgröße, Führungsspanne und COVID-19-Einflüssen analysiert.

3.3.1 Herausforderungen in Abhängigkeit von Führungsebene, Organisationsgröße, Führungsspanne und COVID-19-Situation

Eine Hypothese war, dass die wahrgenommenen Herausforderungen von der Hierarchieebene abhängig sind. Während Teamleitungen Mitarbeitende führen und zu einem Teil auch selbst operativ tätig sind, führen die mittlere Ebene und das Top Management Führungskräfte, sind in der Regel kaum mehr mit fachlichen Aufgaben befasst bzw. haben in größeren Organisationen auch Expert*innenstäbe für bestimmte Aufgaben zur Verfügung (z. B. Controlling, Marketing). Diese unterschiedlichen Rahmenbedingungen müssten sich also auch in den Ergebnissen niederschlagen.

3.3.1.1 Herausforderungen nach Hierarchieebene

Die folgende Abbildung zeigt, welche Herausforderungen zwischen 2018 und 2022 von mehr als 10 % der Teamleitungen bzw. im Mittel-/Topmanagement wahrgenommen werden.

Die Grafik zeigt, dass die mittlere Ebene und das Topmanagement häufiger von Herausforderungen durch unterschiedliche Arbeitsweisen (39,6 %), Ressourcenprobleme (33,9 %) oder Widerstände (21 %) berichten. Eine Detailberechnung zeigte, dass die Leistungserbringung bei fehlenden/knappen Ressourcen von 52,9 % der befragten Geschäftsführungen als herausfordernd erlebt wird, während dies im mittleren Management ‚nur' mehr 26,7 % und auf Teamebene 22,4 % der Fall ist. Zu berücksichtigen ist dabei allerdings die kleine Stichprobe aus dem Top-Management.

Weiters zeigt Abb. 6, dass in den höheren Führungsebenen das Definieren/Einfordern von Regeln der Zusammenarbeit (rund 15 %) bzw. das Initiieren von Veränderungen (rund 11 %) eine größere Herausforderung als bei den Teamleitungen (hier nur 8,6 % bzw. 2,3 % und daher nicht dargestellt). Umgekehrt werden auf Teamleitungsebene die Doppelfunktion (Leitungs-/Fachaufgaben) (11 %), die Mitarbeitenden-Gesundheit (10,9 %) bzw. schwierige Klient*innen (15,8 %) als größere Herausforderung erlebt. In diesem Vergleich spiegeln sich unterschiedliche Aufgabenschwerpunkte der Führungsebenen wider.

In der Abbildung ist aufgrund der wenigen Nennungen nicht ersichtlich, dass seitens der höheren Führungsebenen nur wenige strategische Herausforderungen genannt wurden. Dazu gehören: ‚Entwicklung der eigenen Organisation' (3,3 %),

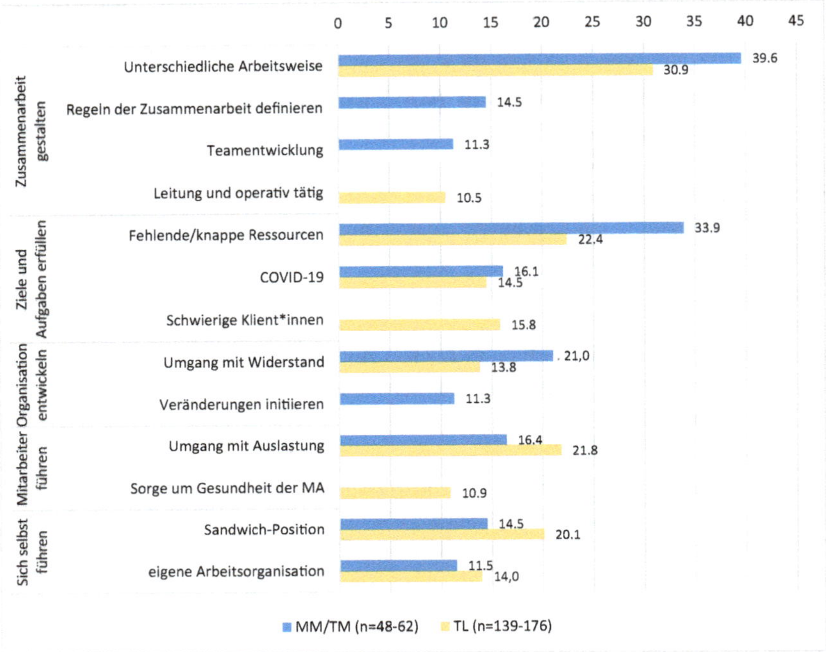

Abb. 6 Haupt-Herausforderungen im Mittel-/Topmanagement und bei Teamleitungen

‚Beobachten des relevanten Umfelds' (Spenden, Ehrenamt…), ‚gesellschaftliche Entwicklungen beobachten', ‚externe Einflüsse erkennen' und ‚Leistungen definieren' (jeweils 1,6 %).

3.3.1.2 Veränderte Herausforderungen durch die COVID-19-Pandemie

Bereits die Gesamtauswertung in Abb. 5 zeigt, dass die COVID-Pandemie auf allen Führungsebenen als Herausforderung wahrgenommen wurde. Da sie aber erst ab 2020 in Erscheinung getreten ist, wird die Zeitspanne 2020–2022 getrennt betrachtet – einerseits mit Blick auf die Bedeutung von COVID-19 (z. B. Organisation Schutzmaterial, Testungen, Besuchsregelungen…) bzw. inwieweit dadurch die Herausforderungen insgesamt neu gewichtet wurden. Dabei wird angenommen, dass die Führungskräfte abhängig von ihrer hierarchischen Position unterschiedlich betroffen sind.

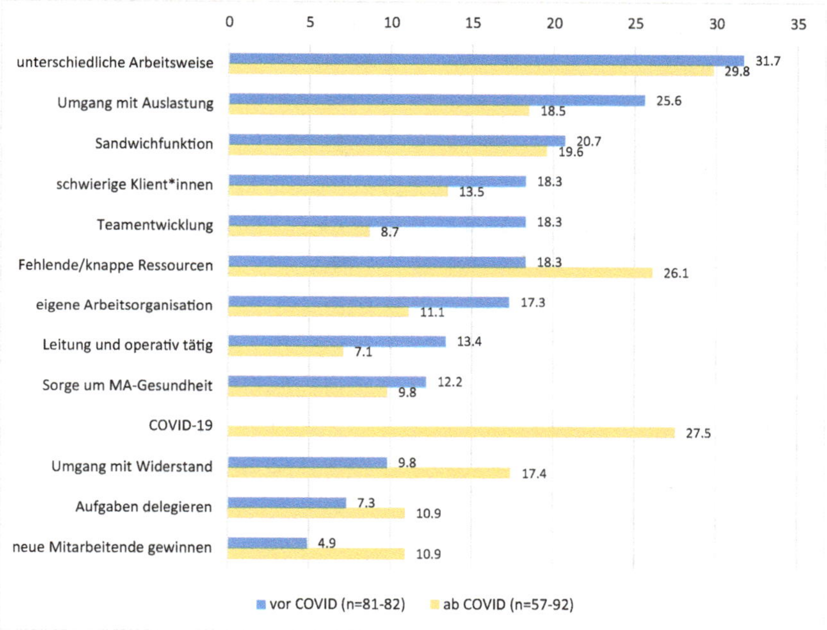

Abb. 7 Herausforderungen Teamleitungen – vor/ab COVID-19; alle Nennungen >10 %

Die Darstellung zeigt, dass für Teamleitungen die 2018–2020 berichteten Herausforderungen (z. B. Auslastung, Sandwichfunktion oder Klient*innen) in der Pandemiephase etwas in den Hintergrund getreten sind. Erschwert wurde in der COVID-Zeit hingegen die Leistungserbringung mit fehlenden/knappen Ressourcen (26,1 %). Neben der Pandemie selbst wurde vermehrt der Umgang mit Widerstand (17,4 %), die Aufgabendelegation (10,9 %) sowie die Thematik der Personalgewinnung (10,9 %) ein Thema für Teamleitungen. Möglicherweise steht dieses Thema weniger mit COVID-19 in Verbindung als mit der in den letzten Jahren zunehmenden Personalknappheit. Teamentwicklung geht als Herausforderung zurück, obwohl anzunehmen wäre, dass gerade darin durch die Distanz in der Pandemie eine Herausforderung besteht.

Für mittlere Führungskräfte bzw. das Top-Management bringt die COVID-Phase tatsächlich andere Herausforderungen mit sich: Die Leistungserbringung mit knappen Ressourcen ist – im Kontrast zu den Teamleitungen weniger Herausforderung, dafür sind es aber unterschiedliche Arbeitsweisen und Widerstände.

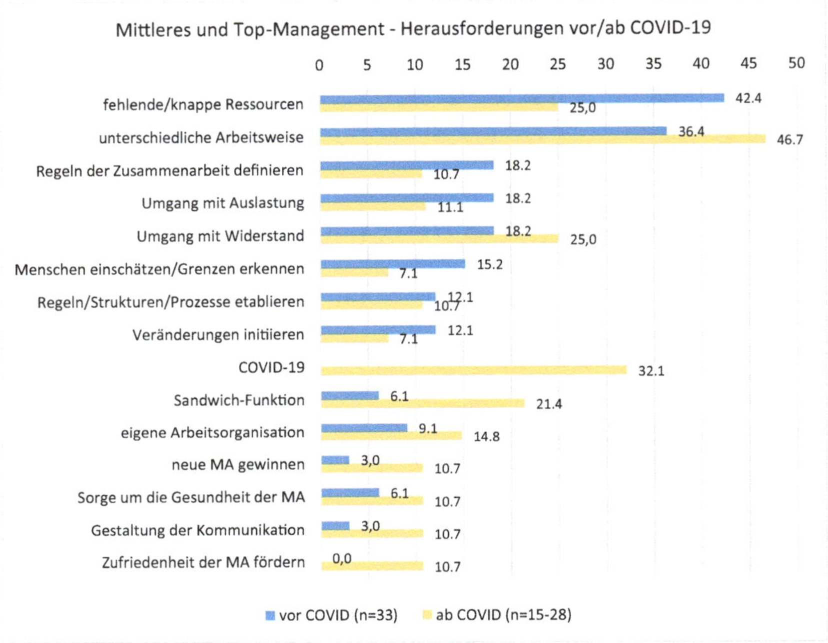

Abb. 8 Herausforderungen Mittleres und Top-Management – vor/ab COVID-19; alle Nennungen >10 %

Es kommt zu einer Themenverschiebung in Richtung mitarbeiter*innenbezogener, bei gleichzeitigem Rückgang organisationsbezogener Herausforderungen, wie aus Abb. 8 ersichtlich ist.

3.3.2 Herausforderungen im Kontext von Innovationen

Die bisherigen Auswertungen zeigen, dass das Initiieren von Veränderungen nur bei mittleren Führungskräften und dem Top-Management als nennenswerte Herausforderung thematisiert wird. Teamleitungen dagegen sprechen eher Einschränkungen durch externe Vorgaben, politische Veränderungen oder interne Entscheidungen an, die sie umsetzen bzw. an die Mitarbeitenden kommunizieren sollen. Abb. 7 zeigt, dass in den Jahren ab Beginn der Pandemie Innovation als Herausforderung für Teamleitungen eine noch geringere Rolle spielt als davor.

Um das Thema Innovation zu vertiefen wurden die Gespräche mit 57 Führungskräften in den Jahren 2021/22 mit dem speziellen Fokus auf Innovationen geführt.

3.3.2.1 COVID-19 - Treiber oder Hemmschuh für Innovationen

Auf die Frage nach Innovationen der letzten Jahre wurde von einigen Führungskräften explizit angegeben, dass seit Beginn der Pandemie keine Veränderungen stattfinden konnten. Andererseits konnte durch das Reagieren auf pandemiebedingte Restriktionen bzw. Vorgaben auch Neues entstehen, weil z. B. neue Konzepte erstellt werden mussten. Vor allem führte die Pandemie in manchen Organisationen zu einem Technisierungs- bzw. Digitalisierungsschub – sowohl in der internen Organisation als auch in Bezug auf die Angebote.

> *„Seit 2 Jahren befinden wir uns im Stillstand. Stellen sie sich vor, sie müssen den Mitarbeitern täglich Hiobsbotschaften übermitteln, die das Arbeiten extrem erschweren. Wieviel und was kann ich den Mitarbeitern zumuten?“* (Geschäftsführung sozialpädagogische Einrichtung)

> *„Aufgrund der Pandemie sind gezwungenermaßen Homeoffice und hybride Teambesprechungen entstanden.“* (Leitung Familienberatung)

> *„Die Stillberatung (…) wurde ebenso auf virtuelle Onlineberatung umgestellt. Auch Stillgruppen fanden so weiter statt. Um die Covid-19 Maßnahmenverordnungen einzuhalten, wurden GEHspräche eingeführt. Bei den GEHsprächen gingen Mitarbeiter*innen gemeinsam mit den Eltern oder Schüler*innen spazieren und konnten so die Beratungen weiterführen.“* (Leitung Beratungseinrichtung)

Nicht alle Einrichtungen konnten ihre Leistungen umstellen bzw. weiter anbieten.

> *„.. im Bereich der Mobilen Jugendarbeit spielt sich viel im Sozialraum ab. Lockdowns, Schulschließungen oder gesetzliche Regelungen haben es erschwert Veranstaltungen zu organisieren beziehungsweise Jugendliche zum Mitmachen zu animieren.“* (Einrichtungsleitung Streetwork)

Die Pandemie trat also sowohl als ‚Innovationsblockade‘, wie auch als Treiber*in interner/methodischer Weiterentwicklungen in Erscheinung. Allerdings ist die Frage zu stellen, ob die genannten Anpassungen tatsächlich immer als Innovationen zu klassifizieren oder eher als Notbehelfe bzw. Reaktionen auf veränderte Bedingungen zu sehen sind.

Eine große Bandbreite zeigte sich in den Auffassungen, was unter Innovationen verstanden wird und von wem Innovationsimpulse ausgehen. Die

Befragten verwendeten den Innovationsbegriff in einem subjektiven Sinn, d. h. als Innovation wurde bezeichnet, was neu für die Organisation war.

3.3.2.2 Verständnis von und Initiative für Innovationen

Auf die Frage nach Innovationen der vergangenen Jahre wurden folgende Typen von Neuerungen genannt: Neue Angebote, methodische Anpassungen bzw. Optimierungen bestehender Angebote, interne Veränderungen die Mitarbeiter*innen betreffend und Veränderungen in der Infrastruktur.

- Neue Angebote

Ein knappes Drittel der genannten Innovationen bezog sich auf neue Leistungen für bestehende Zielgruppen und/oder eine Ausweitung der Leistungen auf neue Zielgruppen.

> *„Innovationen sind ein ständiger Prozess, da eine starke Abhängigkeit von Politik und Finanzen vorherrscht. Dazu gibt es unveränderbare Faktoren, wie zum Beispiel Ressourcenknappheit.“* (Geschäftsführung sozialpädagogische Einrichtung)

Wie das Zitat zeigt, entstehen neue Angebote aus externen Anforderungen (z. B. durch politische Entscheidungen oder gesetzliche Änderungen), aber auch, wenn seitens der Organisation ein Bedarf erkannt und daraus ein Angebot ausverhandelt wird. Dass Eigeninitiative nicht immer erfolgreich ist bzw. an langwieriger Bürokratie scheitern kann, äußern mehrere Befragte.

> *„Die Umsetzung von Innovationen ist in unserer Einrichtung ein langwieriger Prozess. Da der Träger der Beratungsstelle das Land … ist, durchlauft eine Idee für ein neues Vorhaben mehrere Schritte und benötigt mehrere Zustimmungen.“* (Leitung Beratungsstelle)

Einfacher dürften methodische Anpassungen bestehender Leistungen von statten gehen.

- Methodische Anpassungen bzw. Optimierungen bestehende Angebote

Solche Adaptierungen betreffen sowohl Kern- als auch Unterstützungsprozesse, z. B. die Umstellung auf Bezugspflege, Einführung des SEN-Modells, Digitalisierung im Betreuungsprozess (z. B. Umstellen auf Online-Beratungen), die

Einführung neuer Gesprächsformulare. Innovationen dieser Art wurden am häufigsten von den Führungskräften genannt. Oft werden sie mit Anforderungen der Klient*innen argumentiert – im Sinne laufender Anpassungsnotwendigkeiten.

> *„In unserem Bereich gibt es täglich betreuerische Innovationen. Es werden innovative Konzepte entwickelt oder Betreuungsstrukturen an die Klient*innen angepasst. Es kommt zum Beispiel von einem Wohngruppensetting zu einem Einzelsetting oder umgekehrt."* (Einrichtungsleitung Behindertenbereich)

> *„Beispielsweise ist für den Nachtdienst ein Funksystem angeschafft worden, damit Bewohner*innen, die sich nicht bewegen können sich selbst melden können. Des Weiteren wird ein Pilotprojekt im Jänner 2022 gestartet. Dabei geht es darum, die Dokumentationsarbeit mit der sprachgesteuerten Alexa zu verrichten."* (Bereichsleitung Seniorenbereich)

Einige Personen weisen darauf hin, dass Technisierung/Digitalisierung in den Fachausbildungen nicht vorkommt und die Umsetzung daher schwierig ist.

- Interne Veränderungen, die die Mitarbeitenden/Teams betreffen

Darunter fallen Anpassungen interner Strukturen, Prozesse, Instrumente, z. B. Online-Teambesprechungen, die Einführung von Stellenbeschreibungen, das Aufstocken von Personal oder die Integration einer neuen Berufsgruppe. Diese Innovationen werden innerhalb der Teams angestoßen, wenn ein Bedarf erkannt wird.

> *„Seit 1.11.2021 wird auch die Fahrtzeit für Radfahrer*innen bezahlt. Bislang war es nur möglich Assistent*in zu werden, wenn man einen Führerschein und ein Auto für die Fahrten besessen hat (..). Seit November jedoch, werden auch Assistent*innen, welche per Fahrrad zu ihren Auftraggeber*innen fahren, bezahlt."* (Geschäftsführung Behindertenbereich)

Als weitere Innovationen wurden Veränderungen im Bereich der Infrastruktur genannt, z. B. ein neuer Aufenthaltsraum für Klient*innen oder der Umzug in ein neues Gebäude.

Mit Blick auf den Anspruch, dass Sozialorganisationen eine zentrale Gestaltungsrolle zur Lösung sozialer Probleme zukommen soll, fällt der Blick auf die derzeitige Praxis eher ernüchternd aus. Zwar wurden in den befragten Einrichtungen zahlreiche Neuerungen umgesetzt. Der Tenor war, dass Neues meist als Reaktion auf externe Veränderungen oder Vorgaben entsteht. In den Statements wird eher eine Offenheit für extern angestoßene Veränderungen signalisiert als ein aktives Innovieren.

3.3.3 Zusammenfassende Einschätzung der Führungskräfte-Herausforderungen

Abgesehen von der Pandemiephase seit 2020 sehen Führungskräfte in Sozialorganisationen folgende Haupt-Herausforderungen: Erstens den Umgang mit unterschiedlichen Arbeitsweisen und Mitarbeiter*innenkonflikten. Zweitens geht es um das Agieren unter restriktiven Rahmenbedingungen: den Einsatz knapper Ressourcen optimieren und Leistungen unter schwierigen personellen Rahmenbedingungen erbringen. Diese Bereiche fallen unter die operativen Kernaufgaben und sind arbeitsorganisatorischer bzw. zwischenmenschlicher Natur. Fachliche Herausforderungen werden – abgesehen von herausfordernden Klient*innensituationen – nicht genannt.

Vor allem auf der untersten Führungsebene ist die Doppelrolle eine Herausforderung: Teamkolleg*in zu sein und fachlich einzugreifen, unpopuläre Entscheidungen an das Team zu kommunizieren, Nähe und Distanz zu den Mitarbeitenden auszubalancieren sind die wichtigsten Facetten davon. Abgesehen davon werden die Herausforderungen von den Führungsebenen relativ ähnlich eingeschätzt.

Inhaltlich decken sich diese Ergebnisse nur in Bezug auf Konfliktgespräche mit Biesenkamp und Merchel (2007), einige Themen könnten sich dort in den Qualitätsentwicklungsprozessen bzw. der Organisation von Arbeitsabläufen wiederfinden. Auch bei Biesenkamp/Merchel werden die Herausforderungen über die Hierarchieebenen relativ homogen eingeschätzt.

Innovationen zu initiieren und mit Widerstand umzugehen stellen für mittlere und Top-Führungskräfte eine gewisse Herausforderung dar. Dennoch bestätigte sich die These nicht, dass die Herausforderungen für höhere Führungsebenen stärker aus strategischen Aufgaben resultieren.

Neue Dienstleistungen dürften in erster Linie durch Restriktionen und externen Druck entstehen. Das Entwickeln neuer Leistungen selbst wird aber nicht als herausfordernd gesehen. Laufende klient*innen-/bewohner*innenbezogene Adaptierungen von Leistungen gehören zum professionellen Selbstverständnis von Führungskräften. Die Chancen von Technisierung bzw. Digitalisierung für interne Prozesse bzw. neue Dienstleistungen werden nicht von allen Führungskräften erkannt bzw. scheitern u. U. am Know-How oder an den Möglichkeiten der Mitarbeitenden.

3.4 Notwendige Kompetenzen für Führungsaufgaben in Sozialorganisationen

Abschließend wird noch ein kurzer Überblick über die ausgewählten Kompetenzen dargestellt. Eine detaillierte Analyse kann im Rahmen dieses Beitrags nicht mehr erfolgen. Der KODE-Raster (s. Abb. 9) zeigt alle genannten Kompetenzen, die von mindestens 20 % der befragten Führungskräfte genannt wurden. Je dunkler die Hintergrundfarbe, desto häufiger wurde die jeweilige Kompetenz ausgewählt. Die Buchstaben darüber markieren die Kompetenzdimensionen; sie können entweder in Rein- oder als Mischform auftreten (z. B. P/A).

Auffallend ist die Anordnung der gewählten Kompetenzen in drei Clustern:

- Personale/soziale Kompetenzen: Hier handelt es sich um mitarbeiter*innenbezogene Kompetenzen, die mit Blick auf die angesprochenen

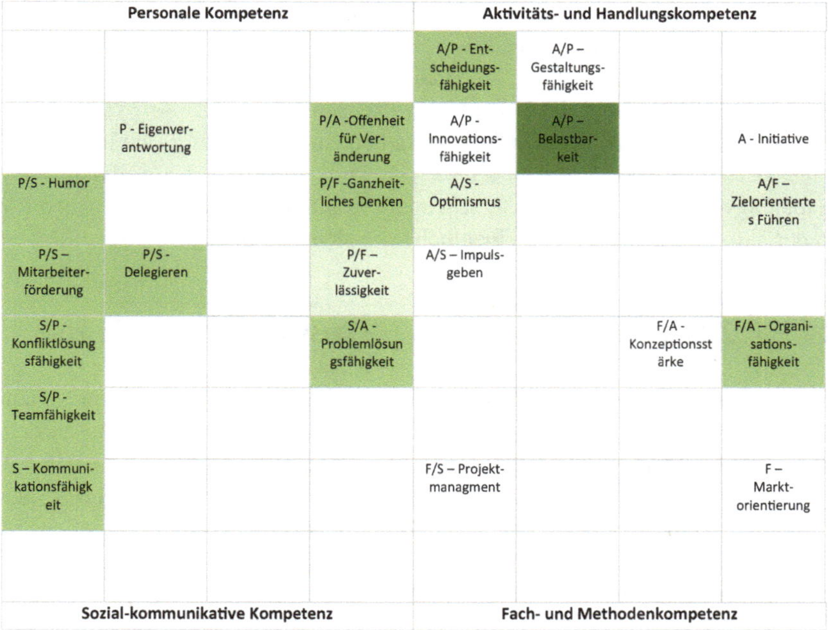

Abb. 9 Ausgewählte Kompetenzen (Legende: dunkelgrün = 40 % + ; mittelgrün = 30 % + , hellgrün = 20 % +)

Herausforderungen (Konfliktlösung im Team, unterschiedliche Arbeitsweisen, eigene Arbeitsorganisation) gut nachvollziehbar sind.
- Der Cluster an Kompetenzen im Zentrum des Kompetenzatlas beinhaltet Elemente aller Kompetenzbereiche. Auch bei den Erläuterungen dazu nehmen die Befragten häufig auf die in Kap. 3.3 beschriebenen Herausforderungen Bezug.
- Schließlich wurden noch zwei Kompetenzen gewählt, die Fachlichkeit und Aktivitäts-/Handlungskompetenz verbinden, nämlich Organisationsfähigkeit und zielorientiertes Führen. Diese beiden Kompetenzen knüpfen ebenfalls an Sachaufgaben bzw. die oben thematisierten Herausforderungen an.

Einzelne in der Abbildung nicht hinterlegte Kompetenzen werden in Literatur und Praxis mit Innovationen in Verbindung gebracht: Innovationsfähigkeit, Impulsgeben, Initiative, Marktorientierung, Projektmanagement. Diese Kompetenzen wurden nur von zwischen 2 % und 8 % der Befragten unter die wichtigsten 8 Kompetenzen gereiht. Das Thema Innovation kommt als „Offenheit für Veränderungen" von 23,4 % der Befragten als Kompetenz ins Spiel. Damit bestätigt sich das Bild eines eher reaktiven Umsetzens von Veränderungen, das sich bereits bei den Herausforderungen andeutet.

Ein vergleichender Blick auf die Studie von Pielach und Schubert (2018) zeigt wenig Übereinstimmung: Dort wurde den Fachkenntnissen, der Analysefähigkeit und Glaubwürdigkeit eine hohe Bedeutung beigemessen, ergänzt durch verschiedene soziale und personale Kompetenzen. In ihrer Studie tritt die Aktivitäts- und Handlungskompetenz wenig in Erscheinung, während dieser Kompetenzbereich in der aktuellen Untersuchung einen hohen Stellenwert einnimmt.

4 Zusammenfassung und Diskussion der Ergebnisse

Die Erhebung bei oberösterreichischen Führungskräften versuchte, spezielle Herausforderungen und für deren Bewältigung notwendige Kompetenzen speziell in Sozialeinrichtungen zu identifizieren. Das Vorgehen war eng an die Methodik von Anforderungsanalysen im Zuge von Besetzungsentscheidungen bzw. der Führungskräfte-Entwicklung angelehnt. Durch das damit gewonnene gesicherte Wissen über Anforderungen können (künftige) Führungskräfte realitätsnahe auf Führungsaufgaben und -herausforderungen in unterschiedlichen Hierarchieebenen vorbereitet werden.

Aus den Ergebnissen können folgende Schlüsse für Sozialorganisationen und (angehende) Führungskräfte selbst gezogen werden:

4.1 Person- und organisationsbezogene Unterstützungsmaßnahmen für Führungskräfte

Die Haupt-Herausforderungen werden von allen Führungsebenen in ähnlichen Situationen bzw. Aufgabenbereichen gesehen: Gestalten der Zusammenarbeit bzw. von Arbeitsprozessen bei knappen finanziellen und personellen Ressourcen. Für deren Bewältigung sind Wissen und Werkzeuge aus dem Bereich Organisation/Prozessmanagement, Personal, Qualitätsmanagement bzw. Kennzahlen hilfreich. Ein zweiter Themenkreis, der für alle Führungsebenen relevant ist, liegt im Bereich der Selbstführung (Arbeitsorganisation, Sandwichfunktion).

Wie angedeutet unterscheiden sich die herausfordernden Situationen zwischen den Führungsebenen nicht gravierend; auch mittlere Führungskräfte und das Top-Management sehen kaum Herausforderungen in strategischen Aufgaben. Möglicherweise ist das auf die Fragestellung (herausfordernde Situationen) zurückzuführen. In jedem Fall wäre in einer vertiefenden Analyse zu klären, ob die Aufgabenbereiche ‚strategischen Rahmen setzen' und ‚Umweltbeobachtung' generell wenig Bedeutung haben oder darin keine Herausforderungen gesehen werden.

Im Gegensatz dazu hat die COVID-19-Pandemie in Abhängigkeit von der Hierarchieebene Herausforderungen in unterschiedliche Richtungen verschoben: Die oberen Führungsebenen haben in die Mitarbeiter*innenorientierung investiert, bei den unteren ist das Management knapper Ressourcen stärker ins Zentrum gerückt.

4.2 Notwendige Führungskompetenzen für Sozialorganisationen

Die erhobenen Kompetenzen lassen sich gut mit den geschilderten Herausforderungen in Zusammenhang bringen: Ein Kompetenzcluster liegt rund um personale und soziale Kompetenzen (z. B. Konflikt-/Kommunikationsfähigkeit, Delegieren), ein weiterer verbindet diese mit Aktivitäts- und Handlungskompetenzen (z. B. Belastbarkeit, Entscheidungsfähigkeit, Offenheit für Veränderungen). Weitere zwei Kompetenzen sind unterstützend für eine ergebnisorientierte Aufgabenerfüllung: Zielorientiertes Führen und Organisationsfähigkeit. Ein Teil dieser Kompetenzen ist schwer entwickelbar (z. B. Belastbarkeit, Humor, Zuverlässigkeit oder Veränderungsoffenheit), hier ist eine professionelle Potenzialeinschätzung bzw. Führungskräfte-Auswahl wichtig. Andere Kompetenzen (z. B. Mitarbeiter*innenförderung, Teamfähigkeit, Kommunikationsfähigkeit) lassen sich gut fördern.

Die Kenntnis der Herausforderungen und erforderlichen Kompetenzen ist speziell für die untersten Führungsebenen hoch relevant. Denn in Sozialorganisationen kommen Mitarbeitende vielfach ungeplant – aufgrund ihrer Erfahrungen oder Fachexpertise – aus dem eigenen Team in eine erste Führungsfunktion (Team-/Haus-/Wohnbereichs-/Stationsleitungen bzw. –koordinator*innen oder sog. ‚fachliche Leitungen'). Sie üben die Leitungsaufgaben dann oft neben ihrer fachlichen Tätigkeit aus, ohne eine spezifische Ausbildung oder Vorbereitung zu erhalten. Die Ergebnisse bestätigen, dass nicht die fachlichen Anforderungen (über)fordern, sondern die Doppelrolle Leitung und Fachkraft. Diese Doppelrolle führt nicht nur zu zeitlicher Überlastung, sondern vor allem zu Rollenunklarheiten, Interessenskollisionen und ‚Double-Bind-Situationen.' Führungsfunktionen auf der untersten Ebene können aber Bewährungsproben für einen weiteren Aufstieg sein: Mitarbeitende beurteilen aufgrund ihrer Erfahrungen, ob ein weiterer Aufstieg erstrebenswert ist, die Organisation will Schlüsse in Bezug auf das Potenzial dieser Führungskräfte ziehen.

Das spricht für eine sorgfältige Auswahl und eine gute Unterstützung neuer Führungskräfte, im Speziellen auf den unteren Ebenen. Personenbezogen kann durch eine realistische Vorbereitung bzw. Begleitung (z. B. Coaching, Stellvertretung, Mentoring) unterstützt werden. Hilfreich sind auch klare Regelungen hinsichtlich der Erwartungen wie z. B. aussagekräftige Rollenbeschreibungen und eine entsprechende Einführung in die Funktion. Seitens der Organisation wäre auch eine Rollentrennung überlegenswert, etwa in dem Sinn, dass eine entsprechend ausgebildete Person ausschließlich die organisatorische/fachliche Leitung für mehrere Teams innehat. Dadurch könnten sich die Personen besser fokussieren, die Einrichtungen würden stärker vernetzt und Synergien genutzt.

4.3 Innovation als Aufgabe von Führungskräften und mögliche Innovationshemmnisse

Das Thema Innovation wurde in der Untersuchung aus mehreren Blickwinkeln betrachtet: Es interessierten umgesetzte Innovationen der letzten Jahre, Treiber*in/Impulse für Innovation und aufgrund des speziellen Erhebungszeitraumes auch Auswirkungen der Pandemie auf Innovationsaktivitäten.

Auf die Frage nach umgesetzten Innovationen der letzten Jahre kamen im Wesentlichen drei Gruppen von Neuerungen zur Sprache: erstens neue Dienstleistungen, zweitens Weiterentwicklungen bestehender Dienstleistungen, z. B. durch laufende Anpassung an Klient*innenbedürfnisse oder als Folge von COVID-19 sowie drittens interne Neuerungen, die den Mitarbeitenden zugutekommen.

Die aufgezählten Themen werfen die Frage auf, ob der Innovationsbegriff wirklich angemessen ist. In der Literatur zu Innovationen werden Innovations-Kriterien wie Verbesserungen gegenüber früheren Lösungen, Verbreitung, Beständigkeit oder Wirksamkeit genannt (z. B. Müller-Prothmann & Dörr 2020, S. 7; Guldin 2012). Es stellt sich die Frage, wieviel besser, wie dauerhaft oder folgenreich eine Neuerung sein muss, damit von Innovation gesprochen werden kann. Sind nicht Begriffe wie Anpassung oder Optimierung adäquater für viele der genannten ‚Innovationen'? Dazu kommt, dass mit Ausnahme der mitarbeiter*innenbezogenen Neuerungen die meisten durch einen Anstoß von außen initiiert und nicht aktiv angestoßen wurden (z. B. Auftrag des Landes, COVID-Pandemie).

Diese Situation lässt verschiedene Schlussfolgerungen zu, die sowohl in der Organisationsumwelt als auch in internen Faktoren liegen:

Möglicherweise erlaubt es die *‚Funktionslogik' des Sozialbereichs* nicht, ein Marktmodell anzuwenden, also eigeninitiativ neue Dienstleistungen zu entwickeln und sich einen Markt dafür zu suchen. Die spezifische Steuerungslogik des Sozialbereichs oder die spezifischen Rahmenbedingungen in Oberösterreich können dazu führen, dass Innovationen eher externe Anstöße benötigen. Damit verbunden haben Führungskräfte vielleicht eine resignative Haltung gegenüber Innovationsbemühungen entwickelt, da sie häufig an bürokratischen Hürden, internen Widerständen oder der Finanzierung scheitern. Es wäre also lohnend, verschiedene Handlungsfelder (regulierte vs. marktähnliche) mit Blick auf Innovationsaktivitäten zu vergleichen. Mit dem verfügbaren Datenmaterial ist dies nicht möglich.

Auch *organisationsinterne Hemmnisse* könnten Innovationen behindern, z. B. die Verknüpfung von fachlicher Tätigkeit und organisatorischer Leitung, insbesondere in den unteren Führungsebenen. Oder Sozialorganisationen fehlt es an Know-How zu internen Strukturen und Prozessen, die Stabilität (verlässliche und effiziente Leistungserbringung) UND Innovation gleichzeitig ermöglichen. In diesem Fall wäre in innovationsförderliche Organisationskonzepte zu investieren. Das Konzept der ‚Beidhändigkeit' (Ambidextrie) greift diesen Gesichtspunkt auf und zeigt verschiedene Möglichkeiten um Innovation (Exploration von Neuem) und Stabilität (Optimierung/Exploitation von Bestehendem) gleichzeitig zu leben.

Dabei werden drei Arten der ‚Beidhändigkeit' differenziert: *Strukturelle Ambidextrie* schafft Raum für Veränderung, indem getrennte Strukturen für die beiden Typen von Aktivitäten geschaffen werden, z. B. eigene Organisationseinheiten/Gruppen, die Innovationsthemen bearbeiten. Kontextuelle Ambidextrie setzt bei den Aufgaben der Mitarbeitenden an; sie wählen zwischen ‚erkundungsorientierten' und ‚optimierungsorientierten' Aufgaben. Das würde bedeuten, dass sich z. B. Führungskräfte von einem Teil ihrer zahlreichen operativen Fach- und Management-Aufgaben verabschieden müssten. Eine solche Trennung wurde in Kap. 4.1 mit Blick auf fachliche Tätigkeit und Führung bzw. fachliche und organisatorische Führung thematisiert. Die zeitliche Ambidextrie sieht die Phasen zeitlich aufeinander folgend: Die Organisation beginnt mit einer Phase der Exploration und mit zunehmendem Wachstum konzentriert sie sich auf die Exploitation. Krisen oder neue Märkte initiieren wiederum eine neue Erkundungsphase (Kronlechner & Güttel 2009).

Gerade die Ergebnisse zu Innovation werfen zahlreiche Fragen auf und zeigen, dass vermutlich verschiedene Treiber*innen und Hemmnisse – sowohl im Umfeld von Sozialorganisationen als auch organisationsintern – auf die Innovationsneigung wirken. Es wäre daher lohnend, Chancen und Risiken von Innovation in Sozialorganisationen mittels eines ‚Risikomodells' systematisch abzubilden. Innovationsprozesse mit Blick auf ihre Voraussetzungen, Rahmenbedingungen und Möglichkeiten im Sinne einer ‚Beidhändigkeit' zu untersuchen, würde ebenfalls eine Forschungslücke schließen. Damit wäre ein wichtiger Schritt zur Umsetzung des Tagungsthemas gemacht, wie nämlich Sozialorganisationen eine zentrale Gestaltungsrolle zur Lösung sozialer Probleme zukommen kann.

Acknowledgements Wir bedanken uns bei den Reviewer*innen für die hilfreichen Anregungen und konstruktiven Rückmeldungen.

Literatur

Biesenkamp, R., & Merchel, J. (2007). *Berufsbild und Qualifizierung von Leitungskräften in der sozialen Arbeit.*

Blickle, G. (2019): Personalauswahl. In F. Nerdinger, G. Blickle & N. Schaper (Hrsg.). *Arbeits- und Organisationspsychologie* (S. 271–302). Springer.

Braune, P. & Alberternst, C. (2013). *Führen im öffentlichen Bereich und in Non-Profit-Organisationen. Handeln zwischen Politik und Verwaltung. Instrumente und Arbeitsfelder.*

Erpenbeck & Heyse (2022). KODE. https://www.kodekonzept.com. Zugegriffen: 20.6.2022

Grunwald, K. (2018).). Management sozialwirtschaftlicher Organisationen zwischen Steuerungsskepsis, Dilemmatamanagement und Postheroischer Führung. In K. Grunwald & A. Langer (Hrsg.), *Sozialwirtschaft. Handbuch für Wissenschaft und Praxis* (S. 371–390).

Guldin, A. (2012). Führung und Innovation. In S. Grote (Hrsg.). *Die Zukunft der Führung* (S. 213-233). Springer.

Howaldt, J. & Schwarz, M. (2010). Soziale Innovation – Konzepte, Forschungsfelder und –perspektiven. In J. Howaldt & H. Jacobsen(Hrsg.), *Soziale Innovation. Auf dem Weg zu einem postindustriellen Innovationsparadigma* (S. 87–108).

Jetter, W. (2008). *Effiziente Personalauswahl: durch strukturierte Einstellungsgespräche die richtigen Mitarbeiter finden.* Stuttgart.

Kauffeld, S. & Grote, S. (2019). Personalentwicklung. In: Kauffeld, Simone (Hrsg.): *Arbeits-, Organisations- und Personalpsychologie für Bachelor. Berlin/Heidelberg* (S.167–210).

Konlechner, S., & Güttel, W. (2009). Kontinuierlicher Wandel mit Ambidexterity. In Zeitschrift *Führung und Organisation* 78 (1), (S. 45–53).

Krause, D. E. (2013). Organisationale Innovationen: Ein Überblick. In: dies. (Hrsg.): (Hrsg.), *Kreativität, Innovation und Entrepreneurship* (S.133–153).

Langer, A. (2013). *Professionell managen. Kompetenz, Wissen und Governance im Sozialen Management.*

Mayring, P. (2015). *Qualitative Inhaltsanalyse. Grundlagen und Technik.* 12. überarbeitete Auflage.

Merchel, J. (2010). *Leitung in der sozialen Arbeit. Grundlagen der Gestaltung und Steuerung von Organisationen.* 2. Auflage.

Merchel, J. (2015). *Management in Organisationen der Sozialen Arbeit.*

Müller-Prothmann, T., & Dörr, N. (2020). *Innovationsmanagement. Strategien, Methoden und Werkzeuge für systematische Innovationsprozesse.* 4. Auflage. Carl Hanser Verlag.

Neuberger, O. (1995). *Führen und geführt werden.* 5. Auflage.

Nöbauer, B. (2019). *Personalentwicklung in Sozialunternehmen. Einflussfaktoren – Handlungsfelder – Konzepte – Strategien – Ziele.*

Pamme, H. & Merchel, J. (2014). *Personalentwicklung im Allgemeinen Sozialen Dienst (ASD).* Berlin.

Pielach & Schubert (2018). Kompetenzanforderungen an Führungskräfte in Organisationen des Gesundheits- und Sozialwesens: Ergebnisse einer Delphi-Studie. In *ZEFQ*, 134/2018, (S. 35–41).

Schuh, G., & Bender, D. (2012). Grundlagen des Innovationsmanagements. In G. Schuh (Hrsg.). *Innovationsmanagement. Handbuch Produktion und Management 3* (S. 1–16). 2. Vollständig neu bearbeitete und ergänzte Auflage. Springer.

Schuler, H. & Mussel, P. (2016). *Einstellungsinterviews vorbereiten und durchführen.* Göttingen.

Simsa, R., & Patak, M. (2008). *Leadership in Nonprofit-Organisationen. Die Kunst der Führung ohne Profitdenken.*

Zapf, W. (1989). Über soziale Innovationen. *Soziale Welt*, 40 (1–2), (S. 170–183).

Zierer, B. (2018). Die Gleichzeitigkeit von Leitung und Beratung/Betreuung in der Sozialen Arbeit. In W. Grillitsch et al. (Hrsg.), *Gegenwart und Zukunft des Sozialmanagement und der Sozialwirtschaft* (S. 109–128).

Brigitta Nöbauer, FH-Prof. Drin (brigitta.noebauer@fh-linz.at) Professorin für Personalmanagement, Fakultät für Medizintechnik und angewandte Sozialwissenschaften, FH OÖ/ Linz

FH-Prof. Mag.a Dr.in Daniela Wetzelhütter, (daniela.wetzelhuetter@fh-linz.at) Professorin für Empirische Sozialforschung, Fakultät für Medizintechnik und angewandte Sozialwissenschaften, FH OÖ/Linz

Alexandra Riegler-Klinger, Maga (FH) (a.riegler-klinger@ark-coaching.at) Selbständige Beraterin, nebenberuflich Lehrende an der FH Linz und Universität Passau.

Führungsmotivation von Erzieher*innen: Ein Vergleich mit Erwerbstätigen ohne Führungsverantwortung

Hartwin Maas

Inhaltsverzeichnis

1 Einleitung: Wo müssen soziale Innovationen zur Linderung des Führungskräftemangels bei der Kinderbetreuung ansetzen?

Diese Arbeit leistet einen Beitrag zum Verständnis der aktuellen Personalsituation in elementarpädagogischen Einrichtungen. Das Ergebnis dieser Arbeit gibt Auskunft über die Gründe des Führungskräftemangels und zeigt die möglichen Wege auf, die eine soziale Innovation zur Bearbeitung dieses Problems

H. Maas (✉)
Institut für Generationenforschung, Augsburg, Deutschland
E-Mail: hartwin.maas@generation-thinking.de

B. Schmidtke et al. (Hrsg.), *Sozial - Innovativ - Nachhaltig*, Perspektiven Sozialwirtschaft und Sozialmanagement,
https://doi.org/10.1007/978-3-658-42847-1_6

einschlagen kann. Normatives Ziel dieses Forschungsprojektes ist es, Entscheidungshilfe bei der Art zukünftiger sozialer Innovation zur Bearbeitung des Führungskräftemangels in elementarpädagogischen Einrichtungen zu geben.

Ob eine Person eine Führungsposition bekleidet, ist von gesellschaftlichen Rahmenbedingungen, familiären Erwartungen, Fördermaßnahmen im Unternehmen, fachlichen Kompetenzen sowie der Fähigkeit, sich selbst zu vermarkten und Kontakte zu knüpfen, abhängig (vgl. Felfe et al. 2012, S. 8). Alle diese Faktoren wiederum sind beeinflusst durch die Motive eines Menschen. Motive liefern Antworten auf die Frage nach den Gründen von Handlungen und können „(…) als latente Bewertungsdispositionen oder auch Präferenzen bezeichnet werden, die neutrale Aspekte in Anreize umwandeln können." (Felfe et al. 2012, S. 11). Motive leiten die individuelle Entscheidung und die Anstrengungsbereitschaft eines Menschen an. Trotz ähnlicher Faktoren ist es aufgrund individuell ausgeprägter Motive möglich, dass eine Person eine Führungsposition anstrebt oder bekleidet und eine andere nicht. Da zudem die Faktoren der Übernahme einer Führungsposition nicht messbar sind, muss sich die Analyse des Führungskräftemangels in elementarpädagogischen Einrichtungen in Bayern den individuellen Motiven einer Person zuwenden. Der Schlüssel zum Verständnis der Bereitschaft zur Übernahme einer Führungsposition liegt daher in der Motivation, Führung zu übernehmen, begründet. Diese wird als „Führungsmotivation" bezeichnet.

Die Forschungsarbeit wendet sich der Untersuchung der Führungsmotivation von potenziellen Führungskräften in elementarpädagogischen Einrichtungen in Bayern zu. Als potenzielle Führungskräfte werden Personen bezeichnet, die derzeit keine Führungsposition bekleiden, dies aber bezogen auf ihre fachliche Ausbildung könnten. Konkret versteht diese Arbeit unter potenziellen Führungskräften Erzieher*innen in elementarpädagogischen Einrichtungen, da diese derzeit einen Großteil der Führungspositionen in pädagogischen Einrichtungen bekleiden. Die Forschungsarbeit stellt sich der folgenden Forschungsfrage: Ist die Führungsmotivation von Erzieher*innen ohne Führungspositionen in elementarpädagogischen Einrichtungen in Bayern ein Grund für den Führungskräftemangel in elementarpädagogischen Einrichtungen in Bayern? Zur Beantwortung der Forschungsfrage wurde das von Felfe et al. (2012) entwickelte Instrument zur Messung der Führungsmotivation genutzt. Es handelt sich um einen standardisierten Fragebogen, der die individuelle Führungsmotivation einer Person misst. Diese Werte werden mit den Normwerten für Erwerbstätige ohne Führungsverantwortung verglichen. Auf diese Weise kann untersucht werden, ob sich die Führungsmotivation von Erzieher*innen ohne Führungsposition von Erwerbstätigen ohne Führungsverantwortung unterscheidet. Die Forschungsarbeit setzt zur Bearbeitung der Problemstellung nach Beck und Kropp (2012) bei der

Untersuchung der Motivation auf der akteur*innenzentrierten Ebene innerhalb des Diskurses um soziale Innovationen an. Sie kann damit erklären, ob die akteur*innenzentrierte Ebene Einfluss auf den Führungskräftemangel in elementarpädagogischen Einrichtungen nimmt. Ist das der Fall, kann als Grund für den Führungskräftemangel die Führungsmotivation genannt werden, wodurch zukünftige soziale Innovationen die Führungsmotivation von Erzieher*innen in den Blick nehmen könnten. Ist das nicht der Fall, treten die Faktoren der Bekleidung einer Führungsposition in den Fokus, welche Gegenstand zukünftiger sozialer Innovationen werden könnten.

2 Theorie

In elementarpädagogischen Institutionen bzw. Kindertagesstätten (KiTas) in Deutschland besteht seit einigen Jahren ein Führungskräftemangel. Im Jahr 2018 hatten 40 % der KiTas Schwierigkeiten die Leitungsposition zu besetzen, 26 % stuften die Besetzung einer Leitungsstelle als eher schwierig ein (vgl. Geiger 2019, S. 27). Das Fachkräfte-Radar für KiTa und Grundschulen 2021 geht je nach Szenario davon aus, dass im Jahr 2030 zwischen 3500 und 38.300 Leitungskräfte deutschlandweit in KiTas fehlen werden. Auch in Bayern ist dieser Mangel ein Problem. Für 2030 prognostiziert der Fachkräfte-Radar für KiTa und Grundschulen 2021, dass je nach Szenario zwischen 700 und 8.600 Führungskräfte in Bayern zusätzlich benötigt werden (vgl. Bock-Famulla et al. 2021, S. 39).

In Ostdeutschland betreut eine Fachkraft im Jahr 2020 durchschnittlich 13 % weniger Kinder als im Jahr 2013, in Westdeutschland betreut eine Fachkraft im Jahr 2020 11 % Kinder weniger. Im Jahr 2020 ist eine Fachkraft in Ostdeutschland für 2 bis 2,9 Kinder mehr verantwortlich als in Westdeutschland (vgl. Bock-Famulla et al. 2021). Trotz dieser Entwicklungen lässt sich ein Führungskräftemangel in elementarpädagogischen Einrichtungen auch in Westdeutschland konstatieren. Diese Forschungsarbeit geht daher von der Annahme aus, dass der Führungskräftemangel in elementarpädagogischen Einrichtungen nicht auf einen Fachkräftemangel in elementarpädagogischen Institutionen zurückzuführen ist. Das Institut für Generationenforschung hat sich bei diesem Forschungsprojekt unter der Leitung von Hartwin Maas das Ziel gesetzt, die Gründe für den Führungskräftemangel in elementarpädagogischen Einrichtungen in Bayern zu analysieren.

Felfe et al. (2012) geben in ihrem entwickelten Rahmenmodell drei Determinanten an, die bestimmen, ob eine Person eine Führungsposition bekleiden wird oder nicht. Zu diesen Determinanten zählen: Der *Soziale Kontext,* verstanden als die organisationalen und gesellschaftlichen Bedingungen einer Person in ihrem beruflichen Umfeld, die *Kompetenz,* die die fachlichen und überfachlichen Fähigkeiten einer Person bezeichnet und die *Motivation.* „Unter Motivation wird eine Vielzahl von Antrieben verstanden, die eine Person dazu veranlassen, ein bestimmtes Verhalten zu zeigen.“ (Felfe et al. 2012, S. 11). Die Motivation wirkt auf die Determinante Sozialer Kontext ein, indem sie dazu führt, dass beispielsweise bei hoher Motivation ungünstige Rahmenbedingungen in Kauf genommen werden und beeinflusst die Kompetenz, wenn zum Beispiel bei niedriger Motivation keine Bereitschaft besteht, Kompetenzen einzusetzen. Um also die Bereitschaft, eine Führungsposition zu bekleiden, verstehen zu können, muss laut des Rahmenmodells von Felfe et al. (2012) bei der Analyse der Motivation angesetzt werden. Die Motivation, eine Führungsposition zu bekleiden, die sogenannte *Führungsmotivation,* ist nicht nur bei Felfe et al. (2012), sondern auch in anderen Studien als bedeutende Persönlichkeitseigenschaft für beruflichen Erfolg ausgemacht worden (vgl. Chan & Drasgow 2001; McClelland und Boyatzis 1982; Strunk und Steyrer 2005).

Motivation ermöglicht es damit, die Anstrengungsbereitschaft einer Person zur Zielerreichung zu messen und ist eine notwendige Bedingung für das Erreichen einer Führungsposition (vgl. Felfe et al. 2012, S. 10 f.). Die Motivation wird durch *Motive* gesteuert und in Gang gesetzt. Motive umfassen die Gründe von Handlungen und können „(…) als latente Bewertungsdispositionen oder auch Präferenzen bezeichnet werden, die neutrale Aspekte in Anreize umwandeln können.“ (Felfe et al. 2012, S. 11). Der Beweggrund für die Führungsmotivation wird als Führungsmotiv bezeichnet: „Das Führungsmotiv bezeichnet den individuellen Antrieb, eine Führungskarriere einzuschlagen und im beruflichen Kontext Führungsverantwortung zu übernehmen.“ (Felfe et al. 2012, S. 10).

Das Gros der Führungskräfte in elementarpädagogischen Institutionen wird aus Erzieher*innen gespeist, wie Daten der Autor*innengruppe des Fachkräftebarometers 2021 zeigen: Im Jahr 2020 verfügten 79 % der Leitungskräfte über einen Abschluss einer Fachschule, wie der abgeschlossenen Ausbildung zur*m Erzieher*in. 19 % der Leitungskräfte verfügten über einen einschlägigen Hochschulabschluss (vgl. Behrer et al. 2021). Da Führungspositionen in elementarpädagogischen Institutionen meist durch Erzieher*innen bekleidet werden, widmet sich diese Forschungsarbeit der Untersuchung der Führungsmotivation von Erzieher*innen ohne Führungspositionen in elementarpädagogischen Einrichtungen in Bayern.

Um die Führungsmotivation der Erzieher*innen herauszustellen, nutzt diese Arbeit das von Felfe et al. (2012) entwickelte *Hamburger Führungsmotivationsinventar*, kurz FÜMO. Das FÜMO liefert ein Instrumentarium, um die Führungsmotivation mittels eines standardisierten Fragbogens zu erfassen. Es macht dabei begünstigende und hinderliche Motivmuster einer Person mit Blick auf Führungspositionen sichtbar. Das FÜMO liefert darüber hinaus eine Grundlage, um Personen je nach Geschlecht, Berufsgruppe und ihrer beruflichen Position mit einer Normstichprobe zu vergleichen. Die analysierte Führungsmotivation der Erzieher*innen ohne Führungsposition soll der Führungsmotivation einer Vergleichsgruppe gegenübergestellt werden. Als Vergleichsgruppe werden erwerbstätige Personen ohne Führungsposition herangezogen. Auf diese Weise kann die folgende Forschungsfrage beantwortet werden: Ist die Führungsmotivation von Erzieher*innen ohne Führungspositionen in elementarpädagogischen Einrichtungen in Bayern ein Grund für den Führungskräftemangel in elementarpädagogischen Einrichtungen in Bayern?

Die Antwort auf die Forschungsfrage kann soziale Innovationen mit entsprechenden sozialen Praktiken zur Bearbeitung des Führungskräftemangels in elementarpädagogischen Einrichtungen anleiten. Je nach Antwort macht sie Handlungsbedarfe entweder auf der akteur*innenzentrierten Ebene im Bereich der Führungsmotivation von Erzieher*innen in elementarpädagogischen Einrichtungen oder auf der Ebene der Faktoren von Führungspositionen in elementarpädagogischen Einrichtungen sichtbar. Um die Forschungsfrage zu beantworten, stellt diese Arbeit die folgenden zu prüfenden Hypothesen auf. Die Alternativhypothese lautet: Die Führungsmotivation von Erzieher*innen ohne Führungsposition in Bayern unterscheidet sich signifikant von der Führungsmotivation von erwerbstätigen Personen ohne Führungsverantwortung in Bayern. Die Nullhypothese lautet: Die Führungsmotivation von Erzieher*innen ohne Führungsposition in Bayern unterscheidet sich nicht von der Führungsmotivation von erwerbstätigen Personen ohne Führungsverantwortung in Bayern. Wird die Alternativhypothese angenommen, kann die Führungsmotivation der Erzieher*innen ein Grund für den Führungskräftemangel in elementarpädagogischen Einrichtungen sein, wird die Nullhypothese angenommen, ist das nicht der Fall und der Führungskräftemangel geht auf Faktoren von Führungspositionen zurück.

3 Methode

Das FÜMO wurde wie bei Felfe et al. (2012, S. 43) beschrieben, von Erzieher*innen elementarpädagogischer Einrichtungen in Bayern im Jahr 2021 anonym ausgefüllt. Die folgenden Unterkapitel informieren über die Operationalisierung des FÜMO als Erhebungsinstrument (siehe Abschn. 2.1), geben einen Einblick in die verwendeten Komponenten des FÜMO (siehe Abschn. 2.2), erläutern die verwendete Stichprobe (siehe Abschn. 2.3) und stellen die empirisch zu überprüfenden Hypothesen einschließlich der statistischen Auswertungsmethodik dar (siehe Abschn. 2.4).

3.1 Operationalisierung des Führungsmotivationsinventars als Erhebungsinstrument

Das FÜMO ermöglicht eine differenzierte Betrachtung des individuellen Antriebs zur Übernahme einer Führungsposition. Dazu erfasst das FÜMO *Basismotive, Führungsmotive* und *Interessensfelder* sowie den Komplex *Kompetenz, Erfahrung und Selbstkonzept* der Führung, die bezüglich der Führungsmotivation einer Interpretation zugänglich sind. Jeder der erfassten Bereiche des FÜMO teilt sich in weitere zu erfassende Elemente auf. Diese Elemente wiederum können hinsichtlich der Passung der Führungsmotivation einer Person zur Führungsposition interpretiert werden.

Um die Führungsmotivation bei den Erzieher*innen ohne Führungspositionen zu erfragen, werden die Elemente des FÜMO mit ihrer für Führung wünschenswerten Richtung der Ausprägung, dargestellt. Mittels dieser Elemente lässt sich erfragen, ob die Führungsmotivation der Erzieher*innen ohne Führungsposition höher oder niedriger ist als die Führungsmotivation der Erwerbstätigen ohne Führungsverantwortung. Als Vergleichsgrundlage bietet das FÜMO eine Stanine-Normtabelle für Erwerbstätige ohne Führungsverantwortung an. Wünschenswerte Ausprägungen für die Führungsmotivation sind daher jeweils höher oder niedriger als der der mittlere Staninebereich „5" der Normtabelle der Führungsmotivation von Erwerbstätigen ohne Führungsverantwortung.

Tab. 1 gibt Auskunft über die Elemente des FÜMO, einschließlich ihrer für Führungspositionen wünschenswerten Ausprägung der entsprechenden Variablen in Abhängigkeit des mittleren Staninebereichs „5".

Tab. 1 Für Führungspositionen wünschenswerte Ausprägungen des Stanine-Bereichs der Variablen des FÜMO

Skalenname der ordinalskalierten Variablen	Für Führungspositionen wünschenswerte Ausprägungen des Stanine-Bereichs
Streben nach Einfluss	>=5
Streben nach Erfolg	>=5
Streben nach Akzeptanz	>=5
Vermeidung von Kontrollverlust	<=5
Vermeidung von Misserfolg	<=5
Vermeidung von Ablehnung	<=5
Affektives Führungsmotiv	>=5
Kalkulatives Führungsmotiv	>=5
Normatives Führungsmotiv	>=5
Streben nach Führung (Verhalten)	>=5
Vermeidung von Führung	<=5
Vermeidung von Führung (Verhalten)	<=5
Bedingtes Führungsmotiv	<=5
Bedingtes Führungsmotiv (Verhalten)	<=5
Work-Life-Conflict	<=5
Aufgabenorientierte Kompetenzen	>=5
Mitarbeiterorientierte Kompetenzen	>=5
Gestaltung	>=5
Autonomie	>=5
Verantwortung	>=5
Bestätigung	>=5
Mentoring	>=5
Wachstum	>=5
Affektives Interesse	>=5
Kalkulatives Interesse	>=5
Normatives Interesse	>=5
Erfahrungen	>=5
Führungsähnliche Erfahrungen	>=5
Erfahrungen – Spaßempfinden	>=5

(Fortsetzung)

Tab. 1 (Fortsetzung)

Skalenname der ordinalskalierten Variablen	Für Führungspositionen wünschenswerte Ausprägungen des Stanine-Bereichs
Erfahrungen – Erfolgsempfinden	>=5
Erfahrungen – Belastungsempfinden	<=5
Führungsselbstbild	>=5
Motivmanagement	>=5

3.2 Erläuterung der verwendeten Elemente des FÜMO

Das FÜMO wurde auf Basis einer Normierungsstichprobe aus 3285 Teilnehmenden im Alter von 14 bis 72 Jahren entwickelt (weibliche Teilnehmerinnen: 61,2 %; N = 2010, Durchschnittliches Alter: 25,0 Jahre, SD = 8,56). Die Stichprobe setzte sich zusammen aus: 631 Schüler*innen, 1512 Student*innen, 786 Berufstätigen und 356 Auszubildenden. Unter den berufstätigen Personen waren 227 Führungskräfte und 559 Personen ohne Führungsverantwortung.

Das FÜMO wurde für Schüler*innen ab 16 Jahren, Studierende, Berufseinsteiger*innen und Personen, die sich im Entscheidungsprozess zwischen einer Fach- und Führungslaufbahn befinden, entwickelt und ist für den unternehmerischen Kontext gedacht (vgl. Felfe et al. 2012). Zwar liefern die Autor*innen des FÜMO keine Gründe, das Inventar nicht auch außerhalb des unternehmerischen Kontextes anzuwenden, auch gibt es keine Untersuchung, die dieses Vorgehen ausschließt, allerdings sind bei elementarpädagogischen Einrichtungen, die nicht zwangsläufig in den unternehmerischen Kontext fallen, weitere Determinanten vorstellbar, die die Führungsmotivation beeinflussen könnten. Hierzu könnten beispielsweise Motive zählen, die sich auf die Förderung oder Verantwortungsübernahme für hilfsbedürftige Personengruppen richten.

Das FÜMO erfasst drei Basismotive. Basismotive sind die grundlegenden Motive zum Verständnis menschlichen Verhaltens. Sie sind individuell stabil und auch in vielen nicht-beruflichen Lebensbereichen gültig. Die drei Basismotive unterteilen sich in das Machtmotiv, das Leistungsmotiv und das Zugehörigkeits- oder Anschlussmotiv. Das Machtmotiv umfasst im beruflichen Kontext die Beeinflussung anderer Personen und das Durchsetzen eigener Vorstellungen. Das Leistungsmotiv wird in Konkurrenzsituationen wirksam und bezeichnet den Vergleich mit einem bestehenden Gütemaßstab. Das Zugehörigkeits- oder Anschlussmotiv rückt die Zusammenarbeit mit anderen Menschen in das Zentrum und erfasst das Bedürfnis, soziale Bindungen einzugehen. Die drei Basismotive können jeweils in eine Annäherungs- und in eine Vermeidungskomponente unterteilt werden, die durch das FÜMO messbar sind. Annäherungskomponenten sorgen dafür, dass sich eine Person von einem Ziel angezogen fühlt und sich diesem annähern möchte. Im Falle des Machtmotivs lautet das messbare Annäherungsmotiv *Streben nach Einfluss,* beim Leistungsmotiv *Streben nach Erfolg* und beim Anschlussmotiv *Streben nach Akzeptanz.* Im Gegensatz dazu sorgen Vermeidungskomponenten dafür, dass eine Person die Erreichung eines bestimmten Ergebnisses vermeiden möchte. Dieses lautet beim Machtmotiv *Vermeidung von Kontrollverlust,* beim Leistungsmotiv *Vermeidung von Misserfolg* und beim Anschlussmotiv *Vermeidung von Ablehnung.* Auf diese Weise können drei Motive mit jeweils einer Annäherungs- und einer Vermeidungskomponente abgebildet und gemessen werden.

Das Führungsmotiv liefert Aussagen über die Präferenzen einer Person für das Bekleiden einer Führungsposition im beruflichen Kontext, die die Person im Laufe ihres Lebens durch Erfahrungen erlernt hat. Das Führungsmotiv wird über eine Annäherungs- und Vermeidungskomponente sichtbar. Die Annäherungskomponente lautet *Streben nach Führung,* die Vermeidungskomponente *Vermeidung von Führung (Verhalten).* Die Annäherungskomponente des Führungsmotivs mit ihren drei Erlebnisqualitäten – *Affektives Führungsmotiv, Kalkulatives Führungsmotiv* und *Normatives Führungsmotiv* – gibt Auskunft über die Beweggründe bei der Übernahme von Führungsverantwortung. Das Zusammenwirken von Annäherungs- und Vermeidungskomponente wird mittels des *Bedingten Führungsmotivs* eingefangen. Hierin drückt sich der Wunsch aus, bei der Führungsaufgabe unterstützt zu werden. Die Komponente *Bedingtes Führungsmotiv (Verhalten)* versammelt Bedenken, allein den Anforderungen einer Führungsposition nicht gewachsen zu sein, wenn jedoch Unterstützung durch Dritte möglich ist, ist die Übernahme eine Führungsposition denkbar.

Die Interessen einer Person können Anreize für das Bekleiden einer Führungsposition darstellen. Im FÜMO werden Interessen erfragt, die sich in typischen Führungspositionen als förderlich oder hinderlich für eine Führungsposition herausgestellt haben. Förderliche Interessen können in Führungspositionen zur Entfaltung kommen, hinderliche dagegen nicht. Zu den förderlichen zählen: *Gestaltung, Autonomie Verantwortung, Bestätigung, Mentoring* und *Wachstum.* Hinderliche Interessen werden im Interessensfeld *Work-Life-Conflict* gesammelt. Hierbei handelt es sich um das Bestreben einer Person, den Beruf in den Hintergrund zu stellen und das Privatleben mit seinen Interessen ins Zentrum zu rücken. Zudem kann bei allen Interessen herausgestellt werden, ob sie eher emotional *(Affektives Interesse),* rational *(Kalkulatives Interesse)* oder sozial *(Normatives Interesse)* inspiriert sind.

Als Ergänzung zur Motivation erfragt das FÜMO die Kompetenzen und das Führungsselbstbild, die beide zum Erreichen einer Führungsposition vonnöten sind. Zu den Kompetenzen zählen die *Aufgabenorientierte Kompetenz* und die *Mitarbeiterorientierte Kompetenz*. Erstere bezeichnet die eigenen Entscheidungs- und Durchsetzungsfähigkeiten sowie die eigene Belastbarkeit und das Risikoverhalten. Zweitere beschäftigt sich mit der Fähigkeit, untergeordnete Personen für eine bestimmte Aufgabe zu begeistern. Das *Führungsselbstbild* informiert über die Passung der Einschätzungen einer Person über ihre eigene Persönlichkeit und ihre Kompetenzen mit den Anforderungen an einer Führungsposition. Das Element Motivmanagement befasst sich mit der Frage, wie weit die eigenen Wünsche, Bedürfnisse und Ansprüche in die aktuelle Lebenssituation integriert sind. Das Element *Erfahrungen* versammelt das Ausmaß, in dem eine Person bisher Erfahrungen mit Führungspositionen im beruflichen und privaten Leben hatte und wie diese durch die Person bewertet wurden. Diese werden erfasst in der Komponente *Führungsähnliche Erfahrungen* und die subjektiven Bewertungen werden in drei Erlebnisqualitäten – Spaß, Erfolg und Belastung – versammelt. Somit lauten die Komponenten: *Erfahrungen – Spaßempfinden, Erfahrungen – Erfolgsempfinden* und *Erfahrungen – Belastungsempfinden.* Das Vorhandensein von wenigen führungsbezogenen Erfahrungen kann dazu führen, dass das Führungsmotiv gering ausgeprägt ist. Um dies zu verhindern, empfiehlt das FÜMO eine fallbezogene individuelle Interpretation. Da sich diese Analyse auf einen Vergleich der Mittelwerte stützt, kann diese Interpretation nicht geleistet werden, wodurch alle Komponenten der Erfahrung in dieser Analyse nicht ausgewertet werden.

3.3 Stichprobe

Zugang zum Fragebogen hatten insgesamt 213 elementarpädagogische Einrichtungen. Der Fragebogen wurde bayernweit an elementarpädagogische Institutionen versendet. Er wurde in einer Online-Version zur Verfügung gestellt. Die Leitungen der elementarpädagogischen Institutionen erhielten E-Mails, mit der Bitte, die Online-Fragebögen ihren Erzieher*innen ohne Führungspositionen zur Verfügung zu stellen. Hierzu sollten diese den Link zur Online-Version des Fragebogens an die entsprechenden Erzieher*innen ohne Führungspositionen versenden. Die Teilnahme am Fragebogen war anonym und baut auf dem Prinzip des informed consent auf: Im Vorfeld der Befragung erhielten die Teilnehmenden eine Einführung in die Art und den Inhalt dieser Forschung und wurden über die Freiwilligkeit ihrer Teilnahme informiert.

Tab. 2 Zahl der teilnehmenden Erzieher*innen nach Altersgruppen

Altersgruppen in Jahren	Häufigkeit	Prozent
18–26	28	28,9
28–41	45	46,4
42–56	23	23,7
>56	1	1,0
Gesamt	97	100,0

Tab. 3 Zahl der teilnehmenden Erzieher*innen nach der Art der Einrichtung

Art der Einrichtung	Häufigkeit	Prozent
Hort	21	21,6
Kindergarten	15	15,5
Kinderhaus	19	19,6
Kinderkrippe	41	42,3
Keine Angabe	1	1,0
Gesamt	97	100,0

Die Umfrage wurde von 97 Personen ohne Führungsverantwortung vollständig ausgefüllt, davon waren 88 Personen Erzieherinnen (90,7 %) und 9 Personen Erzieher (9,3 %). Das Alter der Teilnehmenden liegt zwischen 20 und 57 Jahren (M = 33,97, SD = 10,43). 28 Teilnehmende sind zum Zeitpunkt der Erhebung maximal 26 Jahre alt, 45 Teilnehmende sind zwischen 27 und 41 Jahre alt, 23 Teilnehmende sind zwischen 42 und 56 Jahre alt und eine Person ist älter als 56 Jahre. Die meisten Teilnehmenden weisen eine 4–6-jährige Berufserfahrung auf (min = 0, max = 37). Erwartungsgemäß zeigt sich mit zunehmendem Alter ein Anstieg der Berufserfahrung (r = .842). Tab. 2 zeigt die Zahl der teilnehmenden Erzieher*innen nach Altersgruppen.

43,3 % der Teilnehmenden sind in der Kinderkrippe beschäftigt, 21,6 % im Hort, 19,6 % im Kinderhaus und 15,5 % im Kindergarten. Tab. 3 zeigt die Zahl der teilnehmenden Erzieher*innen nach der Art der Einrichtung.

3.4 Empirische Hypothesen und statistische Methode der Datenanalyse

Um die Vermutung zu prüfen, ob der Führungskräftemangel in elementarpädagogischen Institutionen auf die Führungsmotivation von Erzieher*innen ohne Führungspositionen zurückzuführen ist, müssen die analysierten Komponenten des FÜMO bei den Erzieher*innen ohne Führungspositionen ungünstigere Werte für Führungspositionen aufweisen als die der Vergleichsgruppe. Als Vergleichsgruppe bietet das FÜMO die Erwerbstätigen ohne Führungsverantwortung an.

Das FÜMO stuft Werte, die im Stanine-Bereich zwischen 4 und 6 liegen als durchschnittliche Ausprägungen ein (vgl. Felfe et al. 2012, S. 45). Um einen signifikant ungünstigeren Wert für Führungspositionen handelt es sich bei dieser Forschungsarbeit dann, wenn die Werte des FÜMO im Stanine-Bereich von 1 bis 3 oder im Bereich von 7 bis 9 liegen. Sind also bei den Erwerbstätigen ohne Führungsverantwortung Werte über dem Stanine-Bereich von 5 wünschenswert, so handelt es sich beim Stanine-Bereich von 1 bis 3 um den für Führungspositionen ungünstigeren Wert, sind bei den Erwerbstätigen ohne Führungsverantwortung Werte unter dem Stanine-Bereich von 5 wünschenswert, so handelt es sich beim Stanine-Bereich von 7 bis 9 um den für Führungspositionen ungünstigeren Wert.

Die Nullhypothese lautet daher: Die Komponenten des FÜMO bei den Erzieher*innen ohne Führungspositionen weisen keine signifikant unterschiedlichen oder für Führungspositionen günstigere Werte auf, verglichen mit den Komponenten des FÜMO bei den Erwerbstätigen ohne Führungsverantwortung. Die Alternativhypothese lautet: Die Komponenten des FÜMO bei den Erzieher*innen ohne Führungspositionen weisen signifikant ungünstigere Werte für Führungspositionen auf als die Komponenten des FÜMO bei den Erwerbstätigen ohne Führungsverantwortung.

Auf diese Weise lassen sich schließlich Aussagen darüber treffen, ob der Führungskräftemangel in elementarpädagogischen Institutionen mit der Führungsmotivation von Erzieher*innen ohne Führungsposition in Zusammenhang steht.

Um die Hypothesen zu prüfen, werden die im FÜMO bei der Vergleichsgruppe der Erwerbstätigen ohne Führungsverantwortung angegebenen Stanine-Werte mit den Stanine-Werten der Erzieher*innen ohne Führungsposition verglichen, indem der entsprechende Staninebereich der Neun-Punkte-Skala angegeben wird. Die Dezil- und Stanine-Werte der Erzieher*innen ohne Führungsposition werden wie bei Felfe et al. (2012, S. 44 f.) beschrieben, ermittelt. Anschließend wurde ein Signifikanztest durchgeführt, um Unterschiede zwischen den Stanine-Werten der Erzieher*innen ohne Führungsposition und den Stanine-Werten der Erwerbstätigen ohne Führungsverantwortung zu prüfen.

4 Ergebnisse

Die Stanine-Werte der Erzieher*innen ohne Führungspositionen wurden mit den Stanine-Werten der Erwerbstätigen ohne Führungsposition verglichen.

Tab. 4 gibt Auskunft über die ermittelten Werte der Komponenten des FÜMO der Erzieher*innen ohne Führungsposition (inklusive der statistischen Parameter) und stellt diesen die Stanine-Werten der Komponenten des FÜMO der Erwerbstätigen ohne Führungsverantwortung gegenüber.

Durch Vergleich der Stanine-Bereiche der Elemente der Erzieher*innen ohne Führungspositionen mit dem den wünschenswerten Stanine-Bereich für Erwerbstätige ohne Führungsverantwortung (siehe Tab. 2) zeigt sich, dass die Elemente *Wachstum* und *Bestätigung* eine nicht-wünschenswerte Richtung aufweisen. Sie liegen im Stanine-Bereich 4. Eine ebenfalls für Führung nicht-wünschenswerte Richtung weist die Komponente *Bedingtes Führungsmotiv (Verhalten)* mit dem Stanine-Bereich 6 auf. Allerdings liegen diese Komponenten mit ihren jeweiligen Ausprägungen noch in den vom FÜMO definierten Stanine-Bereichen der durchschnittlichen Ausprägung.

Die Elemente *Streben nach Akzeptanz, Affektives Führungsmotiv, Mitarbeiterorientierte Kompetenzen, Vermeidung von Führung (Verhalten), Aufgabenorientierte Kompetenzen, Gestaltung, Verantwortung, Mentoring, Wachstum, Affektives Interesse, Normatives Interesse, Führungsselbstbild und Motivmanagement* weisen für Führung günstigere Ausprägungen ihrer Komponenten mit dem Stanine-Bereich 6 aus. Eine für Führung günstige Ausprägung weist auch die Komponente *Vermeidung von Führung (Verhalten)* mit dem Stanine-Bereich 4 auf. Alle Komponenten mit für Führung günstigen Ausprägungen ihrer Stanine-Bereiche zählen zu den durchschnittlichen Ausprägungen im Rahmen des FÜMO.

5 Diskussion

Die Ergebnisse zeigen, dass die Komponenten des FÜMO bei den Erzieher*innen ohne Führungspositionen keine signifikant unterschiedlichen oder für Führungspositionen ungünstigere Werte aufweisen, verglichen mit den Komponenten des FÜMO bei den Erwerbstätigen ohne Führungsverantwortung. Die Alternativhypothese wird also abgelehnt und die Nullhypothese angenommen. Der Führungskräftemangel in elementarpädagogischen Einrichtungen in Bayern lässt sich also nicht auf die Führungsmotivation von Erzieher*innen ohne Führungsverantwortung zurückführen.

Tab. 4 Die Werte des FÜMO der Erzieher*innen ohne Führungsposition, eingeordnet in die entsprechenden Stanine-Werten der Komponenten des FÜMO der Erwerbstätigen ohne Führungsverantwortung

Skalenname	Werte der Elemente des FÜMO					
	Erzieher*innen ohne Führungsverantwortung*				Erwerbstätige ohne Führungsverantwortung**	
	MW	SD	Min	Max	Stanine-Bereich	Stanine-Werte (SD = 1,96)
Streben nach Einfluss	3,34	0,80	1167	4833	5	3,31–3,69
Streben nach Erfolg	3,92	0,59	2333	5000	5	3,67–3,97
Streben nach Akzeptanz	3,90	0,39	3000	4500	6	3,87–4,12
Vermeidung von Kontrollverlust	2,18	0,92	1000	4333	5	2,13–2,52
Vermeidung von Misserfolg	1,95	0,73	1000	3500	5	1,87–2,12
Vermeidung von Ablehnung	2,09	0,80	1000	4500	5	1,95–2.24
Affektives Führungsmotiv	3,56	0,70	2000	5000	6	3,49–3,88
Kalkulatives Führungsmotiv	2,03	0,94	1000	4570	5	2,00–2,32
Normatives Führungsmotiv	2,90	0,75	1170	4330	5	2,72–3,13
Streben nach Führung (Verhalten)	3,40	0,75	2000	5000	5	3,25–3,63
Vermeidung von Führung	2,58	1,05	1000	5000	5	2,26–2,70
Vermeidung von Führung (Verhalten)	2,04	0,75	1000	3600	4	2,01–2,29
Bedingtes Führungsmotiv	2,64	1,12	1000	5000	5	2,56–3,05
Bedingtes Führungsmotiv (Verhalten)	3,17	0,97	1000	5000	6	3,16–3,47
Work-Life-Conflict	3,40	0,88	1200	5000	5	2,94–3,40

(Fortsetzung)

Tab. 4 (Fortsetzung)

Skalenname	Werte der Elemente des FÜMO					
	Erzieher*innen ohne Führungsverantwortung*				Erwerbstätige ohne Führungsverantwortung**	
	MW	SD	Min	Max	Stanine-Bereich	Stanine-Werte (SD = 1,96)
Aufgabenorientierte Kompetenzen	3,63	0,46	2333	4333	5	3,57–3,84
Mitarbeiterorientierte Kompetenzen	4,11	0,63	2667	5000	6	3,92–4,21
Gestaltung	4,36	0,46	3500	5000	6	4,36–4,63
Autonomie	3,97	0,64	2500	5000	5	3,79–4,15
Verantwortung	4,00	0,71	2,250	5000	6	3,80–4,11
Bestätigung	3,59	1,01	1000	5000	4	3,13–3,60
Mentoring	4,43	0,55	3000	5000	6	4,21–4,48
Wachstum	4,33	0,56	3000	5000	4	4,04–4,38
Affektives Interesse	4,13	0,47	3270	5000	6	4,12–4,34
Kalkulatives Interesse	2,27	0,84	1000	4140	5	2,05–2,42
Normatives Interesse	3,81	0,62	2170	4830	6	3,64–3,93
Führungsselbstbild	3,69	0,68	2000	5000	6	3,66–4,00
Motivmanagement	4,38	0,48	3000	5000	6	4,17–4,47

* $N = 97$
** $N = 559$; siehe Felfe et al. (2012, S. 103)

Lediglich die Elemente *Wachstum, Bestätigung* und *Bedingtes Führungsmotiv (Verhalten)* gehen in eine für Führungspositionen ungünstige Richtung. Die Komponenten *Wachstum* und *Bestätigung* liegen aber in der Vergleichsgruppe der Erwerbstätigen ohne Führungsverantwortung im Stanine-Bereich 4 und die Komponente *Bedingtes Führungsmotiv (Verhalten)* liegt im Stanine-Bereich 6 und sind damit als durchschnittliche Ausprägungen einzuordnen.

Nach Felfe et al. (2012) entscheiden der soziale Kontext, die Kompetenz und die Motivation darüber, ob eine Person eine Führungsposition übernimmt, oder nicht. Da die Forschungsarbeit zeigen konnte, dass sich die Führungsmotivation von Erzieher*innen ohne Führungsverantwortung in elementarpädagogischen Einrichtungen nicht signifikant von der Vergleichsgruppe, den Erwerbstätigen ohne Führungsverantwortung unterscheidet, ist darauf zu schließen, dass der Führungskräftemangel in bayerischen elementarpädagogischen Institutionen nicht einer zu gering ausgeprägten Führungsmotivation von Erzieher*innen als potenzielle Führungskräfte zuzuschreiben ist. Stattdessen müssen sich weitere Forschungen der Untersuchung der Kompetenzen und des sozialen Kontextes von Erzieher*innen in elementarpädagogischen Einrichtungen und deren Auswirkungen auf die Bereitschaft zur Übernahme von Führungsverantwortung widmen.

Vor dem Hintergrund der Abnahme der Zahl der Kinder pro pädagogische Fachkraft wird es zukünftig immer wichtiger werden, dem Führungskräftemangel in elementarpädagogischen Einrichtungen auf den Grund zu gehen. Dieser wird sich nicht durch ein „Mehr" an Personal beheben lassen. Es gibt bereits Forschungen, die das Problemfeld freilegen, in welchem sich Erzieher*innen in struktureller Hinsicht befinden. Die Untersuchung der BIBB/BAuA-Erwerbstätigenbefragung 2012, einer repräsentativen Befragung der Bundesanstalt für Arbeitsschutz und Arbeitsmedizin und des Bundesinstituts für Berufsbildung, fand heraus, dass Erzieher*innen[1] ihre Arbeitsbedingungen deutlich schlechter einschätzen als Personen in anderen Berufen. Hierzu wurden 20.000 Erwerbstätige in Deutschland befragt. Ein zeitlicher Vergleich zeigt, dass sich vor allem die psychischen Arbeitsbedingungen von Erzieher*innen im Laufe der vergangenen Jahre verschlechtert haben. Zudem ist Stress und Arbeitsdruck bei 47,8 % der Erzieher*innen signifikant höher ausgeprägt als in anderen Berufen mit 41,5 %. Die befragten Erzieher*innen geben eine höhere Arbeitsbelastung durch fachliche Anforderungen (60,1 %) an als in anderen Berufen (46,5 %). 6,3 % der Erzieher*innen fühlen sich von den fachlichen Anforderungen eher überfordert, in anderen Berufen spüren 4,1 % der Befragten fachliche Überforderung. Während sich von den Anforderungen an die Arbeitsmenge 28,0 % der Erzieher*innen eher überfordert fühlen, sind es bei den anderen Berufen 17,9 % der Befragten (vgl. Hall & Leppelmeier 2015, S. 22).

Da die Führungsmotivation der Erzieher*innen in elementarpädagogischen Einrichtungen nicht in eine für Führungspositionen unerwünschte Richtung geht, sind in Zukunft soziale Innovationen nötig, die sich nicht auf die Ebene der Akteur*innen konzentrieren, sondern auch die Ebene der strukturellen Bedingungen fokussieren. Sie müssen die Strukturen in den Blick nehmen, denen Erzieher*innen während ihrer Ausbildung zum Erwerb der Kompetenzen sowie später in ihrer Arbeit in elementarpädagogischen Einrichtungen ausgesetzt sind.

---

[1] Der Begriff „Erzieher*innen" beschreibt in der BIBB/BAuA-Erwerbstätigenbefragung 2012 die Berufsgattung 83.112 der Klassifizierung der Berufe 2010 und meint damit alle „Berufe der Kinderbetreuung und -erziehung – fachlich ausgerichtete Tätigkeit".

Die sozialen Innovationen sollten darauf abzielen, den Erzieher*innen eine Ausbildungs- und bzw. oder Arbeitsatmosphäre zu bieten, in welcher sie bereit sind, zukünftig Führungspositionen zu übernehmen. Als Maßnahme zur Bekämpfung des Führungskräftemangels in elementarpädagogischen Einrichtungen ist dies wichtig.

Literatur

Behrer, K., Fuchs-Rechlin, K., Hartwich, P., & Tillmann, K (2021). *Fachkräftebarometer Frühe Bildung 2021. Weiterbildungsinitiative Frühpädagogische Fachkräfte.* Deutsches Jugendinstitut e. V. (Hrsg.). https://doi.org/10.36189/wiff32021.

Beck, G., & Kropp, C. (Hrsg). (2012). *Gesellschaft Innovativ – Wer sind die Akteure.* VS Verlag.

Bock-Famulla, K., Girndt, A., Vetter, T., & Kriechel, B. (2021). *Fachkräfte-Radar für KiTa und Grundschule 2021,* Bertelsmann Stiftung (Hrsg.). https://doi.org/10.11586/2021069.

Chan, K.-Y., & Drasgow, F. (2001). Toward a theory of individual differences and leadership: Understanding the motivation to lead. *Journal of Applied Psychology*, Vol. 86(3), (S. 481–498).

Felfe, J., Elprana, G., Gatzka, L., & Stiehl, S. (2012). *Hamburger Führungsmotivationsinventar*. Göttingen.: Hogrefe.

Geiger, K. (2019). Personalgewinnung. Personalentwicklung. Personalbindung. Eine bundesweite Befragung von Kindertageseinrichtungen. *Weiterbildungsinitiative Frühpädagogische Fachkräfte*, Deutsches Jugendinstitut e. V. (Hrsg.), Bd. 32. München.

Hall, A., & Leppelmeier, I. (2015). Erzieherinnen und Erzieher in der Erwerbstätigkeit. Ihre Arbeitsbedingungen, Arbeitsbelastungen und die Folgen. *Wissenschaftliche Diskussionspapiere*, No. 161, Bundesinstitut für Berufsbildung (Hrsg.). Bonn.

McClelland, D. C., & Boyatzis, R. E. (1982). Leadership motive pattern and long-term success in management. *Journal of Applied Psychology,* 67(6), (S. 737–743). https://doi.org/10.1037/0021-9010.67.6.737.

Strunk, G., & Steyrer, J. (2005). Dem Tüchtigen ist die Welt nicht stumm – es ist alles eine Frage der Persönlichkeit. In W. Mayrhofer, M. Meyer & J. Steyrer (Hrsg.), *Macht? Erfolg? Reich? Glücklich? Einflussfaktoren auf Karrieren* (S. 51–77). Linde Verlag.

Hartwin Maas MIB, Dipl.-Wirt.-Ing. (hartwin.maas@generation-thinking.de) Dipl.-Wirt.-Ing. Hartwin Maas MIB ist Zukunftsforscher und Gründer des Instituts für Generationenforschung und promoviert an der Middlesex University London. Seine Forschungsschwerpunkte sind zukünftige Arbeitswelten und Kompetenzen, die Führungsmotivation, Erwachsenen-, Nachwuchs- und Führungskräfteausbildung. Er berät Unternehmen zu den Themen Organisationsentwicklung, Strategie und Führung.

Coaching in der Sozialwirtschaft: Exploration des Raums als Rahmen- und Umgebungsvariable

Maik Arnold

> „Raumbegriffe sind freie Schöpfungen der menschlichen Phantasie, ersonnen zum leichteren Verstehen unserer sinnlichen Erlebnisse." (Albert Einstein)

Inhaltsverzeichnis

M. Arnold (✉)
Fakultät für Angewandte Sozialwissenschaften, Fachhochschule Dresden, Dresden, Deutschland
E-Mail: m.arnold@fh-dresden.eu

B. Schmidtke et al. (Hrsg.), *Sozial - Innovativ - Nachhaltig,* Perspektiven Sozialwirtschaft und Sozialmanagement,
https://doi.org/10.1007/978-3-658-42847-1_7

1 Einführung

1.1 Die Bedeutung von Coaching in der Sozialwirtschaft

Coaching gilt als eine wichtige Interventionsmethode in der Sozialwirtschaft. Coaching wird insbesondere in der Führungskräfteentwicklung eingesetzt und verstanden als „die professionelle Beratung, Begleitung und Unterstützung von Personen mit Führungs-/Steuerungsfunktionen und von Experten in Unternehmen/Organisationen“ (DBVC 2022). Coaching betont vor allem die Aspekte Selbstbildung, Selbstentwicklung, Selbstwirksamkeit, Selbstaktualisierung „unter stetiger Berücksichtigung des sozialen und organisationalen Kontextes“ (z. B. Weingärtner 2014, S. 29). Es lässt sich zu anderen artverwandten interaktiven Interventionsformen u. a. anhand folgender Kriterien abgrenzen (Rauen 2021, S. 6–15):

- gegenüber dem *Training* steht weniger die technisch-fachliche Kompetenz der Trainer*innen im Vordergrund und es werden nicht vorrangig spezifische Verhaltensweisen, Wissensbestände und Fähigkeiten und Fertigkeiten trainiert;
- im Gegensatz zur *Beratung* geht es beim Coaching nicht um eine fachliche Unterweisung und Übernahme bzw. Abnahme der Lösungssuche und Konzeptentwicklung durch die beratende Person;
- im Vergleich zur *Supervision* kann sich Coaching zwar auch auf Zielgruppen von professionellen Fachkräften des Sozial-, Bildungs- und Gesundheitswesens richten, es sollen aber nicht die überfachlichen und sozialen Kompetenzen der Supervidierten aufgebaut werden;
- zur *Psychotherapie* grenzt Coaching sich dadurch ab, dass keine tiefenpsychologischen Erfahrungen der eigenen Lebensgeschichte, Persönlichkeit oder manifeste Handlungsorientierungen bearbeitet werden und auch keine Methoden und Techniken angewendet werden, die einer reglementierten, psychotherapeutischen Ausbildung bedürfen.

Coaching hat bisher in der Sozialwirtschaft u. a. sowohl allgemein in Sozialunternehmen (Weingärtner 2014), in der öffentlichen Verwaltung (Unger & Sann 2020), in Gesundheits- und Bildungseinrichtungen als auch in Kultureinrichtungen seinen Einsatz gefunden. Krüger und Kolleg*innen (2021) weisen in ihrem Beitrag darauf hin, dass insbesondere vor dem Hintergrund der Covid-19 Pandemie Coachingmöglichkeiten besonders in den systemrelevanten Unternehmen im öffentlichen Sozial- und Gesundheitsbereich weiterhin als wichtige Instrumente zur Bewältigung aktueller Herausforderungen und Krisen angesehen werden. In einer Befragung des Fachausschusses für Coaching in öffentlichen und sozialen Unternehmen (ÖSU) des Deutschen Bundesverbands Coaching e. V. (DBVC) im Jahr 2021 konnten verschiedene Themenfelder identifiziert werden, die in besonderem Maße coachingrelevanten Interventionen offen stehen: demografische Wandlungsprozesse (z. B. Alters-/Diversität, Werteorientierung), Digitalisierung, Hochschulen in Transformationsprozessen, Gesundheitswesen (ständige gesetzliche Veränderungen, Pflegefachkräftebedarf), Schulen (Zunahme von kollegialer Fallberatung und individueller Beratung), soziale Einrichtungen und Führung in sozialen Organisationen (zunehmender ökonomischer Druck, Fachkräftemangel, Generationswechsel), kirchliche Einrichtungen (Überlastung des Pfarrpersonals, Angewiesenheit auf Ehrenamtliche, ständige Neuorganisations- und Umstrukturierungsprozesse). Die Autor*innen der vorgenannten Studie kommen dabei zum Schluss, dass Coaching einerseits nicht auf ein „Notfallinstrument" reduziert werden darf, sondern eng mit den strategischen Zielsetzungen der Organisationsentwicklung (Schreyögg 2011) verbunden sowie andererseits in öffentlichen und sozialen Organisationen zumindest „auf den oberen Führungsebenen zum Standard werden" kann (Krüger et al. 2021).

König et al. (2020) betonen in diesem Zusammenhang, dass Coaching insbesondere durch folgende Aktivitäten geprägt wird: (1) der Schwerpunkt liegt in der Regel auf beruflichen Themen; (2) Coaching stellt eine Interaktion zwischen zwei (oder mehreren) Personen dar; (3) Coaching dient der Unterstützung bei der Lösung von Problemen; (4) Coaching kann auf Prozess- oder Expert*innenfragen gerichtet sein; (5) Coaching stellt eine Form professionellen Handelns dar. Systemisches Coaching als besondere Ausprägung stellt schließlich einen spezifischen Ansatz dar, der die Ziele, Anliegen und Erwartungen der einzelnen Person (Coachee) durch die Brille des diese Person umgebenden sozialen Systems beeinflusst sieht:

> „Systemisches Coaching bedeutet, eine andere Person zu unterstützen, die Situation aus der Perspektive des sozialen Systems zu betrachten, auf dieser Basis neue Handlungsmöglichkeiten zu entwickeln und sich selbst weiterzuentwickeln" (König et al. 2020, S. 25).

1.2 Raum als Rahmen- und Umgebungsvariable

Der vorliegende Beitrag beschäftigt sich schließlich mit der Frage, welchen Einfluss die Raumnutzung und -wahrnehmung auf das Systemische Coaching besitzt. So wie wir täglich unseren Körper physisch und mental in und durch den Raum bewegen und verschiedene Räume bewusst erkunden, so umgeben uns Räume unbewusst. Wir können diese besuchen, in ihnen entstehen Erinnerungen und in ihnen finden Interaktionen statt, die auch auf unser Selbst und unsere Identität Einfluss haben (Mcarthur 2016, S. 4). „Raum“ als Rahmen- und Umgebungsvariable im Systemischen Coaching wurde bisher einerseits auf Basis theoretischer Erkenntnisse des „spatial turns“ untersucht und es werden andererseits praktische Schlussfolgerungen hinsichtlich der Berücksichtigung räumlicher Bedingungen bei der Auswahl entsprechender Tools und Interventionsmöglichkeiten im Coaching gezogen. Auf die Relevanz dieses Themas ist der Autor dieses Beitrags aufgrund folgender Beobachtungen gestoßen. Nach einer kurzen Literaturrecherche konnte festgestellt werden, dass in verschiedenen Handbüchern zum Coaching im deutsch- und englischsprachigen Raum – vorsichtig formuliert – der Raumfrage bisher keine größere Aufmerksamkeit geschenkt wurde (vgl. u. a. Cox et al. 2014; Fletcher & Mullen 2012; Greif et al. 2018; Migge 2014; Rauen 2021; Rogers 2012).

Im stärkeren Zusammenwachsen der physischen und digitalen Welt wird auch die Nutzung von Räumen erneut herausgefordert und bedarf einer entsprechenden Reflexion. Besonders bezeichnend ist die Einsicht der Psychologin Sherry Turkle (MIT), die in neuester Zeit auch in der Auseinandersetzung mit virtuellen Räumen immer wieder thematisiert wird:

> „My colleagues often objected, insisting that computers were ‚just tools.‘ But I was certain that the ‚ust‘ in that sentence was deceiving. We are shaped by our tools. And now, the computer, a machine on the border of becoming a mind, was changing and shaping us.“ (Turkle 2011, S. X).

Darüber hinaus existieren auf die Frage, wie Raumwahrnehmung und Raumnutzung vor dem Hintergrund der in den letzten Jahren vermehrt eingesetzten digitalen Technologien mit- und weitergedacht werden kann, unzureichende Antworten (Arnold et al. 2022). So gibt es bereits verschiedene wissenschaftliche Auseinandersetzungen (Mcarthur 2016, S. 13), die sich mit (1) dem gegenseitigen Einfluss von Räumen auf die sich in ihnen befindenden Menschen und umgekehrt die Interaktion zwischen Menschen und Räumen; (2) der Konstitution von Raum-Technologie-Nutzer*inneninteraktionen und die Schaffung von Reflexionsorten; (3) der Interaktion zwischen digitalen und physischen Räumen innerhalb eines Kontinuums einer sozialen Realität beschäftigen.

Spätestens seit der Covid-19 Pandemie wurde der virtuelle Raum als Chance auch für die Gestaltung von Lernumgebungen wiederentdeckt, allerdings hauptsächlich hinsichtlich der Frage, wie dieser genutzt und aktiv mediendidaktisch (aus-)gestaltet werden kann. Diese Art von hochschuldidaktischer Forschung soll hier nicht noch einmal reproduziert werden und es wird auf ausgewählte einschlägige Überblicksliteratur zum Thema verwiesen (vgl. z. B. Caprara & Caprara 2021; Daniel et al. 2021; für einen kritischen Diskurs vgl. z. B. Stalder 2016; Distelmeyer 2021). Gesicherte Belege für die Wirkung von virtuellen Räumen auf das Lernen und die Akteur*innen in Lernräumen liegen bislang leider nicht in dem gleichen Umfang vor (z. B. Sköld 2011). Teilweise behilft man sich dabei mit Erkenntnissen aus der Wirkungsforschung von virtuellen Räumen auf die Lernakteur*innen, Lernziele und Lernmethoden (z. B. Arnold et al. 2022; Hamilton et al. 2021). Demgegenüber beschäftigt sich die Museumspädagogik mit der Frage des Virtuellen im Raum und dem Raum im Virtuellen, um daraus Erkenntnisse zu ziehen, wie digitale Lernwelten in musealen Bildungs- und Erfahrungsräumen gestaltet werden können (z. B. Schwan 2021).

Mit stärkerem Fokus auf die Coachingmethoden und -prinzipien finden sich z. B. bei Carl Rogers (2012, S. 61) sowie bei Bradford Strand und Dave Smith (2014, S. 20–22) bspw. Hinweise, dass der Raum neben der Körperwahrnehmung, der Stimmlautstärke, Atmung, Körperhaltung, Sprache, Bewegung und Energie nicht nur eine wichtige Komponente im Coachinggeschehen darstellt, sondern alle vorgenannten Aspekte entsprechend verhandelt werden (u. a. beschreibt Rogers einen durch Spiegelneuronen unbewusst gesteuerten Prozess der Aushandlung des Raums im Sinne eines wechselseitig koordinierten „Tanzes").

Die Bedeutung des Raumes als „dritter Pädagoge" (Kahl 2009) oder als „dritter Erzieher" (Schäfer & Schäfer 2009, S. 235) und sein gestaltender Einfluss auf Lernsituationen hat schon eine längere Tradition, die u. a. aus der Reformpädagogik in Anlehnung an die Reggio-Pädagogik herrührt. Insbesondere analoge Räume wurden in der Qualitätsentwicklung (hochschul-)didaktischer Lernprozesse, wie z. B. in Lernwerkstätten (Müller-Naendrup 2013, S. 194), oder auch in der „raumwissenschaftlichen Schulkulturforschung" (Böhme & Hermann 2009) vertiefend diskutiert. Im Rahmen einer Fallstudie haben Böhme und Hermann (2009) eine Heuristik für relevante Dimensionen der Berücksichtigung von Raum in der Pädagogik allgemeinbildender Schulen entwickelt: (1) Raum als institutioneller Entwurf des Schulraums („geographical imaginations bzw. conceived space/schulkulturelle Entwurfsebene" wie z. B. als Dorf, Insel, Garten, Fabrik, Kaserne, Lern- und Diskurswerkstatt; S. 208); (2) raumbezogene Handlungsmuster schulischer Akteur*innen (z. B. Verhalten im Klassenzimmer oder auf dem Pausenhof), (3) raumbezogene Wirklichkeitskonstruktionen und Deutungsmuster schulischer Akteur*innen (z. B. kritische Reflexion der Wirkung des Raums auf die Akteur*innen); (4) materielle Gestalt der Schularchitektur (z. B. Grundriss und Schulbau). Aus dieser und ähnlicher Forschungen lässt sich ableiten, dass Schulhäuser und Schulräume einen maßgeblichen Einfluss auf die Schulkultur(-entwicklung) haben und hinsichtlich unterschiedlicher Aspekte kritisch hinterfragt werden müssen, und zwar hinsichtlich ihrer Funktionalität und ästhetischen Gestaltung, denn Raumkultur bestimmt Lernkultur und umgekehrt: „Es geht also darum, Lernräume zu schaffen, die sowohl hinsichtlich ihrer Funktionalität, als auch ihrer ästhetischen Gestaltung einen zukunftsorientierten Unterricht zulassen und psychische, physische und soziale Gesundheit fördern“ (Dahlinger 2009, S. 247). Diese für die Lehr-Lernforschung entwickelten theoretischen Einsichten und wissenschaftlichen Ergebnisse können z. B. auch zur ganzheitlichen Prozessgestaltung im Rahmen des systemischen Coachings herangezogen werden.

1.3 Ziel und Aufbau des Beitrags

Das Thema Raum hat auch eine Auswirkung auf die Ausbildung zukünftiger Coaches. Raumwahrnehmung und Raumnutzung werden allerdings eher selten als kognitives Konzept im Rahmen von Mentoring- und Coachingausbildungen hervorgehoben. So beschreiben Fletcher und Mullen (2012, S. 432), dass ein „reflektiver Raum“ auch für die Entwicklung einer gelingenden Coaching-Handlungspraxis von Bedeutung ist: „A key reflective space is triad work, in which mentor and mentee first role-play a scenario from practice, then receive feedback from an observer. One mentor noted that the triad work was an effective way of developing mentoring skills, and subsequently incorporated this into the programme she managed in a further education college.“ Vor diesem Hintergrund ist es Ziel dieses theorieorientierten Beitrags zu untersuchen, welchen Einfluss die Nutzung und die Wahrnehmung des Raums auf die Gestaltung der Gesprächsarbeit im Rahmen des Coachings besitzt.

Der Beitrag ist vor dem Hintergrund dieser diversen Forschungslage wie folgt strukturiert: Den theoretischen Hintergrund bilden *im zweiten Abschnitt* neben raumtheoretischen Ansätzen (vgl. Dünne & Günzel 2006) und Theorien des mentalen Raums (vgl. Zima 2021) die Untersuchungen des Anthropologen Edward Twitchell Hall (1966, 1968), der sich u. a. mit unterschiedlichen Kulturdimensionen in der zwischenmenschlichen Interaktion beschäftigt hat. Neben den Dimensionen Zeit und Kontext, hatte er sich bereits in den 1960er Jahren in *The Hidden Dimension* (1966) mit der Nutzung und Wahrnehmung des

Raums im Rahmen interpersonaler und interkultureller Kommunikation auseinandergesetzt. Diese Forschungsergebnisse sind auch in neueren Forschungen wie z. B. zu Digital Proxemics bei John A. Mcarthur (2008, 2016) wiederzufinden. Im Anschluss daran wird *im dritten Abschnitt* exemplarisch auf die Reflexion des Coaching-Raums in der wissenschaftlichen Coachingliteratur eingegangen. Abschließend werden im *vierten Abschnitt* zwei ausgewählte analoge und digitale Interventionsmöglichkeiten und -strategien zur Gestaltung des räumlichen Settings im Coaching überblicksartig vorgestellt und im *fünften Abschnitt* entsprechende praktische Schlussfolgerungen für deren Einsatz in professionellen Coachings abgeleitet.

2 Theoretischer Hintergrund

Im Rahmen des „spatial turn" (Crang & Thrift 2000, S. xi–xii) hat seit den 1980er Jahren eine vertiefte Auseinandersetzung mit raumtheoretischen Ansätzen stattgefunden, die insbesondere in der Geographie, Soziologie und Ästhetik ihren Ausgangspunkt nehmen und auf klassischen eurozentrischen Texten aus den Geistes- und Naturwissenschaften rekurrieren (Bachmann-Medick 1998; Dünne & Günzel 2006).[1] Die Textsammlung von Dünne und Günzel (2006) nimmt u. a. Bezug auf die Physik und Metaphysik des Raums, die Phänomenologie der Räumlichkeit, körperliche, technische und mediale Räume, soziale Räume, politisch-geographische Räume und ästhetische Räume. Aus ästhetischer und physikalischer Sicht lassen sich absolutistische (der Raum umschließt etwas) und relativistische (der Raum definiert die Lage, Position etc. zwischen Dingen) Raumverständnisse unterscheiden (Dünne & Günzel 2006). Soziale Räume hingegen – und darauf soll in diesem Beitrag verstärkt eingegangen werden – können nach Henri Lefebvre (2006) als ein „soziales Produkt", welches in Distanz zum „Naturraum" steht und innerhalb von Gesellschaft hergestellt wird, verstanden werden. Eine Raumproduktion wird bei dem Autor in dreierlei Hinsicht konstituiert: die räumliche Praxis (= Raum wird innerhalb der Gesellschaft angeeignet, urbar gemacht und beherrscht), die Raumrepräsentationen (= Räume werden durch Professionelle konzipiert, z. B. Stadtplaner*innen, Wissenschaftler*innen, Technokrat*innen) und die Repräsentationsräume (= durch Bilder und Symbole

[1] Nicht unerwähnt bleiben darf an dieser Stelle, dass einige dieser raumtheoretischen Konzepte sich im postkolonialen Diskurs entfaltet haben und damit auch kulturkritische Perspektiven einbeziehen, wie z. B. ‚Third Space' bei Homi K. Bhabha (1994/2000). In diesem dritten Raum, der auch für das Coaching von Belang ist, werden Identität, Geschichte und kulturelle Differenz ausgehandelt (vgl. ausführlicher z. B. Bachmann-Medick 1998).

vermittelter gelebter Raum, z. B. Sicht der Bewohnenden und Nutzenden von Räumen).

Schließlich wird in den Theorien des mentalen Raums die Produktion, das Verstehen und die Verarbeitung von Sprache beleuchtet. Mentale Raume können nach Fauconnier (2007, S. 351, zit. n. Zima 2021, S. 104) definiert werden als „partielle Strukturen, die zum Zweck des lokalen Verstehens und Handelns, während wir denken und sprechen, konstruiert werden". Diese mentalen Räume konstituieren sich nach Zima (2021, S. 104) einerseits aus sogenannten „lokalen Vorstellungsräumen" (z. B. szenische Vorstellungen im Rahmen eines Gesprächs) und andererseits erfolgt eine Selektion von einzelnen, für die aktuelle Situation relevanten Elementen aus der konzeptionellen Vorstellungswelt der Gesprächsteilnehmer*innen.

Als theoretische Grundlage für diesen Beitrag wird auf die Untersuchungen des US-amerikanischen Anthropologen und Ethnologen Edward Twitchell Hall (* 16. Mai 1914; † 20. Juli 2009) zurückgegriffen. In seinen Analysen fokussierte er auf zentrale Elemente bzw. Dimensionen von Kultur in der zwischenmenschlichen Kommunikation. Zentrale Begrifflichkeiten aus seinen Werken sind u. a. Proxemics/Raumverständnis, High bzw. Low Context, monochrones bzw. polychrones Zeitverständnis und die Informationsgeschwindigkeit. In der traditionellen (universalistischen) Auffassung menschlicher Wahrnehmung wird noch von der These ausgegangen, dass:

> „[...] when two human beings are subject to the same ‚experience', virtually the same data are being fed to the central nervous systems and [...] the two brains record similarly" (Hall 1966, S. 2).

Dem setzt Hall allerdings entgegen, dass Menschen aus unterschiedlichen Kulturen unterschiedliche sensorische Welten bewohnen können. In den in *The Hidden Dimension* (1966, S. 113–130) ausgearbeiteten Raumdimensionen geht Hall davon aus, dass jeder Mensch seine eigenen räumlichen Grenzen selbstständig festlegt. Raum wird hierbei als relationalistisches Konstrukt verstanden und beschreibt die Distanz vom unmittelbaren Körperkontakt (Haut) über die Privatsphäre bis hin zu einem weiter gefassten öffentlichen Raum. Das Raumgefühl und die Interaktion im Raum werden dabei als kulturspezifisch angesehen, wobei räumliche Abstände in den verschiedenen „Distanzzonen" zwischen den Akteur*innen stets ausgehandelt werden. Dabei wird zwischen intimen, persönlichen, sozialen und öffentlicher Distanzzone unterschieden (vgl. Abstandsmaßen in Abb. 1). In die intime Zone haben im Regelfall nur eng vertraute Personen

(z. B. Eltern und Kinder) Zugang; es besteht unmittelbarer, hautnaher Körperkontakt. Die persönliche Zone zeichnet sich dadurch aus, dass Personen (z. B. Freund*innen und Kolleg*innen), die unmittelbar bis zu einer Armlänge Abstand nebeneinanderstehen, sich detailliert beobachten und betrachten können (z. B. Mimik, Gestik und Hautveränderungen, Muskelveränderungen). Die persönliche Zone dient als Schutzraum, der nicht verletzt werden darf, ohne dass man sich unwohl fühlt. In der sozialen Zone finden soziale Interaktionen mit Bekannten, Fremden und Geschäftspartner*innen statt. Die öffentliche Zone ist gekennzeichnet von unpersönlichen und anonymen Interaktionen (z. B. Distanz zum/r Redner*in bei einer öffentlichen Veranstaltung).

Das Raumkonzept von Hall geht davon aus, dass diese Distanzzonen in der Interaktion reguliert und ausgehandelt werden. Wird bspw. im Gespräch die für das eigene Empfinden intime oder soziale Distanz durch Körperkontakt gestört, kann dies als unangenehm wahrgenommen werden. Die Reaktion wird ein Ausweichen sein. In der Regel wird außerdem eine Grenzüberschreitung in überfüllten Verkehrsmitteln als unangenehm empfunden. Hall hat in seinen kulturvergleichenden Untersuchungen festgestellt, dass Nordeuropäer*innen bspw. im Vergleich zu Südeuropäer*innen eine wesentlich größere Interaktionsdistanz bevorzugen. Selbstverständlich können die Distanzzonen nicht als lineare Konzepte verstanden werden und es gibt selbstverständlich noch andere Einflussfaktoren auf die Nutzung und Regulierung von Distanzzonen: z. B. sozialer Status, Grad der Bekanntheit oder Gender der interagierenden Personen. Sollte es, wie im o. g. Beispiel passieren, dass die Distanzzonen nicht eingehalten werden, kann es möglicherweise zu Missverständnissen und Irritationen kommen.

Im später erschienen Aufsatz *Proxemics* (Hall 1968) – der Gegenstand der Diskussion mit anderen Fachvertreter*innen war – hat Hall weitere Dimensionen des (kulturell variablen) räumlichen Verhaltens beschrieben, die ebenfalls die zwischenmenschliche Kommunikation prägen:

- *genderspezifische Körperhaltungen:* In der Sitzhaltung ist häufig zu beobachten, dass Frauen tendenziell mit überschlagenen Beinen und vorgebeugtem Oberkörper auf einem Stuhl sitzen, während sich Männer meist zurückgelehnt und mit breitem Oberkörper auf dem Stuhl positionieren.[2]
- *soziofugale/soziopetale Orientierung:* Soziofugale Sitzhaltungen oder Raumordnungen haben die Eigenschaft, dass ein möglicher Kontakt zwischen Menschen minimiert wird (z. B. im Coaching sitzen Coach und Coachee Arm

[2] Der Autor ist sich der zugrunde liegenden reduktionistischen bi-polaren Gendertheorie bewusst, lehnt sich hierbei an Beispiele des genannten (historischen) Textes an.

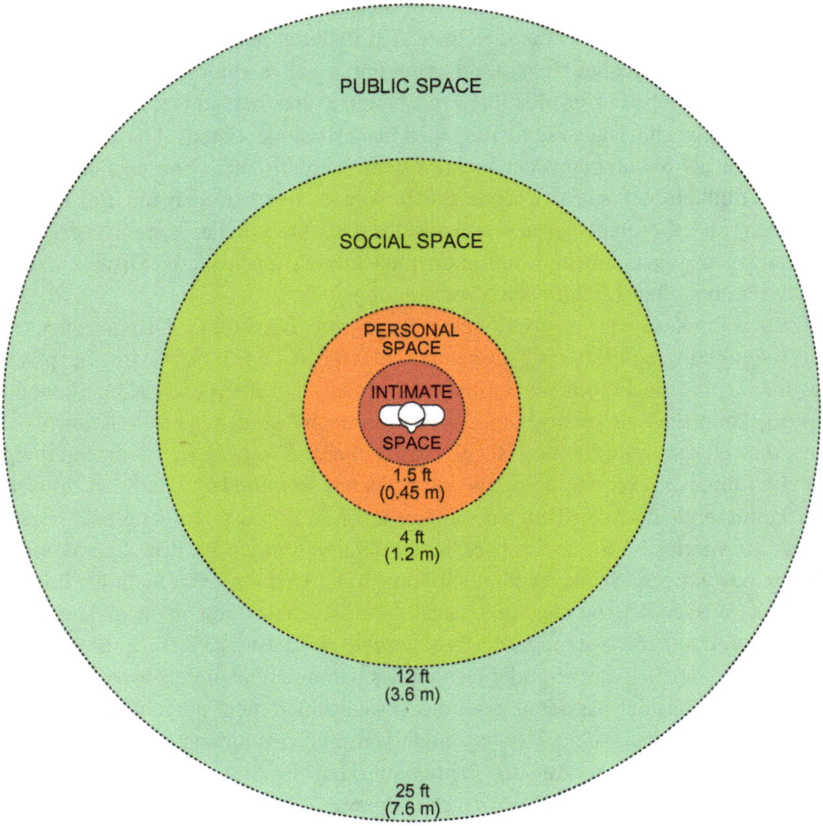

Abb. 1 Räumliche Distanzzonen nach E. T. Hall (Webhamster 2009, CC BY-SA 3.0, https://en.wikipedia.org/wiki/Proxemics#/media/File:Personal_Space.svg)

an Arm nebeneinander, Klassenraum oder Kirchenbänke). Bei der soziopetalen Positionierung wird die Interaktion zwischen Menschen durch direkten Augenkontakt gefördert (z. B. Coachee und Coach sitzen einander gegenüber).

- *Kinästhetik:* Ebenso hat das Bewegungsempfinden Einfluss auf die Raumnutzung und -wahrnehmung. Im Coaching wird sich eine Sitzung in Bewegung (z. B. in Form eines gesprächsbegleitenden Spaziergangs) auf die Beziehungsqualität auswirken: u. a. wegen der gemeinsamen Bewegungsaktivität und des Nebeneinanderlaufens.

- *Berühungscodes:* Damit sind Körperberührungen gemeint, z. B. die Hand auf die Schulter legen oder am Arm streicheln, Handgeben etc.
- *Blickkombinationen:* Es kann der direkte Blickkontakt gesucht werden oder die Blicke können auch aneinander vorbeischweifen. Im Regelfall wird ein längerer Augenkontakt als unangenehm empfunden.
- *Temperaturcodes:* In der intimen und persönlichen Zone kann es passieren, dass man die Körpertemperatur einer anderen Person wahrnimmt oder wenn man sich auf einen Stuhl setzt, auf dem vorher eine andere Person gesessen hat, spürt man noch die Wärme auf dem Sitz.
- *Geruchscodes*: Körpergerüche könne als angenehm (z. B. Parfüm) oder unangenehm (z. B. Knoblauch oder Raucher*innenbekleidung) empfunden werden.
- *Lautstärke:* Die menschliche Stimme wird in unterschiedlichen Situationen unterschiedlich hinsichtlich ihrer Lautstärke eingesetzt (z. B. ins Ohr flüstern vs. ein Achtungsschrei in einer Gefahrensituation).

Diese verschiedenen raumtheoretischen Ansätze und Untersuchungen liefern nicht nur eine theoretische Grundlage für die weitere Untersuchung des Einflusses von räumlichen Faktoren auf die Gestaltung von Coachings (Abschn. 3), sondern geben auch wichtige Hinweise auf die sorgfältige Auswahl von Instrumenten und Tools sowie die Gestaltung des räumlichen Settings innerhalb des Coachings (Abschn. 4).

3 Die Bedeutung des Raums im Coaching

Nach Loebbert (2017) wird im Folgenden beim professionellen Coaching vom „Coaching-Handeln" gesprochen. Coaching stellt in diesem Sinne eine personalisierte Form der Prozessbegleitung/-beratung (das gilt auch für Gruppencoachings) und einen gelingenden Unterstützungsprozess zur Ermöglichung selbstgesteuerter und durch Wahlmöglichkeiten und Freiheitsgrade gekennzeichneten Lösungsprozess dar (Loebbert 2017, S. 28 f.; Schein 2010).

Zentraler Gegenstand des Coachings ist die Entwicklung bzw. Verhandlung eines Handlungsraums (Bollnow 2011). Nach dieser Auffassung ist ein Handlungsraum „jeder Raum, in dem sich der Mensch mit einer sinnvollen Tätigkeit, arbeitend oder ruhend, im weitesten Sinn wohnend aufhält" (Bollnow 2011, S. 164 f.). Raum kann im Coaching auf verschiedene Art und Weise erfasst bzw. berücksichtigt werden. Er kann als „die Gesamtheit der Plätze, die die Gebrauchsdinge um den arbeitenden Menschen herum einnehmen" verstanden werden (Bollnow 2011, S. 166). In der Raumwahrnehmung sind alle menschlichen Sinne beteiligt: sehen, hören, riechen und die haptische Wahrnehmung (Löw 2001). Außerdem „aktivieren räumliche Strukturen individuelle, subjektive Eindrücke, indem subjektive, mentale Modelle zu den räumlichen Eindrücken aktiviert werden“ (Bruni-Oroszlan 2021, S. 16).

Die räumlichen Rahmenbedingungen bestehen aber nicht nur aus physischen Gegenständen, sondern beinhalten auch die mentalen bzw. kognitiven Repräsentationen von Räumen derjenigen am Gespräch Beteiligten (Schröder & Prytula 2016). Betrachtet man Coaching als Lernprozesse, dann werden Menschen auf Basis ihrer Vorerfahrungen und ihres Vorwissens Räume subjektiv konstruieren, die durch die Interventionen im Coaching gestaltet und verändert werden (Sesink 2007). Nach Sesink (2014) handelt es sich beim Handlungsraum im Coaching stets auch um einen potenziellen Raum, der gemeinsam erschlossen werden muss und Schutzmöglichkeiten bieten sollte: „Damit diese Entwicklungen möglich werden, braucht es Rahmenbedingungen, die räumlich unterstützt werden sollen. Diese Rahmenbedingungen gehören zur Gestaltung des Coaching Settings und umfassen Bedingungen, wie Sicherheit (z. B. Datensicherheit), Vertraulichkeit (Datenschutz), Klarheit (Prozessverständnis, Kontrakt, Rollenklarheit) und ethische Grundlagen“ (Geissler & Metz 2012; Berninger-Schäfer 2018; Flammer et al. 2019 zit. n. Bruni-Oroszlan 2021).

Im Rahmen des Coachings werden räumliche Anteile durch das jeweilige „Setting“ konstruiert (Bruni-Oroszlan 2021, S. 22): „Das Setting bezeichnet die äußeren Umstände wie Raum und Zeit der konkreten Coaching-Sequenzen, Einzel-, Gruppen- und Team-Coaching, Einsatz von Medien wie Telefon und Internet“ (Loebbert 2017, S. 145). Eine Definition des räumlichen Settings im Coaching findet u. a. in der Wahl des Ortes, des Mediums (z. B. Sprache, Telefon, Meetingsoftware im Online-Coaching), der Kommunikationsmöglichkeiten (z. B. alle Sinnes-modalitäten im physischen Raum oder Einschränkungen durch Telefon oder Online-Meeting-software) statt.

Aus Perspektive der kritischen Theorie sind Dima Louis und Pauline Fatien Diochon (2018) in ihrer Untersuchung vor allem auf die Gestaltung von Machtbeziehungen und Coaching-Raum in organisationalen Settings eingegangen. Dabei kann die bisher wenig untersuchte, stärker politisch motivierte Theorie der Produktion von Räumen nach Henri Lefebvre (1974) eine theoretische Grundlage bilden. Louis und Fatien Diochon (2018) stellen fest, dass je nach Erfahrung der Coaches der Coaching-Raum durch drei Typen von Machtbeziehungen innerhalb der Coach-Coachee-Organisations-Triade, jeweils auf einem Kontinuum zwischen einschränkend und stärkend, gestaltet wird:

- *unabhängige Machtbeziehungen:* Der Coaching-Raum fungiert als Machtgenerator in Form von z. B. individuumszentrierter (Fokussierung auf 1:1-Beziehungen zulasten von Beziehungen zu anderen Stakeholdern) oder systemischer (Fokussierung auf neutrale Position gegenüber allen Stakeholdern) Perspektive;
- *vermittelte Machtbeziehungen:* Der Coaching-Raum dient als Machtunterstützung, z. B. wird der Coach in organisationalen Machtkonstellationen durch andere instrumentalisiert oder der Coach versucht, die Machtbeziehungen, in denen dieser involviert ist, in positive Ergebnisse für alle Beteiligten zu transformieren;
- *parallele Machtbeziehungen:* Der Coaching-Raum dient der Untersuchung von Machtverhältnissen, z. B. Coach macht eigene Erfahrungen von Machtbeziehungen, die mit den Psychodynamiken zwischen Coachee und der Organisation vergleichbar sind, sichtbar; oder Coach baut auf existierenden Machtbeziehungen im Coaching-Geschehen auf und macht diese transparent und fordert zur Weiterentwicklung heraus.

Louis und Fatien Diochon (2018) richten mit ihrer Untersuchung die Aufmerksamkeit innerhalb des Coaching-Raum-Konzepts auf die Machtbeziehungen, welche zur subjektiven Konstruktion mentaler Räume im Coaching beitragen. Die entwickelte Typologie fußt auf den Raumerfahrungen von Coaches im Coachingprozess. Mit Bezugnahme auf das Lefebvresche Konzept der Produktion des Raums (1974) eröffnet sich schließlich eine neue Sichtweise auf die Gestaltung und Aushandlung der inhärent politischen Dimension des Coaching-Raums, speziell in Team- und organisationalen Coachings im Vergleich zum vorgenannten Ansatz von Bruni-Oroszlan (2021), welcher hauptsächlich auf individuelle professionelle Coachings rekurriert. Mit anderen Worten können mithilfe der Analyse von Louis und Fatien Diochon (2018) verdeckte Dominanzprozesse sichtbar gemacht und entlarvt werden.

Nachdem nun die Bedeutung des Handlungsraums im Rahmen des Coachings untersucht wurde, wird im folgenden Abschnitt der Fokus auf ausgewählte Interventionsmöglichkeiten und Strategien im Coaching gelegt.

4 Analoge und digitale Interventionsmöglichkeiten und -strategien zur Gestaltung des räumlichen Settings im Coaching

Aufgrund der Begrenzung dieses Beitrags und zum Zweck der Demonstration der praktischen Bedeutsamkeit räumlicher Settings für das Coaching werden im Folgenden zwei ausgewählte Interventionsmöglichkeiten im Coaching vorgestellt, in deren Umsetzung die Raumdimension explizit berücksichtigt wird. Die gewählten Methoden stammen aus der analogen und digitalen Coachingpraxis.

4.1 Analoge Entscheidungsfindung (Fengler 2009)

Dieses Coachingtool kann in der Phase der „rationalen Akzeptanz" zur Unterstützung von Entscheidungsprozessen nicht nur in Gruppen-, sondern auch Einzelcoachings herangezogen werden, wobei aktiv das räumliche Setting in den Coachingprozess einbezogen wird. Dieses Tool zielt auf eine Unterstützung bei Entscheidungssituationen, die als nicht offensichtlich lösbar erscheinen, und versucht mit der Bewegung im Raum für rationale Veränderungsprozesse, eine Akzeptanz für die Problemstellung und die Eröffnung daraus resultierender Lösungsmöglichkeiten zu sensibilisieren. Dabei sollen die „Entscheidungsfindung, Klarheit, Strukturierung, Lösungsfindung, Kreativität, Überwindung von Blockaden und Entscheidungsfähigkeit, Auflösung von Ambivalenzen" (Fengler 2009, S. 194) unterstützt werden.

Umgesetzt werden kann dies beispielsweise wie folgt: In einem großen Raum, im Park in Bewegung oder durch Sitzen auf einer Bank platziert sich der oder die Coachee in Abhängigkeit von zwei oder mehreren gesteckten Zielen, Lösungsoptionen oder Pro- und Contra-Argumenten auf gedachten Geraden im Raum. Ein Seitenwechsel auf den anderen „Gedankenstrang" ist immer dann vom Coachee erforderlich, wenn ein Argument für die jeweilige Perspektive lanciert wird. Sobald ein anderes Argument gegen die aktuell gewählte Position sprechen sollte, ist die Umpositionierung im Raum erforderlich. Somit wechselt der oder die Coachee immer die „Seiten" entsprechend den alternativen Entscheidungsmöglichkeiten. Alles sollte zusätzlich durch eine Bewegung im Coaching-Raum nach vorn zusätzlich symbolisiert werden. Damit wird der oder die Coachee ständig in Bewegung versetzt und physiologisches bzw. behaviorales Erleben und kognitives Arbeiten am Coaching-Anliegen ermöglicht. Im Verlauf des Gesprächs wird ein Begegnungs- und Möglichkeitsraum aufgespannt.

Während und zum Abschluss der Intervention werden aktiv (neue) Handlungsalternativen ko-konstruiert, sedimentiert, Bekanntes wird (re-)organisiert, oder es wird „zwischen den Alternativen" entschieden. Es kann dadurch verdeutlicht werden, dass ggf. die ursprünglich gedachten Alternativen verworfen werden müssen und es werden auch „Zwischenabstufungen" sichtbar. Die analoge Entscheidungsfindung kann mit einem Angebot „Wollen wir uns für die eine oder andere Seite entscheiden?" abgeschlossen werden. Am Ende stellt sich oft eine ausgeprägte Prägnanz ein: Die oder der Entscheidungssuchende hat seinen Standpunkt gefunden, im wörtlichen wie im übertragenen Sinn (Fengler 2009, S. 194).

Hinsichtlich einer raumsensitiven Realisierung von Coaching können u. a. die folgenden zwei Entwicklungen durch die Analoge Entscheidungsfindung angeregt werden. Einerseits dient das Coachingtool dazu, den Reflexions- und Gesprächsprozess im Rahmen der Lösungssuche zu begleiten. Eine aktive Gesprächsarbeit auf Basis des Sprachhandelns durch Selbst- und Fremdpositionierung sowie von Figuren im Rahmen von narrativen Interviews wurde bereits früher in der Gesprächsforschung unter methodischen Gesichtspunkten zur zeitlichen Verortung im Rahmen der Erzählzeit diskutiert (Lucius-Hoene & Deppermann 2004). Dieses dialogische Tool bietet schließlich eine räumliche Verortung und Verdinglichung von Entscheidungs- und Veränderungsprozessen für Coachees und Coaches, wenn sie sich auf diese Methode einlassen. Durch die räumlichen Positionierungsaktivitäten lassen sich schließlich ähnlich wie bei Erzählungen „vielfältige Aspekte der Identitätsarbeit der handelnden Personen ableiten" (Lucius-Hoene & Deppermann 2004, S. 181).

Andererseits ist anzunehmen, dass im Rahmen der Analogen Entscheidungsfindung eine Transformation von Selbst- und Weltverhältnissen und der Subjektivität der Coaches und Coachees angestoßen werden kann. Damit ist gemeint, dass diese Intervention die Möglichkeit bietet, eigene Sichtweisen in der Art und Weise zu reflektieren, „dass sich Subjekte stets als in eine Welt gestellt erfahren, in der sich physische, soziale, emotionale und kognitive Bedeutungen konstitutiv überlagern" (Rosa 2016, S. 83). Diese Reflexion der Weltbeziehung soll im besten Falle durch das räumliche Setting unterstützt werden und kann auch für die Konstitution und Entwicklung von Subjektivität einen Beitrag leisten. Der vorgenannte Zusammenhang lässt sich u. a. durch Theorien transformatorischer Bildungsprozesse begründen (vgl. z. B. Mezirow 2000; Stojanov 2006). So betont beispielsweise Stojanov (2006), dass eine Selbstkonstitution zu verstehen ist als ein „dialektischer Vorgang des ‚In-die-Welt-Hinausgehens' und dadurch ‚Zu-sich-selbst-Kommens'" (S. 115). Eben durch die Reflexion des eigenen In-der-Welt-Seins werden nicht nur Lern- und Entwicklungsprozesse in Gang gesetzt, sondern kann für Coaches und Coachees auch das eigene Handlungspotential stärker ersichtlich werden. Einfach ausgedrückt: Coach und Coachee werden in der Welt zum handelnden Subjekt.

4.2 Virtuelles Coaching in Live-Online-Sitzungen (Bruni-Oroszlan 2021)

Im Rahmen der theoretischen Untersuchung von Bruni-Oroszlan (2021) wurde die Raum-Gestaltung als Intervention im Coaching in videogestützten Live-Online-Sitzungen untersucht. Daraus wurde ein Konzept für ein handlungsunterstützendes Angebot für angehende professionelle Coaches entwickelt, welches sich auf die Theorie des Handlungsraums von Otto Bollnow (2011) und das Coaching-Phasen-Modell nach Michael Loebbert (2017) stützt. Im Zuge der Auseinandersetzung wurden nicht nur digitale und physisch-lokale Parameter, sondern auch subjektiv-konstruierte Rahmenbedingungen in die Entwicklung von Coaching-Handlungsräumen einbezogen, die prozessunterstützend wirken (Bruni-Oroszlan 2021).

Hinsichtlich der Fragestellung, was einen Coaching-Handlungsrahmen ausmacht und wie dieser im Rahmen von videogestützten Coachingprozessen gestaltet werden kann, liefert Bruni-Oroszlan (2021, S. 55–62) verschiedene theorieorientierte Thesen und auch Interventionsmöglichkeiten zur Gestaltung des räumlichen Settings (inkl. Erweiterungen d. A.):

- *Wahl des Medienraums:* Klärung der technischen Voraussetzungen und entsprechenden Kompetenzen, z. B. Remote- oder Hybrid-Meeting, synchron oder asynchron, Datenschutzregeln und Vertraulichkeit durch Einverständniserklärung, Lesbarkeit von Schrift, Ausleuchtung von Gesichtern im Video, „mittleres Maß an Komplexität“ (ebd. S. 60); Vorinformation der Coachees im Einladungsschreiben über die Nutzung der virtuellen Plattform;
- *Kontaktphase:* z. B. Einführung in den Coaching-Handlungsraum, atmosphärische Einladung in die durch systemische und personenzentrierte Haltung gestützte Coaching-Sitzung, Sitzordnung, Informationen über technische Rahmenbedingungen für die Nutzung digitaler Tools;
- *Anliegenklärung*: u. a. ausreichend Raum für Anliegenklärung geben, Vertiefung der Arbeitsbeziehung, ggf. Nutzung der Chatfunktion zur Visualisierung von Anliegen und anschließender Vertiefung. „Die*der Coach kann zur Kompensation von fehlenden Sinneskanälen in der Interaktion versuchen, deutlich

zu gestikulieren, mehr zu verbalisieren und Stimmlaute vermehrt einzusetzen" (Bruni-Oroszlan 2021, S. 61);
- *Hypothesenbildungsphase:* z. B. Unterstützung der Selbststeuerung und Mitgestaltung des Coaching-Prozesses, Wahl von Handlungsoptionen;
- *Interventionsphase*: z. B. personenzentrierte und systematische Fragetechniken, emotionaler Beistand durch Mikrothesen, Auswahl geeigneter systemischer Tools (u. a. Wunderfrage, Bodenanker, systemische Symbolaufstellung zur Integration des lokal-physischen Raums bei Entscheidungsfindung);
- *Evaluationsphase:* Erleben des gemeinsamen Handlungsraums unterstützt durch Fragen wie z. B. „Wie wollen wir uns im gemeinsamen Coaching-Raum bewegen? Was wollen Sie gerne beibehalten, was würden Sie gerne ändern?" (Bruni-Oroszlan 2021, S. 62).

Die vorgenannten Schritte stellen mögliche Gelingensbedingungen für die erfolgreiche Umsetzung des Coachings im virtuellen Raum dar. Dabei sind wie im analogen Raum die ähnliche Haltungsfragen zu berücksichtigen. Ausgehend von einer empathischen, authentischen und wertschätzenden Gesprächsatmosphäre soll ein positiv besetzter Rapport gestaltet werden. Nicht nur bei der Anliegenklärung, sondern während des gesamten Gesprächs sollte mit einer Haltung der inneren Bescheidenheit und des Nicht-Wissens der asketische Weg einer Lösungsorientierung eingeschlagen werden. Was die zwischenmenschliche Kommunikation in der virtuellen Umgebung betrifft, sind bspw. längere Pausen (um die andere Person ausreden zu lassen) einzuplanen. Das Bodyfeedback ist zwar eingeschränkt, aber in begrenztem Umfang möglich. Die Redegeschwindigkeit, Tonhöhe, Lautstärke etc. können beeinflusst werden. Zeitgleich ist auch auf Techniken des Aktiven Zuhörens, der Paraphrasierung oder Verwendung von Mikrothesen zurückzugreifen. Als vorteilhaft haben sich die Nutzung von Whiteboard oder der Bildschirmfreigabe für eine gemeinsame Arbeitsfläche herausgestellt (z. B. für systemische Aufstellungen, Anteilsarbeit, Team Charter Canvas, Affektbilanz, Stakeholderanalyse). Letztere Tools können in der virtuellen Zusammenarbeit leicht eingesetzt werden und schaffen eine Visualisierung während des Gesprächs in Echtzeit. Auf diese Weise können, wie bereits bei der Analogen Entscheidungsfindung beschrieben, verschiedene alternative Hypothesen (besser Mikrothesen) zum Einsatz kommen.

5 Diskussion und Fazit

Im Mittelpunkt der Beitrag stand die Frage, welchen Einfluss die Nutzung und die Wahrnehmung des Raums auf die Gestaltung der Gesprächsarbeit im Rahmen des Systemischen Coachings hat. Den theoretischen Hintergrund bildeten neben raumtheoretischen Ansätzen (vgl. Dünne & Günzel 2006) und Theorien des mentalen Raums (vgl. Zima 2021) die Untersuchungen des Anthropologen Edward Twitchell Hall (1966, 1968) zur Raumdimension in der zwischenmenschlichen Interaktion. Im Anschluss daran wurden wissenschaftliche Studien zur Analyse des Coaching-Raums herangezogen. Konkrete analoge und digitale Interventionsmöglichkeiten und -strategien zur Gestaltung des räumlichen Settings im Coaching stellen bspw. die Methode der analogen Entscheidungsfindung (vgl. Fengler 2009) sowie das handlungsgestützte Live-Online-Setting per Videokonferenz (Bruni-Oroszlan 2021) dar.

Abschließend sei auf die Einsicht der Designtheoretiker*innen Kress und van Leeuwen (2001, S. 36) hingewiesen: „Work transforms that which is worked on. Action changes both the actor and the environment in which and with which he or she acts." Die Untersuchung analoger und digital erweiterter Räume erinnert letztlich daran, dass auch die Umgebung einen großen Einfluss darauf hat, welche Bedeutung Akteur*innen den Gesprächsinhalten einer Sitzung verleihen. Wie im Eingangszitat angedeutet, sind eben auch die sinnlichen Erlebnisse und Erfahrungen des Coaching-Raums mitentscheidend dafür, dass Coachees – gestützt durch eine systemische, ressourcen- und lösungsorientierte Haltung der Coaches – gelingend auf ihrem Weg zu neuen „Schöpfungen der menschlichen Phantasie" (Albert Einstein) begleitet werden können. Darüber hinaus erlaubt die Einbeziehung von Raum als Rahmen- und Umgebungsvariable in das Coaching letztlich eine stärkere Berücksichtigung unterschiedlicher Perspektiven. Multiperspektivität im Sinne konstruktivistischer Theorie fördert die Anerkennung unterschiedlicher Sichtweisen auf den gleichen Gegenstand. Dafür liefert die Reflexion räumlicher Settings ebenso neue Möglichkeiten. Zukünftige Forschung und Praxisentwicklung hat schließlich die Aufgabe, die empirische Evidenz des Einflusses von „Raum" auf das Coaching zu überprüfen und explorativ nach weiteren Einflussfaktoren Ausschau zu halten.

Literatur

Arnold, M. (2022). Social Work Leadership and Management: Current Approaches and Concepts for Social and Human Service Organisations. *SpringerBriefs in Social Work and Social Change (SSWSC)*. Springer Education. https://doi.org/10.1007/978-3-031-17632-6

Arnold, M., Jung, S., Fischer, H., Philippe, S., Radelet, V., Chevallier, P.-C., Efstathiou, A., Boukas, N., & Sourouklis, C. (2022). Evaluation of User Experiences in an Immersive Role Play for Cross-institutional and Cross-national Virtual Collaborative Learning in Hospitality Management. In M.E. Auer, H. Hortsch, O. Michler, T. Köhler (Hrsg.), *Mobility for Smart Cities and Regional Development – Challenges for Higher Education. ICL 2021. Lecture Notes in Networks and Systems, vol 389* (S. 602–613). Springer. https://doi.org/10.1007/978-3-030-93904-5_60

Bachmann-Medick, D. (1998). Dritter Raum: Annäherungen an ein Medium kultureller Übersetzung und Kartierung. In C. Breger, & T. Döring (Hrsg.), *Figuren der/des Dritten: Erkundungen kultureller Zwischenräume* (S. 19-36). Rodopi.

Berninger-Schäfer, E. (2018). *Online Coaching*. Springer. https://doi.org/10.1007/978-3-658-10128-2

Bhabha, H. K. (1994). *The Location of Culture*. Routledge (dt. Die Verortung der Kultur, Stauffenburg, 2000).

Bollnow, O. F. (2011). *Mensch und Raum. Bd. 6*. Königshausen & Neumann.

Böhme, J., & Herrmann, I. (2009). Schulraum und Schulkultur. In J. Böhme (Hrsg.), *Schularchitektur im interdisziplinären Diskurs: Territorialisierungskrise und Gestaltungsperspektiven des schulischen Bildungsraums* (S. 204–220). VS Verlag. https://doi.org/10.1007/978-3-531-91868-6_13

Bruni-Oroszlan, Z. (2021). *Raum-Gestaltung als Intervention im Coaching im Live-Online Setting per Video Konferenz: Ein konzeptionelles, handlungsunterstützendes Angebot für angehende professionelle Coaches bei der Wahl, Einrichtung und Steuerung ihres Coaching Handlungsraums im Live-Online Setting per Video Konferenz*. Masterarbeit. Hochschule für Soziale Arbeit FHMW

Caprara, L., & Caprara, C. (2021). Effects of virtual learning environments: A scoping review of literature. *Education and Information Technologies*, 27, (S. 3683–3722). https://doi.org/10.1007/s10639-021-10768-w

Cox, E., Bachkirova, T., & Clutterbuck, D. A. (Hrsg.). (2014). *The complete handbook of coaching*. Sage.

Crang, M., & Thrift, N. (2000). Preface. In M. Crang, & N. Thrift (Hrsg.), *Thinking Space* (S. xi–xii). Routledge.

Dahlinger, S. (2009). Der Raum als dritter Pädagoge. *PÄD-Forum: unterrichten erziehen, 37/28*(6), (S. 247–250). https://doi.org/10.25656/01:3208

Daniel, D., Emmler, T., & Fuge, J. (Hrsg.). (2021). *The empty space: Die große Lehre im virtuellen Raum*. wbv.

Deutscher Bundesverband Coaching e.V. (DBVC) (2022). Definition Coaching. https://www.dbvc.de/der-dbvc/definition-coaching. Zugegriffen: 30.Juni 2023

Distelmeyer, J. (2021). *Kritik der Digitalität*. Springer VS.

Dünne, J., & Günzel, S. (2006). *Raumtheorie: Grundlagentexte aus Philosophie und Kulturwissenschaften*. Suhrkamp.

Fauconnier, G. (2007). Mental spaces. In D. Geerarts, & H. Cuyckens (Hrsg.), *The Oxford Handbook of Cognitive Linguistics* (S. 351–376). Oxford University Press.

Fengler, J. (2009). Analoge Entscheidungsfindung. In A. Leão, & M. Hofmann (Hrsg.), *Fit for Change II: 40 praxisbewährte Tools und Methoden im Change für Trainer, Moderatoren, Coaches und Change Manager* (S. 194–201). managerSeminare.

Flammer, P., Aeberhardt, D., Hörmann, M., & Tschopp, D. (2019). Face-to-Face und mehr: Konzeption von Blended Counseling in der Suchtberatung. *Soziale Innovation, 14*, (S. 34–39).

Fletcher, S., & Mullen, C. A. (2012). *SAGE Handbook of Mentoring and Coaching in Education*. Sage.

Geissler, H., & Metz, M. (Hrsg.). (2012). *E-Coaching und Online-Beratung*. https://doi.org/10.1007/978-3-531-19155-3

Greif, S., Möller, H., & Scholl, W. (Hrsg.). (2018). *Handbuch Schlüsselkonzepte im Coaching*. Springer.

Hamilton, D., McKechnie, J., Edgerton, E., & Wilson, C. (2021). Immersive virtual reality as a pedagogical tool in education: A systematic literature review of quantitative learning outcomes and experimental design. *Journal of Computers in Education,* 8 (S. 1–32). https://doi.org/10.1007/s40692-020-00169-2

Hall, E. T. (1966). *The Hidden Dimension*. Doubleday.

Hall, E. T. (1968). Proxemics [and Comments and Replies]. *Current Anthropology, 9*(2/3), (S. 83–108).

Kahl, R. (2009): *Der Dritte Pädagoge*. [DVD]. Archiv der Zukunft Hamburg.

König, E., Volmer, G., & König, M. (2020). *Mini-Handbuch Systemisches Coaching*. (1. Aufl.) Beltz.

Kress, G., & van Leeuwen, T. (2001). *Multimodal Discourse: The Modes and Media of Contemporary Communication*. Hodder-Arnold.

Krüger, C. E., Hegemann, T., Riess-Beger, D., Ovey, J.-D., Stockmann, F., & Schneck, C. (2021). Öffentliche und soziale Unternehmen in stürmischen Zeiten: Ansätze für und Anforderungen an die Coaching-Praxis. *Coaching-Magazin*, 10. https://www.coaching-magazin.de/beruf-coach/oeffentliche-und-soziale-unternehmen. Zugegriffen: 30.06.2023

Lefebvre, H. (2006). Die Produktion des Raums. In J. Dünne, & S. Günzel (Hrsg.), *Raumtheorie: Grundlagentexte aus Philosophie und Kulturwissenschaften* (S. 330–342). Suhrkamp. *[Original: »Dessein de l'ouvrage«. In H. Lefebvre (1974), _La production de l'espace* (S. 7–82; hier: S. 39–43, Kap. 1, 14/15 und S. 46–53, Kap. 1, 17). Anthropos.]

Loebbert, M. (2017). *Coaching Theorie: Eine Einführung*. 2. Aufl. Springer Fachmedien Wiesbaden. https://doi.org/10.1007/978-3-658-13944-5

Louis, D., & Fatien Diochon, P. (2018). The coaching space: A production of power relationships in organizational settings. *Organization, 25*(6), (S. 710–731). https://doi.org/10.1177/1350508418779653

Löw, M. (2001). *Raumsoziologie*. Suhrkamp.

Lucius-Hoene, G., & Deppermann, A. (2004). Narrative Identität und Positionierung. *Gesprächsforschung – Online-Zeitschrift zur verbalen Interaktion*, 5 (S. 166–183). http://www.gespraechsforschung-online.de/heft2004/ga-lucius.pdf. Zugegriffen: 30.06.2023

Mcarthur, J. (2008). *Instructional Proxemics: Creating a place for space in instructional communication discourse*. Clemson, SC: Clemson University. https://tigerprints.clemson.edu/all_dissertations/197. Zugegriffen: 30.06.2023

Mcarthur, J. A. (2016). *Digital proxemics: How technology shapes the ways we move*. Peter Lang.

Mezirow, J. (2000). Learning to think like an adult. Core concepts of transformation theory. In J. Mezirow, & Associates (Hrsg.), *Learning as transformation: Critical perspectives on a theory in progress* (S. 3–33). Jossey-Bass.

Migge, B. (2014). *Handbuch Coaching und Beratung*. Beltz.

Müller-Naendrup, B. (2013). Lernwerkstätten als „Dritte Pädagogen". Räumliche Botschaften von Lernwerkstätten an Hochschulen. In H. Coelen, & B. Müller-Naendrup (Hrsg.), *Studieren in Lernwerkstätten* (S. 193–206). Springer Fachmedien Wiesbaden. https://doi.org/10.1007/978-3-658-00315-9_16

Rauen, C. (Hrsg.). (2021). *Handbuch Coaching*. Hogrefe.

Rogers, J. (2012). *Coaching Skills: A Handbook: A Handbook*. (3. Aufl.) Open University Press.

Rosa, H. (2016). *Resonanz: Eine Soziologie der Weltbeziehung*. Suhrkamp.

Schäfer, G. E., & Schäfer, L. (2009). Der Raum als dritter Erzieher. In J. Böhme (Hrsg.), *Schularchitektur im interdisziplinären Diskurs: Territorialisierungskrise und Gestaltungsperspektiven des schulischen Bildungsraums* (S. 235–248). VS Verlag. https://doi.org/10.1007/978-3-531-91868-6_13

Schein, E. H. (2010). *Prozessberatung für Organisationen der Zukunft: Zum Aufbau einer helfenden Beziehung*. EHP-Verlag.

Schröder, T., & Prytula, M. (2016). *Sprache und Bedeutung als Grundlagenthemen im Coaching*. Springer.

Schreyögg, A. (2011). Coaching und Supervision in Changeprozessen. *Organisationsberatung, Supervision, Coaching*, 18 (S. 1–3). https://doi.org/10.1007/s11613-011-0221-5

Schwan, S. (2021). Das Virtuelle im Raum und der Raum im Virtuellen. In T. Giese, & R. Stang (Hrsg.), *Lernwelt Museum* (S. 49–58). De Gruyter Saur. https://doi.org/10.1515/9783110703054-005

Sesink, W. (2007). Raum und Lernen. In Education Permanente. *Schweizerische Zeitschrift für Weiterbildung*, 1 (S. 16–18).

Sesink, W. (2014). Überlegungen zur Pädagogik als einer einräumenden Praxis (Keynote). In K. Rummler (Hrsg.), *Lernräume gestalten - Bildungskontexte vielfältig denken*. Medien in der Wissenschaft, 67 (S. 29–43). Waxmann.

Sköld, O. (2011). The effects of virtual space on learning: A literature review. *First Monday, 17*(1). https://doi.org/10.5210/fm.v17i1.3496

Stalder, F. (2016). *Kultur der Digitalität*. Suhrkamp.

Stojanov, K. (2006). *Bildung und Anerkennung: Soziale Voraussetzungen von Selbst-Entwicklung und Welt-Erschließung*. VS Verlag für Sozialwissenschaften. doi.org/https://doi.org/10.1007/978-3-531-90376-7

Strand, B., & Smith, D. (2014). What is a coach saying when no words are spoken? *Journal of Youth Sports*, 7 (S. 20–23).

Turkle, S. (2011). *Alone Together: Why We Expect More from Technology and Less from Each Other*. Basic Books.

Unger, F., & Sann, U. (2020). Führungskräfte-Coaching in der öffentlichen Verwaltung als Beitrag zur Entwicklung von Führungskräftekompetenzen für das 21. Jahrhundert. In J. Groß (Hrsg.), *Soziologie für den öffentlichen Dienst (III): Führung: Perspektiven, Trends und Herausforderungen in Theorie und Praxis* (S. 59–80). Maximilian Verlag.

Weingärtner, E. (2014). *Coaching in der Sozialwirtschaft: Führungskräfteentwicklung im Bereich sozialer Dienstleistungen.* Springer Fachmedien. doi: https://doi.org/10.1007/978-3-658-04282-0

Zima, E. (2021). Die Theorie der mentalen Räume. In E. Zima (Hrsg.), *Einführung in die gebrauchsbasierte Kognitive Linguistik* (S. 103–124). De Gruyter. https://doi.org/10.1515/9783110665642-006

Maik Arnold, Dr. rer. soc., FRSA (m.arnold@fh-dresden.eu) Dr. rer. soc. Maik Arnold ist Professor für Sozialmanagement/Sozialwirtschaft an der Fachhochschule Dresden (FHD). Studium der Betriebswirtschaftslehre, Interkulturellen Kommunikation und Evangelischen Theologie, Promotion in den Sozialwissenschaften, Systemischer Coach für Change-Management, Interkultureller Trainer, Mitglied des erweiterten Vorstands der Internationalen Arbeitsgemeinschaft Sozialmanagement/Sozialwirtschaft (INAS), Sprecher des Deutschsprachigen Scholarship of Teaching and Learning Netzwerks und Mitglied der Bundesarbeitsgemeinschaft Sozialmanagement/Sozialwirtschaft. Arbeitsschwerpunkte: u. a. Leadership and Organisational Change, Didaktik des Sozialmanagements, Scholarship of Teaching and Learning, Digital Education Management, interkulturelle Kommunikation und Kompetenz.

Innovative Organisationsformen & Innovationen in sozialen Organisationen

Beteiligung – Macht – Sinn. Selbstorganisation in der Sozialwirtschaft

Marisa Gawron und Peter Zängl

Inhaltsverzeichnis

M. Gawron (✉)
Hochschule für Soziale Arbeit, Institut Beratung, Coaching und Sozialmanagement, Olten, Schweiz
E-Mail: marisa.gawron@fhnw.ch

P. Zängl
Hochschule für Soziale Arbeit, Fachhochschule Nordwestschweiz, Olten, Schweiz
E-Mail: peter.zaengl@fhnw.ch

B. Schmidtke et al. (Hrsg.), *Sozial - Innovativ - Nachhaltig,* Perspektiven Sozialwirtschaft und Sozialmanagement,
https://doi.org/10.1007/978-3-658-42847-1_8

1 Ausgangslage

Verschiedene Modelle von Selbstorganisation, wie z. B. Soziokratie, Holakratie oder evolutionäre Organisationen, sind im Trend[1]. Auch Organisationen im Gesundheits- und Sozialwesen sind an neuen Arbeitsweisen interessiert, da Selbstorganisation oder Agilität nicht nur für Flexibilität, Effizienz und Marktorientierung, sondern auch für sinnerfüllte Arbeit stehen kann.

Es fällt auf, dass positive Berichte über Selbstorganisation meist aus der Perspektive der (ehemaligen) Geschäftsleitungen, Vertreter*innen des jeweiligen Modells oder aus Managementhandbüchern kommen. Die Vor- und Nachteile für Mitarbeitende werden wenig diskutiert und ihre Perspektive wird im Diskurs über Selbstorganisation bislang kaum sichtbar. Es entsteht der Eindruck, dass die Einführung von Selbstorganisation häufig damit begründet wird, dass die Zufriedenheit der Mitarbeitenden gefördert werden soll, weil glückliche Menschen effizienter arbeiten. Eine marktwirtschaftliche Orientierung oder das Ziel der Effizienzsteigerung kann jedoch als Widerspruch zu den Philosophien über «sinnerfüllte Arbeit» von Selbstorganisationen verstanden werden. Kann Selbstorganisation unter diesen Voraussetzungen längerfristig funktionieren?

Buchmann und Kaegi (2020) stellen in einer qualitativen Untersuchung fest, dass der Grund für die Einführung von Selbstorganisation entweder die Gewinnmaximierung *oder* die Akzeptanz des Menschen als ganze Person und der Wunsch nach sinnerfüllter (Erwerbs-)Arbeit ist.

Dies wäre eine Erklärung, weshalb die Erkenntnisinteressen der wenigen anderen Studien über Selbstorganisation oder Agilität, mehrheitlich auf Effizienz und Unternehmenserfolg liegen. Eine Studie der Boston Consulting Group bestätigt beispielsweise, dass Unternehmen mit agilen Arbeitsweisen erfolgreicher sind (Roghé et al. 2017, S. 1–4). Auch der Bericht der repräsentativen quantitativen Studie zu «Agiler Arbeit» der Deutschen Unternehmensjurist*innen betont das Ziel der Gewinnmaximierung über die Sicherung der eigenen Marktposition (Schreiner et al. 2019, S. 23). Die Studie zeigt, dass es den befragten Führungspersonen darum geht, Prozesse zu optimieren und zu beschleunigen. Weiterhin wird auf eine erhöhte Arbeitszufriedenheit bei den Mitarbeitenden, verbesserte Zufriedenheit der Kund*innen und optimierte interne Zusammenarbeit gehofft. Rund 38 % streben eine verbesserte Wettbewerbsfähigkeit und rund 33 % die Senkung von Kosten an, während nur rund 15 % die Arbeitsbelastung verringern wollen (ebd., S. 47). Teilweise besorgniserregende Aussagen im Zusammenhang

[1] Nachfolgend werden diese und weitere Modelle unter dem Begriff «Selbstorganisation» zusammengefasst.

mit Arbeitsbedingungen und Wohlbefinden[2] der Mitarbeitenden werden nicht weiter diskutiert. Die qualitative Studie des Instituts für Angewandte Psychologie IAP der ZHAW «Arbeitswelt 4.0» (Majkovic et al. 2019) verfolgt einen anderen Fokus als die Unternehmensjurist*innen. Sie gehen mehr auf die Erfahrungen in Bezug auf Zusammenarbeit und Wohlergehen ein. Interessanterweise legen beide Studien nahe, dass klare und transparente Kommunikation und der Miteinbezug der Mitarbeitenden für eine gelingende Transformation wichtig sind (Majkovic et al. 2019, S. 17; Schreiner et al. 2019, S. 64 ff.). Trotzdem wird die Perspektive der Mitarbeitenden in beiden Studien nicht sichtbar und sie wurden nicht befragt. Führungspersonen scheinen tendenziell davon auszugehen, dass die Veränderungen positive Auswirkungen auf die Mitarbeitenden haben werden. Vermutlich werden diese motivierenden Annahmen von Managementliteratur, wie z. B. dem Loop Approach von Klein und Hughes (2019) gestützt. Es gäbe Studien, welche zeigen «wie wenig motivierend die meisten Menschen die Arbeit in einer starren Hierarchie empfinden». Mitarbeitende stellten jedoch «andere Anforderungen an Potenzialentfaltung, Flexibilität und Sinn am Arbeitsplatz» und seien nicht mehr bereit, nur als «Befehlsempfänger» mitzuwirken. Starr hierarchische Unternehmen seien zudem «zu schwerfällig, um im Wettbewerb (...) bestehen zu können». Es brauche «bessere Organisationen», weil «viele globale Probleme wie Klimawandel oder steigende Ungleichheit» damit zu tun hätten, dass «Organisationen noch in der Vergangenheit leben» würden (Klein & Hughes 2019, S. 12 f.).

Es existieren bisher keine Anhaltspunkte darüber, ob diese Annahmen stimmen und wie es den Mitarbeitenden in diesen «besseren Organisationen» geht. Es gibt keine Daten, welche aufzeigen, was genau verändert wird, wie Mitarbeitende in die Veränderungsprozesse miteinbezogen werden, wie sie mit den Veränderungen umgehen oder ob sie mit den neuen Organisationsstrukturen zufrieden sind. Kann es gut für die Mitarbeitenden (oder die ganze Menschheit) sein, wenn diese Organisationen den marktwirtschaftlichen Wettbewerb weiter beschleunigen? Widerspricht das Argument der gesteigerten Wettbewerbsfähigkeit nicht den genannten Prinzipien von Potenzialentfaltung, Flexibilität, Sinn oder – um ein paar weitere zu nennen – Nachhaltigkeit, der Umsetzung der Menschenrechte

---

[2] Zum Beispiel die Zunahme von befristeten Arbeitsverhältnissen und vermehrte Auslagerungen an Freelance-Personal, die Nennung des Widerstands der Mitarbeitenden als eine der grössten Herausforderungen oder der Umstand, dass 70 % der befragten Führungspersonen gemischte Gefühle in der Belegschaft «zwischen Frust und Lust» wahrnehmen (Schreiner et al. 2019, S. 60–73).

und Herstellung sozialer Gerechtigkeit und sozialer Kohäsion? Vor diesem Hintergrund können die vielversprechenden Visionen über die Arbeitswelt von morgen zumindest infrage gestellt werden.

2 Überblick über Selbstorganisation

2.1 Die Rolle von Führungsverständnissen

Verschiedene Modelle von Selbstorganisation haben gemeinsam, dass sie über beteiligungsorientierte und teilweise demokratische Strukturen verfügen. Mitbestimmungsrechte und -möglichkeiten sind ausgeprägt. Diese erschliessen die Möglichkeit, Einfluss auf kritische Entscheidungsprozesse zu nehmen, und zwar sowohl

- *operativ:* arbeitsplatzbezogen,
- *taktisch:* mittelfristig, personalpolitisch als auch
- *strategisch:* durch langfristige, unternehmenspolitische Betriebsentscheidungen.

Die Organisationskultur ist kooperativ und es existieren Instrumente und Gefässe für die Förderung einer positiven Fehler- und Konfliktkultur. Es besteht eine hohe innerbetriebliche Transparenz. Alle haben Zugang zu Informationen. Ziele, Sinn und Vision der Organisation stehen im Vordergrund. Gemeinsam wird eine gesunde und inspirierende Arbeitsumgebung geschaffen. Zentral ist der Paradigmenwechsel weg von Wertschöpfung im Sinne von Gewinnmaximierung, hin zum Verständnis der Sinnfindung und Visionsentwicklung und das Vertrauen, dass alle Mitarbeitenden bestmöglich im Sinne der Vision und Ziele der Organisation arbeiten. An die Stelle einer Wachstumsorientierung tritt die Betonung des Gemeinwesens und des Gemeinwohls. Mitbestimmung und Partizipation bilden die Voraussetzung für die Verwirklichung des jeweiligen Ansatzes. Üblicherweise werden in Selbstorganisationen Menschenbilder und Führungsverständnisse thematisiert und reflektiert (Gawron et al. 2022, S. 41 ff.).

Weinert (1998, S. 672) definiert Menschenbilder als «Grundannahmen, welche Einstellungen und Erwartungen von Führungskräften gegenüber Zielen, Fähigkeiten, Motiven und Werten von Mitarbeitenden prägen und beeinflussen». Pfister (2019, S. 6) stellt die Hypothese auf, dass Menschenbilder in Wechselwirkung zu Führungs- und Organisationsverständnis stehen und hält fest, dass die Sicht von Führungspersonen auf Menschen ihr Führungs- und Organisationsverständnis prägt. Ein vom Taylorismus geprägtes Führungsverständnis geht davon aus, dass Menschen von Natur aus faul sind und deshalb angetrieben und diszipliniert werden müssen. Hierzu dienen Führungsmethoden wie Kontrolle, Anweisungen und Sanktionen. Die systemische Organisationstheorie geht hingegen davon aus, dass Verhalten von Mitarbeitenden nicht gezielt mit Druck oder Belohnungssystemen geändert werden kann oder dies sogar kontraproduktiv ist.

Die Visionen von Selbstorganisation widersprechen den vom Taylorismus geprägten Führungsverständnissen. Kontrolle, Regelwerke und Belohnung sollten in Selbstorganisationen deshalb theoretisch weniger häufig vorkommen als in hierarchisch strukturierten Organisationen. Verschiedene Selbstorganisationstheorien formulieren zwar idealtypische Führungsverständnisse, aber es bestehen keine Anhaltspunkte darüber, ob sich diese in Selbstorganisationen bewähren können. Reichen veränderte Organisationsstrukturen aus, um die internalisierten Verständnisse von Führung bei den Mitarbeitenden zu ändern? Wir vermuten hier eine der grösseren Herausforderungen bei der Transformation zu Selbstorganisation.

2.2 Exemplarische Modelle

Das Organisationsmodell der *Soziokratie* wurde in den 60er Jahren in den Niederlanden mit dem Ziel entwickelt, partner*innenschaftliche und effektive Zusammenarbeit zwischen Führungskräften und Mitarbeitenden zu schaffen, in der alle Mitarbeitenden mitentscheiden können. Das Modell orientiert sich an der Frage, wie auf Basis von Gleichwertigkeit Ziele erreicht werden können. Entscheidend ist eine gemeinsame, organisationsübergreifende Vision (Rüther & Zängl 2022, S. 21–26).

Soziokratische Organisationen organisieren ihre Zusammenarbeit in Kreisen, in denen Mitglieder*innen gemeinsam entscheiden, was die Rahmenbedingungen für ihre Arbeit sind. Macht und Herrschaft wird in den Kreisen geteilt: Sie herrschen nicht *übereinander*, sondern *miteinander*. Soziokratie folgt drei zentralen Elementen von Organisation:

1. Sinn und Vision
2. Arbeitsprinzip der dynamischen Steuerung
3. Basisprinzipien (Konsent, Kreisstruktur, Doppelte Verknüpfung, Offene Wahl).

Die *Holakratie* (ebd., S. 27 f.) ist aus Weiterentwicklungen der Soziokratie entstanden und unterscheidet sich, abgesehen von der Beibehaltung der Kreise, stark von ihrem Herkunftsmodell. Die Holakratie legt andere Schwerpunkte als die Soziokratie. In der von *Holacracy One* entwickelten Verfassung, werden die Grundlagen in fünf Verfassungsartikeln beschrieben:

1. Organisationsstruktur
2. Regeln der Zusammenarbeit
3. Tactical Meetings
4. Verteilte Befugnis
5. Governance Prozess (Rüther & Zängl 2022, S. 27).

Die Verfassung wird in teilweise offenen Prozessen laufend überarbeitet und angepasst. Aktuell gilt die Verfassung 5.0. Ein Unternehmen ist dann holakratisch, wenn es die Verfassung unterzeichnet. In diesem Ritual wird die Macht von den obersten Gremien auf die Verfassung übertragen und die Organisation mit ihren Prozessen neu geformt.

Die Organisation, die jetzt durch Rollen, Kreise, Domains und Policies repräsentiert wird, kann sich nun im Rahmen der Regeln der Verfassung evolutionär weiterentwickeln (Governance).

Der Unterschied zwischen Holakratie und Soziokratie besteht im Wesentlichen darin, dass in der Holakratie mehr vorgeschrieben ist. In der Soziokratie entscheidet die Person, welche einen Einwand eingebracht hat, ob dieser schwerwiegend ist. In der Holakratie müssen sowohl Vorschläge als auch Einwände bestimmte Anforderungen erfüllen. Die Soziokratie hat auch keine spezifischen Vorgaben über das operative Alltagsgeschäft. Da gibt es viele Varianten, wobei die traditionelle lineare Struktur in der Praxis durchaus sehr verbreitet ist. Die Holakratie arbeitet ausschliesslich auf Basis von selbstorganisierten Rollenstrukturen. Weiter wird mit fehlenden oder unmöglichen Entscheidungen anders umgegangen: Wenn ein Kreis in der Soziokratie zu keiner Entscheidung kommt, dann wird die Entscheidung in den nächsthöheren Kreis delegiert. In der Holakratie gibt es dazu ein vorgeschriebenes Vorgehen welches «Prozessversagen» genannt wird. Beide Modelle formulieren jedoch den Anspruch, für alle Organisationen geeignet zu sein. Die Holakratie versucht eher den Business-Bereich zu sichern, während Soziokratie besser für NPOs geeignet sein soll. Das Narrativ der Holakratie über die Soziokratie wie auch den Universalanspruch beider Modelle ist kritisch zu hinterfragen. Der Vorteil der Holakratie ist die erprobte Klarheit, während die Soziokratie mehr Entwicklungsaufwand braucht, dafür aber besser für die Organisation passend gemacht werden kann (Rüther & Zängl 2022, S. 28).

Ein weiteres, sehr bekanntes Beispiel (Rüther & Zängl 2022, S. 29–34) sind Frederic Lalouxs (2014) *Teal Organizations,* welche er für das 21. Jahrhundert als evolutionär betrachtet. Er schreibt im Vorwort (ebd., S. 1–9), dass Menschen sich nach «mehr sehnen», nach «einer radikal anderen Weise der Zusammenarbeit». In seiner Vision zeigt er auf, wie eine Organisation aussehen würde, welche «mehr von unserem menschlichen Potenzial zugänglich machen» würde und wie diese verwirklicht werden kann. Als theoretische Grundlage verweist Laloux auf die Integrale Theorie von Ken Wilber, sowie Spiral Dynamics von Don Edward Beck und Christopher Cowan. Laloux hat in einer dreijährigen Recherche zwölf Organisationen genauer untersucht, welche «Managementpraktiken anwenden, die mit der 'evolutionären Bewusstseinsebene' übereinstimmen» (Laloux 2017, S. 11). Dabei hat er in unterschiedlichen Branchen Beispiele gefunden und in Interviews und Betriebsbesichtigungen kennengelernt. Laloux (2017, S. 55) hat bei den von ihm untersuchten Organisationen drei wesentliche Durchbrüche identifiziert, welche für evolutionäre Organisationen charakteristisch seien: Selbst-Organisation bzw. Selbst-Management, Ganzheitlichkeit und evolutionärer Zweck bzw. Sinn (Rüther & Zängl 2022, S. 30).

3 Datenerhebung und Stichprobenbeschreibung

Um die Herausforderungen und Potenziale von Selbstorganisation aus der Sicht der Mitarbeitenden zu beleuchten, führten wir eine explorative Studie in der Deutschschweiz durch[3]. Von Interesse waren die Herausforderungen bei der Einführung von Selbstorganisation, konkrete Veränderungen durch Selbstorganisation, Zustimmung zu direktiven Führungsverständnissen und mögliche Zusammenhänge zwischen Selbstorganisation und Wohlbefinden der Mitarbeitenden.

Um Selbstorganisation in der Studie messbar zu machen, wurde Selbstorganisation als Sammelbegriff definiert und ein breites Verständnis hergestellt. Nach diesem Verständnis hinterfragen Selbstorganisationen Management- und Unternehmensverständnisse, welche ausschliesslich kapitalistisch geprägt sind – bzw. den Fokus der Gewinnmaximierung – kritisch und sind an neuen Formen von Zusammenarbeit und veränderten Machtverhältnissen interessiert. Macht ist auf allen Ebenen der Organisation verteilt und nicht an einzelne Personen gebunden. Die Entscheidungsstrukturen ermöglichen den Mitarbeitenden auf allen Ebenen (strategische und operative) Mitsprache und Mitentscheidung. In Selbstorganisationen wird kein Druck durch Macht aufgesetzt oder Konkurrenzverhalten gefördert. Arbeiten in Selbstorganisationen ist geprägt von der

[3] Die Teilnahme stand auch deutschsprachigen Organisationen aus Deutschland und Österreich offen.

Verfolgung gemeinsamer sinnstiftender Ziele. Erwerbsarbeit garantiert nicht nur einen fairen Lohn, sondern fördert auch persönliche Interessen, Weiterentwicklung und Freude. Das Erreichen der Organisationsziele führt zu einem Mehrwert für die Gesellschaft. Sozial- und Umweltverträglichkeit, Verminderung von Diskriminierung, Gleichstellung sowie gute Anstellungsbedingungen werden zu Selbstverständlichkeiten (Gawron et al. 2022, S. 54–57). Auf der Grundlage dieses Verständnisses wurden Fragen entwickelt, welche die Ausprägung von Selbstorganisation anhand von elf unterschiedlich gewichteten Kriterien[4] messbar machen sollen – den sogenannten *Selbstorganisationsgrad* (ebd., S. 56). In der Umfrage wurde zu jedem Kriterium eine oder mehrere Fragen gestellt. Die Daten wurden umcodiert, sodass jedem Kriterium eine Punktzahl zwischen 0 (keine Ausprägung von Selbstorganisation) und 4 (starke Ausprägung von Selbstorganisation) zugeordnet werden konnte. Diese Punktzahl wurde entsprechend der definierten Gewichtung des Kriteriums multipliziert. Der Selbstorganisationsgrad wurde dann durch die Addierung der Punktzahl pro Kriterium ermittelt.

Das beschriebene methodische Vorgehen für die Ermittlung der Ausprägung von Selbstorganisation durch den Selbstorganisationsgrad kann kritisiert werden. Bisher gibt es keine theoretisch fundierte Definition von Selbstorganisation, wodurch die ausgewählten Kriterien und Gewichtungen auch anders gesetzt werden könnten. Die Validität der verschiedenen Konstrukte und deren empirischen und theoretischen Beziehungen zueinander wurden nicht detailliert überprüft. Die verschiedenen Kriterien stehen miteinander in Beziehung, jedoch stellt nicht unbedingt jedes Kriterium ein Merkmal dar, welches als exklusiv für Selbstorganisationen betrachtet werden könnte. Es wäre somit denkbar, dass Personen, welche in Organisationen mit sehr fortschrittlichen Arbeitsbedingungen ohne Selbstorganisation arbeiten, zufällig eine hohe Punktzahl erreichen könnten[5]. Umgekehrt ist es möglich, dass Personen aus Selbstorganisationen keine hohe Punktzahl erreichen, wobei dies dann eher auf Organisationen zutreffen sollte, welche am Anfang der Transformation stehen oder ein anderes Verständnis von Selbstorganisation haben. Die vorgenommene Gewichtung der Kriterien versucht diesen Umständen entgegenzuwirken.

Eine weitere Limitation des Selbstorganisationsgrades ist die Vermischung von zwei unterschiedlichen Ebenen. Die Teilnehmenden werden einerseits nach subjektiven Wahrnehmungen gefragt, z. B. bei den Kriterien Sinn oder Arbeits-

[4] Die Publikation mit den Kriterien kann unter https://anny-klawa-morf.ch/selbstorganisation-als-treiberin-gesellschaftlichen-wandels/ heruntergeladen werden.

[5] Wobei wir dies als unwahrscheinlich erachten, da die Kriterien mit den höchsten Gewichtungen insbesondere Machtverhältnisse, Partizipation und Entscheidungsprozesse betreffen.

und Rollenspielraum. Andererseits werden sie nach strukturellen Gegebenheiten in ihrer Organisation gefragt (wie z. B. bei den Entscheidungsfindungsprozessen oder der Lohntransparenz), welche objektive Fakten darstellen. So wäre es theoretisch möglich, dass zwei Personen aus derselben Organisation einen unterschiedlichen Selbstorganisationsgrad haben, weil sie beispielsweise in einer anderen Abteilung arbeiten oder sie eine andere Wahrnehmung zu einem Sachverhalt haben[6]. Der Selbstorganisationsgrad ist also als eine Einschätzung oder Zuschreibung der Ausprägung von Selbstorganisation in der jeweiligen Organisation aus der subjektiven Wahrnehmung der Mitarbeitenden zu verstehen.

Die Umfrage wurde online mit EFS Survey durchgeführt und war von Oktober 2021 bis Anfang Januar 2022 im Feld. Da die Größe der Population auf Schätzungen beruht, können keine Angaben bzgl. Repräsentativität gemacht werden. Die Aussagen sind somit ausschliesslich für die Stichprobe gültig, wobei verallgemeinernde Rückschlüsse in Form von plausiblen Annahmen gemacht werden können. Diese Annahmen müssten jedoch in weiteren Studien verifiziert werden (Gawron et al. 2022, S. 52 f.). Mit der letzten Frage «Gibt es noch etwas, was Sie gerne zum Thema Selbstorganisation mitteilen möchten?» wurde den Befragten die Möglichkeit gegeben, ihre Perspektive zum Thema Selbstorganisation in einem offenen Antwortfeld zu beschreiben, was von 35 Personen genutzt wurde.

Insgesamt wurden 241 Fälle für die Auswertungen berücksichtigt. Die Stichprobe ist zwischen 16 und 63 Jahre alt und ist durchschnittlich 43 Jahre alt. Proportional haben mehr Personen in einer Managementposition (n = 29) oder in einer Leitungsfunktion (n = 69) den Fragebogen ausgefüllt als Menschen ohne Führungsposition (n = 56) oder Menschen, welche angaben, keine Funktionsstufen dieser Art zu haben (n = 56). Personen, welche in ihrer Organisation keine Funktionsstufen haben, orientieren sich mehrheitlich an Holakratie oder Kollegialer Führung. Die Leitungs- und Führungspersonen machen rund 45 % der Stichprobe aus, womit die Perspektive der Mitarbeitenden in Selbstorganisationen *ohne* Führungspositionen in der Studie untervertreten ist.

Die Stichprobe ist zu fast einem Drittel in Organisationen des Sozialwesens beschäftigt. Jeweils weitere 10 % arbeiten in IT/Kommunikation, Gesundheitswesen, NGO/NPOs sowie 8 % in der Baubranche. Die restlichen rund 30 % teilen sich auf öffentliche Dienste, Bildung, Kunst, Erholung, Beratung, Coaching, Projektmanagement, Finanzsektor, Politik, öffentliche Verkehrsmittel, Tourismus und

[6] Beispiel: Die Frage «Wie stark ist Ihrer Meinung nach Hierarchie und Macht in Ihrem Betrieb personengebunden?» kann unterschiedlich beantwortet werden, weil die Wahrnehmung von Macht und/oder die Vorstellung der beiden Extreme («nicht personengebunden» und «stark personengebunden») unterschiedlich sein kann.

Gastronomie sowie Industrie und Produktion auf. Als häufigste Organisationsformen wurden Kollegiale Führung, Holakratie und Evolutionäre Organisationen genannt. Ebenfalls öfters genannt wurden Soziokratie und Soziokratie 3.0, Scrum, New Work und Purpose Driven (Gawron et al. 2022, S. 58 f.).

Die Stichprobe befand sich nach eigener Einschätzung zum Zeitpunkt der Befragung grösstenteils in einem Transformationsprozess[7]. Rund 10 % wählten die Antwortmöglichkeit «am Anfang», 37 % «mittendrin», 24 % «fortgeschritten» und 13 % «mehrheitlich abgeschlossen». Etwa 2 % gaben an, noch nicht mit dem Prozess begonnen zu haben, während rund 8 % angaben, dass der Prozess abgeschlossen sei. Weitere 5 % wählten die Antwortmöglichkeiten «es gab keinen Prozess» oder «ich war nicht dabei». 50 % der Stichprobe erreichten einen Selbstorganisationsgrad zwischen 41 und 62, von maximal 100 möglichen Punkten. Der Median lag bei 53 und das arithmetische Mittel bei 53 Punkten. Es gab nur wenige Fälle mit sehr hohem Selbstorganisationgrad (8 % der Stichprobe erreichten über 76 Punkte) oder sehr tiefem Selbstorganisationsgrad (7.5 % der Stichprobe erreichten weniger als 25 Punkte) (Gawron et al. 2022, S. 61).

4 Ausgewählte Ergebnisse

4.1 Veränderungen durch Selbstorganisation

Als häufigste Veränderungen durch Selbstorganisation[8] wurden Veränderung (n = 140) oder Abschaffung (n = 91) von hierarchischen Strukturen genannt. Weiter führte die Einführung von Selbstorganisation bei einigen Organisationen zu Lohntransparenz (n = 61), gerechteren Lohnsystemen (n = 60) und allgemein besseren Arbeitsbedingungen (n = 58)[9]. Die Stichprobe wurde zudem gefragt, welche Veränderungen[10] sie in ihrer Organisation in der Zukunft umsetzen wollen. Die Wünsche nach verbesserten Arbeitsbedingungen (n = 112) und gerechteren Lohnsystemen (n = 83) wurden häufiger genannt als die Wünsche nach Veränderung

[7] Die Frage lautete: «Wo würden Sie Ihren Betrieb aktuell im Veränderungsprozess zu Selbstorganisation verorten?»

[8] Die Frage lautete: «Welche der nachfolgenden Möglichkeiten werden in Ihrem Betrieb dank Selbstorganisation umgesetzt? Mehrfachnennungen möglich.»

[9] Unter «Bessere Arbeitsbedingungen» wurden bspw. kürzere Arbeitstage oder bessere Elternzeitregelungen verstanden.

[10] Die Frage lautete: «Stellen Sie sich vor, Sie könnten frei nach Ihren Wünschen Veränderungen in Ihrem Betrieb umsetzen. Welche der nachfolgenden Möglichkeiten würden Sie als Erstes umsetzen wollen? Bitte erstellen Sie eine Rangordnung.»

(n = 73) oder Abschaffung (n = 54) von hierarchischen Strukturen. Dies ist wahrscheinlich auch darauf zurückzuführen, dass diese Veränderungen bereits bei einem grossen Teil der Stichprobe im Gange sind. Weitere 68 Personen wünschten die Einführung von Lohntransparenz (Gawron et al. 2022, S. 81 ff.).

Die Ergebnisse legen ausserdem nahe, dass sich Selbstorganisation positiv auf die Arbeitszufriedenheit auswirkt. Die Spearman Rang Korrelation zeigt einen signifikanten Zusammenhang zwischen dem Selbstorganisationsgrad und der selbsteingeschätzten Arbeitszufriedenheit (r_s *(217) = ,522, p <,001*) sowie zwischen dem Selbstorganisationsgrad und der allgemeinen Lebenszufriedenheit (r_s *(221) = ,379, p <,001*) auf.

4.2 Zustimmung zu direktiven Führungsverständnissen

Um herauszufinden, inwiefern die Stichprobe einem direktiven Verständnis von Führung zustimmt, wurden acht Aussagen[11] getroffen, welche auf einer fünfstufigen Likert-Skala bewertet werden konnten *(stimme nicht zu bis stimme zu).*

16 % der Stichprobe stimmen einem direktiven Verständnis von Führung *eher zu* oder *zu.* 47 % stimmen den Aussagen *eher nicht zu* und 37 % lehnen die Aussagen zu direktiver Führung ab. Zu beachten ist, dass je nach Verständnis von Selbstorganisation die Zustimmung zu einigen dieser Aussagen nicht grundsätzlich ein Widerspruch zu Selbstorganisation sein muss. So sagt eine Zustimmung zu der Aussage «Verantwortung muss klar an einzelne Personen/Funktionen gebunden sein» wenig über die Verteilung von Macht, Rollen und Verantwortungen aus. Es kann nicht ausgeschlossen werden, dass die Verteilung von Verantwortungen regelmässig evaluiert und ggf. flexibel neu verteilt wird. 52 % der Stichprobe stimmten dieser Aussage *eher zu* oder *zu.* Am stärksten wurde mit 87 % die Aussage «Sanktion ist ein wichtiges Führungsinstrument» und mit je 80 % die Aussagen «Der Sinn von Arbeit ist hauptsächlich die eigene Karriere» und «Umso hierarchischer ein Betrieb, desto erfolgreicher ist er» von der Stichprobe abgelehnt (Gawron et al. 2022, S. 65 f.).

---

[11] Die Aussagen («Umso hierarchischer ein Betrieb, desto erfolgreicher ist er»; «Verantwortung muss klar an einzelne Personen/Funktionen gebunden sein»; «Sanktion ist ein wichtiges Führungsinstrument»; «Finanzielle Anreize steigern die Leistungsbereitschaft»; «Klare Regeln/Zielvorgaben bewirken, dass Mitarbeitende diszipliniert arbeiten»; «Mitarbeitende arbeiten besser, wenn ihre Arbeit kontrolliert wird»; «Das Erreichen von ökonomischen Zielen steigert die Arbeitszufriedenheit der Mitarbeitenden»; «Der Sinn von Arbeit ist hauptsächlich die eigene Karriere») wurden angelehnt an Pfister (2019) und Oesterreich und Schröder (2019) theoretisch herleitet.

4.3 Herausforderungen bei der Implementation von Selbstorganisation

In den offenen Antworten auf die letzte Frage «Gibt es noch etwas, was Sie gerne zum Thema Selbstorganisation mitteilen wollten?» wurden die Themen Macht und Verantwortung mehrfach aufgegriffen. In den Kommentaren wurde von den Schwierigkeiten berichtet, Rollenmuster loslassen zu können, bzw. in herausfordernden Situationen nicht in alte Rollen «zurückzufallen». Dies betreffe sowohl Führungspersonen als auch Mitarbeitende. Führungspersonen hätten teilweise Mühe, Leitung und Verantwortung abzugeben, während bei den Mitarbeitenden Unsicherheiten bzgl. der Übernahme von Verantwortung bestanden. Zudem nahm eine Person eine Verschiebung ihrer Tätigkeiten wahr. Durch die Übernahme von mehr administrativen und organisatorischen Aufgaben, bleibe weniger Zeit für die eigentliche Arbeit. Weiter wurde berichtet, dass auch in Organisationen mit flachen Hierarchien Entscheidungen über informelle Wege und Macht gesteuert und getroffen werden. So könne eine Organisation mit hierarchischen Strukturen Mitarbeitende ebenso bei Entscheidungsfindungen berücksichtigen, mit dem Unterschied, dass dies in der hierarchisch strukturierten Organisation «wahrscheinlich angenehmer für den Mitarbeiter ist, da die Positionen transparent gegeben sind». Es käme nicht so sehr auf die Organisationsform an, sondern darauf, ob die Entscheidungstragenden ein echtes Interesse an der Meinung der Mitarbeitenden hätten oder nicht (Gawron et al. 2022, S. 66 ff.).

Die Organisation der Transformation kann als *die* Herausforderung betrachtet werden. In den Managementtheorien und Selbstorganisations-Philosophien wird darauf hingewiesen, dass der Miteinbezug der Mitarbeitenden zwar entscheidend ist, aber es dafür nicht *den* bewährten Weg gibt, weil jede Organisation einzigartig sei und einen eigenen Prozess gestalten müsse (Laloux 2017, S. 137 ff.; Klein & Hughes 2019, S. 18 ff.). Die Stichprobe war mit einem Mittelwert von 6,79[12] (SD = 0,139) insgesamt eher zufrieden mit dem Transformationsprozess, wobei mehr als ein Fünftel der Stichprobe Werte zwischen 1 und 5 angab. Am häufigsten wurde der Schieberegler auf die Antwortmöglichkeiten sechs (15 %), sieben (24 %) oder acht (22 %) gezogen. Nur rund 16 % wählten die Antwortmöglichkeiten neun oder zehn.

Die Ergebnisse unserer Studie zeigen, dass die Mitgestaltung der Mitarbeitenden in der Transformation nicht ausreichend gewährleistet wurde. Bereits die

[12] Die Frage lautete: «Wie zufrieden sind/waren Sie insgesamt mit dem Veränderungsprozess zur Selbstorganisation?». Schieberegler von 1 (gar nicht zufrieden) bis 10 (sehr zufrieden).

Entscheidung[13], dass eine Transformation stattfinden soll, wurde bei 37 % der Stichprobe Top-Down getroffen. Mitarbeitende wurden in diesem Fall lediglich über die bereits getroffene Entscheidung informiert. Weitere 23 % gaben an, dass die Idee zwar Top-Down vorgeschlagen wurde, sie danach aber in die Entscheidung miteinbezogen wurden. Bei zusammengenommen rund 20 % kam die Idee von den Mitarbeitenden, entstand aus einer Krise heraus oder die Entscheidung wurde bereits bei der Gründung der Organisation getroffen. Weitere 17 % gaben an nicht zu wissen, wer die Entscheidung getroffen hatte (Gawron et al. 2022, S. 72), obwohl die Mehrheit dieser Personen bereits im Moment der Entscheidung in den jeweiligen Organisationen tätig war. Dies zeigt auf, dass ein grosser Teil der Stichprobe einen Veränderungsprozess am Arbeitsplatz erlebte, ohne zu wissen, wie, und vielleicht auch warum, es zu diesem Veränderungsprozess kam. Mitarbeitende bei welchen die Entscheidung Top-Down getroffen wurde, weisen eine signifikant tiefere Zufriedenheit mit dem Transformationsprozess auf (M = 6,27), als die Mitarbeitenden, bei welchen die Entscheidung nicht Top-Down getroffen wurde (M = 7,16)[14]. Werden die Fälle nicht berücksichtigt, welche angegeben haben, nicht zu wissen, wie es zu der Entscheidung gekommen ist, fällt der Unterschied noch stärker aus[15]. Ein Unterschied nach Entscheidungsinitiative wird auch beim Selbstorganisationsgrad festgestellt: Wurde die Entscheidung Top-Down getroffen, ist der Selbstorganisationsgrad signifikant tiefer ($M = 46{,}07$, $SD = 14{,}79$, $n = 86$) als wenn die Entscheidung nicht Top-Down getroffen wurde ($M = 56{,}20$, $SD = 16{,}58$, $n = 143$)[16].

Um weitere Anhaltspunkte über die Möglichkeiten der Mitgestaltung in der Transformation zu erhalten, wurden der Stichprobe jeweils sechs Aussagen über den Miteinbezug *vor*[17] und *während*[18] der Transformation zur Bewertung mit

---

[13] Die Frage lautete: «Wie kam es zu der Entscheidung, dass Ihr Betrieb sich in Richtung Selbstorganisation entwickelt?»

[14] Asymptomatischer Mann–Whitney-U-Test: $Z = -3.714$, $p < .001$, $r = .26$.

[15] Asymptomatischer Mann–Whitney-U-Test: $Z = -5.093$, $p < .001$, $r = .39$.

[16] $T(227) = -4.661$, $p < .001$, $r = .325$.

[17] Vor dem Transformationsprozess «wurde ausführlich erklärt, was Selbstorganisation (bei uns) ist»; «hatte ich genügend Informationen, um in den Veränderungsprozess starten zu können»; «hatte ich keine Ahnung, was auf mich zukommt»; «wurde gut erklärt, wieso wir die Veränderungen machen»; «konnte ich mir nichts unter 'Veränderungsprozess' vorstellen»; «konnte ich mir nichts unter 'Selbstorganisation' vorstellen».

[18] Im Veränderungsprozess «kann/konnte ich meine Fragen stellen»; «kann/konnte ich meine Bedenken äussern»; «kann/konnte ich mitentscheiden»; «werden/wurden die Mitarbeitenden angemessen begleitet/unterstützt»; «wird/wurde auf das Wohlergehen der Mitarbeitenden geachtet»; «wird/wurde auf die Wünsche der Mitarbeitenden eingegangen».

fünfstufigen Likert-Skalen vorgelegt. Die Auswertung ergab, dass Partizipation *während*[19] der Transformation von den Befragten leicht stärker wahrgenommen wurde als die Partizipation in der Phase zwischen Entscheidung und Transformation, also der Partizipation *vor*[20] der Transformation. So lagen rund 25 % der Stichprobe bei der Partizipation *vor* der Transformation bei Mittelwerten zwischen 1,5 und 3,0, während sich diese Mittelwerte bei der Partizipation *während* der Transformation nur bei rund 14 % der Stichprobe zeigten. Bei rund 38 % lagen die Mittelwerte der Partizipation *vor* der Transformation zwischen 3,17 und 4,0, während 42 % der Stichprobe *während* der Transformation in diesem Bereich lagen (Gawron et al. 2022, S. 74 f.). Werden die Aussagen zu der wahrgenommenen Partizipation im Transformationsprozess genauer betrachtet, können deutliche Zusammenhänge zu der Zufriedenheit festgestellt werden. Über ein Viertel der Stichprobe gab an, dass die Aussage «Ich fühle mich im Veränderungsprozess allein gelassen» zumindest teilweise zutrifft und knapp ein Fünftel fühlte sich im Veränderungsprozess übergangen. Die Hälfte der Stichprobe stimmte den Aussagen zu, dass sie sich allgemein mehr Unterstützung im Veränderungsprozess und mehr Planung in Form von klaren Schritten wünschten. Zudem stimmten 56 % der Stichprobe der Aussage zu, dass sie sich mehr Planung in Form von klarer Kommunikation gewünscht hätten.[21] Die Spearman Rang Korrelation zeigt signifikante Zusammenhänge zwischen der Zufriedenheit mit dem Transformationsprozess und der Aussage zu klarer Kommunikation (r_s (185) = $-,509$, $p <,001$), der Aussage zu Planung von klaren Schritten (r_s (185) = $-,546$, $p <,001$) wie auch zu der Aussage über mehr Unterstützung allgemein im Transformationsprozess (r_s (216) = $-,433$, $p <,001$). Gemäss Cohen (1992) können diese Effekte als mittel bis stark interpretiert werden. Ob Mitarbeitende den Transformationsprozess partizipativ erleben, steht also in einem engen Zusammenhang mit der Zufriedenheit über die Umstrukturierungen. Die Planung von klaren Schritten und klare Kommunikation im Transformationsprozess werden dabei als Herausforderungen wahrgenommen und sind besonders entscheidend für die Zufriedenheit. Die wahrgenommene Partizipation vor und während der Transformation hat auch Auswirkungen auf den Selbstorganisationsgrad. Umso höher die wahrgenommene Partizipation *vor* der Transformation ($r = .495$, $p <.001$, $n = 183$), desto höher der Selbstorganisationsgrad und umso höher die wahrgenommene Partizipation

---

[19] $M = 3.85$, $SD = .755$, n = 188 (Likert-Skala von 1 (nie) bis 5 (immer), «weiss nicht» wurde nicht berücksichtigt).

[20] $M = 3.73$, $SD = .879$, n = 183 (Likert-Skala von 1 (trifft nicht zu) bis 5 (trifft zu), «weiss nicht» wurde nicht berücksichtigt).

[21] Antwortmöglichkeiten: Trifft nicht zu – trifft eher nicht zu – trifft teilweise zu – trifft eher zu – trifft zu – weiss nicht.

während der Transformation ($r = ,602$, $p <,001$, $n = 188$), desto höher ist der Selbstorganisationsgrad.

Damit wird deutlich, dass es für die Implementation von Selbstorganisation entscheidend ist, dass die Mitarbeitenden sich miteinbezogen fühlen. Eine Orientierung im Prozess und das Gefühl von Zugehörigkeit durch das Mitgestalten und Mitentscheiden im Transformationsprozess könnte zu einem Gefühl von Sicherheit – trotz Veränderungen – beitragen. Vermutlich hat dies positive Auswirkungen auf die subjektive Zufriedenheit mit dem Transformationsprozess und die Ausprägung von Selbstorganisation.

5 Diskussion

5.1 Zusammenfassung und Einordnung der Ergebnisse

In der explorativ angelegten Studie konnte festgestellt werden, dass Mitarbeitende bereits während der Transformation konkrete Veränderungen in den hierarchischen Strukturen wahrgenommen haben. Die Einstellung zu Selbstorganisation war in der Stichprobe auffällig gut, was allenfalls darauf hindeuten könnte, dass vor allem Befürworter*innen von Selbstorganisation an der Studie teilgenommen haben. Diese Vermutung kann durch den grossen Anteil der Personen in Führungspositionen gestützt werden. Die positive Einstellung der Stichprobe gegenüber Selbstorganisation könnte zudem eine Erklärung für die Ablehnung von Aussagen sein, welche eher einen direktiven Führungsstil befürworten. Die grösste Herausforderung stellt aus der Perspektive der Mitarbeitenden die Implementation von Selbstorganisation dar, was vor allem über die offenen Kommentarfelder thematisiert wurde. Die empirischen Befunde bestätigten, dass der Miteinbezug der Mitarbeitenden in die Transformation für deren Zufriedenheit während der Transformation und für einen höheren Selbstorganisationsgrad entscheidend ist. Bereits der Moment der Entscheidung für die Einführung von Selbstorganisation und wie dieser von den Mitarbeitenden wahrgenommen wurde, kann einen Einfluss auf die Zufriedenheit mit dem Transformationsprozess und den Selbstorganisationsgrad haben. Die Ergebnisse zeigen weiter, dass umso höher der Selbstorganisationsgrad, desto höher sind auch Arbeitszufriedenheit und die allgemeine Lebenszufriedenheit. Zu welchem Anteil der höhere Grad an Selbstorganisation tatsächlich durch die Umstrukturierungen selbst und nicht durch andere Faktoren erklärt werden kann, müsste überprüft und weiter untersucht werden.

5.2 Spill-Over-Effekte

Die Studienergebnissen zeigen Vorteile für Mitarbeitende *(Mikroebene)* mit höherem Selbstorganisationsgrad: Die Arbeitszufriedenheit und allgemeine Lebenszufriedenheit steigen. In persönlichen Statements der Stichprobe wird angegeben, dass der Mehrwert von Selbstorganisation über die Erwerbsarbeit hinaus geht.

In den Organisationen *(Mesoebene),* werden die Perspektiven und Ressourcen aller in die Organisationsentwicklung miteinbezogen, wodurch bessere Lösungen oder Produkte für die Praxis der verschiedenen Organisationen entwickelt werden. Entscheidungen, die alle Perspektiven berücksichtigen, dauern zwar länger, sind dafür aber nachhaltiger. Umso diverser Organisationen sind und umso mehr Perspektiven in Entscheidungen einfliessen, desto besser werden die Entscheidungen von allen getragen und umgesetzt, sodass diese letztlich qualitativ besser sind. Die Umverteilung oder die zeitliche Begrenzung von Macht kann zudem überforderte Führungspersonen entlasten. Das hat wiederum positive Effekte auf das Arbeitsklima, und Mitarbeitende müssen nicht mehr die herausfordernde Zusammenarbeit mit den überforderten Führungspersonen navigieren.

Weiter schwächt Selbstorganisation Strukturen, welche Machtmissbrauch begünstigen. Durch die Veränderung der hierarchischen Strukturen und einer zeitlichen Limitation von Macht, wird regelmässig evaluiert, ob die Machtverteilung weiterhin legitim ist. Der Fokus auf das Organisationsziel anstelle der reinen Leistungs-Fokussierung schafft bessere Voraussetzungen für ein gesundes, sicheres Arbeitsklima und Transparenz in Entscheidungsfindungsprozessen. Dies wiederum könnte präventiv gegen Machtmissbrauch (Diskriminierung, Mobbing, sexualisierte Gewalt, psychischen Druck oder ungleiche Anstellungsbedingungen) wirken, Chancengleichheit fördern und dazu beitragen, den Gender-Pay-Gap zu schliessen. Diese Vorteile könnten beispielsweise auch gefördert werden, indem Eltern nach der Geburt ihrer Kinder eine adäquate Elternzeit beziehen müssen und die Reduktion auf Teilzeitpensen für Eltern, aber insbesondere für Väter, normalisiert wird.

Die statistischen Ergebnisse zeigten, dass Selbstorganisation eine politische Dimension hat: In den Organisationen werden Machtverteilung und Entscheidungsprozesse diskutiert und ausgehandelt, was neue Zugänge und Einstellungen zu Politik ermöglichen könnte. Es kann die These aufgestellt werden, dass veränderte Entscheidungsprozesse auf der Mesoebene (z. B. Organisation, Schule, Vereine, Firmen, Familien) zu Meinungsbildungsprozessen auf der Mikroebene führen, was wiederum politisches Engagement auf Meso- und Makroebene fördern könnte. Die Arbeit in Selbstorganisation könnte so Innovationen auch auf politischer Ebene begünstigen und eine diversere Beteiligung auf den unterschiedlichen politischen Ebenen unterstützen. Dies könnte positive Auswirkungen auf die Sozialwirtschaft haben.

5.3 Faktoren für gelingende Selbstorganisation

Auf Basis der Studienergebnisse können verschiedene Faktoren festgehalten werden, welche den Entwicklungsprozess von Selbstorganisation begünstigen könnten.

Entscheidend sind *realistische Erwartungen* an Selbstorganisation und das Bewusstsein, dass die Veränderung von Entscheidungs- und Machtstrukturen viel Zeit in Anspruch nimmt. Veränderungsprozesse sind anstrengend und verlaufen nicht linear. Die entstehenden Herausforderungen und Kritik, insbesondere von Mitarbeitenden, sollten ernst genommen und transparent diskutiert werden. Selbstorganisation sollte nicht romantisiert oder als Lösung für organisationale Herausforderungen instrumentalisiert werden. Ebenfalls wichtig ist die *Haltung der Initiierenden.* Dazu gehört Entscheidungsgrund und Ziel von Selbstorganisation: Geht es um wirtschaftlichen Erfolg, der über die Zufriedenheit der Mitarbeitenden erreicht werden soll? Dann kann dies zu Misstrauen, Konfusion, Konflikt und Widerstand führen. Selbstorganisation ist als «Employer Branding» nicht geeignet. Selbstorganisation macht dann Sinn, wenn bereits der Transformationsprozess ganzheitlich und partizipativ umgesetzt wird, also alle Mitarbeitenden in die Planung und Umsetzung der Veränderungen miteinbezogen werden. In unserer Studie wurde ersichtlich, dass dies besser umgesetzt werden könnte. *Partizipation* beginnt bereits bei der vollständigen Transparenz über die Erwartungen an Selbstorganisation, Einführungsgründe und Einführungsziele. Sobald diese offengelegt werden, sollten allen Mitarbeitenden Gestaltungs- und Entscheidungsmacht im Transformationsprozess zugestanden werden. Im Transformationsprozess müssen ausreichend Ressourcen und Gefässe zur *Reflexion* bestehen. Die Herausforderungen sowie Gefühle und Rollenkonflikte beanspruchen Zeit und müssen gelöst werden, damit die Organisation nicht nur arbeitsfähig bleibt, sondern Selbstorganisation nachhaltige Veränderungen in der Organisation bewirken kann. Die Entwicklung von Selbstorganisation ist ein andauernder Prozess und keine punktuelle Entscheidung (Gawron et al. 2022, S. 88 ff.). Es liegt in der Verantwortung der gesamten Organisation sicherzustellen, dass genügend Ressourcen für den Entwicklungsprozess bestehen und die Transformation nicht als selbstverständliche Zusatzleistung der Mitarbeitenden betrachtet wird. Entscheidend für eine nachhaltige Implementation von Selbstorganisation ist die Gewährleistung von Partizipation während der fortlaufenden Weiterentwicklung sowie gute Planung und Kommunikation.

6 Fazit

Menschen in Selbstorganisationen sind zufriedener was der Gesundheitsprävention dienen kann. Organisationen und auch die Gesellschaft allgemein könnten dadurch längerfristig Lohnausfall- und Gesundheitskosten sparen. Arbeitsbedingungen werden durch Selbstorganisation modernisiert und können laufend und flexibler den Bedürfnissen der Arbeitnehmenden angepasst werden. Organisationsziele, Produkte und Dienstleistungen werden besser erfüllt, da durch den breiten Einbezug von Mitarbeitenden auf allen Ebenen qualitativ bessere Entscheidungen getroffen werden. Zudem könnten die veränderten Macht- und Entscheidungsstrukturen in Selbstorganisation Machtmissbrauch und sozialer Ungleichheit in Organisationen entgegenwirken.

Ob Selbstorganisation die beschriebenen positive Effekte auf Mikro- und Mesoebene hat, hängt von der Ausprägung des Selbstorganisationsgrades ab, welcher durch partizipativen Umsetzungsprozesse begünstigt wird. Die Risiken für die Mitarbeitenden, insbesondere in Bezug auf eventuell zunehmende Stressbelastungen, müssen in weiteren Studien untersucht werden, um eine nachhaltige Veränderung in den Organisationen der Sozialwirtschaft zu gewährleisten und die Gesundheit der Mitarbeitenden nicht zu gefährden. Selbstorganisation ist grundsätzlich in jeder Branche denkbar, wobei sie unseres Erachtens insbesondere in der Sozialwirtschaft geeignet wäre. Auf die Sozialwirtschaft wird von verschiedenen Seiten her Druck ausgeübt, während sie oft in starren Strukturen fungiert und zu wenig schnell auf veränderte Bedingungen reagiert[22].

Verschiedene Formen der Selbstorganisation haben aufgrund ihrer Sinngenerierung, Beteiligungsorientierung und Machttransformationen das Potenzial bestehenden Herausforderungen in Organisationen der Sozialwirtschaft zu begegnen. Selbstorganisation darf jedoch nicht als *die Lösung* dafür verstanden werden, da diese Erwartung nicht allein durch Selbstorganisation erfüllt werden kann. Selbstorganisation löst die Herausforderungen der Sozialwirtschaft nicht – sie könnte jedoch Teil der Lösung sein, weil den in der Sozialwirtschaft tätigen

[22] Die Studie von Sommerfeld et. al. (2021) über Soziale Arbeit in der Covid-19 Pandemie beobachtete z. B. einen Anstieg von Fluktuation, Personalmangel und eine steigende akute Gefahr des Personals an einem Burnout zu erkranken.

Personen mehr Gehör und Macht innerhalb der eigenen Organisation zugestanden wird. Die verschiedenen Konzepte von Selbstorganisation und deren Vorteile und Risiken müssen weiter konkretisiert und diskutiert werden, um eine attraktive Organisationsform für die Sozialwirtschaft zu werden. Voraussetzung ist, dass Selbstorganisation nicht für Employer-Branding instrumentalisiert wird, dass genügend Ressourcen zur Verfügung gestellt werden und Durchhaltewille für die Veränderungen in der ganzen Organisation vorhanden ist. Diese Findungsprozesse könnten in den Organisationen den Grundstein für innovative und nachhaltige positive Veränderungen in den Organisationen der Sozialwirtschaft hervorbringen.

Literatur

Buchmann, M. & Kaegi, U. (2020). Netzwerk Selbstorganisation. Befragung von Organisationen mit Selbstorganisation. https://netzwerkselbstorganisation.net/artikel/2020_4/. Zugegriffen: 18. Juni 2022.

Cohen, J. (1992). A power primer. *Psychological Bulletin 122(1).* (S. 155–159).

Gawron, M., Gander, T., & Zängl, P. (2022). *Selbstorganisation als Treiberin gesellschaftlichen Wandels? Mensch – Organisation – Wirtschaft. Mit Erkenntnissen einer quantitativen Studie.* Anny-Klawa-Morf-Stiftung.

Klein, S. & Hughes, B. (2019). *Der Loop Approach. Wie Du Deine Organisation von innen heraus transformierst.* Campus.

Laloux, F. (2014). *Reinventing Organizations. A guide to creating Organizations inspired by the next stage of human consciousness.* Nelson Parker.

Laloux, F. (2017). *Reinventing Organizations. Ein illustrierter Leitfaden sinnstiftender Formen der Zusammenarbeit.* Franz Vahlen.

Majkovic, A.-L., Gundrum, E., Benz, S. M., Dzsula N. & Huber R. (2019). *IAP Studie 2019. Agile Arbeits- und Organisationsformen in der Schweiz. Ergebnisse der qualitativen Interviews.* IAP Institut für Angewandte Psychologie der ZHAW Zürcher Hochschule für Angewandte Wissenschaften.

Oesterreich, B. & Schröder, C. (2019). *Agile Organisationsentwicklung. Handbuch zum Aufbau anpassungsfähiger Organisationen.* Franz Vahlen.

Pfister, A. (2019). Menschenbilder. In E. Lippmann, A. Pfister & U. Jörg (Hrsg.). *Handbuch Angewandte Psychologie für Führungskräfte. Führungskompetenz und Führungswissen (S. 3–17)* 5. Aufl., Springer-Verlag GmbH Deutschland.

Roghé, F., Toma, S., Scholz, A., Schudey & Koike J. (2017). The New Way of Working Series. Boosting Performance through Organization Design. The Boston Consulting Group, Inc. (Hrsg.). https://web-assets.bcg.com/img-src/BCG-Boosting-Performance-Through-Organization-Design-July-2017_tcm9-165115.pdf. Zugegriffen: 14. November 2022.

Rüther, C., & Zängl, P. (2022). Mesoebene. Der Blick auf Organisationen. In Anny-Klawa-Morf-Stiftung. (Hrsg.) *Selbstorganisation als Treiberin des gesellschaftlichen Wandels? Mensch – Organisation – Wirtschaft.* (S. 18–35).

Schreiner, P., Heise, D., Kuß, C., Körner, P., Dietz, P., Dorndorf, M., Hoppe, A., Laoutoumai, S., Meyer, D., Saling, S., Schüttauf, A., & Senze, C. (2019). *Agile Arbeit 2019. Corporate Legal Insights* (CLI). (Hrsg.). Luther Rechtsanwaltsgesellschaft GmbH und Bundesverband der Unternehmensjuristen (BUJ).

Sommerfeld, P., Hess, N., & Bühler, S. (2021). *Soziale Arbeit in der Covid-19-Pandemie - Eine empirische Studie zur Arbeitssituation, Belastung und Gesundheit von Fachpersonen der Sozialen Arbeit in der Schweiz. Ergebnisbericht.* Hochschule für Soziale Arbeit, Fachhochschule Nordwestschweiz.

Weinert, A. (1998). *Organisationspsychologie*. 4. Aufl. Beltz.

Marisa Gawron, BA (marisa.gawron@fhnw.ch) BA in Sozialer Arbeit. Studiert im Master Soziale Innovation an der Hochschule für Soziale Arbeit, FHNW und ist wissenschaftliche Assistentin am Institut Beratung, Coaching und Sozialmanagement (ICSO) mit Schwerpunkt Sozialmanagement. Arbeitsschwerpunkte und Forschungsinteressen: Beteiligungsorientierte Organisationsmodelle, Führung in der Sozialen Arbeit und soziale Innovation.

Peter Zängl, Prof. Dr. (peter.zaengl@fhnw.ch) Peter Zängl, Prof. Dr.; Dipl. Verw. Wirt, Dipl. Soz. Wiss. Seit 2010 an der Fachhochschule Nordwestschweiz, Hochschule für Soziale Arbeit, Institut Beratung, Coaching und Sozialmanagement. Arbeits- und Forschungsschwerpunkte: Organisationssoziologie, Zivilgesellschaft, Caring Communities, beteiligungsorientierte Organisationsmodelle. Visiting Professor an der University of the Witwatersrand, Johannesburg Südafrika. Mitglied in den Netzwerken „Caring Community Schweiz" und „Selbstorganisation".

Dynamiken der (De-) Institutionalisierung in der österreichischen Behindertenhilfe

Unter spezieller Berücksichtigung der Deinstitutionalisierung von Kindern mit Behinderungen

Petra Flieger und Volker Schönwiese

Inhaltsverzeichnis

P. Flieger (✉) · V. Schönwiese
Universität Innsbruck, Innsbruck, Österreich
E-Mail: petra.flieger@pflie.at

V. Schönwiese
E-Mail: volker.schoenwiese@uibk.ac.at

B. Schmidtke et al. (Hrsg.), *Sozial - Innovativ - Nachhaltig,* Perspektiven Sozialwirtschaft und Sozialmanagement,
https://doi.org/10.1007/978-3-658-42847-1_9

1 Einleitung

Was für Menschen ohne Behinderungen im Alltag selbstverständlich ist, nämlich selbst darüber zu bestimmen, wie, wo und mit wem sie wohnen und leben wollen, ist für Menschen mit Behinderungen in Österreich nicht ebenso selbstverständlich. Entscheidend ist, welche Unterstützungsleistungen ihnen zur Verfügung gestellt werden. Speziell für Personen mit höherem Unterstützungsbedarf, mit schwereren oder kognitiven Beeinträchtigungen bedeutet dies oft, dass sie die notwendige Unterstützung nur in segregierenden Wohneinrichtungen bzw. Institutionen, wo ihr Alltag von Fremdbestimmung und fehlender sozialer Teilhabe charakterisiert ist, erhalten.

Die Ratifizierung der UN-Konvention über die Rechte von Menschen mit Behinderungen (BRK) durch Österreich im Jahr 2008 hat – im internationalen Vergleich sehr verspätet – auch hierzulande den Begriff der Deinstitutionalisierung sowohl in den behindertenpolitischen als auch in den fachlichen Diskurs der Behindertenhilfe eingeführt (vgl. Buchner 2009). Unter Deinstitutionalisierung wird ein komplexer Prozess verstanden, der darauf abzielt, „Menschen mit Behinderungen ihre Autonomie, Wahlfreiheit und Kontrolle darüber zurückzugeben, wie, wo und mit wem sie leben wollen" (Ausschuss 2022, S. 3). Es geht um einen anspruchsvollen Veränderungsprozess, für den vorab eine genauere Analyse der mit Institutionalisierung verbundenen Phänomene notwendig ist, um die komplexen, historisch gewachsenen Zusammenhänge, Widersprüche und Ambivalenzen der Institutionalisierung von behinderten Menschen zu verstehen. Diese betreffen sowohl politische und ökonomische Dynamiken aktueller Formen von Institutionalisierung und Kommodifizierung als auch die interne Dynamik von Institutionalisierung als Echo der Geschichte struktureller Gewalt. Diese Entwicklung steht in einem Spannungsfeld zu den fachlichen und normativ-menschenrechtlichen Ansprüchen Sozialer Arbeit. Nicht erst seit der Verabschiedung der BRK in Österreich stellt sich außerdem die Frage der Rolle von Partizipation und Selbstvertretung von Menschen mit Behinderungen (Schönwiese 2019). Die Erfahrung zeigt, dass auch bei erfolgreicher Zusammenarbeit bei den letzten Entscheidungsprozessen Ausschlüsse dominieren. Menschen mit Behinderungen dürfen mitsprechen, werden eingeladen mitzuarbeiten, und dann ab einem gewissen Zeitpunkt z. B. durch Einladungspolitik und Gremienverlagerungen zum Verschwinden gebracht: Es wird ohne die von Entscheidungen Betroffenen entschieden (Schönwiese 2020, S. 121 f.).

2 Geschichte der Institutionalisierung

Die historische Etablierung der Institutionalisierung von Menschen mit Behinderungen im 19. Jahrhundert ist nach Foucault (1976) als Systematik von Einschließung und Überwachung beschrieben. Sie ist im Zusammenhang mit historisch-ökonomischen Entwicklungen zu verstehen und durchaus ambivalent zwischen Unterstützung, Herrschaft und der Entwicklung von Disziplinarmächten eingebettet.

Aktuell kann die Institutionalisierung von gesellschaftlich benachteiligten Personen mit einer unterschiedlich gewichteten und sich überschneidenden Mischung von Paradigmen in folgenden Phasen beschrieben werden (vgl. Schönwiese 2013):

- *Aufbewahrung und Aussonderung:* Im Zuge der Entwicklung liberal-kapitalistischer Gesellschaftsordnungen im Europa des 19. Jahrhunderts erfolgt ein Boom für den Bau von Anstalten zur Unterbringung von Menschen in großen Gruppen und häufig unter Anwendung massiver Gewalt. Psychiatrische Anstalten entstehen, es kommt zu einem Hospitalisierungsschub von Menschen, die nicht der Norm entsprechen (Zapletal 2020, S. 10).
- *Rehabilitation:* Nach dem ersten Weltkrieg beginnt die Phase der Rehabilitation, gekennzeichnet durch Fortschritte in Therapie und in Prothetik. Von Menschen mit Behinderungen wird die Anpassung an die Gesellschaft erwartet: „The disabled should always adapt to society such as it is." (Stiker 2002, S. 137)
- *Vermarktlichung bis Kommodifizierung:* Der Wandel in Richtung Dienstleistungsgesellschaft in einer an der Senkung von Kosten orientierten Politik bringt im Sozialbereich Privatisierung und an Rendite orientierte Unternehmen mit sich. Institutionen erhalten zunehmend eine ökonomische Funktion, nicht zuletzt als wichtige regionale Arbeitgeber (Winker 2021, S. 44).
- *Deinstitutionalisierung:* Die von der emanzipatorischen Behindertenbewegung von Beginn an geäußerte Kritik an Institutionen findet ihre menschenrechtliche Verankerung in der BRK. Zentral ist die Frage, wie formulierte Rechte, Solidarität schaffende soziale Netze, Nachbarschaftskulturen und individualisierte, an Inklusion im Gemeinwesen orientierte Unterstützungsformen entstehen können. Ziel ist die gleichberechtigte Teilhabe von Kindern und erwachsenen Menschen mit Behinderungen in allen Bereichen der Gesellschaft.

3 Politiken der Institutionalisierung und Deinstitutionalisierung

3.1 Fehlende politische Steuerung

Die Vermarktlichung ist einerseits in einen politisch-ökonomischen Diskurs über Kosten des Wohlfahrtsstaats eingebunden, andererseits in einen Angst-Diskurs über die Last der demographischen Entwicklung in Richtung einer alternden und zunehmend pflegebedürftigen Gesellschaft. Kinder oder erwachsene Frauen* und Männer* mit Behinderungen spielen darin eine untergeordnete Rolle, sind aber unausgesprochen immer mitgemeint. Die zunehmende Institutionalisierung ist auch Produkt moderner Individualisierungsprozesse, die die Frage nach dem Entstehen von Solidarität schaffenden sozialen Netzen und Nachbarschaftskulturen offenlässt. Dies zeigt sich am Fehlen konkreter Maßnahmen, die politisch zu steuern wären, beispielsweise am Faktor systematischer Barrierefreiheit und Zugänglichkeit allgemeiner Dienstleistungen, die eine wichtige Voraussetzung für Deinstitutionalisierung dargestellen. Der Mangel an barrierefreier Wohn- und Umweltgestaltung in Verbindung mit fehlenden wohnortnahen, mobilen und individualisierten Unterstützungsformen ist eine häufige Ursache von Institutionalisierung. So kommt es zu sozialem Ausschluss, zur Entwurzelung vom ursprünglichen Wohnort, dem Verlust sozialer Netzwerke und von Teilhabe am allgemeinen Leben. Die Beschränkung auf bestimmte Räume, die behinderte und alte Menschen über strukturelle Zuweisungspraktiken erfahren, hat Folgen, die Bourdieu als „Ortseffekte" beschreibt (Bourdieu 1998, S. 117 ff.) und die über einen Naturalisierungseffekt alltäglich einen nicht hinterfragbaren Charakter von Natürlichkeit erlangen. Wahlfreiheit ist unter diesen Bedingungen der fehlenden politischen Steuerung und der Naturalisierungseffekte so weit eingeschränkt, dass von struktureller Gewalt gesprochen werden muss (siehe dazu Abschn. 3.3).

Eine Entscheidung auf allen notwendigen politischen Ebenen für eine Umgestaltung von stationären Diensten zu wohnortnahen und mobilen Diensten fehlt in Österreich. Die Taskforce Pflege empfiehlt den verdoppelnden Ausbau der vorhandenen Systeme über „Sicherung von flächendeckender und wohnortnaher Versorgung im stationären und mobilen Bereich" (Gesundheit Österreich 2021, S. 7). Wenn auch die Entwicklung alternativer (teil-)stationärer Wohnformen empfohlen wird (ibid. S. 9), geht es nicht um systematische Umgestaltung im Sinne von Deinstitutionalisierung, sondern nur um parallele Ausweitung der Angebote bzw. additiv ergänzte Diversität der Angebote.

Ähnlich ist die Tendenz im Nationalen Aktionsplan zur Umsetzung der BRK (NAP) 2022–2030 der österreichischen Bundesregierung. Es wird zwar z. B. die

Zielsetzung formuliert: „Kinder mit Behinderungen und deren Angehörige sollen durch gemeindenahe, mobile und ambulante Angebote langfristig entlastet und auf Basis der individuell vorliegenden Bedürfnisse unterstützt werden.“ (BMSGPK 2022, S. 15); Wahlfreiheit ohne Angebot von akzeptablen Alternativen zu stationären Einrichtungen wird als Ziel formuliert: „Der Ausbau von mobilen Unterstützungsleistungen wird in Österreich forciert, um Menschen mit Behinderungen verstärkt Wahlfreiheit zwischen dem Wohnen im eigenen häuslichen Umfeld und dem Wohnen in stationären Einrichtungen zu ermöglichen.“ (ibid. S. 116) Institutionen als Wohn- und Lebensort werden jedoch nicht grundsätzlich infrage gestellt, dementsprechend werden in Österreich immer noch neue Institutionen nur für behinderte Menschen errichtet oder bestehende Einrichtungen renoviert und ausgebaut (vgl. dazu exemplarisch Abschn. 4.1).

3.2 Systeminterne Logiken von Kommodifizierung

Jenseits der mangelnden politischen Steuerung ist außerdem auf einen wesentlichen Aspekt interner Eigendynamik von Dienstleistung zu verweisen, der einen Systemdruck in Richtung Vermarktlichung erzeugt (Schönwiese 2017). Ein ungesteuertes Dienstleistungs-Markt-Modell ist systemlogisch an der Ausweitung von Dienstleistungen und Monopolisierung interessiert, dessen Ziel Expansion ist. Dafür definieren die professionellen Dienstleistungen nach McKnight (1979) Bedürfnis als Mangel und suggerieren den Klient*innen „drei Dinge“:

1. Du leidest unter Mängeln.
2. Du selbst bist das Problem.
3. Du hast ein ganzes Bündel von Problemen auf dich vereinigt.

Aus der Perspektive der Interessen und Bedürfnisse der Dienstleistungssysteme lauten diese drei Mängel-Definitionen so:

1. Wir brauchen Mängel.
2. Die ökonomische Einheit, die wir brauchen, ist das Individuum.
3. Die produktive ökonomische Einheit, die wir brauchen, ist ein Individuum mit vielen Mängeln.“ (ibid. S. 48)

Diese Logik betrifft auch den Bereich mobiler sozialer Dienst- und Unterstützungsleistungen, der bei aller Effizienz und Anpassung an Bedürfnisse und Problemlagen ein Ausweitungsprogramm im Sinne der Kommodifizierung von

Bedürfnissen beinhalten kann. Für Österreich wird seit längerer Zeit von Vertreter*innen der Wirtschaft ein hoher zusätzlicher Bedarf an Arbeitsplätzen für das Gesundheits- und Sozialwesen prognostiziert (vgl. Gleitsmann 2016), dabei wird auch an das ökonomische Potenzial von Sozialwirtschaft erinnert: „Die Politik hat bisher das Potenzial der Sozialwirtschaft zur Abfederung und Begleitung der Krisen überhaupt nicht erkannt. Die Sozialwirtschaft wird oft nur als Kostenfaktor gesehen. Dabei ist die Rechnung ebenso einfach wie beeindruckend: Eine Million Euro an Investitionen schafft rund 16 Vollzeitarbeitsplätze. Das erhöht das BIP, aber vor allem den gesellschaftlichen Wohlstand Österreichs, der in der Regel nicht in Geld ausgedrückt wird.“ (Ehrenmüller & Stepanek 2023).

In Österreich hat die Ausweitung, Verdoppelung und Zersplitterung der Systeme weder im Bereich der Behindertenhilfe noch in der Pflegeversorgung für alte Menschen zu der fachlich geforderten Umgestaltung in Richtung gemeinwesenorientierter Pflege und Unterstützung geführt: „Here, the Austrian experience is a case in point: fragmented efforts to develop home-based care (both in the formal and informal sectors) have not led to the desired overhaul of the system.“ (Ilinca et al. 2015, o.S.). Die erzeugte Zersplitterung der Systeme passt ins Bild institutioneller Eigendynamik von Ausweitung aber nicht von nachhaltiger Bedarfsdeckung. Sie ist auch einer Dynamik des Ringens um Kompetenzen und des Finanzausgleichs zwischen Bund, Ländern und Sozialversicherungen geschuldet, bei der politische Interessenslagen dominieren.

Eine innovative Strategie der Nachhaltigkeit müsste Umverteilung von kostenintensiven, zentralen Institutionen in Richtung personalintensiver dezentraler sozialer Hilfen gewährleisten. Der präventive und auch Kosten sparende Charakter dieser Maßnahme wirkt langfristig und wird deshalb in der Realität kurzfristigen politischen Handelns vernachlässigt. Jede Art von Aussonderung und Überforderung, z. B. im Falle einer Familie mit Angehörigen mit sehr hohem Unterstützungsbedarf, führt zu weiteren psycho-sozialen Folgeproblemen in Familien und sozialen Netzwerken und bringt gravierende Folgekosten mit sich. Der Dienstleistungssektor ist in Europa insgesamt in einer rasanten Entwicklung, eine Steuerung in Richtung sinnvoller und nachhaltig wirksamer Dienstleistung ist besonders bedeutsam für eine inklusive Gesellschaft (Schönwiese 2009).

3.3 Institutionalisierung und strukturelle Gewalt

Personale und direkte Gewalt sind nicht linear mit struktureller Gewalt verbunden, aber es gibt empirisch gut dokumentiert weitreichende personale Folgen von Institutionalisierung und struktureller Gewalt auf die Lebenssituation und die Lebensentwicklung von Personen mit Unterstützungsbedarf. Die Gefahr der Entwicklung struktureller und personaler Gewalt existiert insbesondere dann, wenn öffentliche Präsenz von Personen mit Unterstützungsbedarf – also deren gleichberechtigte und inklusive Teilhabe in allen Gesellschaftsbereichen – nicht Teil der sozialen Kultur ist und wenn Personen mit Unterstützungsbedarf keine akzeptable Wahlmöglichkeit für ihre Lebensformen haben. Eine österreichweite repräsentative Befragung von Menschen mit Behinderungen in Einrichtungen belegt, „dass mit dem Leben in der institutionellen Umgebung nach wie vor in beträchtlichem Ausmaß die selbstbestimmte Gestaltung des privaten Alltags und Lebensraums eingeschränkt ist" (Mayrhofer & Fuchs 2020, S. 16). Konkret bedeutet dies u. a. einen Mangel an Privatsphäre sowie an Selbst- und Mitbestimmungsmöglichkeiten, fehlende Kontaktmöglichkeiten nach außen, fehlende Mitbestimmung bei der Wahl der Unterstützungspersonen und unzureichende Beschwerdemöglichkeiten. In besonderem Ausmaß sind davon Personen betroffen, die hohen Unterstützungsbedarf bei Grundbedürfnissen wie Körperpflege, Nahrungsaufnahme und Kommunikation haben. Institutionalisierung führt zu sozialer Exklusion, zu Stigmatisierung und Diskriminierung, Institutionalisierung aufgrund von Behinderung wird daher als eine Form von Gewalt verstanden (Ausschuss 2022, S. 1f).

3.4 Deinstitutionalisierung im menschenrechtlichen Diskurs

Artikel 19 der BRK verankert das Recht von Menschen mit Behinderungen auf ein selbstbestimmtes Leben und Inklusion in die Gemeinschaft. Der Ausschuss für die Rechte von Menschen mit Behinderungen (2017) hat diesen Artikel in seiner allgemeinen Bemerkung Nr. 5 ausführlich erläutert und diese durch Leitlinien zur Deinstitutionalisierung konkretisierend ergänzt (2022). Beide Dokumente betonen, dass die Institutionalisierung von Kindern und erwachsenen Menschen mit Behinderungen der BRK widerspricht und dass die Vertragsstaaten effektive Maßnahmen zur Deinstitutionalisierung ergreifen müssen. Dazu zählt die Erarbeitung und Implementierung einer umfassenden Strategie zur Deinstitutionalisierung, die sowohl die ressortübergreifende Zusammenarbeit aller relevanten Stakeholder als auch strukturelle Reformen beinhalten soll. Alle Dienstleistungen, die der Bevölkerung zur Verfügung stehen, müssen für Menschen mit Behinderungen diskriminierungsfrei nutzbar sein. Es muss das gesellschaftliche Bewusstsein für die Kritik an institutioneller Betreuung von Kindern und erwachsenen Menschen mit Behinderungen geschaffen werden, damit der Paradigmenwechsel zur Inklusion in allen gesellschaftlichen Bereichen nachhaltig verankert werden kann. Gesetze und Vorschriften, die Institutionalisierung vorschreiben oder begünstigen, müssen überarbeitet, ein umfassender gesetzlicher Rahmen für Inklusion muss geschaffen werden. Die Betreuung und Unterstützung von behinderten Menschen in Gruppensettings muss konsequent durch individualisierte und bedarfsgerechte Unterstützungsleistungen wie z. B. Persönliche Assistenz ersetzt werden. Effektive Programme zur Deinstitutionalisierung enthalten Zeitpläne, Budgets, effektive Steuerungsmechanismen sowie Monitoring und Controlling (siehe dazu konkret zu Kindern mit Behinderungen Abschn. 4.3).

4 Die fehlende Deinstitutionalisierung von Kindern mit Behinderungen in Österreich

4.1 Ausgangslage

Die öffentliche Diskussion über Deinstitutionalisierung dreht sich vor allem um Wohneinrichtungen für erwachsene Menschen mit Behinderungen, Institutionen für Kinder mit Behinderungen tauchen darin nur sehr selten auf. Obwohl das in der BRK verankerte Recht von Menschen mit Behinderungen auf ein selbstbestimmtes Leben und Inklusion in der Gemeinschaft für Kinder als „das Recht, in einer Familie aufzuwachsen" (Ausschuss 2017) zu verstehen ist, gibt es in Österreich immer noch unterschiedliche Formen von Sondereinrichtungen, in denen Kinder mit Behinderungen temporär oder permanent untergebracht sind, z. B.:

Sonderschulinternate, wo manchmal bereits Kinder im Vor- oder Volksschulalter unter der Woche wohnen, weil es in ihrer Herkunftsgemeinde keinen integrativen Kindergarten- oder Volksschulplatz, keine integrative Nachmittagsbetreuung und keine Therapiemöglichkeiten gibt. Häufig fehlen bedarfsgerechte familienentlastende Dienste und Eltern müssen sich aufgrund von Überlastung für die Unterbringungen ihres behinderten Kindes in einem Sonderschulinternat entscheiden;

Groß- oder Komplexeinrichtungen, wo behinderte Kinder gemeinsam mit behinderten Erwachsenen permanent leben, z. B. in St. Pius in Oberösterreich, im Marienhof in Kärnten, im Caritas-Dorf St. Anton in Salzburg, im Pius-Institut in der Steiermark oder im Pflege- und Förderzentrum Perchtoldsdorf in Niederösterreich;

Wohngruppen nur für Kinder oder Jugendliche mit Behinderungen, z. B. die Ganzjahresgruppen des Elisabethinums in Tirol oder die HABIT-Kids Wohngemeinschaften für behinderte Jugendliche in Wien. (vgl. Flieger 2022).

Kinder mit Behinderungen, die in Institutionen leben, sind besonders stark von schulischer Segregation betroffen (Council of Europe 2017, S. 8), dennoch werden in Österreich immer noch neue Einrichtungen gebaut, z. B. errichtete die Salzburger Landesregierung entgegen massiver öffentlicher Kritik von Menschenrechtsorganisationen kürzlich eine Komplexeinrichtung für Kinder und erwachsene Menschen mit Behinderungen (vgl. Müllebner 2019); in Kärnten erfolgte im Jahr 2022 der Spatenstich für ein Heim für behinderte Kinder (vgl. Flieger 2022).

Weder liegen aussagekräftige Studien zur Situation von Kindern mit Behinderungen in Institutionen vor, noch gibt es einen Überblick über die institutionelle Landschaft in Österreich. Daten zu Plätzen für Kinder mit Behinderungen in Institutionen finden sich erstmals im zweiten und dritten Staatenbericht zur Umsetzung der BRK: Es werden für jedes Bundesland grobe Angaben gemacht, diese vermitteln allerdings aufgrund uneinheitlicher Begriffe sowie einer fehlenden Systematik nur ein sehr lückenhaftes Bild (BMASGK 2019, S. 26 ff.). Doch ohne aussagekräftige Daten können keine evidenzbasierten Entscheidungen getroffen, keine effektiven Reformen umgesetzt werden (Goldman et al. 2020, S. 627).

Eine aktuelle österreichische Studie zu Freiheitsbeschränkungen in Einrichtungen für Kinder widmet sich in einem ausführlichen Kapitel auch der Situation von Kindern mit Behinderungen. Exemplarisch befragte Jugendliche mit Behinderungen nennen als Gründe für die Unterbringung in einer Einrichtung die Überlastung der Eltern und deren Suche nach Unterstützung sowie das Fehlen von Bildungsmöglichkeiten näher am Wohnort der Herkunftsfamilie. Die Trennung von der Familie wird von den Jugendlichen rückblickend als belastend geschildert, sie seien darauf wenig bis gar nicht vorbereitet worden (vgl. Sax 2022, S. 106).

International geht nicht zuletzt der menschenrechtliche Diskurs schon lange in Richtung Deinstitutionalisierung. In seiner Stellungnahme zu Kindern mit Behinderungen äußerte sich der Ausschuss für die Rechte des Kindes bereits im Jahr 2006 sehr besorgt über die in vielen Ländern der Welt weit verbreitete Praxis der Unterbringung und Betreuung von Kindern mit Behinderungen in Institutionen. Entsprechend deutlich lautet der Appell an die Unterzeichnerstaaten der Kinderrechtskonvention (KRK): „In Bezug auf die Unterbringung in Institutionen werden die Vertragsstaaten daher nachdrücklich aufgefordert, Programme für die

Deinstitutionalisierung von Kindern mit Behinderungen und ihre erneute Unterbringung in ihrer Familie, der erweiterten Familie oder einer Pflegefamilie zu schaffen. Die Eltern und die anderen Mitglieder der erweiterten Familie sollten die erforderliche systematische Unterstützung und Schulung für die erneute Aufnahme ihres Kindes in das häusliche Umfeld erhalten." (Ausschuss für die Rechte des Kindes 2006, S. 16) Im Rahmen von Staatenprüfungen wurde Österreich dementsprechend bereits mehrfach dazu aufgefordert, effektive Programme zur Deinstitutionalisierung von Kindern mit Behinderungen zu erarbeiten und umzusetzen (vgl. Flieger 2022). Die Leitlinien zur Deinstitutionalisierung sind hier unmissverständlich: Institutionen können nie als eine Form von Schutz für Kinder mit Behinderungen verstanden werden, denn sie bedeuten Segregation und stellen eine Verletzung der BRK dar. Unterzeichnerstaaten sollen rechtlich verankern, dass Institutionalisierung aufgrund von Behinderung eine verbotene Form von Diskriminierung darstellt. (vgl. Ausschuss 2022)

4.2 Negative Auswirkungen von Institutionalisierung auf die Entwicklung von Kindern

Studien zeigen, dass das Leben und Aufwachsen von Kindern (mit und ohne Behinderungen) in Institutionen negative Auswirkungen auf deren Entwicklung haben. In einer umfassend angelegten Metaanalyse von weltweit durchgeführten Untersuchungen kommt eine Gruppe internationaler Expert*innen aus verschiedenen Fachbereichen für Kinder- und Jugendgesundheit und -psychologie (van IJzendoorn et al. 2020) zu folgenden zentralen Schlüssen: Das Aufwachsen in einer Institution führt zu Verzögerungen des körperlichen Wachstums, der Gehirnentwicklung, der kognitiven Entwicklung und der Aufmerksamkeit. Kinder in Institutionen haben deutlich häufiger ein unsicheres Bindungsverhalten im Vergleich zu Kindern, die in Familien leben. Bei Jungen zeigen sich Beeinträchtigungen häufiger in der kognitiven und der sozialemotionalen, bei Mädchen in der körperlichen Entwicklung (ibid. S. 710 f.). Die Metaanalyse zeigt darüber hinaus, dass Deinstitutionalisierung deutlich positive Effekte auf die Entwicklung von Kindern hat: Vor allem kurz nach dem Wechsel von einer Einrichtung in eine Familie können Kinder viele Verzögerungen bis zu einem gewissen Grad relativ schnell aufholen (ibid. S. 711 f.). „We found compelling evidence that institutional care is associated with negative developmental outcomes", stellen die Autor*innen zusammenfassend fest (ibid. S. 716). Die Betreuung von Kindern in

Institutionen sollte möglichst vollständig vermieden oder auf die kürzest notwendige Zeit reduziert werden. Erweiterte Familien, Pflege- oder Adoptivfamilien sollen dafür verstärkt unterstützt werden.

Aus entwicklungspsychologischer Sicht widmen sich Studien besonders der Frage, welche Auswirkungen institutionelle Betreuung von Kindern auf deren Bindungsverhalten hat. Stabile und verlässliche Bindungen zu einer Elternfigur sind für Heranwachsende aller Altersstufen notwendig, aber der mit dem Aufwachsen in einer Institution verbundene ständige Wechsel von Betreuenden beeinträchtigt oder verhindert solche Bindungen. Kontinuität und Verlässlichkeit in der Beziehung sind vor allem in der Pubertät wichtig. Hier muss eine Balance gefunden werden zwischen dem Bedürfnis der Jugendlichen nach elterlicher Kontrolle und ihrem sich entwickelnden Bedürfnis nach Autonomie. Eine individuelle und flexible Balance ist jedoch in Gruppen und unter den organisatorischen Rahmenbedingungen institutioneller Betreuung nicht möglich. Das Aufwachsen in einer Institution kann zu problematischen Verhaltensformen und psychischen Beeinträchtigungen führen, auch bei Kindern und Jugendlichen ohne Beeinträchtigungen. Für einen, vor allem für Kinder mit Behinderungen häufig als Argument für Institutionalisierung vorgebrachten, therapeutischen Effekt gibt es keine nachweisbare Notwendigkeit (Dozier et al. 2014, S. 220 ff.).

4.3 Strategien zur Deinstitutionalisierung von Kindern mit Behinderungen

Eine effektive und nachhaltige nationale Strategie zur Deinstitutionalisierung bedarf einer umfassenden und differenziert angelegten nationalen Reform des Versorgungs- und Unterstützungssystems von Kindern mit Behinderungen und deren Familien, wie einschlägige internationale Erfahrungen und Empfehlungen zeigen. Ein Konsortium internationaler Wissenschaftler*innen (Goldman et al. 2020, S. 617 ff.) beschreibt auf der Basis umfassender Recherchen ausführlich, welche Maßnahmen auf welchen nationalen Ebenen zu erfolgen haben.

Ausgangspunkt für eine Reform muss das Verständnis für die Gründe von Institutionalisierung und die Widerstände gegenüber Deinstitutionalisierung sein. Dafür ist eine umfassende Analyse aller Stakeholder des nationalen Systems notwendig, das an der Versorgung und Unterstützung von Kindern mit Behinderungen beteiligt ist. In Österreich zählen dazu beispielsweise die Kinder- und Jugendhilfe, die Behindertenhilfe sowie das Bildungs- und Gesundheitssystem mit all ihren Playern. Erfasst werden sollten u. a.:

- Aussagekräftige Daten aller Kinder mit Behinderungen in institutioneller Betreuung;
- Daten zu Familien, bei denen es ein Risiko zur Institutionalisierung eines Kindes mit Behinderungen gibt;
- Alle bestehenden sozialen Dienstleistungen inklusive bestehender Lücken;
- Das öffentliche Bewusstsein und Haltungen gegenüber der Betreuung von Kindern mit Behinderungen;
- Die Struktur der Finanzierung und damit verbundener Praktiken, die Institutionalisierung fortsetzen.

Die historisch gewachsenen Überzeugungen, Strukturen und Praxen der Institutionalisierung von Kindern mit Behinderungen müssen beschrieben und bewusst gemacht werden, um eine effektive Reform des Systems in der Gesellschaft zu ermöglichen. "The drivers of institutionalisation are complex and multifaceted and require actors from multiple agencies and levels to work together to tackle the issues that lead to family separation." (ibid. S. 619).

Dienstleister bzw. deren Mitarbeitende und Professionelle aus dem institutionellen Versorgungssystem müssen eine Vorstellung davon entwickeln, wie sich ihre Rollen und ihre Tätigkeiten im Prozess der Deinstitutionalisierung ändern. Vonseiten der Mitarbeiter*innen und des Managements von Dienstleistern kommen oft die größten Widerstände, weil sie um ihre Arbeitsplätze und -bedingungen fürchten, aber es braucht engagierte und gut qualifizierte Professionelle, um Reformen erfolgreich umzusetzen und die Qualität der Unterstützung für Familien und Kinder sicherzustellen.

Eine Strategie zur Deinstitutionalisierung beinhaltet klare Zielsetzungen, die dafür erforderlichen Ressourcen sowie Strukturen für Management und Koordination. Es braucht den politischen Willen und die entsprechenden gesetzlichen Grundlagen, dass für die Umsetzung eine mit entsprechendem Pouvoir ausgestattete nationale Instanz für die Steuerung eingerichtet wird. Ein Grundprinzip aller Strategien zur Deinstitutionalisierung ist der progressive Abbau und das Schließen von Institutionen sowie der damit verbundene Ressourcentransfer von Institutionen zu Diensten, die Familien mit behinderten Kindern bedarfsgerecht unterstützen und entlasten. Schließlich braucht es kontinuierliches Monitoring und Evaluation für die laufende Umsetzung der Strategie. (ibid. S. 616 ff.)

Auf lokaler Ebene braucht es einerseits ein klares Bekenntnis zur Vermeidung der Trennung von Kindern mit Behinderungen von ihren Familien, andererseits den systematischen Ausbau von bedarfsgerechten Dienstleistungen zur Unterstützung der Familien und der Kinder. Neben der therapeutischen und medizinischen Versorgung und der Bereitstellung moderner Hilfsmittel muss beurteilt werden, welche Unterstützung Familien im Alltag benötigen, um die Betreuung eines Kindes mit Behinderungen ohne Überlastung bewältigen zu können. Idealerweise gibt es dafür ein Casemanagement zur längerfristigen Begleitung und Unterstützung der Familien.

Besondere Aufmerksamkeit muss der Reintegration von behinderten Kindern gewidmet werden, die von Institutionen in ihre Herkunfts- oder eine andere Familie wechseln. Kinder, die länger in Institutionen gelebt haben, müssen Schritt für Schritt auf neue Routinen im Alltag sowie neue soziale Umwelten und die damit verbundenen Beziehungen vorbereitet werden. Erfahrungen zeigen, dass die Umstellung ein längerer Prozess sein kann, der gute professionelle Begleitung und Unterstützung braucht, auch dafür ist umfassendes Casemanagement notwendig. Sowohl die Qualität der Betreuung in Familien als auch die Reintegration von Kindern mit Behinderungen in Familien sollte kontinuierlich beobachtet und evaluiert werden. (ibid. S. 621 ff.)

Die Autor*innen betonen die komplexen Herausforderungen, die mit einem ernsthaften Prozess zur Deinstitutionalisierung verbunden sind. Sie empfehlen eindringlich die Etablierung formaler Casemanagement Systeme, die u. a. für die die koordinierte Kommunikation mit verschiedenen Sektoren, eine einheitliche Datensammlung und für Klarheit in Bezug auf Verantwortungen zuständig sind. (ibid. S. 626).

Die Empfehlungen der bereits genannten Studie aus Österreich decken sich mit den Erkenntnissen des internationalen Konsortiums, sie beinhalten für Kinder mit Behinderung u. a.:

- die Entwicklung eines verbindlichen Programms zur Deinstitutionalisierung,
- den Ausbau von Beteiligungsmöglichkeiten für Kinder mit Behinderungen in Entscheidungen, die ihre Unterbringung betreffen,
- das Recht auf Persönliche Assistenz für Kinder mit Behinderungen,
- den Ausbau von Programmen zu Stärkung von Familien
- sowie eine Inklusionsstrategie für den Bildungssektor zur Vermeidung segregierender Bildungsangebote für Kinder mit Behinderungen. (Sax 2022, S. 108)

Die Notwendigkeit der Deinstitutionalisierung von Kindern mit Behinderungen und deren Verknüpfung mit anderen Sektoren ist hier explizit verankert.

5 Schlussbemerkung

In Österreich ist Deinstitutionalisierung unzureichend im Fokus behindertenpolitischer Steuerung. Im Mittelpunkt der öffentlichen Strukturpolitik stehen in der Tendenz die Bewahrung, Erweiterung und additive Ergänzungen zu den historisch gewachsenen Strukturen und Unterstützungssystemen, aber keine grundsätzliche, an fachlichen und menschenrechtlichen Standards orientierte Neugestaltung oder Umstrukturierung. Die Abstimmung der Systeme erfolgt vor allem in einer politischen Dynamik des Bund-Länder-Gemeinden-Finanzausgleichs, in geringerem Maße über sozialpartnerschaftliche Verhandlungen unter Einbeziehung von Gewerkschaften. Hintergrund ist eine institutionelle Ausweitungs-Politik und zunehmende Kommodifizierung des Angebotes. Letztlich dominieren bei allen Reformvorhaben immer wieder ökonomische und ordnungspolitische Perspektiven vor Menschenrechten. Eine zentrale Herausforderung ist, wie unabhängige Organisationen von behinderten Menschen (*Disabled People's Organisations* – DPOs), Menschenrechtsinstitutionen, Angehörige von Menschen mit Behinderungen und mit DPOs verbündete Expert*innen im Rahmen einer Strategie zur Deinstitutionalisierung entscheidend eingebunden werden können, wie es in den UN Leitlinien zur Deinstitutionalisierung (2022, Art. 34) formuliert ist. Eine – bislang durch die bestehende föderale Struktur fehlende – bundesweite Koordinationsstelle muss eingeführt werden, um einen effektiven Veränderungsprozesse im Sinne der UN-Leitlinien zur Deinstitutionalisierung voranzutreiben und zu steuern.

Literatur

Ausschuss für die Rechte des Kindes. (2006). Allgemeine Bemerkung Nr. 9. Die Rechte von Kindern mit Behinderungen. https://kinderrechtekommentare.de/2021/10/17/allgemeine-bemerkung-9/. Zugegriffen: 21 Februar 2023.

Ausschuss für die Rechte von Menschen mit Behinderungen (Ausschuss). (2017). Allgemeine Bemerkung Nr. 5 zum selbstbestimmten Leben und Inklusion in die Gemeinschaft. https://www.institut-fuer-menschenrechte.de/fileadmin/Redaktion/PDF/DB_Menschenrechtsschutz/CRPD/CRPD_Allg_Bemerkung_5.pdf. Zugegriffen: 21 Februar 2023.

Ausschuss für die Rechte von Menschen mit Behinderungen (Ausschuss). (2022). Leitlinien zur Deinstitutionalisierung (auch in Notfällen). https://www.institut-fuer-menschenrechte.de/fileadmin/Redaktion/Publikationen/Weitere_Publikationen/CRPD-C-5_Leitlinien_zur_Deinstitutionalisierung_Deutsche_Uebersetzung.pdf. Zugegriffen: 9 Juni 2023.

BMSGPK (Bundesministerium für Soziales, Gesundheit, Pflege und Konsumentenschutz). (2022). Nationaler Aktionsplan Behinderung der Österreichischen

Bundesregierung 2022–2030. Österreichische Strategie zur Umsetzung der UN-Behindertenrechtskonvention. https://www.sozialministerium.at/dam/jcr:97c546c6-166b-4990-9efb-79d3ed4f3797/2022-07-06%20NAP%20Behinderung%202022-2030.pdf. Zugegriffen: 27 Februar 2023.

Bourdieu, P. (1998) Ortseffekte. In P. Bourdieu (Hrsg.), *Das Elend der Welt. Zeugnisse und Diagnosen alltäglichen Leidens an der Gesellschaft*. (S. 159–167). UVK Universitätsverlag, 2. Auflage.

Buchner, T. (2009). Deinstitutionalisation and community living for people with intellectual disabilities in Austria: history, policies, implementation and research. *Tizard Learning Disability Review*, Vol. 14/1, (S. 4–13).

Council of Europe. (2017). Fighting school segregation in Europe through inclusive education. Position Paper. https://ec.europa.eu/migrant-integration/sites/default/files/2017-09/FightingSchoolSegregation_CouncilOfEurope.pdf. Zugegriffen: 27 Februar 2023.

Dozier, M., Kaufman, J.; Kobak, R., O'Connor, T.; Sagi-Schwartz, A.; Scott, S.; Shauffer, C.; Smetana, J.; van Ijzendoorn, M., & Zeanah, C. (2014). Consensus Statement on Group Care for Children and Adolescents: A Statement of Policy of the American Orthopsychiatric Association. *American Journal of Orthopsychiatry*, Vol. 84/3, (S. 219–225). https://doi.org/10.1037/ort0000005

Ehrenmüller, I.; & Stepanek, P. (2023). Sozialwirtschaft: Die Zukunftsbranche braucht Forschungsgelder. DerStandard. https://www.derstandard.at/story/2000142732128/sozialwirtschaft-die-zukunftsbranche-braucht-forschungsgelder. Zugegriffen: 25 Februar 2023.

Flieger, P. (2022). Unterwegs in die falsche Richtung. Österreich und die Institutionalisierung von Kindern mit Behinderung. In: Österreichische Liga für Menschenrechte (2022) *Befund 2022*, (S. 40–41). Im Internet: https://liga.or.at/wp-content/uploads/2022/12/Liga_Befund-2022_WEB_neu.pdf. Zugegriffen: 21 Februar 2023

Foucault, M. (1976). *Überwachen und Strafen. Die Geburt des Gefängnisses*. Suhrkamp.

Gesundheit Österreich. (2021). *Begleitung des Prozesses zur Erarbeitung von Zielsetzungen, Maßnahmen und Strukturen. Ergebnisbericht*. Bundesministerium.

Gleitsmann, M. (2016). Interview als Abteilungsleiter Sozialpolitik in der österr.Wirtschaftskammer Österreich (WKÖ). In ORF – *Magazin Eco*. Mai 2016.

Goldman, P.; Bakermans-Kranenburg, M.; Bradford, B., Christopoulos, A., Lim Ah Ken, P.; Cuthbert, C., Duchinsky, R., Fox, N., Grigoras, S., Gunnar, M., Ibrahim, R., Johnson, D., Kusumaningrum, S., Maitra A., Ni Luh Putu, M., Nelson, C., Ott, E., Reijman, S., van IJzendoorn, M., Zeanah, C., Zhang, Y., Sonuga-Barke, E. (2020). Institutionalisation and deinstitutionalisation of children 2: policy and practice recommendations for global, national, and local actors. *Lancet Child Adolesc Health 2020*; 4, (S. 606–33). https://doi.org/10.1016/S2352-4642(20)30060-2

Ilinca, S., Leichsenring, K., & Rodrigues, R. (2015). From care in homes to care at home: European experiences with (de)institutionalisation in long-term care. Wien: Europäisches Zentrum für Wohlfahrtspolitik und Sozialforschung. https://www.researchgate.net/publication/286447337_From_care_in_homes_to_care_at_home_European_experiences_with_deinstitutionalisation_in_long-term_care. Zugegriffen: 25. Februar 2023.

Leichsenring, K. (2015). Buurtzorg Nederland - Ein innovatives Modell der Langzeitpflege revolutioniert die Hauskrankenpflege. *ProCare*. Nr. 8/2015, (S. 24).

Mayrhofer, H., & Fuchs, W. (2020). Gewalt an Menschen mit Behinderungen. Ausgewählte Ergebnisse der ersten österreichweiten Prävalenzstudie. *Zeitschrift Menschen* 2020, 3, (S. 15–23).

McKnight, J. (1979). Professionelle Dienstleistung und entmündigende Hilfe. In I. Illich (Hrsg.), *Entmündigung durch Experten. Zur Kritik der Dienstleistungsberufe* (S. 37–56). Rowohlt.

Müllebner, K. (2019). Konradinum: Neubau kommt, Mängel bleiben. https://www.bizeps.or.at/konradinum-neubau-kommt-maengel-bleiben/. Zugegriffen: 25 Februar 2023.

Nandram, S. (2015). *Organizational Innovation by Integrating Simplification. Learning from Buurtzorg Nederland*. Springer Verlag.

Sax, H. (Hrsg.). (2022). Einsperren ist keine Lösung! Persönliche Freiheit als Kinderrecht – Alternativen zu Freiheitsentzug und Freiheitsbeschränkungen in Österreich! Ludwig Boltzmann Institut für Menschenrechte. https://gmr.lbg.ac.at/wp-content/uploads/sites/12/2023/04/Studie-Kinderrechte-Einsperren-ist-keine-Loesung-Boltzmann-Institut-2023.pdf. Zugegriffen: 9 Juni 2023

Schönwiese, V. (2009). Paradigmenwechsel in der Behindertenhilfe: Von der Rehabilitation zu Selbstbestimmung und Chancengleichheit. Einleitungsreferat zur Veranstaltung "Auf dem Weg zu einem Tiroler Chancengleichheitsgesetz für Menschen mit Behinderung", Landhaus Innsbruck 28. Jänner 2009 http://bidok.uibk.ac.at/library/schoenwiese-paradigmenwechsel.html. Zugegriffen: 25 Februar 2023.

Schönwiese, V. (2013). Thesen zur UN-Konvention über die Rechte von Menschen mit Behinderungen und die Perspektive der De-Institutionalisierung. http://bidok.uibk.ac.at/library/schoenwiese-thesen.html. Zugegriffen: 25. Februar 2023.

Schönwiese, V. (2017). Versuch über die Zusammenhänge von Politik, struktureller und personaler Gewalt in Einrichtungen der Sozialwirtschaft. *JRP - Journal für Rechtspolitik.* Heft 1/2017, (S. 24–29).

Schönwiese, V. (2019). Geschichte der Behindertenbewegung. Selbstbestimmt Leben Bewegung in Österreich. In: G. Biewer, & Proyer M. (Hrsg.), *Behinderung und Gesellschaft: Ein universitärer Beitrag zum Gedenkjahr 2018* (S. 72–84). Open-Access-Publikation der Universität Wien. https://uscholar.univie.ac.at/view/o:924774. Zugegriffen: 25 Februar 2023.

Schönwiese, V. (2020). Partizipativ und emanzipatorisch. Ansprüche an Forschung im Kontext der Disability Studies. In D. Brehme, P. Fuchs, S. Köbsell, & C. Wesselmann (Hrsg), *Disability Studies im deutschsprachigen Raum. Zwischen Emanzipation und Vereinnahmung* (S. 114–131). Beltz.

Stiker, H. J. (2002). *A history of Disability.* Ann Arbor: University of Michigan press, 4. Aufl.

Österreichisches Bundesgesetzblatt III Nr. 155/208. (2008). Übereinkommen über die Rechte von Menschen mit Behinderungen. https://www.ris.bka.gv.at/NormDokument.wxe?Abfrage=Bundesnormen&Gesetzesnummer=20006062&Artikel=&Paragraf=0&Anlage=&Uebergangsrecht=. Zugegriffen: 25. Februar 2023.

van IJzendoorn, M., Bakermans-Kranenburg, M., Duschinsky, R., Fox, N., Goldman, P., Gunnar, M., Johnson, D., Nelson, C., Reijman, S., Skinner, G., Zeanah, C., Sonuga-Barke, E. (2020). Institutionalisation and deinstitutionalisation of children 1: a systematic and integrative review of evidence regarding effects on development. *Lancet Psychiatry 2020;7* (S. 703–720). https://doi.org/10.1016/S2215-0366(19)30399-2

Winker, G. (2021). *Solidarische Care Ökonomie. Revolutionäre Realpolitik für Care und Klima.* Transcript.

Zapletal, I. (2020). *Freie Wahl von Aufenthalt und Wohnsitz.* Linde Verlag.

Petra Flieger, Mag.[a] phil. (petra.flieger@pflie.at) freie Sozialwissenschaftlerin mit dem inhaltlichen Schwerpunkt der Gleichstellung und Integration von Kindern und erwachsenen Menschen mit Behinderungen; regelmäßige Publikationen zu unterschiedlichen Themen, z.B.: Flieger, Petra (2020). Ermöglichen, nicht behindern. Zum Abbau von Barrieren für die Partizipation von Kindern mit Behinderungen in Schule und Unterricht. In: Sabine Gerhartz-Reiter & Cathrin Reisenauer (Hrsg.): Partizipation & Schule. Perspektiven auf Teilhabe und Mitbestimmung von Kindern und Jugendlichen. Wiesbaden: VS-Verlag, 135-151.

Volker Schönwiese, a.o. Univ.-Prof. i.R. Dr. (volker.schoenwiese@uibk.ac.at) Bis 2013 am Institut für Erziehungswissenschaft der Universität Innsbruck tätig, Aufbau des Lehr- und Forschungsbereich Inklusive Pädagogik und Disability Studies, Aktivist der Selbstbestimmt Leben Bewegung seit den 1970ern, Arbeitsschwerpunkte: Inklusion und Disability Studies, Projekte zu Disability History, digitale Bibliothek bidok.at.

Hybride Organisationen als Perspektive für die Sozialwirtschaft? Strategien einer proaktiven Zukunftsgestaltung

Meinrad Kibili

Inhaltsverzeichnis

1 Wohlfahrtsorganisationen und Unternehmen im Wandel

Die Entwicklung einer nachhaltigen Wirtschaft ist laut Mazzucato und Laplane (2019) eine der großen Herausforderungen der aktuellen Zeit. Einer ihrer wesentlichen Kritikpunkte an der Wirtschaft ist die Auszahlung von erwirtschafteten

M. Kibili (✉)
Dinkelscherben, Deutschland
E-Mail: meinrad.kibili@fau.de

B. Schmidtke et al. (Hrsg.), *Sozial - Innovativ - Nachhaltig*, Perspektiven Sozialwirtschaft und Sozialmanagement,
https://doi.org/10.1007/978-3-658-42847-1_10

Mitteln an Eigentümer oder Aktionäre, sodass die finanziellen Mittel aus dem Wirtschaftskreislauf entnommen werden, anstatt sie in die Organisation sowie deren Innovation zu reinvestieren (ebd. S. 13). Um die künftigen Herausforderungen, wie die Armutsbekämpfung, die Nachhaltigkeit oder die Klimakrise, zu bewältigen, müssen Unternehmen in Innovationen investieren und damit verbundene Risiken eingehen. Grundlage für Innovationen sind jedoch ausreichend finanzielle Mittel, damit trotz des zwischenzeitlichen Scheiterns neue Wege zur Erreichung der 17 Sustainable Development Goals der Vereinten Nationen gefunden werden. (vgl. UN 2022).

Diese Forderung von Mazzucato, der renommierten Wirtschaftswissenschaftlerin des University College London, ist umso beachtlicher, da die Forderung der Reinvestition von Profiten in das eigene Unternehmen aus der Wirtschaft für die Wirtschaft kommt und als ein wichtiger Baustein für die Entwicklung zukünftiger Unternehmensmodelle gilt.

Umso interessanter erscheint der Blick auf Organisationen der Sozialwirtschaft, bei denen die Reinvestition der Einnahmen aufgrund der Gemeinnützigkeit die Regel ist und gleichzeitig ein wesentliches Unterscheidungsmerkmal zu wirtschaftlichen Unternehmen darstellt. (vgl. Siegler 2021, S. 169) Ausgehend von der Forderung nach dem Wandel der Wirtschaft sowie der Forderung nach Unternehmensmodellen, die ihre Profite reinvestieren, drängen zwei Fragen in den Mittelpunkt. Die erste Frage ist, ob die Organisationsmodelle der Sozialwirtschaft nicht ein Zukunftsmodell und ein Beispiel für Unternehmen der Wirtschaft sein können. Und die zweite Frage ist, wie Organisationen der Sozialwirtschaft ihre Zukunft proaktiv und innovativ gestalten.

Betrachtet man die Entwicklungen der Organisationslandschaft der Sozialwirtschaft, so findet man unter anderem Wohlfahrtsorganisationen, die im und außerhalb des Dritten Sektors agieren und durch diese Hybridität versuchen den aktuellen Herausforderungen zu begegnen. Dies bedeutet den Versuch eines internen Balanceakts zwischen der Verfolgung der ideellen Ziele sowie einer Profitorientierung im Rahmen der Gemeinnützigkeit wagen. Eben jene Organisationen der Wohlfahrt sowie die Wohlfahrt selbst stehen in diesem Beitrag im Mittelpunkt. Wird im Folgenden von sozialwirtschaftlichen Organisationen oder von (Wohlfahrts-)Organisationen gesprochen, dann stehen stets freie Träger der Wohlfahrt im Fokus, die ihre Kerntätigkeit in den Handlungsfeldern des Sozialen haben.

Dieser Beitrag gibt zu Beginn Einblick in die für den Beitrag relevanten Ebenen sowie in ausgewählte Herausforderungen der Sozialwirtschaft, um aktuelle Entwicklungen der Umwelt hybrider Organisationen zu beschreiben und die

Relevanz der erneuten Betrachtung von Hybridität in der Wohlfahrt aufzuzeigen. In diesem Zusammenhang ist der Wettbewerb und die damit verbundene Rollenverteilung der Akteur*innen auf dem Sozialmarkt sowie die beobachtbaren Wirkungen auf die Organisationslandschaft im dritten Kapitel ein wichtiger Aspekt. Durch die Einblicke in die Sektoren werden Trends aufgezeigt, die entscheidenden Einfluss auf die Entwicklung hybrider Organisationen haben. Das vierte Kapitel befasst sich explizit mit hybriden Organisationen, indem diese definiert sowie verschiedene Zieldimensionen diskutiert werden, bevor der Beitrag mit einem Fazit abschließt.

2 Ebenen und Herausforderungen für Organisationen der Sozialwirtschaft

2.1 Relevante Ebenen der Sozialwirtschaft

Die Diskussion des Wettbewerbs im Sozialmarkt und Markt sowie der Blick auf hybride Organisationen werden aus der Perspektive der Meso- und Mikroebene der Mehrebenen-Heuristik nach Siegler geführt.

Die Meso-Ebene blickt in diesem Modell aus einer volkswirtschaftlichen Perspektive auf die Sozialwirtschaft und beschreibt den institutionellen Sinn dieses Sektors. Die Sozialwirtschaft wird zwischen Markt-, Staats- und Philanthropieversagen angesiedelt und nimmt Aufgaben der Bedarfsdeckung für Zielgruppen der Sozialpolitik wahr, was das wertorientierte Handeln der Organisation in den Vordergrund rückt. (vgl. Siegler 2018, S. 13) „Der Sozialstaat setzt seit einiger Zeit auf der Meso-Ebene verstärkt auf den marktlichen Steuerungsmechanismus auch im sozialen Sektor durch Beförderung von „Quasi-Märkten", auf denen unterschiedliche Anbietertypen miteinander um sozialstaatliche Auftragsvergabe konkurrieren" (Siegler 2018, S. 13).

Die Sozialwirtschaft wird als ökonomischer Ort beschrieben, bei dem die Entscheidungen der Sozialpolitik in Leistungen umgeformt werden, sodass die Lebenslage der definierten Zielgruppe verbessert wird. „Die Zielgruppen erhalten Transfers in Form von Sach- und Dienstleistungen, die aus Sicht der Geber für die Zielgruppe nützlich sind" (Siegler 2018, S. 15). Die Sozialwirtschaft ist schlussendlich ein Steuerungsinstrument des Sozialstaats, der zur Erbringung der staatlichen Pflichten genutzt wird, wobei die Formalziele neben den Sachzielen von zunehmender Bedeutung sind, wie beispielweiße die Gewinnerzielung durch Leistungsproduktion. (vgl. Siegler 2018, S. 14 f.) Demgegenüber ergeben sich die Sachziele „aus dem Gründungszweck der SWO, ihrer Mission (Leitidee,

Sendung, Auftrag) oder aus aktuellen sozialen Problemlagen, wobei diese nicht objektiv vorgegeben, sondern durch Kultur, Gesellschaft und Politik definiert werden.“ (Becker 2017, S. 13).

Im Mittelpunkt der Mikro-Ebene stehen die sozialwirtschaftlichen Organisationen sowie deren Management als Leistungserbringer*innen. Die Organisation und das Management muss unter verschärften Wettbewerbsbedingungen die kollektiven Entscheidungen auf die Bedürfnisse der einzelnen herunterbrechen und darf hierbei weder die Sachzieldominanz noch die Formalziele vernachlässigen. „Das Management sozialwirtschaftlicher Organisationen steht folglich vor der Aufgabe die einzelwirtschaftlichen Interessen mit der sozialwirtschaftlichen Verantwortung auszutarieren“ (vgl. Siegler 2018, S. 15). Betrachtet man die Organisationslandschaft der Sozialwirtschaft sowie deren Rechtsformen, so ist diese von großer Heterogenität geprägt, die vor allem aus dem Wandel hin zu mehr Wettbewerb resultiert. (vgl. Tabatt-Hirschfeldt 2018, S. 94) Trotz dieser Heterogenität sozialwirtschaftlicher Organisationen geht Siegler (2018) von zwei wesentlichen Interessen und Formalzielen aller Organisationstypen aus: Die Sicherung des eigenen Fortbestands sowie die Fokussierung des unternehmerischen Erfolgs. (vgl. ebd., S. 15 f.)

Das Management sozialwirtschaftlicher Organisationen steht somit vor der Herausforderung, die von der Sozialpolitik auf der Meso-Ebene veranlassten Leistungen für die Bedarfsgruppen mit den organisationsspezifischen Sach- und Formalzielen auf der Mikro-Ebene in Einklang zu bringen, wobei die Organisationen sowie die Dienstleistungen in Abhängigkeit zur Sozialpolitik stehen.

2.2 Herausforderungen in permanenten Krisenzeiten

Der Krieg in der Ukraine, die Inflation und damit steigenden Preise, die Versorgungsengpässe oder die Pandemie, die Zeit ist geprägt von permanenten Krisen, die wie ein Brennglas auf die Wohlfahrtorganisationen wirken und verschiedene Mängel in unterschiedlichen Bereichen der Sozialen Arbeit verdeutlichen.

Die Pandemiezeit und die damit verbundenen Kontakteinschränkungen zeigten beispielsweise den Aufholbedarf im Bereich der Digitalisierung der Sozialen Arbeit. Auf Organisationsebene kann beispielsweise die teils fehlende digitale Infrastruktur für das mobile Arbeiten genannt werden, auf Angebotsebene die fehlenden Konzepte für das Arbeiten im digitalen Raum und auf der Mitarbeitenden- sowie Adressat*innenebene das Fehlen von mobilen Endgeräten. Selbstverständlich können Krisen auch große Potenziale freisetzen, sodass vor allem die Digitalisierung während der Pandemiezeit einen großen Entwicklungsschub nahm. (vgl. Meyer & Buschle 2020, S. 14) Allerdings darf dieser Innovationsprozess von den Organisationen nicht als abgeschlossen betrachtet werden, sondern muss stets an die sich verändernden Bedarfe weiter angepasst werden.

Neben den Organisationen hat die Pandemiezeit auch auf die Gesellschaft im Allgemeinen und auf die Adressat*innen der Wohlfahrtsorganisationen im Expliziten eine große Wirkung. Aktuelle Untersuchungen, wie zum Beispiel die Trendstudie „Jugend in Deutschland" zeigen, dass beispielsweise die psychische Belastung bei jungen Menschen immer noch sehr hoch ist und die jungen Menschen weiterhin einen gefühlten Kontrollverlust erleben. (vgl. Schnetzer & Hurrelmann 2022, S. 13) Erwähnt werden kann als Beispiel auch die steigende Armut in Deutschland und dem damit einhergehenden Kontrollverlust von besonders vulnerablen Gruppen. (vgl. Adriaans et al. 2020, S. 13) Gleichzeitig entwickeln sich neue Bedarfe und Erwartungshaltungen der Adressat*innen an die leistungserbringende Organisation, wie die vereinfachte Erreichbarkeit durch die digitale Beratung. Diese Veränderungen zeigen die Notwendigkeit der Umstrukturierung bisheriger Angebote und deren konzeptionelle Überarbeitung, damit die Leistungen von den Adressat*innen weiterhin angenommen und vom Kostenträger übernommen werden.

Ein Thema, dass die Wohlfahrtsorganisationen stets beherrscht, ist zudem die Ressourcenfrage. Diese Frage stellt sich zum einen aus finanzieller Perspektive, ob die Wohlfahrt von möglichen Einsparungen aufgrund der verschiedenen pandemie-, kriegs- und inflationsbedingten Rettungspaketen betroffen sein wird, da der Hauptkostenträger die öffentliche Hand ist. Zum anderen kann die Ressourcenfrage aber auch hinsichtlich des Fachkräftemangels in der Sozialen Arbeit gestellt werden. Fehlendes Personal bedeutet gleichzeitig auch eine steigende Arbeitsbelastung für die aktuell tätigen Fachkräfte, sodass in erster Linie das operative Geschäft im Fokus steht und für das perspektivische Arbeiten wie die konzeptionelle Neugestaltung der Angebote wenig Zeit bleibt. Die fehlende Zeit gepaart mit dem Fachkräftemangel führt zu einer hohen Arbeitsbelastung, was die Personalressourcen zusätzlich belastet. (vgl. Schneiders & Schönauer 2022, S. 356) Darüber hinaus besteht ein starker Wettbewerb um die verbleibenden Fachkräfte, was sich schlussendlich auch auf die finanziellen Ressourcen einer Organisation auswirkt, sofern monetäre Anreize als Strategie zur Mitarbeitendengewinnung genutzt werden.

Als eine der wichtigsten und wesentlichsten Herausforderungen beschreibt Batz (2021) die ökologische Transformation der Wohlfahrtsorganisationen. (vgl. ebd., S. 2) Ohne die Aufwendung großer finanzieller und zeitlicher Ressourcen, ist eine derartige Transformation jedoch kaum realisierbar und vor allem unrealistisch in einem Sektor, der aufgrund der Ressourcenfragen mittel- und kurzfristige Ziele kaum planbar verfolgen kann.

Um diesen Herausforderungen begegnen zu können sind verschiedene Schritte notwendig. Auf der einen Seite benötigt es die Sozialpolitik als einen verlässlichen Partner, der sowohl Stoßrichtungen für die Entwicklung der Sozialwirtschaft vorgibt als auch eine mittel- und langfristige Planbarkeit von Innovationsprozessen ermöglicht. Hierzu bedarf es auch mittel- und langfristige Finanzierungszusagen. Auf der anderen Seite müssen auch Organisationen für sich Visionen entwickeln und Wege finden, wie sie die aktuellen Herausforderungen für ihre spezifische Situation bestmöglich angehen können. Dies bedeutet aber ebenso, dass die Organisationen und vor allem ihr Management kreativ und innovativ denken müssen, um die Organisation proaktiv nachhaltig weiterzuentwickeln.

3 Wettbewerbsverhältnisse im Dritten Sektor

Für eine zukunftsgerichtete Weiterentwicklung sozialwirtschaftlicher Organisationen steht auf der Mikro-Ebene oft die Herausforderung der Vereinbarkeit, Entfaltung und Balancierung von Paradoxien, wie beispielsweise die Verknüpfung der verschiedenen institutionellen Logiken des Staates und des Marktes. (vgl. Schöttler 2019, S. 91).

Diese Herausforderungen, mit denen sich das Management auseinandersetzen muss, sind bedingt durch die besondere Rolle der öffentlichen Hand sowie des gesteuerten Wettbewerbs auf dem Sozialmarkt. Aus diesem Grund wird der Blick im Folgenden auf die besonderen Rollen und Verhältnisse im Sozialmarkt gerichtet. Der Fokus liegt auf dem Aspekt des Wettbewerbs, dem freie Wohlfahrtsorganisationen ausgesetzt sind und die organisatorische Weiterentwicklung beeinflussen, wie anhand von Praxisbeispielen gezeigt wird.

3.1 Wettbewerb im Sozialmarkt und die Rolle des Staates

Die Differenzierung der verschiedenen Sektoren auf der Meso-Ebene in den Staat, Markt und Dritten Sektor wurde bereits zu Beginn genannt und findet sich unter anderem auch bei Siegler (2021) wieder. (vgl. ebd., S. 193 f.) Jedem dieser drei Sektoren werden spezifische Handlungslogiken zugesprochen, wie zum Beispiel die Bürokratie in der normkoordinierten Leistungserstellungslogik des Staates oder das Konkurrenzpreis gesteuerte Tauschsystem des Marktes. Der Dritte Sektor wiederum wird als ein Mischsystem angesehen, bei dem „Normkoordination und Markttausch auf der Basis von solidarischen Kooperationsformen" (Siegler 2021, S. 193 f.) beruhen.

Die Sozialwirtschaft wird als ein Sektor verstanden, „der an der Schnittstelle von Wirtschaft und Sozialbereich liegt und folglich mit unterschiedlichen Logiken konfrontiert ist. Das sozialwirtschaftliche Geschehen wird sowohl von soziopolitischen als auch soziokulturellen, technischen und wirtschaftlichen Faktoren beeinflusst" (Siegler 2018, S. 9). Dieser sozioökonomische Zugang zur Sozialwirtschaft beschreibt den Sozialmarkt „als den ökonomischen Ort der Transformation kollektiver/politischer Entscheidungen in Leistungen" (Siegler 2018, S. 9), um durch interaktionsbasierte Dienstleistungen schlussendlich die Verbesserung der individuellen und sozialen Wohlfahrt der Zielgruppe zu erreichen. (vgl. Siegler 2018, S. 9; Heydte 2020, S. 11)

Im Sozialmarkt nimmt die öffentliche Hand eine besondere Rolle ein. „Der Staat tritt als Sozialstaat in Form von Leistungsgesetzen, sozialer Infrastruktur, personenbezogener Dienstleistungen und Geld- und Sachleistungen in Erscheinung" (Siegler 2021, S. 102). Die öffentliche Hand nimmt dadurch auf unterschiedlichen Wege Einfluss auf die Sozialwirtschaft, da sie zum einen durch die unterschiedlichen Gesetzgebungen die Grundlage für Leistungen festlegen und zum anderen die festgelegten Leitungen selbst auf Grundlage von vertraglich geregelten Vereinbarungen als Auftraggeber finanzieren. Dies hat zur Folge, dass auf dem Sozialmarkt die öffentliche Hand Einfluss auf die Qualität und Art der Leistung nehmen kann, da sie diese sowohl in Auftrag gibt als auch finanziert. Für einige Wohlfahrtsorganisationen bestimmt der Staat als Monopolist die Auftragslage, wodurch eine wirtschaftliche Abhängigkeit von der öffentlichen Hand und dessen Umgang mit Ressourcen besteht. (vgl. Seiser 2022, S. 237)

Diese Abhängigkeit wirft die Frage auf, wie es um das Verhältnis der jeweiligen Akteur*innen im Sozialmarkt bestellt ist, damit schlussendlich ein gemeinsames Wirken möglich ist. Die öffentliche Hand nimmt hierbei eine zentrale Rolle ein, die ein Resultat der angestoßenen Modernisierung des öffentlichen Sektors durch das New Public Management ist. Das Verhältnis zwischen Staat und den freien Trägern der Wohlfahrt veränderte sich von einem partnerschaftlichen Miteinander zu einem vertraglich geregelten Austauschprozess von Leistung und Gegenleistung. (vgl. Tabatt-Hirschfeldt 2018, S. 93) Betrachtet man den Aspekt, dass die öffentliche Hand in vielen Fällen die Auftragslage als Monopolist bestimmt, so wird ersichtlich, dass mit dem veränderten Verhältnis auch die Rolle der öffentlichen Hand auf dem Sozialmarkt sich verändert. Der Staat kann in seiner steuernden Rolle auf dem Sozialmarkt aufgrund des Bewusstseins über die eigenen verfügbaren Ressourcen und aufgrund der Einsicht in die Angebotsheterogenität der freien Wohlfahrtsorganisationen als alleiniger Auftraggeber durch Kostendruck den Wettbewerb zwischen Wohlfahrtsorganisationen beeinflussen. Diese machtvolle Stellung der öffentlichen Hand gegenüber freier Träger der Wohlfahrt muss aber kritisch hinterfragt werden, da die hohe Abhängigkeit auch zu Existenzfragen führen kann, wie im nächsten Abschnitt beschrieben wird.

3.2 Wettbewerbswirkungen auf Organisationsebene

Die skizzierten Veränderungen hinsichtlich der Wettbewerbssituation und deren Wirkung werden in der Sozialen Arbeit auch unter dem Stichwort der Ökonomisierung diskutiert. „Ökonomisierung bedeutet die Verschiebung des Kräfte- und Machtverhältnisses von Markt, Staat und privaten Haushalten zugunsten des Marktes" (Tabatt-Hirschfeldt 2018, S. 90).

Die Ökonomisierung geht somit über die Einführung von Marktmechanismen im Dritten Sektor hinaus und bietet für das Management eine weitere Begründungsmöglichkeit für soziale Tätigkeiten und Entscheidungen an. Neben der Sachzieldominanz werden auch weitere Entscheidungskriterien in der Erstellung und Beurteilung von Leistungen herangezogen, wie beispielsweise die Formalziele. Hierfür setzt die Sozialpolitik die Rahmen, mit denen sich Wohlfahrtsorganisationen auseinandersetzen und sich in einem sogenannten Quasi-Markt bewegen. (vgl. Wendt 2017, S. 64)

Auf der Mikro-Ebene der Organisationen der freien Wohlfahrt bedeutet die durch das New Public Management angestoßene Veränderung ein „bislang kaum bekanntes Wettbewerbs- und Konkurrenzdenken unter den Bedingungen von Effizienz und Effektivität" (Zierer 2022, S. 484). Die politisch herbeigeführten Veränderungen mit der zunehmenden Fokussierung auf Leistungsverträge und leistungsgerechte Entgelte verstärkte die unternehmerische Weiterentwicklung der Wohlfahrtsorganisationen, in dem das Sozialunternehmen „ihre finanziellen, personellen und sozialen Ressourcen so einsetzt und kombiniert, dass bedürfnisadäquate Dienstleistungen bestimmter Qualität kostengünstig erstellt werden." (Siegler 2021, S. 21 f.) Für die Wohlfahrtsorganisationen hat dies den stärkeren Einbezug unternehmerischer Ziele in der Leistungserstellung zur Folge, sodass marktliche Handlungslogiken in den Wohlfahrtsorganisationen an Bedeutung gewonnen haben. Neben den im Vordergrund stehenden Sachzielen haben somit Formalziele, wie beispielsweise monetäre Erfolgsziele wie Gewinn oder Umsatz (vgl. Becker 2017, S. 28), einen festen Platz eingenommen.

Die mit dem angeregten Wettbewerb entstandene Konkurrenzsituation kann sowohl als Entwicklungschance gesehen werden, sodass das Kostenersparnis gleichzeitig eine Effizienzsteigerung der Sozialen Arbeit zur Folge hat und bestenfalls auch zu einer Qualitätsverbesserung führt, als auch negative Auswirkungen haben. (vgl. Tabatt-Hirschfeldt 2018, S. 93 f.) Die mit dem Konkurrenzdenken einhergehende Kosteneinsparung kann ebenso zu prekären Arbeitsbedingungen führen oder sogar zum Überlebenskampf des eigenen Fortbestandes. Diese Entwicklung birgt für Wohlfahrtsorganisationen die Gefahr, dass die Sachzieldominanz gegenüber den Formalzielen in den Hintergrund rückt. Dieser Verlust der Balance zwischen dem ideellen Zweck und wirtschaftlicher Orientierung innerhalb einer Organisation bezeichnet Cornforth (2014) auch als „mission drift" und weist auf die Gefahr hin, dass die Wohlfahrtsorganisation ihre Mission aufgrund des finanziellen Drucks aus den Augen verlieren kann. (vgl. Cornforth 2014, S. 4)

In der Praxis schlägt sich zunehmend auch auf organisationsstruktureller Ebene der Einfluss des marktlichen Denkens nieder. Gehört das unternehmerische Handeln heute schon zum Selbstverständnis vieler freier Wohlfahrtsorganisationen, so sind auch Wandlungsprozesse in der Organisationsstruktur zu beobachten, die Tendenzen hin zu Organisationsmodellen des Marktes andeuten. Hierzu zählt beispielsweise die zunehmend stärkere Ausgliederung von Organisationen, was Tabatt-Hirschfeldt (2018) als „gGmbH-isierung" bezeichnet. (vgl. ebd. S. 97) Einen ähnlichen Transformationsprozess vom Verein hin zu einer Stiftung mit verschiedenen als gGmbH strukturierten Betrieben beschreibt Seiser (2022) in seinem Beitrag „Wandel zur Beständigkeit". Die Veränderung der Stiftung „VFS Vielfalt.Fördern.Stiften" wurde unter anderem aufgrund der Abhängigkeit von der öffentlichen Hand und dem erfahrenen wirtschaftlichen Druck notwendig. (vgl. ebd. S. 236 ff.) Als unternehmerische Ziele des Transformationsprozesses beschreibt Seiser unter anderem die wachsende Unabhängigkeit von Finanzierungsquellen, eine bessere mittel- und langfristige Programmarbeit sowie eine höhere Effizienz und Agilität, wodurch der Organisation zu mehr Selbstbestimmung verholfen werden soll. (vgl. ebd. S. 240 ff.) Ein weiteres aktuelles Transformationsbeispiel zu einem neuen Organisationsmodell zeigt sich in der Fusion hin zu einer Holdungstruktur der „Johannesstift Diakonie gAG", deren Ausgangslage von Mörsberger und Müller (2022) wie folgt beschrieben wird: „Als Teil des Gesundheits- und Sozialsystems unterliegen sie … ebenso ökonomischen Marktmechanismen wie kommunale und private Einrichtungen und stehen mit diesen im Wettbewerb. Damit Diakonie auch in Zukunft sichtbarer und spürbarer Teil der Gesellschaft bleibt, sind professionelle Strukturen und wirtschaftliches Handeln erforderlich" (ebd. S. 207). Auch hier begründen die

Autoren die Notwendigkeit zur Veränderung mit der schwachen Finanzlage der öffentlichen Hand und damit einhergehenden Risiken für die Organisation, sodass eine stärkere Unabhängigkeit erforderlich wird. (vgl. Mörsberger & Müller 2022, S. 207)

Sicher ist die zentrale Rolle des Sozialstaates im Sozialmarkt und der vorherrschende Wettbewerb nicht der alleinige Auslöser und Antreiber für die hier aufgeführten Veränderungen der freien Träger der Wohlfahrt, jedoch kann davon ausgegangen werden, dass ohne die Abhängigkeit und dem Wettbewerbsdenken eine derartige Transformation nicht stattgefunden hätte, worauf auch in Abschn. 2.1 bereits hingewiesen wurde. Darüber hinaus erscheint vor allem der Aspekt der Reduzierung der Abhängigkeit vom Sozialstaat ein Motiv zur Transformation zu sein, was die unternehmerische Ausrichtung wieder stärker in den Vordergrund rückt.

3.3 Blick über den Tellerrand: Wie profitorientierte Unternehmen die Sozialwirtschaft für sich entdecken

Wechselt man die Perspektive und betrachtet Unternehmen, die keine Wohlfahrtsorganisation im klassischen Sinne sind, so fällt in den aktuellen Debatten das gestiegene Interesse der profitorientierten Unternehmen am Gemeinwohl auf, wobei das Interesse in verschiedenen Formen und auf verschiedenen Ebenen angesiedelt wird.

Eine weit verbreitete Unterstützungsform des Gemeinwohls durch Unternehmen sind Spenden oder Sponsoring von Wohlfahrtsorganisationen sowie deren Projekte, was die Studie „Corona und das gesellschaftliche Engagement der Wirtschaft“ von 2021 zeigt. „Vor der Pandemie spielte ein nach außen, auf das Gemeinwesen gerichtetes Engagement die größte Rolle“ (Labigne et al. 2021, S. 10). Während der Pandemiezeit verschob sich das gesellschaftliche Engagement von Unternehmen. Waren die Unternehmen vor der Pandemie in der Unterstützung von Vereinen aktiv, so stand im November 2021 das Thema „Gesundheit“ im Fokus. So spielten beispielsweise Sachspenden wie Masken oder Zeitspenden und Freistellungen von Personal für die Pflege von Erkrankten eine wichtige Rolle. (vgl. Labigne et al. 2021, S. 10 f.) „Am häufigsten findet sich das Engagement in diesem Bereich aber mit der Perspektive nach innen, also mit Blick auf die eigenen Mitarbeitenden. Die qualitativen Daten zeigen dabei, dass die Unternehmen selbst ihr Wirken nach innen durchaus als gesellschaftliches Engagement verstehen“ (Labigne et al. 2021, S. 11).

Ein tieferer Einschnitt in die Organisationslogik ist die Verknüpfung der eigenen Stärken der Formalzielorientierung mit gemeinwohlorientierten Zielen. Als Beispiel kann hier der Corporate Social Responsibility genannt werden, der „den freiwilligen Beitrag eines Unternehmens zu einer nachhaltigen Entwicklung im Sinne einer unternehmerischen Gesellschaftsverantwortung" (Stepanek 2018, S. 365) beschreibt. Dies hat zur Folge, dass Erfolg in den Unternehmen weiterhin auf Formalzielen basiert, allerdings durch weitere Kriterien wie das Gemeinwohlinteresse und gemeinwohlorientierte Werte ergänzt werden. Hierzu gehören ökonomische, soziale und ökologische Faktoren, wie zum Beispiel: die Ressourcenkrise, Verteilungskrise, Klimakrise. (vgl. Stepanek 2018, S. 367) Das Gemeinwohlinteresse wird somit zu einer wichtigen Zieldimension bei Unternehmen und deren strategischen Entscheidungen.

Noch weiter gehen Unternehmen, wenn sie selbst mit eigenen Angeboten in den Sozialmarkt eintreten und somit Leistungen von Gemeinwohlinteresse anbieten, wodurch sie gleichzeitig auch in den Wettbewerb mit Wohlfahrtsorganisationen treten. Vor allem die zunehmend starke Digitalisierung der Gesellschaft verstärkt diese Entwicklung. Als Beispiele hierfür können kommerzielle Plattformorganisationen genannt werden, die die Organisation von Nachbarschaftshilfen sowie des Ehrenamts in die Hand nehmen oder mithilfe von Algorithmen versuchen einen Beitrag zur Suizidprävention zu leisten. (vgl. Becker & Schnur 2020, S. 6; Science Media Center 2019) Neben dem beschriebenen Fall von Plattformorganisationen spielen auch andere gewinnorientierte Unternehmen im Bereich der Sozialen Arbeit eine zunehmend größere Rolle. Betrachtet man die Rechtsformen der am Social Entrepreneurship Monitor teilnehmenden Organisationen, so ist im 3. und 4. Bericht festzustellen, dass mehr GmbHs sich an der Befragung beteiligten als beispielsweise gGmbHs oder eingetragene Vereine. Auch wenn der Monitor keine repräsentative Umfrage ist, zeigt die hohe Zahl an Rückmeldungen von gewinnorientierten Unternehmensformen wie selbstverständlich sie sich dem Dritten Sektor zuordnen. (vgl. Hofmann et al. 2021, S. 20; Kiefl et al. 2022, S. 25)

Das Gemeinwohlinteresse der Unternehmen ist mittlerweile weit verbreitet und reicht von einfachen finanziellen Zuwendungen über den Einbezug gemeinwohlorientierter Aspekte in die Unternehmensplanung bis hin zur aktiven Teilhabe am Sozialmarkt. Egal in welcher Form sich ein Unternehmen am Gemeinwohl beteiligt, geht der Entscheidung zur Beteilung stets eine Überlegung und Planung durch das Management voraus. Dies bedeutet, dass man sich auf der Mikro-Ebene mit der in der Sozialwirtschaft vorherrschenden Logik befasst. Inwiefern diese Auseinandersetzung zu einer Veränderung des institutionellen Sinns auf der Meso-Ebene führt, hängt auch davon ab, welche

Bedeutung die Unternehmen dem Gemeinwohlinteresse in ihrem Unternehmen zuschreiben. Werden Aspekte wie das Gemeinwohlinteresse jedoch in die unternehmerischen Entscheidungsprozesse miteinbezogen, so ist bereits ein großer Annäherungsschritt zum Dritten Sektor unternommen worden.

4 Hybridität und hybride Organisationen in der Sozialwirtschaft

Die in Abschn. 3.2 beschriebenen Praxisbeispiele zeigen bereits auf, zu welchem Ergebnis Transformationsprozesse der freien Wohlfahrtsorganisationen führen können. Wichtig in diesem Zusammenhang ist stets die Frage, wie derartige Veränderungen auch in Einklang gebracht werden können mit der jeweiligen Mission.

Hierzu formulierte Effert (2012) drei wichtige Entwicklungsschritte für Organisationen der Sozialwirtschaft: die „Erweiterung der Refinanzierungsbasis durch Erwirtschaftung freier Beträge als neue Säule" (ebd., S. 33), die „Entwicklung eines neuen unternehmerischen Handelns in Sozialwirtschaftlichen Organisationen" (ebd., S. 33) und die „Entwicklung eines neuen Selbstverständnisses der Sozialen Arbeit" (ebd., S. 33).

Ausgehend von diesen Forderungen und den aufgezeigten sektoralen Überschneidungen ist vor allem die Entwicklung von neuem unternehmerischem Handeln und somit von neuen Organisationsmodellen besonders relevant. Die Verbindung unterschiedlicher institutioneller Logiken in einer Organisation ist hierfür eine Möglichkeit und wesentlich für hybride Organisationen. Laut Jay (2013) können eben jene Organisationen, die mehrere institutionelle Logiken in sich vereinen eine mögliche Antwort auf die aktuellen Herausforderungen sein. (vgl. ebd., S. 137).

4.1 Hybridität und hybride Wohlfahrtsorganisationen

Der Begriff „hybrid" oder die „Hybridität" ist spätestens seit der Coronapandemie bekannt und wird beispielsweise in Kontexten wie „hybride Lehre", „hybride Angebote" oder auch „hybride Veranstaltungen" genutzt. Gemeint ist hier, dass mindestens zwei Elemente miteinander vermischt werden. Zur Pandemiezeit beschrieben diese Begriffe meist Angebote, die sowohl digital als auch in Präsenz stattfanden.

Die hier herangezogene Definition für „Hybridität" beschreibt eben diesen Aspekt der Kombination: „Wenn von Hybridität die Rede ist, ist also zunächst einmal das Mischen oder Kombinieren von mindestens zwei verschiedenen Elementen gemeint" (Wüthrich et al. 2018, S. 94). Dieser Intention folgt auch der Begriff „hybride Organisation": Hybride Organisationen „sind somit dadurch geprägt, dass sie multiple Zieldimensionen gleichwertig berücksichtigen müssen und in ihrem organisationalen Handeln und Entscheiden mit mehreren unterschiedlichen Logiken oder Rationalitäten konfrontiert sind" (Schöttler 2019, S. 90). Zu diesen verschiedenen Zieldimensionen gehören beispielsweise die sozialpolitischen Rahmenbedingungen, die ökonomischen Marktmechanismen, die medizinischen und sozialen Professionslogiken, die teilweise theologischen Begründungszusammenhänge sowie die Vereinbarung von Mission und Identität mit finanzieller Stabilität und Existenzsicherung. (vgl. Schöttler 2019, S. 90)

Für die vorliegende Perspektive hat dies zur Folge, dass die im Fokus stehenden Wohlfahrtsorganisationen ihren Ursprung in der Sozialen Arbeit haben, sich aber durch den aktiven Schritt über die eigenen sektoralen Grenzen hinausbewegen und auch den Marktsektor für ihre Zwecke nutzen. Dies hat zur Folge, dass weitere institutionelle Logiken in der Organisation ihren Platz finden beziehungsweise sich weiter verstärken und somit als hybride Organisationen bezeichnet werden.

Die hier im Fokus stehende Verstärkung von institutionellen Logiken durch neue Wettbewerbsverhältnisse außerhalb des Sozialmarktes führt jedoch weiter als die durch die Ökonomisierung beschriebenen Entwicklungen. Der Eintritt eines freien Trägers der Wohlfahrt in neue Wettbewerbe auf dem Marktsektor geht aus einem strategischen Entscheidungs- und Planungsprozess des Managements hervor. Dies bedeutet, dass zur Entscheidungsfindung neben den Sachzielen auch Formalziele deutlich stärker und marktorientierter einbezogen werden. Das Überschreiten von sektoralen Grenzen beinhaltet dabei großes Innovationspotenzial: Die „Kernthese der Innovations-, Kreativitäts- und Wissensforschung [ist], dass die Wahrscheinlichkeit für die Entstehung des Neuen … an oder auf den Grenzen zwischen Systemen, Disziplinen, Professionen, Kulturen, Rationalitäten, etc. besonders hoch ist" (Schöttler 2019, S. 91).

Aus diesen Gründen erscheinen freie Träger der Wohlfahrt, die ihre Abhängigkeit von der öffentlichen Hand unter anderem durch eine Stärkung anderer institutionellen Logiken, also einer intraorganisationalen Hybridität, durch das proaktive Agieren in zwei Sektoren als besonders interessant.

Im Folgenden wird dies anhand eines Beispiels verdeutlicht: Wohlfahrtsorganisationen haben ihre Kerntätigkeit in den Feldern der Sozialen Arbeit. Durch soziale Dienstleistungen verfolgen die Organisationen ihre Sachziele, also ihre

Mission, wodurch sie im Dritten Sektor aktiv sind. Hierzu gehören beispielsweise Organisationen der Familien- oder Jugendhilfe, die durch stationäre oder ambulante Angebote ihrem ideellen Zweck nachgehen. Tritt die Organisation zudem noch im Marktsektor mit Angeboten wie das Betreiben eines Kaffees, die Vermietung von Räumlichkeiten und Zimmern im Rahmen von Tagungen oder durch den Verkauf von Gütern und Dienstleistungen auf, so agiert die jeweilige Organisation in zwei Sektoren. Aufgrund der vorher zu treffenden strategischen Entscheidungen bedeutet dies für das Management auch die Auseinandersetzung mit dem Marktsektor und den -mechanismen, die nochmal über die Ökonomisierungsdebatte hinaus gehen. Der Einbezug der am Marktsektor orientierten Ziele beschreibt die zweite institutionelle Logik, die die hybride Organisation in sich vereint, sodass eine intraorganisationale Hybridität besteht. Hierbei ist es unbedeutend, ob die zwei Zieldimensionen in einer Organisationseinheit vorliegen oder in andere Rechtsformen ausdifferenziert ist, da derartige strategische Entscheidungen nicht unabhängig voneinander getroffen werden.

4.2 Strategien hybrider Organisationen – eine proaktive Zukunftsgestaltung

Dem sektorübergreifendem Agieren gehen Strategie- und Entscheidungsprozesse durch das Management voraus. Der Eintritt in einen neuen Marktsektor sollte wohl überlegt sein, da die Gefahr des mission drifts besteht. Diese Überlegungen bedeuten auch, dass das Management in der Pflicht ist Ziele für beide institutionelle Logiken zu entwickeln, welche miteinander vereinbar sind und sich bestenfalls auch gegenseitig unterstützen. Im Folgenden werden mögliche Zieldimensionen des Dritten Sektors und des Marktsektors diskutiert, um den Diskurs auf wissenschaftlicher Ebene anzuregen.

4.2.1 Ziele im Tätigkeitsbereich der Sozialen Arbeit

Die Ziele im Tätigkeitsbereich der Sozialen Arbeit lassen sich auf verschiedene Arten ableiten. Einen Zugang bieten die verschiedenen Sozialgesetzbücher, die Ziele und Leistungen beischreiben. Als Beispiel kann hier das Kinder- und Jugendstärkungsgesetz herangeführt werden. Das Bundesministerium für Familie, Senioren, Frauen und Jugend beschreibt als übergeordnetes Ziel des Gesetzes die Stärkung von Kindern, Jugendlichen und jungen Volljährigen, die einen besonders hohen Unterstützungsbedarf haben. (vgl. BMFSFJ 2021) Im konkreten werden beispielsweise im zweiten Kapitel die Leistungen der Jugendhilfe beschrieben.

Im § 11 SGB VIII werden die Ziele der Jugendarbeit, die Befähigung Jugendlicher zur Selbstbestimmung, zur gesellschaftlichen Mitverantwortung sowie die Anregung zum sozialen Engagement, benannt. (vgl. SGB VIII 2022)

Eine andere Herangehensweise zur Identifikation von Ziele von Wohlfahrtsorganisationen ist die Betrachtung der ideellen Zwecke. Aus Satzung und der Mission der jeweiligen Organisation leiten die Verantwortlichen, in der Regel das Management, ihre organisationsspezifischen Ziele, Strategien und Leistungen ab. Letztendlich ist die sozialarbeiterische Zieldimension von hybriden Organisationen immer ein Zusammenspiel aus den rechtlichen Rahmenbedingungen sowie dem Hauptzweck der Organisation. Das Ziel der Sozialwirtschaft liegt in der Lösung von sozialen Problemen, sodass eine Sachzieldominanz besteht, was sich mit den nicht monetären Zielen der Sozialgesetzbücher vereinbaren lässt.

4.2.2 Ziele unternehmerischer Tätigkeit

Die Ziele der unternehmerischen Tätigkeit hybrider Organisationen sind bisher weniger diskutiert und empirisch erforscht. Aufgrund dem oft genutzten Status der Gemeinnützigkeit ist davon auszugehen, dass unternehmerischen Tätigkeiten im Rahmen des Nebenzweckprivilegs stattfinden. Das Nebenzweckprivileg beschreibt einen untergeordneten wirtschaftlichen Geschäftsbetrieb, welcher dem ideellen Hauptzweck der Organisation dient. (vgl. BGH 2007) Im Rahmen des Nebenzweckprivilegs besteht somit auch für gemeinnützige Organisationen die Möglichkeit unternehmerisch tätig zu sein und den besonderen Status der Gemeinnützigkeit weiterzuführen, sofern die Tätigkeit die ursprüngliche Mission der Organisation zugutekommt. Auch das Erwirtschaften von Überschüssen durch die unternehmerischen Tätigkeiten ist möglich, solange die Einnahmen wieder in die Organisation reinvestiert wird, wie es Mazzucato auch von Wirtschaftsunternehmen fordert.

Stepanek (2018) weist ebenso auf diesen Sachverhalt hin: „NPO und SWO haben nicht zuletzt durch die engen Grenzen der Leistungsvertragslogik in den letzten Jahren verstärkt damit begonnen, sich auch über den Markt zu finanzieren. Sie sind auf der Suche nach neuen Finanzierungsquellen, um fehlende Einnahmen auszugleichen oder all jene Bereiche finanziell auszustatten, die eben nicht Teil dieser Vertragslogik sind" (ebd., S. 381).

Die Erwirtschaftung freier Beträge und der Aufbau einer weiteren finanziellen Säule ist zudem einer der drei Kernforderungen zur organisatorischen Weiterentwicklung von Effert, die zu Beginn dieses Kapitels beschrieben wurden. Die erwirtschafteten Mittel können in unterschiedlichen Bereichen zum Einsatz kommen. Hierzu können beispielsweise Innovationsprozesse angestoßen und nachhaltig finanziert werden, die digitale Infrastruktur und Ausstattung verbessert werden, damit die Mitarbeitenden ihre Leistungen effizienter erbringen können oder auch die Professionalisierung der Verwaltung vorangetrieben werden.

Neben den wirtschaftlichen Zielen, können aber auch Ziele auf Mitarbeitenden- und Adressat*innenebene verfolgt werden. Für die Mitarbeitenden bietet eine hybride Organisation beispielsweise weitere berufliche Perspektiven außerhalb der klassischen Sozialen Arbeit an. Dies könnte ein weiterer Anreiz für Mitarbeitende in Zeiten vom Fachkräftemangel sein, auch weiterhin für die Organisationen tätig zu bleiben. Vor allem bei Personal, die sich mit der Organisation identifizieren aber aufgrund anderer Umstände die bisherige Tätigkeit nicht weiterführen können oder wollen, könnte dies ein Anreiz sein. Als Beispiel kann hier die schwierige Vereinbarung von Familie und dem Schichtdienst genannt werden. Außerdem besteht womöglich auch die Option für personelle Entlastung zu sorgen, indem durch die unternehmerischen Tätigkeiten zusätzliche Angebote geschaffen oder Personal eingesetzt werden kann. Darüber hinaus können auch Angestellte aus dem Unternehmensbereich zur sinnstiftenden Arbeit im internen Wohlfahrtsbereich motiviert werden. Auf diese Art besteht das Potenzial sowohl die Arbeitsbelastung zu reduzieren als auch die Qualität der Leistungen zu verbessern, was wiederum den Adressat*innen zugutekommen würde.

Außerdem besteht auch die Möglichkeit durch die unternehmerische Tätigkeit neue Tätigkeitsbereiche zu erschließen, die von politischer Seite nicht finanziert werden, jedoch fachlich oftmals als notwendig erachtet werden, wie die Careleaverdebatte beispielsweise zeigt.

5 Fazit

Die Trennung von Unternehmen und Wohlfahrtsorganisationen wird bereits heute in der Literatur zunehmend hinterfragt. Wie die Wettbewerbsprozesse aufzeigen, verschwimmen die Grenzen der Sektoren zunehmend, da Organisationen auch außerhalb des Sozialmarktes agieren. Hybridität rückt somit zunehmend in den organisationalen Alltag. Die Frage ist jedoch, wie eine Wohlfahrtsorganisation ihre eigene Zukunft gestaltet. Wartet man passiv ab, bis eine Entwicklung durch die öffentliche Hand aufgezwungen wird, oder geht man als Management proaktiv in die gestalterische Rolle? Ergreift eine Organisation die aktive Rolle, so muss sich die Organisation auf einen Transformationsprozess begeben und unterschiedliche Logiken in den Prozess einbeziehen, um die passenden Organisationsstrategien und -ziele für sich zu finden.

Die hier aufgeführten Ziele sollen zur Diskussion und zum Weiterdenken bezüglich Ziele hybrider Organisationen anregen.

Wie aus dem Annäherungsprozess der profitorientierten Unternehmen an die Wohlfahrt außerdem ersichtlich wurde, hat der Dritte Sektor Stärken, welche von Unternehmen erkannt und für ihre Zwecke adaptiert werden. Hierdurch sind Wohlfahrtsorganisationen bereits jetzt Teil der Entwicklung neuer Wirtschaftsformen, wie es Mazzucato anregt. Wichtig ist jedoch, dass die Wohlfahrt sich ihrer Stärken bewusster wird und ihre Stärken sowie Erfolge auch besser in der öffentlichen Wahrnehmung darstellt. Nur hierdurch wird sie auch in Zukunft gestalterisch auf die gesellschaftliche Weiterentwicklung einwirken können.

Literatur

Becker, Helmut E. (2017). Einleitung. In H. Becker (Hrsg.), *Das Sozialwirtschaftliche Sechseck. Soziale Organisationen zwischen Ökonomie und Sozialem* (S. 1–11. 2.). vollständig überarbeitete und erweiterte Aufl. Springer Fachmedien.

Becker, A., & Schnur, O. (2020). Die Digitalisierung des Zusammenlebens. In C. Hannemann, F. Othengrafen, J. Pohlan, B. Schmidt-Lauber, R. Wehrhahn, R. Güntner (Hrsg.), *Jahrbuch StadtRegion 2019/2020.* Jahrbuch, (S. 3–24). Springer VS.

Batz, M. (2021). *Nachhaltigkeit in der Sozialwirtschaft. Basiswissen Sozialwirtschaft und Sozialmanagement.* Springer VS.

BGH. (2007). Bundesgerichtshof: Urteil vom 29.09.1982 – I ZR 88/80 https://www.iww.de/quellenmaterial/id/26814. Zugegriffen: 19.6.2022.

BMFSFJ. (2021). Gesetz zur Stärkung von Kindern und Jugendlichen (Kinder- und Jugendstärkungsgesetz - KJSG). https://www.bmfsfj.de/bmfsfj/service/gesetze/neues-kinder-und-jugendstaerkungsgesetz-162860. Zugegriffen: 19.6.2022.

Cornforth, C. (2014). Understanding and combating mission drift in social enterprises. Mission drift in social enterprises. *Social Enterprise Journal.* Vol. 10 No. 1, 2014. (S. 3–20). https://doi.org/10.1108/SEJ-09-2013-0036

Effert, C. (2012). Social Business: Anregungen für die deutsche Sozialwirtschaft. *Sozialwirtschaft* 22 (3), (S. 32–33). Nomos Verlag.

Heydte, L. (2020). *Challenges Resulting from Multiple Institutional Logics in Hybrid Organizations. The Case of Social Business Hybrids.* Springer VS.

Hofmann, P., Scharpe, K., & Wunsch, M. (2021). 3. Deutscher Social Entrepreneurship Monitor. 2020/2021. Social Entrepreneurship Netzwerk Deutschland e. V. (SEND), Euclid Network. https://www.send-ev.de/wp-content/uploads/2021/03/DSEM-2020-21.pdf. Zugegriffen: 19.6.2022.

Jay, J. (2013). Navigating Paradox as a Mechanism of Change and Innovation in Hybrid Organizations. *Academy of Management Journal* 56. 1/2013. (S. 137–159).

Adriaans, J., Bohmann, S., Liebig, S., Priem, M., & Richter, D. (2020). Lebenslagen in Deutschland. Armuts- und Reichtumsberichterstattung der Bundesregierung Begleitforschung zum Sechsten Armuts- und Reichtumsbericht der Bundesregierung. Soziale

Folgen der COVID-19-Pandemie. Ergebnisse einer repräsentativen Befragung. https://www.armuts-und-reichtumsbericht.de/SharedDocs/Downloads/Service/Studien/7-studie-diw-econ.pdf?__blob=publicationFile&v=3. Zugegriffen: 19.6.2022.

Kiefl, S., Scharpe, K., Wunsch, M., Hofmann, P. (2022). 4. Deutscher Social Entrepreneurship Monitor. 2021/2022. Social Entrepreneurship Netzwerk Deutschland e. V. (SEND), Euclid Network. https://www.send-ev.de/wp-content/uploads/2022/04/4_DSEM_web.pdf. Zugegriffen: 19.6.2022.

Labigne, A., Benning, L., Kononykhina, O., Röders, N., Lenssen, J., Hollmann, D., Schilcher, C., Ries, B. (2021). *Corona und das gesellschaftliche Engagement der Wirtschaft. Repräsentative Daten für einen anderen Blick auf die Rolle der Unternehmen.* ZiviZ im Stifterverband und Bertelsmann Stiftung.

Mazzucato, M., Laplane, A. (2019). Socialising the risks and rewards of public investments: Economic, policy and legal issues. WORKING PAPER WP 2019—09. UCL Institute for Innovation and Public Purpose https://www.ucl.ac.uk/bartlett/public-purpose/sites/public-purpose/files/socialising_risks_and_rewards_final.pdf Zugegriffen: 19.6.2022.

Meyer, N., & Buschle, C. (2020). Soziale Arbeit in der Corona-Pandemie: Zwischen Überforderung und Marginalisierung Empirische Trends und professionstheoretische Analysen zur Arbeitssituation im Lockdown, IUBH Discussion Papers, *Reihe: Sozialwissenschaften*, Vol. 1, Issue 4 (Juni 2020). https://www.econstor.eu/bitstream/10419/222297/1/1702837904.pdf. Zugegriffen: 19.6.2022.

Mörsberger, A., & Müller, K.-D. (2022). Die Verfasstheit der Johannesstift Diakonie gAG. *Jugendhilfe* 2022 (3), (S. 204–211). Luchterhand Fachverlag.

Science Media Center (2019). Ethische Aspekte bei Facebooks Suizid-Prävention. https://www.sciencemediacenter.de/alle-angebote/research-in-context/details/news/ethische-aspekte-bei-facebooks-suizid-praevention/. Zugegriffen: 19.6.2022.

Schnetzer, S., & Hurrelmann, K. (2022). *Jugend in Deutschland – Trendstudie Sommer 2022. Jugend im Dauerkrisen-Modus – Klima, Corona, Krieg.* Datajockey Verlag.

Schneiders, K., & Schönauer, A. L. (2022). Fachkräftemangel in der Sozialwirtschaft: Empirische Befunde zu Ursachen und Handlungsbedarfen. In C. Gehrlach, M. von Bergen & K. Eiler (Hrsg.), *Zwischen gesellschaftlichem Auftrag und Wettbewerb. Perspektiven Sozialwirtschaft und Sozialmanagement.* (S. 355–370). Springer VS.

Schöttler, R. (2019). Innovationsprozesse in Sozialunternehmen: Entfaltung von Paradoxien. In B. Becher & I. Hastedt (Hrsg.), *Innovative Unternehmen der Sozial- und Gesundheitswirtschaft* (S. 85–96). Springer Fachmedien.

Seiser, J. (2022). Wandel zur Beständigkeit. *Jugendhilfe* 2022 (3), (S. 236–242). Luchterhand Fachverlag.

SGB VIII. 2022. Das Achte Buch Sozialgesetzbuch – Kinder und Jugendhilfe. https://www.gesetze-im-internet.de/sgb_8/BJNR111630990.html#BJNR111630990BJNG000105140. Zugegriffen: 19.6.2022.

Siegler, B. (2021). *Entwicklung einer Ökonomik Sozialer Arbeit aus der Retrospektive.* Springer VS.

Siegler, B. (2018). Ansätze zur Differenzierung des sozialwirtschaftlichen Geschehens nach Ebenen. In L. Kolhoff, (Hrsg.) & K. Grunwald. *Aktuelle Diskurse in der Sozialwirtschaft I* (S. 9–24). Springer VS.

Stepanek, P. (2018). Das neue wirtschaftliche Selbstverständnis im Management hybrider Organisationen am Beispiel Social Entrepreneurship. In W. Grillitsch, P. Brandl (Hrsg.) &

S. Schuller. *Gegenwart und Zukunft des Sozialmanagements und der Sozialwirtschaft,* 2. Aufl., (S. 359–384). Springer Fachmedien.

Tabatt-Hirschfeldt, A. (2018). Die Ökonomisierung der Sozialen Arbeit und der Umgang damit. In L. Kohlhoff & K. Grundwald (Hrsg.), *Aktuelle Diskurse der Sozialwirtschaft I*, (S. 89 –110). Springer VS.

UN. (2022). Do you know all 17 SDGs? https://sdgs.un.org/goals. Zugegriffen: 19.6.2022.

Wendt, W. (2017). „Marktlich" oder „nichtmarktlich" vorankommen? Strategische Optionen der Sozialwirtschaft und des Sozialmanagements in Europa. In W. Grillitsch, P. Brandl (Hrsg.) & S. Schuller, *Gegenwart und Zukunft des Sozialmanagements und der Sozialwirtschaft,* 2. Aufl., (S. 59–80). Springer Fachmedien.

Wüthrich, B., Cavedon, E., Adam, S., & Amstutz, J. (2018). Das Zelt-Dilemma. Unternehmen der sozialen und beruflichen Integration im Spannungsfeld hybrider Zielsetzungen. In W. Grillitsch, P. Brandl, (Hrsg.) & S. Schuller, *Gegenwart und Zukunft des Sozialmanagements und der Sozialwirtschaft,* 2. Aufl., (S. 93–108). Springer Fachmedien.

Zierer B. (2022). Aus- und Weiterbildung für Sozialmanagement/-wirtschaft im deutschsprachigen Raum. In Gehrlach C., Bergen M., Eiler K. (Hrsg.) (2022). *Zwischen gesellschaftlichen Auftrag und Wettbewerb. Sozialmanagement und Sozialwirtschaft in einem sich wandelnden Umfeld.* (S. 481–495). Springer VS.

Meinrad Kibili, M.A. (meinrad.kibili@fau.de), Meinrad Kibili, M.A. promoviert an der Friedrich-Alexander-Universität Erlangen-Nürnberg und an der Katholischen Stiftungshochschule München im Rahmen des Verbundkollegs „Sozialer Wandel" des Bayerischen Wissenschaftsforums (BayWISS) und ist darüber hinaus als Lehrbeauftragter an der Hochschule Kempten sowie an der Katholischen Stiftungshochschule München Abt. Benediktbeuern für verschiedene sozialwirtschaftliche Themen tätig. Sein Forschungsschwerpunkt in der Promotion ist „Strategien hybrider Organisationen der Sozialwirtschaft".

Regulierte Koopkurrenz und Innovationsnetzwerke in der Sozialwirtschaft

Werner Schönig und Herbert Schubert

Inhaltsverzeichnis

W. Schönig (✉)
Abteilung Köln, Fachbereich Sozialwesen, Katholischen Hochschule Nordrhein-Westfalen, Köln, Deutschland
E-Mail: w.schoenig@katho-nrw.de

H. Schubert
Sozial • Raum • Management – Büro für Forschung und Beratung, Hannover, Deutschland
E-Mail: herbert.schubert@sozial-raum-management.de

B. Schmidtke et al. (Hrsg.), *Sozial - Innovativ - Nachhaltig*, Perspektiven Sozialwirtschaft und Sozialmanagement,
https://doi.org/10.1007/978-3-658-42847-1_11

1 Regulierte Koopkurrenz zwischen Korporatismus und Wettbewerb

1.1 Koopkurrenz als sozialpolitische Regulation in der Sozialwirtschaft

Der Begriff Koopkurrenz bezeichnet die Gleichzeitigkeit von Kooperation und Konkurrenz und speziell die Kooperation zwischen Konkurrentinnen und Konkurrenten oder auch die verbleibende Konkurrenz zwischen Kooperierenden. Dabei wurde der Begriff für erwerbswirtschaftliche Unternehmen entwickelt und erst später auf die Sozialwirtschaft übertragen. In beiden Feldern zeigt sich, dass diese Gleichzeitigkeit beider Aspekte in der Koopkurrenz einerseits weitreichende Potenziale zur Fortentwicklung der eigenen Organisation eröffnet und dass sie andererseits aufgrund der mit ihr verbundenen Paradoxie oftmals als belastend wahrgenommen wird (Schönig 2015, 2021).

Dabei ist Koopkurrenz zunächst einmal ein normales Verhalten, also nicht exotisch oder konstruiert, wie es umgekehrt die idealtypische Annahme einer „reinen Kooperation" oder einer „reinen Konkurrenz" ist. Die explizite Wahrnehmung der Koopkurrenz erfolgte in der Managementliteratur erst in den 1990er Jahren auf Grundlage der Spieltheorie; daraufhin setzte die neuere Koopkurrenzforschung ein (Brandenburger & Nalebuff 2012).

Es überrascht nicht, dass sich in der weiteren Literatur zügig eine Reihe von Differenzierungen zum Aspekt der Koopkurrenz entwickelt haben (z. B. mit Blick auf Zeit, räumliche Nähe, Organisation, Situation, Rollen und Typen von Akteur*innen). Diese legen einen nüchternen Blick auf die Koopkurrenz nahe, denn die Beiträge weisen immer wieder darauf hin, dass die einfache Hoffnung, in Gestalt der Koopkurrenz könne eine „hybrid activity" (Walley 2007, S. 12) zum vielfältigen Nutzen und ohne Probleme praktiziert werden, vermutlich wenig realistisch ist. Ganz ähnlich dem verbreiteten Schlagwort von der Win–Win-Struktur, die oftmals vermutet und propagiert wird, jedoch nach Auskunft der Spieltheorie eine spezielle Ausnahmestruktur und eben nicht die Regel darstellt, scheint es auch mit dem Schlagwort von der Koopkurrenz zu sein: Es ist ein ambitioniertes Konzept mit großem Potenzial einer „must-have competence" (Bengtsson et al. 2016, S. 19), aber auch mit einem großen Scheiternsrisiko.

Denn die Fähigkeit, angesichts zweier gegensätzlicher Elemente dennoch funktionieren zu können, geht über die Fähigkeit zur Ambiguitätstoleranz hinaus, da sie ein produktives Element beinhaltet. Entscheidend ist nicht allein die Toleranz bzw. das Ertragen des Widerspruchs; die „must-have-competence" liegt darin, den Widerspruch produktiv nutzen zu können. Eine solche Fähigkeit wird im Englischen – in Anlehnung an den medizinischen Begriff einer gleichen Nutzbarkeit der rechten und linken Hand – als „ambidexterity“ (dt. Ambidextrie, d. h. Beidhändigkeit) bezeichnet (Yang et al. 2014, S. 347–350).

Die Chancen und Risiken der Koopkurrenz verdienen eine eingehende Beachtung angesichts der Tatsache, dass sie seitens der Politik auch gegenüber der Sozialwirtschaft zunehmend instrumentalisiert wird. So wird aus der Koopkurrenz eine regulierte Koopkurrenz.

Der Begriff der Regulierung betont, dass der Staat der Koopkurrenz Regeln setzt und somit sowohl Kooperation als auch Konkurrenz ermöglicht und anreizt. Tatsächlich entsteht durch die Regelsetzung ein starker Anreiz zu koopkurrentem Verhalten, da sowohl Kooperation als auch Konkurrenz gefördert werden (Weber 2000, S. 199). In der Sozialwirtschaft lassen sich beide Aspekte sehr deutlich erkennen:

- Die schrittweise Einführung und Nutzung der Konkurrenz im Zuge der wettbewerbsorientierten Reformen (Öffnung der Märkte) seit den 1990er Jahren, verstärkt durch Ausschreibungen im Wettbewerbsmodus.
- Die Verpflichtung zur Kooperation, die in verschiedenen Vorschriften u. a. des SGB festgelegt ist und die durch die Vernetzungsanforderungen in Ausschreibungsverfahren heute ebenfalls zum Standard gehört.

Der Staat hat dabei – durchaus clever – Spielregeln in seinem Sinne geschaffen, sie sind aus Sicht der Sozialwirtschaft vor allem dann nützlich und positiv, wenn sie fair und klar geregelt, also nachvollziehbar und auf konkrete Situationen beschränkt sind. Diffuse und ausufernde Konkurrenzsituation sind im Bereich der sozialen Dienstleistungen hingegen eine enorme Belastung. Gleichzeitig kann und sollte die Kooperation möglichst langfristig und dauerhaft angelegt sein, damit durch Reziprozität belastbares Vertrauen entstehen kann (Schönig 2015, S. 268 f.), das wiederum eine Voraussetzung für Innovationsbereitschaft ist.

1.2 Chancen und Impulse für Innovationen

Die staatlich regulierte Koopkurrenz verfolgt das Ziel, in der Sozialwirtschaft koopkurrente Netzwerke zu generieren, deren verbundene Praxis zu Innovationen in diesem Handlungsfeld beiträgt. Im Blickfeld stehen dabei vor allem soziale Innovationen, die Giovany Cajaiba-Santana (2014) „als neue soziale Praktiken“ definiert, „die in neu konfigurierten, kollektiven Settings zielgerichtet entwickelt werden, um einen sozialen Wandel bei der Erreichung sozialer Ziele auszulösen“ (ebd. S. 44). Im Rahmen der transformativen sozialen Innovationstheorie vertreten Haxeltine und andere (2015) die Hypothese, dass sich der gesellschaftliche Wandel im Kontext von Interaktionsmustern zwischen Impulsgebern, die die bestehenden Spielregeln verändern, den innovativen neuen Praktiken und den Erzählungen über die ausgelösten Veränderungen unter den Beteiligten ereignet (ebd. S. 7).

Dieses Verständnis von sozialer Innovation geht von einer Veränderung der sozialen Beziehungen aus, in denen das Organisationsgefüge der Kooperation unter Akteur*innen und die Verknüpfung ihres Wissens zu veränderten Praktiken neu angeordnet werden (ebd. S. 18). Neben den einzelnen Personen mit einem hohen Impuls- und Innovationspotenzial spielt also die Einbettung in Beziehungskreise eine wichtige Rolle für Innovationen. Es sind soziale Netzwerke, die im Rahmen unterschiedlicher Formen der Governance und eines kollektiven Lernens entscheidend zur Innovation beitragen. Deshalb betonen Haxeltine und andere, dass soziale Innovationen unter einer relational-koproduktiven Perspektive nicht allein auf soziale Praktiken fokussiert, sondern vor allem in Bezug auf soziale Beziehungen definiert werden (ebd., S. 10). Unter dieser Perspektive gelten die sozialen Beziehungen unter neu konfigurierten Akteur*innen als Schlüssel für das Entstehen von Innovationen. Diese Voraussetzung, notwendigerweise auf Beziehungen zu setzen, wird in der sozialstaatlichen Regulierung von Koopkurrenz selten berücksichtigt. Beispielsweise werden im Gesetz zur Kooperation und Information im Kinderschutz (KKG) die kommunalen Netzwerke Frühe Hilfen als Versammlung der Aktiven im Feld verordnet, statt sie Beziehungssysteme zu generieren. In relationaler Sicht (Stegbauer & Häußling 2010, S. 62; Christakis & Fowler 2010, S. 285 f.) ist dies unzureichend, und so verwundert es nicht, wenn es zu Problemen in den kommunalen Netzwerken früher Hilfen kommt.

Nach der relationalen Logik entscheidet ein Akteur und eine Akteurin nicht isoliert, wie er/sie handelt und was er/sie tut – das Handeln stellt vielmehr eine Funktion des sozialen Umfelds dar, indem sowohl das Denken als auch das Handeln vom umgebenden Beziehungsgefüge beeinflusst werden. Daher ist es angemessen, die sozialen Beziehungen als „Leiterbahnen“ aufzufassen, in denen neue Ideen entstehen, sich verbreiten und als neue soziale Praktiken Gestalt annehmen (ebd. S. 21 f.).

Dieses relationale Paradigma, das sowohl theoretisch als auch methodisch zunehmend Beachtung findet (Löwenstein & Emirbayer 2017), liegt dem (kommunalen) Steuerungsansatz des New Public Governance zugrunde, in dem das kommunale Regime – im Sinn von Regieren, Leiten und Lenken einer Gebietskörperschaft – mit einem Beteiligungsformat verbunden wird, das nur im Rahmen einer Netzwerkorganisation realisiert werden kann. Im New Public Governance-Konzept werden die Interdependenzen der Akteur*innen. Die regulierte Koopkurrenz setzt an diesen Interdependenzen an und initiiert Entscheidungsprozesse, die auf horizontalen Verhandlungen basieren. Dabei wird allerdings zu wenig beachtet, dass der netzwerkförmige Einbezug der vielen relevanten Akteur*innen aus den verschiedenen Funktionsbereichen in der Kommune auf einem vertrauensgesättigtem Beziehungssystem beruhen muss.

Im Gegensatz zu anderen natürlichen Netzwerktypen resultieren die organisierten Netzwerke nicht aus den relativ organischen Begegnungen im Alltag, die ungesteuert stattfinden, sondern werden unter Maßgaben der koopkurrenten Regulation gezielt interpersonell gestaltet (Schubert 2018, S. 29 ff.). Während also lebensweltliche Netzwerke alltäglich, selbstverständlich funktionieren und nur gelegentliche Friktionen aufweisen, ist es bei den organisierten Netzwerken eher umgekehrt, denn bei den letzteren fehlt die Selbstverständlichkeit, und es kommt häufiger zu Friktionen aufgrund ungenügender Steuerung der Koopkurrenz.

Ronald S. Burt (1992) hat zugespitzt formuliert, dass die Information „klebrig" wird, wenn sie nicht zwischen den abgeschotteten Feldern fließen kann. Dadurch dass sich die Verbindungen auf den jeweiligen fachlichen Beziehungszusammenhang beschränken, entsteht eine Zwischenzone im Netzwerk, die als strukturelles Loch bezeichnet wird („structural hole“). Gemeinsame Schnittstellen wurden in der Vergangenheit kaum wahrgenommen und Übergänge zwischen den „Säulen“ wurden nicht aus der Perspektive der Adressat*innen, sondern allenfalls aus einem institutionellen Blickwinkel gestaltet. Wegen der fehlenden Transparenz und wegen der fragmentierten fachlichen Interventionen handeln die Professionellen der verschiedenen Ressorts – quasi auf operativen Inseln – relativ isoliert (Schubert 2018, S. 11 ff.).

Eine innovationstreibende Netzwerkstrategie besteht darin, Situationen zu erzeugen, in denen neue Praktiken ressortübergreifend erfunden werden können. Anlässlich organisierter Ereignisse des Zusammentreffens stellen die beteiligten Akteur*innen untereinander Beziehungen her und erzeugen die Netzstruktur aus diesen Situationen heraus (Stegbauer 2016). In den – von der administrativen Seite veranstalteten – Situationen findet die Aushandlung statt, was im Beispiel des Netzwerks Frühe Hilfen unter der neuen Dienstleistungspraxis der Frühen Hilfen zu verstehen ist, welcher Bedarf vor Ort besteht und wie die Angebote von Jugendhilfe-, Bildungseinrichtungen und Gesundheitsdiensten darauf zugeschnitten werden können. Im kontinuierlichen Anschluss von Situation zu Situation resultiert eine spezifische Kultur der Kooperation, sodass es gelingen kann, das Dienstleistungsportfolio innovativ weiterzuentwickeln. Die Identität des Netzwerks Frühe Hilfen bildet sich anhand des Narrativs heraus, auf das sich die

Beteiligten einigen. Von Ereignis zu Ereignis bzw. von Situation zu Situation wird die Story fortgeschrieben, in der Form von Flyern und Internetauftritten nimmt sie Gestalt an und findet zunehmend Verbreitung. So führt die Dynamik der Vernetzung schließlich dazu, dass aus anfänglich undefinierten Verbindungen eine abgestimmte Kooperation mit innovativen Produkten der Frühen Hilfen resultieren kann.

Wenn Akteur*innen aus unterschiedlichen Kontexten und Feldern zusammentreffen, resultiert das innovative Potenzial unter einer organisationalen Perspektive aus dem neuen internen Beziehungsgeflecht, das über verschiedene Anschlüsse in externe Bereiche die Aufgaben kompetenzorientiert verteilt (Haxeltine et al. 2015, S. 10–11). In dem Beziehungsgeflecht treffen differente Bezugssysteme von Grundwerten und Überzeugungen aufeinander – in der Vermittlung der unterschiedlichen Identitäten, die sich in je eigenen Geschichten und Metaphern der Herkunftssysteme widerspiegeln, öffnen sich Chancen, neue Praktiken zu entwerfen und zu erproben. Innovationsnetzwerke resultieren erst dann daraus, wenn die Akteur*innen sich gezielt verbinden, um einen besseren Weg einzuschlagen, der sich in Gestalt neuartiger Praktiken in den Lebensalltag transferieren lässt (Haxeltine et al. 2016, S. 15).

Insgesamt spielen die vier Dimensionen des aus dem Management bekannten DOFK-Bündels (doing, organizing, framing and knowing) beim Zustandekommen von sozialen Innovationen eine Rolle: In der ersten Dimension wird ein Organisationsmodus wie das Netzwerkformat (nach der Governancelogik) vorausgesetzt. In der zweiten Dimension wird unterschiedliches (komplementäres) Wissen miteinander verknüpft. In der dritten Dimension resultieren aus den entstandenen Verbindungen zwischen Akteure*innen und Kompetenzen neue Praktiken (im Sinn von verbundenen Handlungsansätzen), und in der vierten Dimension werden die von den Beteiligten eingebrachten Grundwerte und Überzeugungen schließlich zu einem integrierten Orientierungs- und Handlungsrahmen gebündelt (Haxeltine et al. 2015, S. 11). Durch die neue Konfiguration der Akteur*innen, die Kopplung unterschiedlicher Wissensbestände im Kontext einer neu gerahmten Organisationsform wie dem Netzwerk und daraus resultierenden innovativen Handlungsmustern werden etablierte Institutionen und Strukturen in einem bestimmten sozialen Kontext – wie der Sozialwirtschaft – transformativ verändert (Haxeltine et al. 2016, S. 40–42).

So betrachtet können soziale Innovationen im Kontext jeder institutionellen Logik – wie z. B. der Staats-, Markt-, Non-Profit- oder Gemeinschaftslogik – entstehen. Allerdings müssen sie das Potenzial aufweisen, die unterschiedlichen institutionellen Logiken der Beteiligten zusammenzuführen und im Rahmen der

Aushandlung zu einer neuen integrierten institutionellen Logik zu transformieren, die über die Grenzen bestehender institutioneller Logiken hinausreichen (Hasselkuss 2018, S. 39 f.). Die Reaktionen der etablierten Institutionen auf die Innovationen korrespondieren mit Tendenzen zur Systemerhaltung und -stabilisierung und mit dem vorhandenen Macht- und Einflusspotenzial. Haxeltine und andere vermuten deshalb, dass Akteur*innennetzwerke, deren soziale Innovationen der Logik ihres aktuellen sozialen Kontextes folgen, einen positiven Widerhall erfahren, während tiefgreifende transformative Veränderungen, die über den sozialen Kontext hinausweisen, wahrscheinlich auf starken Widerstand stoßen (Haxeltine et al. 2015, S. 31 f.).

2 Innovationsnetzwerke in der Sozialwirtschaft

2.1 Sozialkapital als Schlüsselressource für Innovation

Es stellt sich die Frage, wodurch über die sozialen Beziehungen als „Leiterbahnen“ neue Ideen entstehen, sich verbreiten und als neue soziale Praktiken Gestalt annehmen können. Von zentraler Bedeutung ist dabei das Sozialkapital, das – beispielsweise in der Form von Information, gegenseitiger Verpflichtung und Einfluss – eine Ressource darstellt, die den Akteur*innen im Netzwerk sowohl als interpersonelle als auch weitergehend als interorganisatorische Gutschrift zur Verfügung steht. Im Unterschied zu physischem Kapital und zu Humankapital ist Sozialkapital nicht an die einzelne Person gebunden, sondern wird in den Interaktionen der Beziehungen zwischen den beteiligten Personen geschöpft. Wenn der Umfang des Sozialkapitals, auf das eine einzelne Fachkraft in der Sozialwirtschaft Bezug nehmen kann, auf sehr ausgedehnten interdisziplinären Beziehungen beruht, die mobilisiert werden können, dann ist die Chance groß, dass innovative Impulse im Austausch erzeugt werden.

James Coleman (1991) skizzierte die Akkumulation von Sozialkapital als Prozess: Wenn A etwas für B tut und in B das Vertrauen setzt, dass B in Zukunft eine Gegenleistung erbringen wird, dann ruft das in A eine Erwartung hervor und schafft für B eine Verpflichtung, das Vertrauen zu rechtfertigen – diese Verpflichtung besitzt den Charakter einer „Gutschrift“ (ebd. S. 395). In einem dichteren Netzwerk kann A über viele Gutschriften von mehreren Akteur*innen verfügen; in weniger dichten Netzwerken mit strukturellen Lücken stehen aber weniger Gutschriften zur Verfügung, sodass auch weniger gegenseitige Beeinflussung und Motivation – und d. h. kaum Innovationsimpulse – stattfinden (ebd., S. 357). Pierre Bourdieu (1983) definiert Sozialkapital als „die Gesamtheit der aktuellen und potenziellen Ressourcen, die mit dem Besitz eines dauerhaften Netzes von mehr oder weniger institutionalisierten Beziehungen gegenseitigen Kennens oder Anerkennens verbunden sind“ (ebd. S. 190).

Für die Produktion und Erhaltung des sozialen Kapitals, aus dem sowohl individueller als auch kollektiver Nutzen gezogen wird, haben gemeinsam geteilte Dispositionen wie Normen und Vertrauen eine hervorragende Bedeutung (Burt 1992). Investitionen in das lockere Beziehungsgefüge des Netzwerks eröffnen die Chancen eines instrumentellen Nutzens (Hennig 2010, S. 176 ff.): (1) Die Sozialkapitalressourcen im Netzwerk erleichtern den Fluss und die Verbindung von Informationen über disziplinäre Grenzen hinweg. (2) Über lockere Beziehungen können sich Personen (z. B. Leitungskräfte in konkurrierenden Unternehmen) gegenseitig beeinflussen und innovative Projektideen generieren. (3) Diese Beziehungen können im Netzwerk den Wert einer Reputation erhalten und (4) im Ergebnis zu einer stärkeren Anerkennung der generierten Ideen führen. Diese vier Elemente Information, Einfluss, soziale Empfehlung und Verstärkung machen das Sozialkapital auf der (teilweise institutionalisierten) Kollektivebene des Netzwerks besonders wertvoll. Insofern spiegelt der Zugang der Individuen von Unternehmen der Sozialwirtschaft zu den Ressourcen eines – durch regulierte Koopkurrenz initiierten – Netzwerkes ihr erweitertes Sozialkapital wider.

In den organisierten Netzwerken, die durch regulierte Koopkurrenz konstruiert werden und in denen überwiegend professionelle Ressourcen zur Bildung von Koalitionen und zur Koordination von Aktivitäten gebündelt werden, wird eine spezifische Form des Sozialkapitals generiert, das sozialwirtschaftlich relevant ist. Denn diese Netzwerke repräsentieren das professionelle Sozialkapital im interinstitutionellen Raum der Träger*innen, der Organisationen und der Einrichtungen. Während in dichten interpersonellen Netzwerken mit starken Beziehungen vor allem bindendes Sozialkapital (Bonding Capital) entsteht, spielt in organisierten Netzwerken mit schwachen Beziehungen, die strukturelle Löcher schließen, eher überbrückendes Sozialkapital (Bridging Capital) eine Rolle (Wald 2010, S. 631).

Im OECD-Bericht (2012) über den sozialen Zusammenhalt wurde durchgehend und als Kernaussage hervorgehoben, dass die soziale Kohäsion erstens die allgemeine Grundlage für das Wohlergehen bildet, zweitens ein Gefühl der Zugehörigkeit und Einbettung vermittelt, drittens das gegenseitige Vertrauen fördert, viertens einer Ausgrenzung sowie Marginalisierung vorbeugt und fünftens Chancen einer Mobilität sowie Innovationsdynamik eröffnet. Das zugrunde liegende Verständnis des sozialen Zusammenhalts fokussiert insbesondere das Sozialkapital als Vorhandensein von sozialen Bindungen – ausgelöst von Vertrauen und Normen der Gegenseitigkeit. Metaphorisch betrachtet lässt sich der soziale

Zusammenhalt, der durch die regulierte Koopkurrenz erzeugt wird, als „Klebstoff" in organisierten Netzwerken bezeichnen. Das Netzwerk resultiert als neue Infrastruktur aus den gemeinsamen Werten, aus einer Kultur des Austausches und aus dem dabei entstandenen gegenseitigen Vertrauen.

Damit Innovationen im Hinblick auf die Erhöhung des Nutzens der in der Sozialwirtschaft adressierten Personengruppen generiert werden können, muss das Zusammenwirken der Akteur*innen an den bilateralen Schnittstellen ihrer dyadischen Beziehungen gelingen. So betrachtet repräsentiert das Schnittstellenmanagement eine Schlüsselfunktion für den Erfolg der regulierten Koopkurrenz. Beispielsweise müssen die verschiedenen Kompetenzen aus den unterschiedlichen Fachbereichen und Professionen gemeinsame Sprachregelungen treffen. Die verschiedenen – unter der jeweiligen einzeldisziplinären Perspektive „fremden" – Fachbegriffe sind zu einem interdisziplinären Verständnis zu integrieren. Dazu sind die Beziehungen sowohl zwischen den Organisationen als auch zwischen den beteiligten Personen kontinuierlich zu pflegen.

2.2 Strategie eines Innovationsmanagements

Für die Entwicklung von Innovationen reicht es aber nicht aus, nur netzwerkförmig zu kooperieren. Eine besondere Rolle spielt, welche Qualität die Beziehungen unter den zuvor unverbundenen Akteur*innen aufweisen. Um Innovationen methodengestützt schaffen zu können, werden spezielle Konzepte der Beziehungsgestaltung verfolgt. Am bekanntesten ist das Instrumentarium des „Design Thinking", das in den frühen 2000er Jahren in der (von Hasso Plattner gesponserten) „d.school" an der Stanford University entwickelt wurde (Kelley & Kelley 2014, S. 45 ff.). Dessen Grundidee ist es, Innovationen in Laborsituationen entstehen zu lassen. Hier werden die Akteur*innen also aus ihren alltäglichen und beruflichen Netzwerken herausgelöst und können ihre Ideen gleichsam frei von diesen außerhalb des Labors dominierenden Rahmenbedingungen entwickeln.

Für die Gestaltung von professionellen Innovationsnetzwerken kann das Konzept des „Design Thinking" zur Methode des „Network Design Thinking" weiterentwickelt werden (Schubert 2018, S. 25 ff.). Ihm liegt vereinfacht dargestellt ein Dreiklang von Beziehungsnetz, Raum und Prozess zugrunde: Dabei wird angenommen, dass erfolgreiche Problemlösungen und Innovationen entstehen, wenn (1) unterschiedliche fachliche Perspektiven zu einem interdisziplinären Beziehungskreis verbunden werden, der (2) in räumlicher Interaktion eine gemeinsame

Denk- und Arbeitskultur entwickelt und (3) an den Schnittstellen der verschiedenen Perspektiven transdisziplinär innovative Ideen und Prototypen hervorbringt (Plattner et al. 2011, S. 42 f.).

In diesem Ansatz wird Bezug auf einen Bedarf (bzw. ein zum Bedarf verallgemeinertes Bedürfnis) genommen, wird ein interdisziplinäres Team vernetzt, ein veränderungsoffenes Mindset (bestehend aus Erfahrungen, Einstellungen und dem Glauben an das eigene Potenzial) vorausgesetzt und ein Spielraum für Experimente und Kreativität verlangt, damit die Ideen für radikale Innovationen erzeugt und operationalisiert werden (Lewrick et al. 2017, S. 6). Im Fokus stehen die Nutzer*innen und ihre Bedürfnisse, die genau beobachtet werden, um sie tiefenscharf zu verstehen. In der Sozialwirtschaft geht es dabei beispielsweise um eine Bedarfsgruppe und die Produkte, mit denen der Bedarf erfüllt werden kann. Hier bietet es sich zudem an, im Zuge der partizipativen Forschung die Nutzer*innen sozialer Dienstleistungen von Anfang an einzubinden. Hierbei wiederum kann die Soziale Arbeit Unterstützung liefern.

Die „Empathie mit dem Nutzer und der Nutzerin" erklären Kelley und Kelley (2014, S. 115) zum wichtigsten Prinzip des Design Thinking – grundlegend ist dafür, vorgefasste Meinungen infrage zu stellen und Gefühle, was als richtig und falsch eingeschätzt wird, außen vor zu lassen. Die Autoren veranschaulichen das an dem Beispiel, einen kostengünstigen Inkubator (Brutkasten für frühgeborene Säuglinge zur Stabilisierung der Körpertemperatur des Kindes mit warmer, feuchter Luft) für den Einsatz in Entwicklungsländern zu entwerfen (ebd., S. 90 ff.). In diesem Team arbeiteten Fachleute aus dem Elektroingenieurwesen, Informatik, (Sozial-)Wirtschaft und Medizin zusammen, die erst während des Prozesses entdeckten, dass die adressierten Zielpersonen des Produkts nicht Klinikärzt*innen sind, sondern die Eltern Frühgeborener in ländlichen Gegenden. Sich empathisch in die Endverbraucher*innen hineinversetzen zu können, kann neben der Interdisziplinarität des Teams als Erfolgsschlüssel betrachtet werden.

Wenn das Problem des adressierten Personenkreises verstanden worden ist, werden mehrere Lösungen generiert und nach einer Konkretisierung als „Prototypen" getestet (ebd., S. 31). Ein Prototyp bringt eine Idee in eine Form, die potenzielle Nutzende erleben und bewerten können (ebd., 92). Damit die Prototypen sich von der bestehenden Praxis weitgehend lösen und innovativ sein können, wird für den Prozess ein interdisziplinäres Team gebraucht. Im Gegensatz zu „multidisziplinären" Teams, in denen jede Fachperson nur ihre disziplinäre Spezialisierung vertritt, ermöglichen „interdisziplinäre" Teams eine Synthese, die nach einem intensiven konzeptionellen Austausch zu einer kollektiven Erzeugung von Ideen und Prototypen sowie zu einer besseren Qualität des Gesamtergebnisses führt (ebd., S. 123 f.). Die Instrumente des Design Thinking befähigen sowohl zum effizienten Zusammenwirken als auch zum Abbau bzw. zur Umgehung bestehender disziplinärer Konflikte sowie Widerstände, aber auch zur Verringerung von Kommunikationsbarrieren infolge unterschiedlicher Fachsprachen. Um innovative Prototypen für die Sozialwirtschaft entwickeln zu können, reicht es daher nicht, einschlägigen Fachkräften der Sozialen Arbeit und der Kommunalverwaltung eine entsprechende Aufgabe zu stellen. Es ist vielmehr notwendig, das strukturelle Loch zu anderen Disziplinen zu schließen, die einen relevanten Beitrag leisten können. Infrage kommen beispielsweise Fachleute der Medizin, der Psychologie, der Soziologie, der Ökonomie, des Designs oder auch der Ingenieurwissenschaften bis hin zu Daten verarbeitenden Fachkräften der Informatik, weil diese Perspektivenvielfalt das Bedürfnis des adressierten Personenkreises in den sozialwirtschaftlichen Dienstleistungsfeldern weitreichender aufklären kann.

Im Aufeinandertreffen unterschiedlicher Perspektiven, die zuvor unverbunden waren, wird kreatives Potenzial freigesetzt. Allerdings müssen die heterogenen Teams behutsam betreut und gefördert werden, damit das Potenzial abgerufen werden kann. Folgende drei Grundsätze spielen dabei eine besondere Rolle (Kelley & Kelley 2014, S. 226 f.): (1) Die Beteiligten müssen die Stärken der jeweiligen anderen kennen – dafür ist eine intensive Startphase notwendig, in der persönliche (auch Privates aufdeckende) Beziehungen untereinander entstehen können. (2) Die Diversität des interdisziplinären Teams birgt auch die Gefahr von Konflikten und Missverständnissen – deshalb ist in der Konsolidierungsphase Vertrauen untereinander aufzubauen und die gegenseitige Verlässlichkeit zu festigen. (3) Humor, Lachen und Spaß stellen wichtige Bestandteile des Kooperationsprozesses dar – vor diesem Hintergrund wird empfohlen, unter anderem zusammen wandern zu gehen, Sport zu treiben oder zum Essen zu gehen.

Die skizzierten heterogenen Teams repräsentieren die Basisstruktur eines größeren Netzwerkgefüges (Schubert 2018, S. 95 ff.). Damit die kleinen Netzwerkcluster nicht nur innovativ sein können, sondern der innovativste Prototyp, den sie entwickelt haben, auch in die Praxis transferiert werden kann, müssen sie in ein Unterstützungsnetzwerk eingebettet sein (Kelley & Kelley 2014, S. 288). Ein kommunales Netzwerk zur innovativen Weiterentwicklung von Dienstleistungen der Sozialwirtschaft stellt dafür ein Beispiel dar. Es darf sich nicht auf die operative Ebene der Praxiskräfte beschränken, die dezentral in den Sozialräumen der Kommune und in den Infrastruktureinrichtungen (von der Schule über Jugendfreizeithäuser bis zu Einrichtungen der Altenpflege) Verantwortung tragen. Sie sind zwar wichtig, um an Schnittstellen in die Lebenswelten der Bewohner*innenschaft Brücken zu bauen, aber sie brauchen dafür die Unterstützung der koopkurrent verflochtenen strategischen (Führungsebene der Träger*innenlandschaft und der Kommunalverwaltung) sowie der normativen Ebene (kommunalpolitische Gremien). Dazu müssen die generellen Zielrichtungen programmatisch festgelegt und die Ressourcen für den kreativen Design Thinking-Prozess in einem Orientierungsrahmen abgesichert werden. Ratsbeschlüsse bilden daher eine wichtige Grundlage (Schubert 2018, S. 83 ff.).

Ohne die koopkurrente Basis dieser Verantwortungsebenen kann das Praxisnetzwerk weder innovativ noch erfolgreich sein. Die Absicherung durch kommunalpolitische Gremien und durch die Entscheidungskräfte in den Unternehmen sowie in der Kommunalverwaltung ist eine Grundvoraussetzung. Die koopkurrenten Verbindungen zwischen leitenden Personen von Organisationen, Institutionen und Verbänden in der Sozialwirtschaft sind auch notwendig, damit die Führungskräfte in die Netzwerke vor Ort eingebunden sind und Mitverantwortung übernehmen.

Die Aufbauorganisation umfasst im Allgemeinen drei – miteinander verbundene – Bereiche: (1) ein koopkurrentes Basisnetzwerk, (2) thematisch ausgerichtete und (3) handlungsorientierte Netzwerkcluster, die Zugang zu den lebensweltlichen Netzwerken der adressierten Personenkreise sozialwirtschaftlicher Dienstleistungen haben (Schubert 2018, S. 95 ff.). Das Basisnetzwerk stellt vor allem ein Informationsnetzwerk dar, in dem sich die Akteur*innen – die zentralen Stakeholder, Führungs- und Entscheidungskräfte – gegenseitig informieren und über Strategien verständigen. Dabei gilt: Eine vollständige Vernetzung aller entspricht nicht der Effizienzlogik von Netzwerken. Beim Netzwerkaufbau ist darauf zu achten, die Fachkräfte nicht mit unnötigem Vernetzungsdruck zu überfordern. Vielmehr müssen diejenigen gezielt miteinander in heterogenen Netzwerkclustern verbunden werden, die nach der Logik des Design Thinking Innovationen und weitergehend Prototypen mit einem höheren Nutzen für den adressierten Personenkreis entwickeln können.

Zu besonderen Fragen des Bedarfs werden Themencluster als Teilnetzwerke aktiviert. Die Schlüsselpersonen des koopkurrenten Basisnetzwerks beauftragen Fachleute ihrer Organisationen, Institutionen und Verbände zur Mitwirkung an der Erarbeitung von Lösungen und Prototypen, wenn alle Beteiligten daraus einen Nutzen ziehen können. Die Themencluster werden heterogen so gemischt, dass innovative Netzwerkprodukte – mit einer höheren Wertschöpfung für die adressierten Personenkreise – erzeugt werden können. So betrachtet stellen sie Wertschöpfungsnetzwerke dar, die an den Bedürfnissen der Zielpersonen orientierte Lösungen entwickeln. Dabei müssen unterschiedliche Fachperspektiven integriert werden, die über die „üblichen Verdächtigen" – wie z. B. Fachleute der Sozialen Arbeit, Pädagogik und Medizin – hinausweisen und auch andere kreative – von der Kommunalverwaltung unabhängige – Personen beispielsweise der

Ingenieurwissenschaft, Betriebswirtschaft, Sozialwissenschaft oder auch Engagierte aus dem Adressat*innenkreis und kreative Köpfe aus dem Nachbarland berücksichtigen.

3 Konsequenzen für die Koopkurrenz als sozialpolitische Regulation

Eine Reihe von Studien (Bouncken et al. 2015; Gast et al. 2015) zeigt einen positiven Einfluss von Koopkurrenz auf Innovationen, allerdings basieren die Belege hierzu letztlich nur auf wenigen Fallbeispielen und diese fokussieren auf sehr große Unternehmen und es werden dort vor allem technische Innovationen beleuchtet. Zudem zeigen andere Studien, dass Koopkurrenz eher einen hemmenden Einfluss auf Innovationsnetzwerke hat. Insgesamt zeichnet die Literatur ein widersprüchliches Bild (Schönig 2021, S. 48) und diese Widersprüchlichkeit lässt vermuten, dass es – wie es bereits oben herausgearbeitet wurde – neben den Strukturaspekten von Innovationsnetzwerken (im Sinne einer regulierten Koopkurrenz) noch weitere Faktoren (im Sinne von Innovationsbereitschaft durch Motivation) gibt, die über den Erfolg entscheiden. Erst beide Aspekte zusammengenommen zeigen das ganze Bild: Das ideale Innovationsnetzwerk ist somit zunächst von der Innovationsbereitschaft der Beteiligten geprägt, die als conditio sine qua non gelten kann. Erst auf dieser motivationalen Grundlage machen die strukturelle Überlegungen Sinn, wie sie im Folgenden skizziert werden.

Grundidee dieser strukturellen Überlegungen ist, dass das ideale Innovationsnetzwerk sowohl die Vorteile der kleinen und dichten Netzwerke als auch die Vorteile des großen Netzwerks mit schwachen Bindungen nutzt (Schönig 2021, S. 40):

- Im Netzwerk werden eher kleine und überschaubare, homogene Teilnetzwerke (Arbeitsgruppen, Arenen et. al.; Hage et al. 2000, S. 14) gebildet, die intern eine intensive Kommunikation durch starke Bindungen pflegen. In diesen kleinen Netzwerken sind die Redundanzen und Verpflichtungen noch beherrschbar, die sich aus den Beziehungen ergeben – bei großen Netzwerken kann dieses Geflecht „die späteren Handlungsmöglichkeiten des Innovators auf Dauer übermäßig einschränken“ (Fliaster 2007, S. 115). In kleinen Netzwerken können die Akteur*innen implizites Wissen austauschen, da die jeweiligen Codes intern bekannt sind.
- Die Summe des Netzwerks insgesamt ist durch schwache Bindungen geprägt, da zwischen den meisten Beteiligten die Kommunikation über die Grenzen

ihrer Teilnetzwerke hinaus prekär ist. Tendenziell wird daher meist explizites, d. h. eindeutiges und kodifizierbares Wissen transferiert.
- Zudem wird im Gesamtnetzwerk immer wieder Raum für Kommunikation über Fachgrenzen der Teilnetzwerke hinweg geschaffen, d. h. zur Überbrückung struktureller Löcher. Dies kann zwischen den relevanten Personen insbesondere durch persönliche Begegnungen und Erfahrungen geschehen. Auf der Grundlage von Face-to-Face-Kontakten entstehen Bindungen, die für den Austausch impliziten Wissens über die Teilnetzwerke hinweg geeignet sind. Dieses Netzwerk aus persönlichen, meist dyadischen Beziehungen ist für den vertrauensvollen Austausch sensibler Informationen entscheidend.

In der Innovationsliteratur werden die Akteur*innen, welche die Teilnetzwerke überbrücken, als „boundary-spanner" und „gatekeeper" bezeichnet, wobei schon die Begriffe andeuten, dass einerseits das Überbrückende und andererseits die Kontrollfunktion im Vordergrund steht (Fliaster 2007, S. 50–56). Diese Rolle könnte im Kontext der Sozialwirtschaft von Fachkräften der Sozialen Arbeit eingenommen werden. Dies umso mehr, da in beiden Fällen die Kommunikationsfähigkeit dieser Personen im Vordergrund steht, da sie zum einen enge Beziehungen zu den nahen Akteur*innen ihres eigenen Netzwerks haben und darüber hinaus – und das macht sie so besonders – auch zu Akteur*innen in anderen Teilnetzwerken und sogar außerhalb des eigenen Netzwerkes.

Dieser besondere Personenkreis kann als „Brückenbauer*in" oder „Torwächter*in" Übersetzungsfunktionen leisten und andere Denkwelten interpretieren. Sie können hierdurch – in der Sprache der Netzwerktheorie – strukturelle Löcher (Burt 1992) zwischen Netzwerken schließen, ohne die Netzwerke vollständig zu fusionieren. Gleichzeitig können sie auch die Kommunikation zwischen den Teilnetzwerken bewusst erschweren und den Akzent auf die Torwächter*innenfunktion legen.

Am wahrscheinlichsten ist indes, dass die Beteiligten beide Rollen gleichzeitig praktizieren, d. h. je nach Thema, Zeitpunkt und Lage höchst selektives Informationsmanagement betreiben. Sind sie hierin geschickt und anerkannt, so wird sich ihre Position festigen, treffen sie hingegen falsche Entscheidungen, so werden die anderen Akteur*innen sie sanktionieren und sich ggf. nach Personen umsehen, die diese sensible Position besser ausfüllen können. Zur Not könnten sie auch das Thema selbst in die Hand nehmen, wenn der Leidensdruck zu groß werden sollte.

Da sie ihre Sonderstellung im Netzwerk nicht nur strukturell innehaben, sondern sie auch kreativ nutzen, sind erfolgreiche Brückenbauer*innen und Torwächter*innen zwischen den Netzwerksegmenten Personen mit einer besonderen Begabung, die kreative Menschen auszeichnet (Fliaster 2007, S. 83 f.).

4 Zusammenfassung

Die vorstehenden Ausführungen haben gezeigt, dass das Thema der Innovation in der Sozialwirtschaft zwar Chancen eröffnet, jedoch auch einige Risiken und Widersprüche mit sich bringt. Angesichts dieser Komplexität können zusammenfassend einige Kernaussagen hervorgehoben werden.

Zunächst ist deutlich geworden, dass sich unter dem Begriff des Innovationsnetzwerks zwei unterschiedliche Handlungsebenen unterscheiden lassen: Einerseits sind dies kurzfristige Netzwerke in Laborsituationen wie dem Design Thinking, welche darauf abstellen, dass sich die Akteur*innen gleichsam losgelöst von ihren institutionellen Zuordnungen frei in einen kreativen Prozess einbringen und interdisziplinär innovative Lösungen erarbeiten. Diese Handlungsebene ist eingebettet in ein Basisnetzwerk, in dem die Schlüsselorganisationen der Sozialwirtschaft koopkurrent längerfristig zusammenwirken. Das dabei erzeugte Sozialkapital gibt die innovativen Impulse, die auf der Handlungsebene der Labore serienreif gemacht werden. Insofern ist es sinnvoll und notwendig, im Hinblick auf konkrete Ergebnisse beide Ebenen zu verschachteln.

Für beide Ebenen gilt der Primat einer notwendigen Innovationsbereitschaft aufseiten der Beteiligten, ohne die ein Innovationsprozess schlechterdings nicht möglich ist. Diese Innovationsbereitschaft basiert auf einer grundlegenden Aufgeschlossenheit dem Neuen gegenüber, aber auch einem sehr konkreten Vertrauen in die Integrität des Innovationsprozesses sowie darin, dass das Ergebnis nicht zum eigenen Schaden sein wird. Ist die Innovationsbereitschaft gegeben, dann bieten sich Netzwerke mit ihrer heterarchischen Organisation und operativen Offenheit zur Organisation des Innovationsprozesses an.

Da sich jedoch Hierarchien – und seien es nur ein „Schatten der Hierarchie“ (Scharpf 2000) oder auch die „Rute im Fenster“ (Scharpf 2000, S. 326) – nie ganz vermeiden lassen werden, so ist es ratsam, zentrale Stakeholder unterstützend in die Innovationsnetzwerke einzubinden. Ebenso können Hierarchien durch die Gründung von Teilnetzwerken auf jeweils derselben Hierarchieebene aufgefangen werden, dies vor allem dann, sofern man gleichzeitig die entstehenden strukturellen Löcher durch Brückenbauer*innen und Torwächter*innen schließt. Gelingt dies, so können strukturelle Maßnahmen und Regulierungen die Arbeit der

Innovationsnetzwerke unterstützen, indem sie die unbedingt notwendige basale Innovationsbereitschaft stärken.

Literatur

Bengtsson, M., Raza-Ullah, T., & Vanyushyn, V. (2016). The coopetition paradox and tension: The moderating role of coopetition capability. In *Industrial Marketing Management,* Bd. 53 (S. 19–30).

Bouncken, R., Gast, J., Kraus, S., & Bogers, M. (2015). Coopetition: a systematic review, synthesis, and future research directions. In *Review of Managerial Science* 9/2015 (S. 577–601).

Bourdieu, P. (1983). Ökonomisches Kapital, kulturelles Kapital, soziales Kapital. In Kreckel, R. (Hrsg.). *Soziale Ungleichheiten. Soziale Welt* (S. 183–198) Sonderband 2.

Brandenburger, A., & Nalebuff, B. (2012). *Coopetition: kooperativ konkurrieren. Mit der Spieltheorie zum Geschäftserfolg.* 3. Aufl. Christian Rieck Verlag.

Burt, R. (1992). *Structural Holes. The Social Structure of Competition.* Harvard University Press.

Cajaiba-Santana, G. (2014). Social innovation: Moving the field forward. A conceptual framework. *Technological Forecasting and Social Change,* Vol. 82 (S. 42–51).

Christakis, N., & Fowler, J. (2010). *Connected! Die Macht sozialer Netzwerke und warum Glück ansteckend ist.* Fischer.

Coleman, J. (1991). *Grundlagen der Sozialtheorie. Band 1: Handlungen und Handlungssysteme.* R. Oldenbourg Verlag.

Fliaster, A. (2007). *Innovationen in Netzwerken. Wie Humankapital und Sozialkapital zu kreativen Ideen führen.* Rainer Hampp.

Gast J., Filser M., Gundolf, K., & Kraus S. (2015) *Coopetition research.*

Hage, J., Hollingsworth, R., & Rammert, W. (2000). A strategy for analysis of idea innovation networks and institutions. *TUTS-Working Papers,* (S. 5–2000). https://www.ssoar.info/ssoar/handle/document/1051. Zugegriffen: 29.07.2021.

Hasselkuss, M. (2018). *Transformative soziale Innovation durch Netzwerke.* oekom verlag.

Haxeltine, A., Avelino, F., Pel, B., Kemp, R., Dumitru, A., Longhurst, N., Chilvers, J., Søgaard Jørgensen, M., Wittmayer, J., Seyfang, G., Kunze, I., Dorland, J., Strasser, T. (2016). TRANSIT WP3 deliverable D3.3 –A second prototype of TSI theory. http://www.transitsocialinnovation.eu/resource-hub/transit-wp3-deliverable-d33-a-second-prototype-of-tsi-theory-deliverable-no-d33. Zugegriffen: 08.02.2021.

Haxeltine, A., Kemp, R., Dumitru, A., Avelino, F., Peland, B., Wittmayer, J. (2015). TRANSIT WP3 deliverable D3.2 – A first prototype of TSI theory. http://www.transitsocialinnovation.eu/resource-hub/transit-wp3-delverable-d32-a-first-prototype-of-tsi-theory. Zugegriffen: 08.02.2021.

Hennig, M. (2010). Soziales Kapital und seine Funktionsweise. In: C. Stegbauer, & R. Häußling (Hrsg.). *Handbuch Netzwerkforschung* (S. 176–189). Springer VS.

Kelley, D., & Kelley, T. (2014). *Kreativität und Selbstvertrauen.* Verlag Hermann Schmidt.

Lewrick, M., Link, P., & Leifer, L. (Hrsg.). (2017). *Das Design Thinking Playbook.* Verlag Franz Vahlen.

Löwenstein, H., & Emirbayer, M. (Hrsg.). (2017). Netzwerke, Kultur und Agency. Problemlösungen in relationaler Methodologie und Sozialtheorie. *Metropolis,* (S. 197–232). Beltz Juventa

OECD (2011): Perspectives on Global Development 2012. Social Cohesion in a Shifting World, OECD Publishing. https://www.oecd-ilibrary.org/development/perspectives-on-global-development-2012_persp_glob_dev-2012-en. Zugegriffen: 27.03.2022.

Plattner, H., Meinel, C., & Weinberg, U. (2011). *Design Thinking. Innovationen lernen – Ideenwelten öffnen.* mi-Wirtschaftsbuch.

Scharpf, F. (2000). Interaktionsformen. Akteurszentrierter Institutionalismus in der Globalisierung. In S. Jansen & S. Schleissing (Hrsg.): *Konkurrenz der Politikforschung.* Leske + Budrich.

Schönig, W. (2015). *Koopkurrenz in der Sozialwirtschaft. Zur sozialpolitischen Nutzung von Kooperation und Konkurrenz.* Beltz Juventa.

Schönig, W. (2021). *Innovation bei Koopkurrenz in Netzwerken der Sozialwirtschaft. Produktive Balance in Bewegung.* Beltz Juventa.

Schubert, H. (2018). *Netzwerkorientierung in Kommune und Sozialwirtschaft.* Springer VS.

Stegbauer, C. (2016). *Grundlagen der Netzwerkforschung. Situation, Mikronetzwerke und Kultur.* Springer VS.

Stegbauer, C., & Häußling, R. (Hrsg.). (2010). *Handbuch Netzwerkforschung.* Springer VS.

Wald, A. (2010). Netzwerkansätze in der Managementforschung. In C. Stegbauer & R. Häußling (Hrsg.). *Handbuch Netzwerkforschung.* Springer VS, (S. 627–634).

Walley, K. (2007). Coopetition: an introduction to the subject and an agenda for research. In *International Studies of Management and Organization,* 37. Jg, 2/2007 (S. 11–31).

Weber, T. (2000). Wettbewerb als Sachzwang? Kooperation vor dem Hintergrund der Globalisierung. In St. A. Jansen & St. Schleissing (Hrsg.): *Konkurrenz und Kooperation. Interdisziplinäre Zugänge zur Theorie der Co-opetition.* Metropolis, (S. 197–232).

Yang, S., & Chou, C. (2014). Knowledge exchange and knowledge protection in interorganizational learning: The ambidexterity perspective. In *Industrial Marketing Management,* Bd. 43 (S. 346–358).

Werner Schönig, Prof. Dr. rer. pol. habil. (w.schoenig@katho-nrw.de) Professur für Sozialökonomik und Konzepte der Sozialen Arbeit an der Katholischen Hochschule Nordrhein-Westfalen, Abteilung Köln, Fachbereich Sozialwesen. Arbeitsschwerpunkte: Armut, Sozialraum und Sozialökonomik, letzteres mit Fokus auf Koopkurrenzbeziehungen und Innovationsmanagement sowie Netzwerkforschung und Netzwerkarbeit.

Herbert Schubert, Prof. Dr. phil. Dr. rer. hort. habil. (herbert.schubert@sozial-raum-management.de, herbert.schubert@th-koeln.de) war Gründungsdirektor des Instituts für Angewandtes Management und Organisation in der Fakultät für Angewandte Sozialwissenschaften der TH Köln und lehrte Architektursoziologie an der Leibniz Universität Hannover, seit 2017 Beratung und Forschung im Büro „Sozial • Raum • Management" in Hannover mit den Schwerpunkten städtebauliche Kriminalprävention, integrierte Sozialplanung und Netzwerkmanagement im Quartier.

Mit LISSI & HÖSL zur Community Nurse – Die funktionale Organisation digital überwinden

Paul Brandl, Gabriela Hösl und Jürgen Schnabler

Inhaltsverzeichnis

P. Brandl (✉)
Brandl & Brandl OEG, Leonding, Österreich
E-Mail: paul.brandl@kabelspeed.at

G. Hösl
freiberuflich, Loich, Österreich

J. Schnabler
Fa. Lifesystems, Hofamt Priel, Österreich
E-Mail: schnabler@lifesystems.at

B. Schmidtke et al. (Hrsg.), *Sozial - Innovativ - Nachhaltig,* Perspektiven Sozialwirtschaft und Sozialmanagement,
https://doi.org/10.1007/978-3-658-42847-1_12

1 Der Konnex zur „Sozialen Innovation"

Pandemie, demografische Entwicklung und Pflegekräftemangel sind zu den technologischen Entwicklungen die wesentlichen Treiber zur Veränderung – auch im Bereich der Sozialwirtschaft. Die Grenzen der bestehenden funktionalen Organisation im Sinne des Input–Output-Modells sind erreicht. Ausgehend von dieser Einschätzung sind ressourcenschonende und nachhaltige Strategieentwicklungen gefragt. Die notwendigen Veränderungen haben ökonomische, ökologische und soziale Anforderungen gleichzeitig zu erfüllen. Gefordert ist ein Um- und Neudenken in Richtung dieser strategischen Weiterentwicklung von sozialen Dienstleistungen. Zugrunde liegende Prozesse dürfen nicht mehr nur auf die Klient*innen ausgerichtet sein. Ein „Weiter wie gehabt" funktioniert zunehmend nicht mehr. Die Denk- und Arbeitsweise muss zunehmend von den Klient*innen aus – also personenindividuell – gedacht werden. Dieser Paradigmenwechsel ist bereits im Gange. Die Reise geht in die Themenbereiche von Prozess- und Dienstleistungsinnovationen. Um die steigenden Anforderungen an die sozialen Dienstleistungen erfüllen zu können, bedarf es „sozialer Innovation" – einem mutigen Ausprobieren von Ideen im Rahmen von überschaubaren Pilotprojekten. Dies gilt auch für die dem Pflegemodell HÖSL als Basis dienende salutogenetische Arbeitsweise – ausgehend von den noch vorhandenen Fähigkeiten und Möglichkeiten der zu versorgenden Personen mit Unterstützungsbedarf hin zu vorübergehenden oder dauernden Einschränkungen betroffener Personen. Das analoge Pflegemodell HÖSL wird durch die Software LISSI digital erweitert. Erst diese digitale Zusammenarbeit ermöglicht eine bei den Bedürfnissen der Klient*innen ansetzende personenindividuelle Zusammenarbeit aller notwendigen Dienst-, Betreuungs-, und Pflegeleistungen – eine in der Regel unternehmensübergreifende Zusammenarbeit mehrerer Professionen. Die erforderlichen Sozial- und Dienstleistungen müssen tunlichst personenindividuell und ressourcenschonend erbracht werden. Das Anforderungsprofil an die Führungskräfte verändert sich in Richtung „Profiler" und erfordert zudem ein neues Mind-Set – heruntergebrochen auch auf die Pflegeprozessplanung. Das analog umgesetzte Pflegemodell HÖSL mit der digitalen Erweiterung durch die Software LISSI wird nachfolgend vor dem Hintergrund der Grenzen der funktionalen Organisation und den Möglichkeiten der Zusammenarbeit von Mitarbeiter*innen unterschiedlicher Funktionen und Organisationen dargestellt.

2 Am Anfang standen mehrjährige Berufserfahrung, Ausbildung, internationale Recherche und interdisziplinäre Zusammenarbeit

Eine Diplomierte Gesundheits-, und Krankenpflegeperson (DGKP) mit langjähriger Erfahrung in Dialyse-, Endoskopie-, Isotopen-, Intensiv- und Langzeitpflege mit Ausbildung zur Wundmanagerin sowie einem Masterlehrgang „Höheres Pflegemanagement“ und einer Ausbildung für Medizinproduktehandel machte sich 2004 im ländlichen Bereich als DGKP selbständig. Sie wusste aufgrund ihrer langjährigen Erfahrung, dass zur Versorgung ihrer Klient*nnen nicht nur medizinische Pflege und Betreuung notwendig ist, sondern viel mehr auch Medizinprodukte, Lebensmittel sowie eine Reihe weiterer Dienstleistungen wie etwa Friseur oder Reinigung zur Bewältigung des täglichen Lebens unkompliziert angeboten werden müssen. Bevor sie ihre Selbständigkeit startete erwarb sie zudem die Gewerbeberechtigungen im Bereich des Medizinprodukte- bzw. Einzelhandels und arbeitete bereits mit den relevanten, regional verfügbaren Dienstleister*innen zusammen. Damit konnte sie für ihre Klient*innen alle notwendigen Produkte und Dienstleistungen organisieren, die zu einem möglichst selbständigen Leben im Alter notwendig sind: Organisation und Koordination der medizinischen Versorgung, Therapiemaßnahmen, Dienstleistungen des täglichen Bedarfs, Medizinprodukte, pflegerische Fachberatung und rechtzeitige Vor- und Nachsorge bei geplanten Operationen sowie die Organisation einer Alltagsbetreuung im Bedarfsfall. Im Laufe ihrer Tätigkeit erweiterte sie schrittweise ihren Tätigkeitsbereich und somit auch das Dienstleistungsangebot für ihre Klient*innen. Schon recht schnell nach dem Start der Selbständigkeit ergab sich die Anforderung, die Versorgung eines behinderten Kindes samt seinem alleinerziehenden Vater zu organisieren: Es entstand – nachträglich gesehen – zunächst eine regionale, analoge Plattform nach dem Pflegekonzept HÖSL[1]), die eine Betreuung eines behinderten Kindes 24 h/7 Tage sicherstellte. Da der Vater im IT-Bereich tätig war und ist, konnten die als notwendig erkannten Versorgungsaktivitäten in mehreren Stufen in eine digitale Plattform eingebunden werden. Deren Mittelpunkt sind heute die medizinisch verordneten und pflegerischen Leistungen. Dazu kamen die notwendigen weiteren Dienstleistungen des täglichen Lebens – nach Bedarf der jeweiligen Klient*innen und entsprechend der regionalen Möglichkeiten. Dieses analoge Netzwerk wird schrittweise durch eine digitale Plattform entsprechend dem analogen Pflegekonzept ergänzt und unterstützt. Diese digitale, regionale und personenzentrierte Plattform erhielt

---

[1] HÖSL = **H**ome case & caring **ö**konomisch **s**icher **l**eben.

den Namen LISSI[2] (= **L**ebe **i**mmer **s**elbständig und **si**cher) und wird mittlerweile zur Unterstützung der mobilen Pflege und Betreuung von Personen mit Selbstversorgungsdefiziten[3] (also auch von Behinderten bis hin zu operierten Klient*innen oder Unfallpatient*innen) angeboten und schrittweise eingeführt. Ein weiterer Baustein und theoretische Basis für die Pflegedokumentation für die Modelle HÖSL und LISSI ist das Pflegemodell nach Krohwinkel (2013) im Sinne eines Case & Caremanagements mit den Aktivitäten des täglichen Lebens. Es ermöglicht eine Einbindung von Wundmanagement, Personenbetreuung, Angehörigen und Freiwilligen sowie nach Bedarf von Dienstleister*innen der Region. Diese analoge und digitale Zusammenarbeit ermöglicht eine sehr niederschwellige, auch mehrsprachige[4] Dokumentation für Pflege und alle übrigen Dienstleistungen – auf der Grundlage der österreichischen Rechtslage incl. der DSGVO. Ausschlaggebend sind jeweils die Kompetenz und der Handlungsrahmen der Leistungserbringer*innen. Die Bezeichnung als „Community Nurse" oder „Gemeindeschwester"[5] oder „Grätzlschwester[6]" kann frei gewählt werden – vordergründig sollte es für die Bevölkerung gut verständlich eine Anlaufstelle mit einem dahinterstehendem Geschäftsmodell und den oben geschilderten medizinischen, pflegerischen und therapeutischen Dienstleistungen sowie den Dienstleistungen des täglichen Bedarfs sein. Die Entwicklung zur Netzwerkorganisation wird zusammen mit weiteren Entwicklungspartner*innen im Bereich des Wundmanagements und der Medikamentenversorgung (insbesondere der digitalen Verblisterung) vorangetrieben.

Nachfolgend wird zur besseren Verständlichkeit in einem ersten Schritt auf die derzeit bestehenden Mängel der funktional organisierten, mobilen Betreuungs-, und Pflegedienstleistungen eingegangen. Danach folgt als weiterführende Antwort das salutogenetisch aufgebaute, analoge Modell „HÖSL". Erst dann wird die darauf aufbauende Software „LISSI" vorgestellt.

---

[2] LISSI = **L**ebe **i**mmer **s**elbständig und **si**cher.

[3] Etwa die ACP-WN Lissi Group GmbH (https://www.lissigroup.at) incl. 24 h Betreuung oder das Commuunity Health Team (https://community-health-nurse.at) ausgehend von der Beratung.

[4] Das Angebot wird laufend angepasst.

[5] Das ist die derzeitige Bezeichnung, obwohl sie nicht genderkonform ist. Der englische Begriff der „Community Nurse" stößt derzeit bei manchen auf Grund von Sprachbarrieren auf Widerstand.

[6] Siehe oben.

3 Probleme der mobilen Betreuung und -pflege

Beim längeren Verbleib von Personen mit verminderter Mobilität zu Hause oder in einer betreuten Wohnform werden Schwierigkeiten bei der Versorgung von täglich bzw. regelmäßig benötigten Dienstleistungen offensichtlich. Die Anforderungen an die Ausstattung der leistungserbringenden Einrichtungen und an die Qualifikation der Betreuenden steigen mit sinkender Mobilität. Zudem ist ein Eingehen – entlang der Salutogenese – auf die noch vorhandenen Fähigkeiten der Personen mit Selbstversorgungsdefiziten unabdingbar. Der Pflegeprozess dient schon hier als grundlegendes Assessement. Wobei insbesondere am Beginn der häuslichen Settings Betreuung im Mittelpunkt steht und kaum pflegerische Maßnahmen benötigt werden. Im Fokus stehen die Alltagsbetreuung, Ablauforganisation und Maßnahmen für den sicheren Verbleib zu Hause. Als Kontrollinstrument dient die in regelmäßigen Abständen stattfindende Pflegevisite mit dem obligatorischen Pflegeprozess als Planungsinstrument. Die Intervalle sind vom Gesundheitszustand der Klient*innen abhängig. Damit kann das Bild von den Grenzen einer funktional organisierten Arbeitsweise im Bereich der mobilen Altenbetreuung und -pflege dargestellt werden. Ziel ist es, dass in Zukunft die Menschen länger in der eigenen Wohnung verbleiben und sicher versorgt werden können. Ein Wechsel in ein Alten- und Pflegeheim sollte als Wechsel in eine Art „Sonderkrankenhaus" gesehen werden. Aus Berichten von mobil betreuten Personen, Angehörigen und Mitarbeiter*innen, eigenen Erfahrungen als Beraterin und als DGKP sowie insbesondere auch als Pflegegeldgutachterin wurden die nachfolgend dargelegten Punkte über mehrere Jahre hinweg gesammelt und sukzessive verdichtet. Die nachfolgende Problemsammlung kann ggf. nach Bedarf weiter ergänzt werden und stellt die Grundlage („Vom Problemdenken hin zum lösungsorientierten Denken") für das Pflege- und Betreuungsmodell HÖSL dar – immer entsprechend der österreichischen Gesetzgebung:

- Die **„Pflegedokumentation"** in der mobilen Altenbetreuung findet in der mobilen Pflege und Betreuung häufig immer noch **in Papierform** statt, wobei Teile davon in den Wohnungen (auch offen zugänglich) liegen sowie andere Teile von den Mitarbeiter*innen der mobilen Dienste mitgenommen werden. Ein enormes Fehlerpotential. Klient*innen, deren Angehörige oder andere berechtigte und involvierte Personen können die Vorgeschichte und den Status der Klient*innen schwer/nicht nachvollziehen.

- Auch die **Terminisierung von und die Durchführung geplanter Leistungen** ist so **nicht transparent** nachvollziehbar. Eine Zeitaufzeichnung erfolgt in der Regel nach Zeitvorgaben für die Mitarbeiter*innen – die der Einsatzleitung zur Berechnung zur Verfügung stehen. Anfang und Ende der Tätigkeit wird mittels Handy digital erfasst, die über die Vorgabe hinausgehende Zeit verfällt. Der Zeitdruck für die Mitarbeiter*innen und die Klient*innen ist enorm. Eine unbefriedigende Situation. Für Gespräche oder eine Pflegeprozessevaluierung – insbesondere auch eine Analyse bzw. Evaluierung des Ressourcenbedarfes während der Leistungserbringung – bleibt nicht wirklich Zeit – gleiches gilt für Pflegevisiten, wobei hier noch immer das neuerliche Schreiben von langen Prosaberichten durch digitales Assessement wesentlich reduziert werden kann.
- Auffällig ist die streng **arbeitsteilige Arbeitsweise**, bei der zumindest zwei verschiedene Organisationen die erforderlichen sozialen Dienstleistungen erbringen. Dabei sind viele Berufsgruppen wie DGKP, Heimhilfen, Physio-, Ergotherapie, Logopädie, Betreuer*innen, u. v. m. beteiligt. Dazu kommen noch die neu ausgebildeten Pflegeassistent*innen und Pflegefachassisten*innen, die die Arbeit nebeneinander und mit wenig persönlichem Kontakt – und damit **häufig fehlender Information** sowie auch daraus resultierenden Konflikten und Fehlern – erbringen. Die **Transparenz und Übersicht fehlen**, sie kann weder zentral noch von den Klient*innen nur marginal abgerufen werden.
- **Zeitmangel durch rigorose Personaleinsatzplanung** lässt den Ausführenden wenig Spielraum. Eine Beratung für notwendige Wohnraumadaptierungen in Folge abnehmender Mobilität und eventuelle Aufbereitung von Ge- und Verbrauchsressourcen wird nicht als Dienstleistung der mobilen Betreuung gesehen. Eine Unterstützung zu mehr Selbständigkeit, also auch richtig eingesetzte Education, ist ebenso nicht in den Geschäftsmodellen verankert und unterbleibt in der Regel.
- Die **Arbeitsweise ist nicht auf die Beseitigung der Probleme gerichtet.** Der Fokus liegt in der möglichst raschen Leistungserbringung. Es kann keine salutogenetische Arbeitsweise, aufbauend auf die noch vorhandenen Fähigkeiten der Klient*innen mangels Zeitdruck geboten werden.
- Wenn die **Koordination der handelnden Personen** (ggf. aus zwei Organisationen) mal **nicht klappt**, hat das ein steigendes Konfliktpotential zur Folge.

- **Problemfeld Entlassung**: Wenn es niemand erfährt, dass in Zukunft eine Klient*in extramurale Hilfe nach einem Krankenhaueaufenthalt benötigt, kann auch niemand eingreifen. Zusätzliche „Strafverschärfung": **Entlassungsmanagement kann nur bis zur Kliniktür** begleiten. Die Realität vor Ort wird so meist nicht gesehen. Eine Kooperation oder geplante Übergabe kann in der Regel nicht erfolgen.
- Die hierarchische Organisation führt zu einem Rechtfertigungs- und Leistungsdruck der Ausführenden. Das kann nicht immer **an den Bedürfnissen der Klient*innen ausgerichtet** werden. Ergebnis: Frustration der Mitarbeiter*innen durch Überforderungen.
- Trotzdem erfolgt gelegentlich vom Betreuungs- und Pflegepersonal die **Übernahme von nicht pflegerischen Tätigkeiten trotz Personal- und Zeitmangel** wie z. B. Haare schneiden, Maniküre, Pediküre, Putzen, Wäsche, Raumaufbereitung, Einkaufen, manchmal sogar Transporte etc.
- **Fehlende Nahtstellen zu den Angehörigen und Freiwilligen/Nachbarn vor Ort** sind typisch für eine funktionale Organisation, auch wenn die Dienstleistungen im besten Wissen und Gewissen erbracht werden. Die Arbeit driftet somit an den Bedürfnissen des Klientels vorbei. Häufige Konfliktpunkte sind die zeitliche Aufteilung und rechtzeitige Verfügbarkeit der Ressourcen.
- Auch die Einbindung des **elektronischen Gesundheitsaktes (ELGA) ist in weiter Ferne**, sodass Medikationsfehler nicht wirksam vermieden werden können. Als Beispiel ist eine **häufig fehlende, vidierte und aktuelle Medikationsliste** zu nennen, die oft handschriftlich abgeschrieben wird. Ein enormes Gefahrenpotenzial
- Eine **Einbindung der regionalen Wirtschaft** als wirksame Unterstützung der Klient*innen unterbleibt – weil im Geschäftsmodell nicht enthalten.

In einem ersten Schritt geht es darum, die Betreuungs- und Pflegesituation aus organisationstheoretischer Sicht zunächst als vorhandenes, unvollständiges analoges Netzwerk darzustellen. So werden die geschilderten Versorgungs- und Betreuungsprobleme noch verständlicher, gleichzeitig bieten sich damit bereits digitale Lösungsrichtungen an (Brandl et al. 2019) (Abb. 1):

Es geht um ein Offenlegen der in funktional organisierten Organisationen auftretenden Mängel. Insbesondere an den Schnittstellen, die bei der Weiterentwicklung der mobilen Betreuung und -pflege beachtet und zu Anforderungen für eine klient*innengerechte Lösung gemacht werden müssen. Die Klient*innen stehen aus Gründen der Darstellung im Mittelpunkt der obigen Grafik, eine

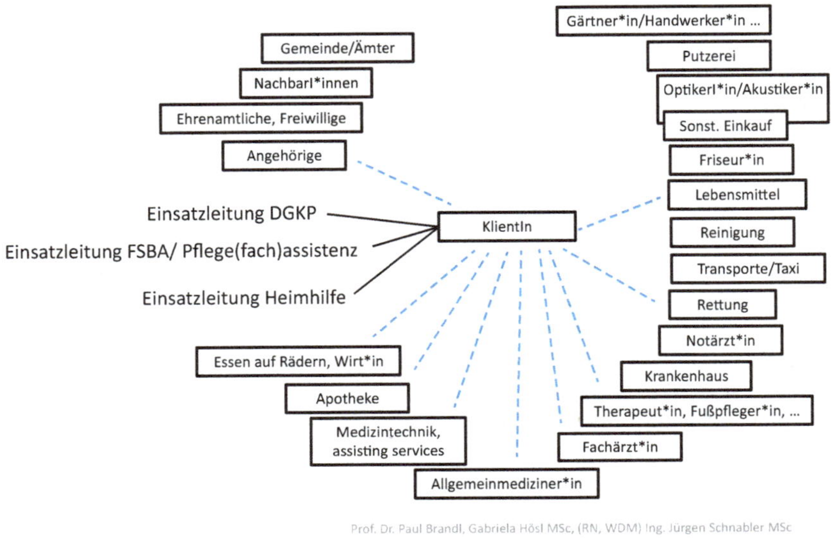

Abb. 1 Die funktionale Organisation der derzeitigen mobile Betreuung und Pflege (eigene Darstellung)

Arbeitsbeziehung (durchgehender Strich) existiert jeweils nur zu den drei pflegenden Funktionsgruppen: DGKP, FSBA[7], Pflegeassistenz, Pflegefachassistenz und Heimhilfe. Von Hausärzt*innen und Apotheken abgesehen, wird viel improvisiert (strichliert dargestellt). Es verstreicht viel Zeit bis die Besorgung oder Inanspruchnahme einer Dienstleistung möglich ist – entsprechend dem jeweiligen sozialen Netz von Verwandten, Bekannten, Freiwilligen etc. vor Ort. Eine Wochenendentlassung bedeutet häufig ein extrem hohes Risiko einer neuerlichen Akutaufnahme in ein Klinikum. Eine digitale Unterstützung erfolgt bestenfalls innerhalb der sozialen Dienstleister und vielleicht auch noch via WhatsApp[8], womit es praktisch keine Unterstützung durch eine unternehmens- bzw. berufsübergreifenden Arbeitsweise gibt. Es existiert auch keine IT-integrierende Arbeitsweise, womit auch eine Anbindung an ELGA fehlt.

Oberste Priorität hat daher, im Sinne der Ökonomisierung, eine digitale Vernetzung, die eine sofortige Verfügbarkeit von medizinischen Daten für und eine sofortige Übertragung von (Termin-)Änderungen an alle Beteiligten ermöglicht.

[7] FSBA = Fachsozialbetreuer Altenarbeit.

[8] Whatsapp ist legistisch nicht erlaubt.

Nicht nur in Zeiten von Corona, können damit Arbeitsabläufe hygienischer, mit weniger Fehlern und wesentlich weniger Zeitaufwand (= schneller) ablaufen. Der digitale Hausbesuch kann damit sofort realisiert werden.

4 Das analoge Pflegemodell „HÖSL“: Versorgung von Personen mit Selbstversorgungsdefiziten als erster Lösungsschritt

Insbesondere das Ansteigen der Anzahl von Personen mit Selbstversorgungsdefiziten und der Mangel an Pflegepersonal bringen die derzeit überall angewandte, funktionale hierarchische Organisationsform an ihre Grenzen. Immer mehr Flexibilität beim Anpassen an den tatsächlichen, individuellen Bedarf ist/wird dringend nötig. Immer ausgefeiltere medizinische Leistungen lassen die Lebenserwartung der Bevölkerung steigen. Der rechtliche Rahmen der Krankenanstaltenfinanzierung senkt die Verweildauer in den Kliniken und erhöht das Ausmaß der Komplikationen nach den verkürzten Krankenhausaufenthalten. Die Patient*innen benötigen nach Krankenhausaufenthalten oder auch bei akut auftretenden Erkrankungen unkompliziert raschen Rat und Unterstützung, Begleitung, Administration sowie Alltagsbetreuung durch eine kompetente Person (vgl. Brandl et.al. 2019). Diese Anlaufstelle mit möglichst professionellen Pflegepersonen muss möglichst in der Nähe des Wohnortes sein. Dabei kann durchaus eine der vielen Community (Health) Nurse-Projekte als regionale „Anlaufstelle für Beratung in Fragen der Altenbetreuung und -pflege“ unterstützen. Diese greifen in ihrer arbeitsteiligen Form zu kurz, weshalb diese Leistungserbringungsmodelle neu gedacht werden müssen: von sogenannten Funktionsmodellen hin zu „Raummodellen“ im Sinne von regionalen Modellen der mobilen Betreuung und -pflege. Es fehlt bei genauerer Betrachtung von Personen mit Selbstversorgungsdefiziten (unabhängig vom Alter) ein (rasch verfügbares) Bindeglied am Gesundheits- und Sozialleistungssektor zwischen den Klient*innen und den professionellen Dienstleister*innen im regionalen Setting. Daraus entwickeln sich zunehmend kostspielige Situationen für das Gesundheits- und Sozialsystem, die auch für die Patient*innen **sehr unangenehm** sind. Diese Notfälle können mangels Wissen und Netzwerk nicht verhindert werden. **Noch wird dieses fehlende Bindeglied im Bereich der Gesundheits- und Sozialdienstleistung oftmals als Hausärzt*innenmangel und/ oder Mangel an Pflegepersonal definiert.** Der Bedarf kann aber durch Mediziner*innen nicht kompensiert werden. Nicht nur die Betrachtung des Curriculums für ein Medizinstudium sondern auch die Praxis zeigt, dass die medizinische Kernkompetenz keine Form von Alltagsadministration und Tagesablaufplanung für Menschen mit Selbstversorgungsdefiziten umfasst. Die aktuelle Terminkultur zur Diagnosestellung und damit korrelierende lange Wartezeiten fördern diese kostenintensiven Komplikationen. Die „Industrialisierung von Gesundheitsleistungen" mit sehr straffem Zeitmanagement durch extramurale Dienste hat einen kostenträchtigen Tribut für die zahlenden Stellen zur Folge – aus pflegerischer Sicht, in Notfallsituationen und aus therapeutischer Sicht. Es fehlt an Prävention, Empowerment und Stärkung der Selbstkompetenz bei den Betroffenen und deren Angehörigen. Sobald die Betroffenen in eine wohnortfernere Pflegeeinrichtung übersiedeln, steigen die Kosten für die Träger*innenorganisation. Die Gemeinden sind nicht mehr Teil des Geschehens und verlieren damit regionale Kaufkraft. Ziel muss es daher sein, eine ökonomische und nachhaltige Leistungsform mit moderaten Kosten für die Träger*innen zu generieren. Dazu braucht es das oben angesprochene Bindeglied als niederschwelliges Angebot: eine an den Ressourcen der Klient*innen ansetzende Arbeitsweise. Unabhängig von den sozialen Dienstleistern muss es Ziel sein, den Verbleib der Klient*innen im häuslichen Umfeld möglichst lange **bestmöglich und sicher** zu prolongieren. Damit werden auch die betroffenen Personen in ihrem Umfeld für die Gesellschaft und damit die Kaufkraft für die Wirtschaft in der Region erhalten. **Grundlegend ist, dass die Bevölkerung wissen muss, dass ein entsprechendes Angebot, egal mit welcher Bezeichnung, besteht.**

Sobald ein gesundheitlicher „Akutfall" eintritt, welcher aus der Sicht der behandelnden Mediziner*in ein vorübergehendes oder dauerndes Casemanagement von Pflegeexpert*innen benötigt, wird eine **„Administrationszentrale" in Gestalt der regionalen Pflegeexpert*in** verständigt. Hierhin sollen sich auch Angehörige wenden können. Nach einer Basisdatenerhebung wird ein bedarfsgerechter Pflege- und Betreuungsprozess erstellt. Dazu sind bestehende Leistungsformen bzw. extramurale Pflegedienstleistungen oder Dienstleistungen des täglichen Bedarfs einzubinden, zu organisieren und zu administrieren. Mit dem Modell HÖSL, das in analoger Form von einer selbständig arbeitenden DGKP mit den entsprechenden Qualifikationen erarbeitet und erprobt wurde, konnten die oben genannten Versorgungs-, Informations-, Betreuungs-, oder Beratungslücken geschlossen werden. Regelmäßige, vom jeweiligen Gesundheitszustand der Klient*innen abhängige Pflegevisiten sind obligatorisch und werden (mit gleichbleibendem, strukturiertem Wording) dokumentiert: von sehr engmaschig bis halbjährlich. Durch eine einheitliche Dokumentation der Arbeit entlang des Pflegeprozesses gelingt diese Anpassung der Nomenklatur. Mit der Zeit wurde daraus das Pflegemodell „**H**ome Case & Caring **Ö**konomisch **S**icher **L**eben" (kurz HÖSL-Modell). Es bringt für die Kostenträger*innen ein Mehr an Transparenz für zu erbringende bzw. erbrachte Leistungen und verfolgt auf der Makro-Ebene folgende Zielsetzungen:

- **Mehr Spielraum für die Umverteilung von personellen, finanziellen und materiellen Ressourcen** schaffen,
- indem **Menschen möglichst lange selbstbestimmt in ihrem vertrauten Umfeld** belassen werden können. Die Alltagsbetreuung muss im Bedarfsfall tunlichst von örtlich verfügbaren Dienstleister*innen bzw. Pflegedienstleister*innen übernommen werden.
- Solange diese Menschen **in der eigenen Wohnung verbeiben** können, entstehen **keine Kosten für die öffentlichen Kostenträger*innen**. Die Kosten für den Verbleib im eigenen Heim werden von den Betroffenen und deren Familien getragen. Fehlen diese Mittel und/oder das Empowerment der Angehörigen, dann wird eine Unterstützung der öffentlichen Hand notwendig: Mobile Betreuung, Pflegedienste, 24 h-Personenbetreuung oder ein Aufenthalt in einem Alten-/Pflegeheim.
- **Degressive Kosten durch prozessbasierte Qualitätssicherung von Gesundheitsleistungen und Vermeidung pflegeinduzierter Komplikationen,** die mit hohen Kosten für medizinisch-chirurgische Eingriffen oder kostenintensive Therapiemaßnahmen verbunden sind.

Diese Makroziele des Pflegemodells „HÖSL“ werden nachfolgend präzisiert, sodass man dadurch eine bessere Vorstellung bekommt:

- **Mit Generalist*innen aus der GuKP** ist für Menschen mit Selbstversorgungsdefiziten als **Alltagsabsicherung eine regionale Anlaufstelle** anzubieten und die **Voraussetzungen für „Administrationszentralen“** zu schaffen.
- Für Klient*innen und pflegende Angehörige ist eine unkomplizierte Unterstützung und **Administration von Pflegeleistungen sowie Dienstleistungen des täglichen Bedarfs** anzubieten.
- Eine **am Leistungsportfolio von Hausärzt*innen und Fachärzt*innen orientierte Entlastung von Routinetätigkeiten** kann so ermöglicht werden. Mediziner*innen sind weder zuständig, noch haben sie die Zeitressourcen Alltagsbetreuung und Abläufe zu administrieren.
- **Eine (mehrsprachige) Begleitung einer 24 Stundenbetreuung** (Tagesablaufplan, Wochenplan, Administration diverser Dienstleistungen und Sprachanpassung) kann/muss angeboten werden.
- Eine **niederschwellige Dokumentation** für alle im „CASE“ eingebundenen Personen in der Gesundheits- und Krankenpflege **mit gleichem Wording** ist

elektronisch anzubieten – ebenso für alle regionalen Dienstleister*innen entsprechend der Funktion im jeweiligen Fall und entsprechend der DGSVO. Damit soll mehr Lebensqualität für die Klient*innen verbunden sein.
- Ein **ökonomisch organisiertes Bindeglied in der Versorgungskette** für Gesundheits- und Sozialleistungen vom Krankenhaus über Medizin und Apotheke bis hin zu den Klient*innen kann so angeboten werden. Die Folge sollte auch eine (messbare) Reduktion von Komplikationen nach Krankenhausaufenthalten sein.
- Das **Konzept „Primärversorgung NEU“** (Gesundheit Österreich 2022) kann so patientenorientiert umgesetzt werden – sowohl im ruralen als auch im urbanen Bereich. Die an die **Primärversorgung** angeschlossenen oder mit diesen kooperierenden **Administrationszentralen** ermöglichen eine **patientenindividuelle Alltagsbetreuung.**
- Auch eine **Entlastung der Akuteinrichtungen** durch Outsourcing von Case & Caring aus den Kliniken in den extramuralen Bereich sollte damit möglich werden.

In der Folge wird zwischen Dienstleistung und Pflegeleistung unterschieden, sodass auch alle Dienstleistungen des täglichen Bedarfs angeboten werden können. Das Versorgungsmodell kann in Verbindung mit Blaulichtorganisationen, Gemeinden, Betreibern von betreubaren Wohneinrichtungen, sozialen Dienstleister*innen sowie selbständigen DGKP entsprechend dem unten angeführten Anforderungsprofil angeboten werden – also eigenständig oder als Teil einer größeren Organisationseinheit. Es sieht eine personenindividuelle und klient*innenbezogene Kooperation von allen vorhandenen Gesundheits- und Sozialdienstleister*innen sowie regionalen Dienstleister*innen für das Decken des täglichen Bedarfs vor. Damit entspricht das HÖSL-Modell den Empfehlungen der WHO (vgl. Fonds Gesundes Österreich 2022) als eine effiziente und ökonomische Kombination von Gesundheits- und Sozialdienstleistungen einerseits sowie notwendigen Dienstleistungen des täglichen Bedarfs andererseits. Damit wird die Rolle der „Community Nurse“ als Neudefinition der klassischen mobilen Altenbetreuung verstanden – eine Ausrichtung auf eine regional angesiedelte, patientenindividuell ausgerichtete Organisation zur Unterstützung von Personen mit Selbstversorgungsdefiziten. Je nach Anzahl der zu betreuenden Klient*Innen kann die Arbeit auch auf mehrere Beschäftigte aufgeteilt werden.

Im Sinne eines Unternehmens ist es notwendig, dass eine Basisfunktion bezüglich Rechnungswesen und Betriebswirtschaft vorhanden ist. Die GuKP als eigenständige Berufsgruppe kann, darf und muss in Umsetzung der ärztlichen Anordnungen eigenverantwortlich, also selbständig zum Wohle der Klient*innen agieren. Eine regionale Organisation braucht dazu als gemeinsames, unternehmensübergreifendes Bindeglied in der Versorgungskette eine Administrationszentrale. Damit soll eine 24/7 tätige Organisation und eine gesicherte Durchführung von Pflege-, Betreuungs- und Versorgungshandlungen für Menschen mit Gesundheitsdefiziten mit moderaten Kosten für die Kostenträger*innen und die Klient*innen etabliert werden. Eine transparente, qualitätsgesicherte und einfach nachvollziehbare Erbringung von Gesundheits-, Pflegeleistungen, Betreuungsleistungen sowie auch die Organisation von Dienstleistungen des täglichen Bedarfs erfordern eine transparente Dokumentation entlang dem Pflegeprozess. Letzterer ist Kernkompetenz einer „Community Nurse": Das Leistungsportfolio umfasst so den Rahmen des GuKG i. d. g. F. entsprechend dem persönlichen Ausbildungsstand der jeweiligen Mitarbeiter*innen. Die Dokumentation richtet sich nach den Aktivitäten des täglichen Lebens (vgl. Krohwinkel, 2013). Diese Denkstruktur ist für den Homecarebereich mit involvierten Angehörigen oder Freiwilligen am einfachsten zu erklären bzw. umzusetzen. Dokumentation digital, weil für alle relevanten Personen verfügbar. Anamnese mit Biographie und Pflegediagnosen, die erforderlichen Interventionen, Delegation und Subdelegation, Pflegevisiten – und eventuelle Evaluierung an Hand der Aktivitäten des täglichen Lebens (vgl. Arendt, 2018) – werden dokumentiert. Das Unterstützungsmodell erkennt über Alltagsroutinen die erforderlichen Aktivitäten und signalisiert den Beteiligten wie es den Betroffenen geht (rot/grün). Damit fällt der häufigere Bedarf eines (roten) Notrufknopfes – meist am Handgelenk getragen – weg. Für diese im Vergleich zum Krankenhaus oder der Altenpflege vereinfachten Pflegedokumentation gilt:

- Entlang des Pflegeprozesses: Anamnese, Diagnose, Handlungsplanung, Durchführung und Evaluierung
- Für den häuslichen Bereich empfehlen sich frei formulierte Diagnosen – weil die Individualität im Vergleich zu stationären Einrichtungen noch wesentlich divergiert

Eine derartige „DGKP"-Praxis dient nicht nur zur Übernahme von regelmäßig in Ärzt*innenpraxen wiederkehrenden Leistungsformen wie Blutabnahmen, Messung der Vitalparameter oder diverser minimaler Therapieformen. Diese kann eine elektronische Administrationszentrale für Betroffene übernehmen. Eine simple digitale Unterstützung als „CASE" für die Planung des Pflegeprozesses kann schon sehr früh – für Alltagsbetreuung oder auch bei geringem Pflegebedarf – mit pflegenden Angehörigen begonnen werden. Pflegegeneralist*innen wie etwa Advanced Nurse Practice stehen als Assistenz im Homecare-Bereich zur Verfügung. Empowerment für Betroffene und Einschulung der Klient*innen können individuell vor Ort geboten werden. Ge- und Verbrauchsressourcen können zeitnäher und somit rechtzeitig bereitgestellt werden. Durch einen sehr frühen Einsatz der unterstützenden Maßnahmen in Form von Raumaufbereitung, Reduktion von Sturzgefahren, situationselastische und bedarfsgerechte Anpassung der Ernährung können pflegeinduzierte Komplikationen und verabsäumte Therapien mit nachfolgenden invasiven Anforderungen in hohem Ausmaß vermieden werden (z. B. Druckgeschwüre, Intertrigo, Kontrakturen, Notfalltransporte, Angst und Eskalation). Notfallfahrten der Rettungsstellen können so reduziert werden. Weiters können mit dieser Arbeitsweise die Pflegeexpert*innen in einem breiten Umfeld eine Assistenz abdecken und vermeiden somit unnötige Fahrten zu den Klient*innen. Die Leistungsformen sind so konzipiert, dass eine uneingeschränkte Kooperation mit allen vorhandenen Gesundheits- und Sozialdiensten sowie Dienstleister*innen für den täglichen Bedarf entsprechend der ÖNORM CEN/TE 16.118: Betreutes Wohnen – Anforderungen an Dienstleistungen für ältere Menschen im Rahmen der Wohnform Betreutes Wohnen (vgl. Silver Living 2022) erfolgen kann. Dazu braucht es die o.a. Kombination „Administrationszentralen/Pflegepraxis". Zusätzlich gelang es, neben der Pflegeberatung, Schulung Betroffener und pflegender Angehöriger, Wundmanagement und alle erforderlichen Medizinprodukte i. S. von Gebrauchs- und Verbrauchsartikeln für den häuslichen Bereich (Medizinproduktehandel für den Homecarebereich) bereitzustellen – alternativ kann eine Kooperation mit dem regionalen Medizinprodukte-Anbieter*innen erfolgen. Ziel für die Zukunft sollte auch eine Erreichbarkeit eines Journaldienstes über 24/7 sein – eine bedarfsgerechte Angehörigen- und Betroffenenbetreuung. In weiterer Folge kann auch eine palliative Begleitung möglich sein. Eine sehr gerne angenommene Leistungsform ist (mittlerweile) die Qualitätssicherung bei 24 h-Betreuer*innen – auch hier dient der Pflegeprozess als Kernassessment.

Die Leistungen einer solchen „DGKP" können sowohl in einem Angestelltenverhältnis als auch von selbständigen Advanced Nurse Practices (ANP) angeboten werden. Da mit einer einheitlichen Dokumentation auch ein einheitliches Wording erzielt werden kann, ist eine Stellenbeschreibung beim Einsatz von ANP's fast Voraussetzung (Tab. 1):

Daraus ergibt sich folgendes Anforderungsprofil für die Funktion einer „Community Nurse" und kann von mehreren Personen – abhängig vom Arbeitsumfang – abgedeckt werden:

Tab. 1 Stellenbeschreibung einer Community Nurse

Ziele und Funktionen der Stelle	• Selbständige Durchführung und Administration von pflegerischen Tätigkeiten insbesondere in den Bereichen §§ 14, 15 und 16 GuKG zur Abdeckung von Gesundheitsdienstleitungen im häuslichen Bereich für Betroffene, pflegende Angehörige und Interessent*innen in den Kommunen (auch im Angestelltenverhältnis)
	• Administration aller Dienstleistungen um eine zeitlich gesicherte Kontrolle aller erbrachten Leistungen zu gewährleisten
	• Pflegevisiten – entsprechend den jeweiligen Bedürfnissen, ggf. auch im Zusammenhang mit 24 Stundenbetreuung
Hauptaufgaben	• Pflegeberatung in der Praxis oder im Zuge von Hausbesuchen
	• Anleitung von Betroffenen, Angehörigen oder 24 h-Kräften bei Pflegeinterventionen
	• Durchführungskontrolle geplanter Leistungen diverser Anbieter
	• Qualitätsverbesserung von Pflege im häuslichen Bereich durch Pflegevisiten und Empowerment der Klient*innen
	• Funktion eines Bindegliedes zwischen den bestehenden Gesundheitsleistungseinrichtungen
	• Validation
	• Wundmanagement ermöglichen
	• Mentale Unterstützung aller involvierten Personen
	• Keyuser für die (elektronische) Pflegedokumentation
Abwicklung der Leistungen	• Selbständige Erbringung von pflegerelevanten Leistungen
	• Hausbesuche zur Basisdatenerhebung und Datenerfassung
	• situationselastische Pflegeprozessplanung angepasst für den häuslichen Bereich
	• Planung von außerhäuslichen Leistungen – etwa in Verbindung von Taxifahrten oder Transporten

(Fortsetzung)

Tab. 1 (Fortsetzung)

	• **Lösungsfindung** und Umsetzung mit Betroffenen, Angehörigen und eventuellen 24 h-Kräften
	• Laufende patientenindividuelle Pflegevisite und -evaluation
	• situationsangepasste Ablauferstellung
Zusatzauf-gaben	• Beratung von Interessensgruppen in der Gemeinde
	• Organisation von Informations- und Bildungsveranstaltungen für Kommunen
	• Förderung des Gesundheitsbewusstseins
	• Förderung der Selbstverantwortung in der Bevölkerung
	• Förderung systemoptimierter Abläufe im Sozialsystem
Beziehung zu anderen Stellen	Zusammenarbeit mit allen Gesundheits- und Sozialeinrichtungen, die für den Homecare-Bereich erforderlich sind
Geschäfts-gebarung	Selbständiges Führen einer Pflegepraxis oder im Angestelltenverhältnis – auch unabhängig von bestehenden Gesundheitsdienstleistungsorganisationen

- Ausbildung Gesundheits- und Krankenpflege, BSc (GUKP) und mindestens 3 Jahre Berufserfahrung
- ANP oder höheres Pflegemanagement – Minimum BSc ist empfehlenswert
- Wundmanagementausbildung plus mindestens 2 weitere Jahre Berufserfahrung wären empfehlenswert
- Grundlagen der Buchhaltung und des Rechnungswesens incl. Controlling
- Grundlagen Gewaltfreie Kommunikation wäre wünschenswert
- Kennen der einschlägigen Rechtsgrundlagen (GuKG, ÄrzteG, MABAG)
- Kennen der ÖNORM CEN-TE 16118 zum betreuten Wohnen

Simple Kennzahlen nach der Balanced Scorecard und einer gleichgeschalteten Nomenklatur machen ein transparentes Controlling möglich. Eine statistische Darstellung der Kosten für den Gesundheits- und Sozialbereich wird somit sowohl für den ruralen, als auch für den urbanen Bereich möglich. Es bietet sich mit dem Ziel der Kostenoptimierung und Qualitätsverbesserung ein mehrdimensionales Qualitätsverständnis (vgl. das pQMS extended® von Brandl/Ehrenmüller

2019) mit einer Balanced Score Card (BSC) an. Entsprechend der Zieldefinierung braucht es

- Basisdatenerhebung
- Situationsdefinition
- Zieldefinition = Vorgaben
- Durchführung = Maßnahmen
- Evaluierung = Erfolgskontrolle

Entlang der Denkfigur einer BSC lassen sich für deren vier Dimensionen folgende Kennzahlen erheben (Ergänzungen sind situationsadäquat möglich):

Für die Kund*innenperspektive

- Kund*innenzufriedenheit (an Hand eines kurzen Fragebogens)
- Angehörigenzufriedenheit (an Hand eines Fragebogens)

Für die Finanzperspektive

- Kosten für Notfalltransporte
- Kosten für invasive Maßnahmen bei chronischer Erkrankung Diabetes Mellitus Typ 1 und 2, Ulcus Cruris und Minoramputationen, Ulcus Cruris und Majoramputationen
- Folgekosten nach Amputationen
- Klinikbetten – Anzahl und Liegedauer
- Notfallaufnahmen
- Regelmäßig wiederkehrende Kosten für extramurale Pflegedienste
- Kosten für Pflegeheimbetten – Anzahl (mit Blick auf die Pflegestufe)

Für die Prozessperspektive

- Liegedauer in den Kliniken (bei optimiertem und verfügbarem Case und Caring kann früher entlassen werden)
- Education für Angehörige und Betroffene: Ziel ist eine steigende Bewusstseinsförderung der Bevölkerung und damit einhergehende Verminderung von Notfallsituationen durch Minimierung der Unsicherheiten
- Information der Administrationszentrale ab Klinikaufnahme (dient zum Outsourcing des Entlassungsmanagements für die Kliniken)

Für die Potentialperspektive

- Anzahl Personen mit Pflegestufe 4 im Homecarebereich
- Anzahl Personen mit Pflegestufe 5 im Homecarebereich
- Anzahl Personen mit Pflegestufe 6 im Homecarebereich
- Notfalltransporte – Anzahl
- Invasive Maßnahmen bei chronischer Erkrankung Diabetes Mellitus Typ 1 und 2; Ulcus Cruris und Minoramputationen, Ulcus Cruris und Majoramputationen – Anzahl
- Klinikbetten – Anzahl und Liegedauer
- Notfallaufnahmen – Anzahl
- Regelmäßig wiederkehrende Kosten für extramurale Pflegedienste – **sollten in Anbetracht des steigenden Bedarfes zumindest stagnieren.**
- Kosten für Pflegeheimbetten – Anzahl (sollten in Anbetracht des steigenden Bedarfes zumindest stagnieren)

Damit liegt eine analoge Basis für ein zu gestaltendes regionales Netzwerk in digitaler Form vor. Betreiber*in ist die „Community Nurse“ entsprechend ihrer Qualifikationen als regionale Weiterführung der mobilen Altenbetreuung und -pflege entsprechend den regionalen Erfordernissen.

5 Die digitale Plattform „LISSI“ kombiniert mit dem analogen Modell „HÖSL“

Die Firma Life Systems[9] ist ein Tochterunternehmen der Mechatron Schnabler GmbH & Co KG, welches sich seit mehr als 20 Jahren mittlerweile als österreichischer Marktführer*in zur Steigerung der Lebensqualität durch Einsatz „Assistierender Technologien“ mit der Interaktion und Usability von Menschen mit Selbstversorgungsdefiziten beschäftigt. Das Know-how der Firma Life Systems basiert somit auf der langjährigen Tätigkeit im Bereich der IKT sowie der Versorgung im Bereich Ambient Assisted Living sowie von Personen mit Selbstversorgungsdefiziten. Die Motivation zur Gründung der Firma Life Systems war eine innovative Produktidee basierend auf den Veränderungen einer älter werdenden Gesellschaft und den Anforderungen nach mehr Sicherheit und Selbstständigkeit, verbesserter Kommunikation und effizienter Gesundheitsbetreuung.

[9] Firma Life Systems: https://lifesystems.at Stand: 28.05.2022.

Das Konzept HÖSL lieferte – nach Evaluierung des Basismodells – das analoge Modell für die digitale Plattform im Pflege-, Betreuungs- und Gesundheitsbereich. LISSI steht für Lebe immer selbständig und sicher (Brandl et. al.2021) und wurde jüngst von der IÖB-Servicestelle[10] auf deren Innovationsplattform ausgezeichnet. Nicht nur ältere Menschen mit Selbstversorgungsdefiziten können und werden so in ihrer Lebensführung nach individuellem Bedarf unterstützt, um möglichst selbständig und selbstbestimmt in ihren eigenen vier Wänden leben zu können. Die vertraute Wohnumgebung der eigenen vier Wände bietet selbst im Falle einer Krankheit oder einer Verschlechterung des Gesundheitszustandes durch Casemanagement mit LISSI ein hohes Maß an Sicherheit und Geborgenheit. Das Geschäftsmodell basiert auf dem Prinzip SaaS (= Sales Software as a Service). Die wesentlichen Erfolgsfaktoren von LISSI sind:

- Gesundheitsprävention verbunden mit konstanter Gesundheitskontrolle bringt mehr Sicherheit und Unabhängigkeit für das Wohnen in den eigenen vier Wänden
- Erleichterung im Alltag für Menschen mit Selbstversorgungsdefiziten, Pflegedienste, Ehrenamt, Freiwillige und Angehörige
- Reduktion von Fahrten zu den Betroffenen durch digitale Vernetzung
- Einbinden von regionalen und externen Dienstleister*innen und deren Services
- Durch die Differenzierung von Dienstleistungen und Pflegeleistungen wird eine. bessere Personaleinsatzoptimierung möglich
- Die Dienstleistungen sind in der Regel kostengünstiger, in dem sie nicht nur durch Pflegemitarbeiter*Innen erbracht werden, sondern von den jeweils zuständigen Dienstleister*innen
- Vereinfachte, zeitgleiche Kommunikation und Organisation in der Kommune bzw. der Region, effizientere Verwaltung sowie ressourcenschonender Einsatz aller Produktionsfaktoren
- Zusätzliche Klient*innengewinnung und -bindung für Anbieter*innen im Gesundheitswesen

Mit LISSI wurde ein Softwareprodukt erstellt, welches schon bei geringem Pflegebedarf für die Alltagsbetreuung und die 24 h-Personenbetreuung mit einem Assessment zur Qualitätssicherung eingesetzt werden kann. Das bedeutet, dass sehr früh potentielle Klient*innen in ein Pflegenetzwerk eingebunden werden können. Gleichzeitig wurde die analoge Administrationszentrale um eine digitale Version erweitert. Damit werden für die Dienstleister*innen als auch für

[10] IÖB = Innovative Öffentliche Beschaffung.

die Klient*innen weitere Möglichkeiten geschaffen, die von jedem Smartphone, Tablet oder Laptop aus zugänglich sind und die Pflege bzw. Betreuung dieses Personenkreises wesentlich erleichtern. Die Merkmale von LISSI sind (Tab. 2):

In dem der/die Klient*in mit dem QR-Code im Mittelpunkt der Dienstleistung(en) steht, wird das Betreiben einer digitalen Plattform in einem sogenannten „Digital Loop" (Baumgartner/Brandl/Verlinden,2022) möglich. Darunter wird ein geschlossener digitaler Raum verstanden, der den Teilnehmenden kontrollierten Zutritt zu den anderen Teilnehmer*innen bietet. Dazu muss der/die Klient*in der Verwendung der Daten vor Aufnahme der jeweiligen (Teil-)Dienstleistung zustimmen, womit auch eine ethische und datenschutzrechtlich gesicherte Vorgangsweise ermöglicht wird. Alle Beteiligten können entsprechend ihrer Funktion so auf die personenbezogenen Daten von Klient*innen in abgestufter Form zugreifen. Jeder Zugriff eines Beteiligten wird protokolliert und ist somit im Detail nachvollziehbar und somit auch für eine Abrechnung verwendbar. Diese elektronische Plattform kann und muss von einer „Community Nurse" entsprechend den je regionalen Gegebenheiten konfiguriert werden. Die obige Abbildung der IST-Situation wird nachfolgend um die digitale Plattform ergänzt (Brandl et. al.2019) (Abb. 2):

Damit liegt es an den Dienstleister*innen der Region (von Medizin über den Apotheke bis Friseur*in und zum Gärtner*in) sowie an den Klient*innen Stück für Stück das Potenzial dieser elektronischen Plattform zu heben und zu nutzen. Gleiches gilt für die Klient*innen. Voraussetzung ist der oben angeführte „digital loop" als geschlossener, elektronischer Raum für die beteiligten Unternehmen und Personen zum Schutz der Klient*innen. Für die Zukunft kann dies folgend aussehen:

- Möglichkeit der durchgehenden elektronischen Kommunikation von der Anmeldung bis zum Ausscheiden aus dem analogen und elektronischen System.
- Förderung der Möglichkeit der Online-Kommunikation für alle Beteiligten, also auch der Klient*innen mit ihren Angehörigen
- Überweisungen vom Hausärzt*in/Klient*in und/oder Kliniken (= Entlassungsmanagement über ELGA) bis zum elektronischen Rezept, Medizinproduktenverordnung und Pflegeverbrauchsressourcen
- Elektronische Bestellung, physische Lieferung und administrative Abwicklung zunächst von Medikamenten, Pflegeprodukten bis hin zu Medizinprodukten, dann aber auch Dienstleistungen und Produkten des täglichen Bedarfs

Tab. 2 Merkmale von LISSI

	Merkmale	Kurze Erläuterung
1	QR-Code für die mobile IT	Über den QR-Code erhalten alle (berechtigten) Personen Zugang zu den wichtigsten Daten einer Person. Auch Blaulichtorganisationen wie insbesondere das Rote Kreuz könnten damit (nur) im Akutfall sofort auf alle für sie relevanten Daten zugreifen
2	DSGVO	Gesundheitsberufe erhalten – nach dem Einholen des Einverständnisses – je nach Kompetenz Zugang zu den erforderlichen Daten
3	Einbindbarer Personenkreis	Alle am Pflegeprozess und der Tagesablaufplanung beteiligten Personen bzw. Institutionen bis hin zu den Klient*innen, deren Angehörigen sowie gewünschten Freiwilligen, etwa im Zuge der „Rettungskette". Alle Personen und Unternehmen zur Erfüllung von Dienstleistungen des täglichen Bedarfs (z. B. Besorgung von Lebensmitteln, Friseur*in, Reinigungskraft, …)
4	Unternehmens-übergreifender Zugang zum QR-Code	Je nach Funktion und Kompetenzrahmen kann mit dem QR-Code (nur) auf die jeweils relevanten Daten zugegriffen werden
5	Daten nach Eingabe bzw. Änderung sofort für alle beteiligten Personen verfügbar	Etwa ein Termin für einen Arztbesuch muss für Rettung, Mediziner*in, Betreuer*in, die Patient*innen und auch für Angehörige geändert werden. Damit können Terminisierung, Verschiebungen und Absagen sofort für alle Beteiligten eingesehen werden. Die Terminplanung wird somit transparenter und der Tagesablauf konfliktfreier
6	Orts- und personenunabhängige Verfügbarkeit der personenbezogenen Daten	Sowohl für die Klient*innen als auch für die Dienstleister*innen sind alle hinterlegten Daten gemäß ihrer Berechtigung ortsunabhängig und aktuell zugänglich
7	Elektronisches Informationssystem	Vitale Datenerfassung ist in LISSI und damit auch in die Pflegedokumentation einbindbar. Damit werden in Zukunft Online-Visiten von Medizin und DGKP unterstützt

(Fortsetzung)

Tab. 2 (Fortsetzung)

	Merkmale	Kurze Erläuterung
8	Versorgung mit Medikamenten, Pflegeartikeln sowie Medizintechnik-Produkten	Versorgung mit verblisterten Medikamenten sowie mit Pflegeartikeln kann verbrauchsabhängig und personenindividuell erfolgen, auch hier kann der QR-Code unterstützen. ELGA könnte mitgenutzt werden
9	Elektronische Verschreibung von Medikamenten	Im Falle der Einbindung von Ärzt*innen ist eine elektronische Verschreibung von Medikamenten möglich, handgeschriebene Medikationslisten würden der Vergangenheit angehören
10	Dokumentation für Pflegeprozess- und Wundmanagement	Intuitive Eingabe aller relevanten Informationen für Pflege und Wundmanagement via Webportal und/oder Smartphone App
11	Regionale Dienstleister nach Bedarf einbindbar	Der QR-Code ist Identifikations- und Kontrollinstrument im Haus, ebenso sind alle Liefer-, Abhol- und die Zahlungsmodalitäten entsprechend den Klient*innenwünschen integrierbar
12	Digitales Erfassen und Abrechnen der Leistungen der MA	Ziel für die Zukunft: Verbunden wird der Leistungsbereich mit der Leistungsverrechnung und darauf basierend mit der klassischen Personalverwaltung und dem Rechnungswesen

- Organisation der regionalen Dienstleistungen mit dem elektronischen Kalender vom täglichen Einkauf bis zu Friseur*in oder Raumpfleger*in – eine für alle sichtbare Stütze für alle Beteiligten.
- Mit der Möglichkeit der Einbindung von Vitaldaten in eine elektronische und somit schnellere Befundung (immer gemäß DGSVO). Die Informationen stehen von der DGKP „Community Nurse" über Angehörige bis hin zu den Blaulichtorganisationen und den Ärzt*innen im Bedarfsfall zur Verfügung. Das Überschreiten von selbst gesetzten Grenzwerten wie Bluthochdruck oder Blutzucker kann als neue Form eines „Notrufsystems" angezeigt werden – bis hin zur Inaktivität. Damit kann das Band mit dem roten Knopf mit der Zeit intelligent ersetzt bzw. erweitert werden.

Nach dem immer wieder Fragen gestellt werden, ob bzw. wie das oben dargestellte digitale Modell „HÖSL & LISSI" mit ethischen Fragestellungen

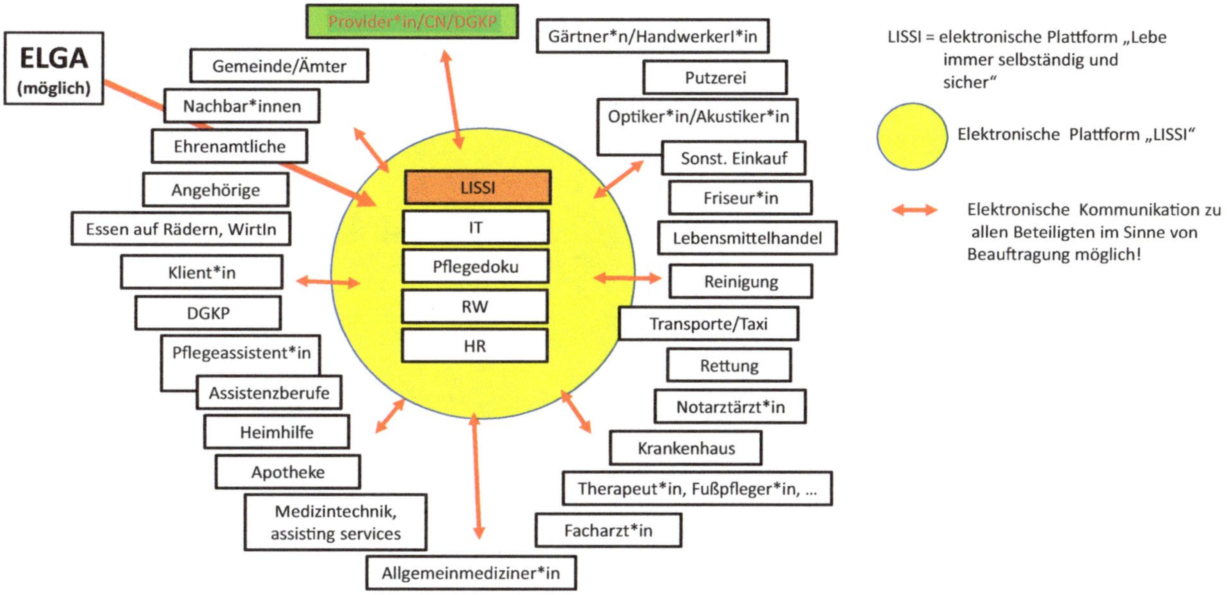

Abb. 2 LISSI in grafischer Form. (Eigene Darstellung)

in Einklang gebracht werden kann, erfolgt an Hand der vier Prinzipien der Medizinethik nachstehend eine detaillierte Erörterung.

6 Ethik mit einem „Digital Loop" möglich

Der „Digital Loop" ist als geschlossener IT-Raum für die Daten von zu versorgenden Personen mit Selbstversorgungsdefiziten zu verstehen. Der Zutritt mit abgestuften Berechtigungen ermöglicht über eine für die DSGVO einwandfreie, dokumentierte und klar nachvollziehbare IT-Lösung. Alle Daten sind in eben diesem als „Digital Loop" bezeichneten IT-System transparent und individuell nachvollziehbar gespeichert – mit dem Einverständnis der Klient*innen für jede einzelne zu erbringende Teildienstleistung. Es besteht auch die Möglichkeit des „Opting out" – mit einem festzulegenden Plan B[11]. Auf alle Daten können die im IT-System registrierten Beteiligten – **abgestuft nach der jeweiligen Berechtigung** – zeitgleich sowie fehlerminimierend und damit konfliktreduzierend zugreifen. Darüber hinaus ist die salutogenetische, weil von den Fähigkeiten und Möglichkeiten der jeweiligen Klient*innen ausgehenden Arbeitsweise, des Pflegemodells HÖSL für das Erfüllen der ethischen Anforderungen entscheidend, weil HÖSL genau bei den Fähigkeiten der Klient*innen personenindividuell ansetzt. Dies wird nachfolgend an den vier ethischen Prinzipien der Medizinethik nach Beauchamp und Childress (2008) gezeigt:

1. Respekt vor der Autonomie der Klient*innen

Wie oben bereits angesprochen setzt die salutogenetische Arbeitsweise des Pflegemodell HÖSL bei den noch vorhandenen Fähigkeiten der jeweiligen Klient*innen an und unterstützt damit diese dort, wo es notwendig ist und auch gewollt wird. Damit wird in hohem Maße dem Kriterium der Autonomie der Patient*innen/ Klient*innen hinsichtlich der Kompetenz, Entscheidungsfreiheit und das Recht auf Förderung der Entscheidungsfähigkeit bzw. auf Selbstbestimmungsfähigkeit bestmöglich entsprochen. Es beinhaltet die Forderung der informierten Einwilligung vor jeder diagnostischen und therapeutischen Maßnahme und die Berücksichtigung des Willens, der Wünsche, Ziele und Wertvorstellungen des/r jeweiligen Patient*in. In dem das Pflegemodell HÖSL darauf ausgerichtet ist, die Autonomie und Selbständigkeit der Klient*innen bestmöglich zu stärken um einen längeren Verbleib in der

[11] Wenn man etwa die verblisterte Versorgung mit Medikamenten ablehnt, dann muss festgelegt werden, in welcher Form die gesicherte Versorgung mit demselben Aufwand stattfinden soll.

gewohnten Umgebung zu ermöglichen, sollte seitens dieses Prinzips kein Einwand eingebracht werden können. Eine zusätzliche Unterstützung kommt aus der Kombination des analogen Modellen HÖSL mit der digitalen Software LISSI zumal es nicht nur um die Organisation und Durchführung von medizinischen und pflegerischen Dienstleistungen geht, sondern auch um die Organisation von Dienstleistungen des täglichen Bedarfs.

2. Schadensvermeidung

Das Prinzip der Schadensvermeidung fordert von den „Versorger*innen", schädliche Eingriffe zu unterlassen (unter Berücksichtigung der Nutzen-Risiko-Relation und Beachtung individueller Werte) und auch aktiv vorausschauend Schadensvermeidung zu betreiben. Dies basiert auf dem traditionellen ärztlichen Grundsatz „primum non nocere". Die Argumentation beginnt hier bei der digitalen und damit gesicherten Informationsweitergabe als wesentliches Kriterium in dieser Kategorie. Da LISSI als Plattform klient*innenzentriert und unternehmensübergreifend ausgelegt ist, kann diese Anforderung als bestmöglich erfüllt angesehen werden. Auch das Streben nach einer standardisierten Formulierung in der **Pflegedokumentation unterstützt damit auch die Mehrsprachigkeit, sodass die zunehmende Anzahl an Pflegepersonen mit nichtdeutscher Muttersprache unterstützt wird, Fehler zu vermeiden.** Speziell die digitale Übermittlung der Daten von der Medikamentenverschreibung bis zur Lieferung vermeidet die klassischen Fehlerquellen entlang des Prozesses von der schwer leserlichen Handschrift von Mediziner*innen bis hin zur Medikamenteneinnahme. Es gibt jedoch Fälle, in denen sehr schwer zu entscheiden ist, was den Patient*innen hilft oder eher schaden wird. Eine Online-Konsultation von Expert*innen oder auch eine kollegiale Beratung können hier mehr Sicherheit schaffen.

3. Fürsorge

Das Prinzip der Fürsorge verpflichtet die Behandler*innen bzw. die Betreuer*innen zum aktiven Handeln, damit das Wohl (insbesondere Gesundheit und Lebensqualität) der Patienten*innen bestmöglich gefördert wird – ähnlich die traditionelle ärztliche Ethik. Dieser Satz ist allen anderen übergeordnet, auch wenn in der Prinzipienethik die vier Prinzipien auf gleicher Stufe stehen. Das Fürsorgeprinzip steht häufig im Konflikt mit dem Autonomieprinzip und dem Prinzip der Schadensvermeidung. Hier sollte eine sorgfältige Abwägung von Nutzen und Schaden einer Maßnahme unter Einbeziehung der Wünsche, Ziele und Wertvorstellungen der Klient*innen vorgenommen werden. Das Einholen von Zweitmeinungen ist zeitnah auch online möglich. In Weiterentwicklung des Dienstleistungsgedankens können darüber hinaus nachgefragte Dienstleistungen durch die Community Nurses angeboten oder vermittelt werden – angefangen von den Medizintechnik- und Pflegeprodukten bis hin zur Friseur*in mit Hausbesuchen.

4. Gerechtigkeit
Das Prinzip der Gerechtigkeit (auch Gleichheit) fordert eine faire und angemessene Verteilung von Gesundheitsdienstleistungen unter Beachtung der verfügbaren Ressourcen. Gleiche Fälle sollten tunlichst gleich behandelt werden, bei einer Ungleichbehandlung sollten moralisch relevante Kriterien konkretisiert werden. Das Prinzip verlangt eine faire Verteilung der Gesundheitsleistung. So müssen zum Beispiel die Ressourcen und Kapazitäten der Spitäler gerecht verteilt werden. Jeder Krankheitsfall eines Menschen, der gleichwertig zu einem anderen Fall ist, fordert gleiche Behandlung. Ungleiche Fälle dürfen anders behandelt werden, aber nur wenn die Fälle moralisch relevante Unterschiede aufweisen. Ungleichbehandlungen sind nicht gerechtfertigt, wenn sie auf der Nationalität, dem Geschlecht, dem Alter, dem Wohnort, der Religion, der sozialen Stellung oder dem bisherigen Verhalten in der Gesellschaft beruhen. Auch vorhergehende Straftaten oder Berufstätigkeiten dürfen bei der Entscheidung nicht einfließen. Die Entscheidung bezüglich einer medizinischen Behandlung muss sachlich begründet, transparent und fair sein. Eine auf einen minimalen Ressourcenverbrauch ausgerichtete Erbringung der Dienstleistungen – so wie dies hier die Anforderung ist – ebnet jedenfalls den Weg zu einer besseren und angemessenen Verteilung der Ressourcen.

7 Regional organisierte Dienstleistung der mobilen Pflege und Betreuung im Alltag

Ausgehend von der Abb. 1, die den gegenwärtigen Organisationsstand der funktional organisierten, mobilen Betreuung und -pflege widerspiegelt, gehen wir davon aus, dass ein Optimieren der bestehenden, funktionalen Organisationsform der mobilen Betreuung nur bedingt erfolgversprechend ist und bauen die Überlegungen zur Weiterentwicklung der mobilen Betreuung und -pflege auf dem elektronischen Plattformmodell LISSI[12] zusammen mit dem salutogenetischen Pflegemodell HÖSL auf. Die bestehende Organisation kann dabei schrittweise auch in den Köpfen der Mitarbeiter*innen entsprechend den erforderlichen Qualifikationen und dem Pflegemodell HÖSL mitwachsen und so organisatorisch

[12] LISSI = **L**ebe **i**mmer **s**elbständig und **si**cher.

Abb. 3 Der LISSI-Sozialschlüssel für Personen mit Selbstversorgungsdefiziten. (Eigene Darstellung)

nachgezogen werden. Schrittweise lassen sich so weitere Teildienstleistungen in die regionale Plattform LISSI integrieren und bedarfsorientiert flächendeckend anbieten. Dies wird nachfolgend am Beispiel „LISSI als Sozialschlüssel für Personen mit Selbstversorgungsdefiziten"[13] erläutert (Brandl et al. 2021) (Abb. 3):

Der thematische Einstieg in die obige Grafik erfolgt über LISSI-Rescue als QR-Notfall-Schlüssel und Einstieg in die Plattform. Die Idee ist angelehnt an den Notfall-Ausweis und -QR-Code der DGHS[14], die einen derartigen Code für ihre Mitglieder*innen anbietet. Ziel der DGHS ist es, den Mitglieder*innen die Patientenverfügung digital verfügbar zu machen und so die erforderlichen medizinischen Leistungen schneller verfügbar zu machen. Es gilt, sinnloses Leiden zu ersparen, sodass beim Sterben die Menschenwürde erhalten bleibt. In

[13] Wir sprechen hier bewusst nicht mehr nur von älteren Menschen, sondern beziehen auch Behinderte und (alleinstehende) Personen mit Selbstversorgungsdefiziten etwa nach Operationen oder Unfällen in das Modell mit ein.

[14] DGHS = Deutsche Gesellschaft für Humanes Sterben.

Erweiterung dieser Idee bietet der QR-Notfall-Code von LISSI diese Notfalldaten zwecks schnellerer Versorgung von Patient*innen in Notfällen an. Der Anlass für die Einrichtung eines Notfall-QR-Codes kann frei gewählt werden und reicht vom Anlass eines Krankenhausaufenthaltes über eine Erkrankung, die Casemanagement benötigt, bis hin zum Erreichen eines frei definierbaren Geburtstages. Zur Vorgangsweise: Nach einem Gespräch bezüglich der zu speichernden Daten kann der/die Klient*in selbst oder zusammen mit einer qualifizierten Person die Daten eintragen und anschließend diesen QR-Code herunterladen. Dabei geht es etwa um das Speichern etwa folgender Daten: Name, Ansprechpersonen, Allergien, aktuelle Medikamentenliste, Alter, Größe, Gewicht, Geschlecht, Grunderkrankungen, Blutgruppe, Kontaktadresse, Patientenverfügung, Haustier, etc. Der QR-Code kann mittels Klebeetiketten etwa auf der Rückseite des Handys und gut sichtbar in der Wohnung (Türstock, Kühlschrank, …) für die Rettungsorganisationen angebracht werden. (auch mehrere Flächen/Stellen sind möglich). Notfallmediziner*innen können so diesen QR-Code –mit ihrem Handy lesen und in weiterer Folge gezieltere Maßnahmen einleiten. **Ein Abspeichern der Daten ist lokal nicht vorgesehen.** Der Zeitraum für ein erneutes Audit nach 12 Monaten oder einem Anlass der Veränderung von Daten muss zwecks weiterer Gültigkeit in der App festgelegt werden. Ab dem 2. Jahr fällt auch eine (geringe) Gebühr an. Sobald ein Casemanagement erforderlich ist, kommen weitere Gebühren für die jeweilige erweiterte Leistungserbringung dazu. Im Bedarfsfall kann dann – aufbauend auf die bereits vorhandenen Daten – auf der elektronischen Plattform zur Unterstützung von Personen mit Selbstversorgungsdefiziten eine Erweiterung mit LISSI Med erfolgen. Angehörige können hier planen (solange im Sinne klarer Verantwortlichkeiten keine DGKP involviert ist): Die Tagesablaufplanung, die Organisation von Dienst- und Pflegedienstleistungen, die Delegation und Subdelegation von medizinnahen Tätigkeiten, die Beauftragung von externen Dienstleister*innen etc. Somit können alle medizinischen Anordnungen geplant, dokumentiert, veranlasst, evaluiert und abgerechnet werden. Ebenso kann die Terminisierung der Erbringung aller erforderlichen Unterstützungsleistungen von allen beteiligten Dienstleister*innen sowie natürlich der Klient*innen selbst eingesehen werden. Damit ist eine digitale Basis für die Dokumentation in der mobilen Betreuung und Pflege geschaffen. Als Basis für die „Community Nurse" dient dabei der Pflegeprozess. Die Transparenz für das Pflege-, Betreuungs- und Dienstleistungspersonal nach DSGVO ist somit gegeben, ebenso werden die ethischen Kriterien unterstützt. Die Abrechnung erfolgt, je nach abgeschlossenem Vertrag, transparent für Erbringer*innen und Klient*innen. Damit ist die regionale Wirtschaft wie Taxi, Friseur*in, Optiker*in, Gärtner*in etc. weiter eingebunden und es bleibt auch die regionale Kaufkraft erhalten. Sämtliche Dienstleistungen können friktionsfrei geplant und abgewickelt werden. Die Rechnungen werden von den jeweiligen Leistungserbringer*innen gestellt – LISSI bietet via QR-Code die Durchführungsnachweise. Konfliktpotentiale insbesondere im Bereich der Terminisierung werden durch die integrierte Kalenderfunktion verringert, da die terminlichen Festlegungen für alle sichtbar erfolgen. Insgesamt ist für Betroffene durch diese Art der Unterstützung eine leichtere Teilhabe am sozialen Leben möglich.

Über das Modul **Lissi Apo** wird es zukünftig möglich sein, dass Klient*innen regelmäßig Medikamente in verblisterter Form erhalten. Dazu könnten dann in näherer Zukunft auch nicht apothekenpflichtige Medikamente verblistert werden. Der Transport gehört zum Subprozess der Apotheke und ist im Sinne einer Nahtstelle zu regeln. Technisch ist es bereits möglich, dass auch ein „Dosierautomat" (vgl. etwa pharma relations, 2022) die Ausgabe der Medikamente übernimmt und die (Nicht-)Entnahme an eine „Leitstelle" meldet (wiederum im Einklang mit den Anforderungen der DSGVO). Auch hier tut der unternehmens- und professionsübergreifende Kalender sichtbar seine Unterstützungsdienste. Anfallende Kosten werden wiederum von der Apotheke an die Klient*innen je nach Vertrag abgerechnet.

Im Bedarfsfall kann **LISSI Med** nicht nur um **LISSI Apo** sondern auch um **Lissi Wund** erweitert werden. Es ist dies eine von Wundmanager*innen erstellte elektronische Wunddokumentation, die derzeit in einem Pilotprojekt erprobt wird.

8 Erste Umsetzungsmodule in Richtung eines Zielbides einer regionalen, personenindividuellen Pflege und Betreuung

Viele kleine Umsetzungsschritte führten zu diesem vierstufigen Zielbild des „LISSI-Sozialschlüssels", der mittlerweile in Teilen auch von und mit anderen Firmen erprobt wird. Eine Schrittweise Einführung ist vorstellbar geworden:

1. LISSI-Rescue

So wurde einem Pensionist*innenverband in Oberösterreich vorgeschlagen, diesen oben dargestellten QR-Notfall-Code in sein Projekt „Pflege der Zukunft" mit folgender Idee aufzunehmen: Jede Gemeinde soll anläßlich des 75. Geburtstages einer/s Bürger*in das Angebot machen, den Notfall-QR-Code mit den persönlichen und medizinischen Grunddaten für ein Jahr anzubieten. Eine Verlängerung soll auf eigene Initiative der Bürger*innen im Anschluss möglich sein.

2. LISSI-Med:
Die Funktionalität von LISSI – Med dient als Basis für das Case & Caremanagement und für eine digitale Basis für die Pflegedokumentation in die Betreuung und -pflege. Dieses Assessement dient zur Qualitätssicherung in allen Settings der häuslichen Assistenz, Betreuung, Versorgung und Dienstleistung. Mittlerweile ist das Assessement mehrsprachig möglich und kann auch zur Qualitätssicherung bei 24 Stundenpersonenbetreuung eingesetzt werden. Aktuell läuft eine Probephase mit einer 24h-Agentur (Siehe LISSIGROUP, 2022).

3. LISSI-Apo
Die Handhabung der Vielzahl der Medikamente wird für kranke Menschen mit Selbstversorgungsdefiziten zunehmend schwieriger. In Kooperation mit der Fa. Medventuro (Wels) und einer regionalen Apotheke wird die Verblisterung der Medikamente bereits patientenindividuell angeboten. Die digitale und damit fehlerfreie, hygienische und ökonomische Übermittlung der Medikationsdaten ist somit sichergestellt. Eine Verbindung mit LISSI-Med und LISSI-Wund ist vorgesehen, da jederzeit vonseiten der Ärzt*innen schriftliche ärztliche Verordnungen und die Rezeptierung erfolgen können. Jedenfalls wird hier das Pflegepersonal gezielt entlastet. Darüber hinaus kann der ökologische Fußabdruck durch die (deutlich) geringeren Fahrzeiten vermindert werden. Auch die Integration der Psychopharmaka und der Medikamente mit Suchtgiftpotential ist bereits möglich. Dies wird eine weitere Erleichterung für die Mitarbeiter*innen in der Pflege darstellen und auch zur Erhöhung der Sicherheit für die Klient*innen beitragen.

Insgesamt liefern diese Umsetzungsprojekte bereits sehr ermutigende Ergebnisse. Das größte Potential neben der Einbindung der regionalen Dienstleister*innen ist die wesentlich höhere Erfüllung der Vorstellungen und Bedürfnisse der Klient*innen. Die „Community Nurse“ ist als Organisator*in und Betreiber*in des analogen Netzwerks zusammen mit der elektronischen Plattform zu sehen. Die hier geschilderten Grundlagen und Teilprojekte sind so ein Vorbild für ein regional wirksames und nachhaltiges Geschäftsmodell „Community Nurse“ oder „Gemeindeschwester“. Strategisch ausgerichtete Teilprojekte im Sinne des oben dargestellten „LISSI-Sozialschlüssels“ treiben hier die Entwicklung.

Zusammenfassend kann gesagt werden, dass es mit diesen Projekten „Community Nurse mit Geschäftsmodell“ gelingt, sukzessive alle Personen mit Selbstversorgungsdefiziten (Alter, nach Operationen und Unfällen sowie auch Behinderte) in einer Region zu versorgen. Die Organisationsform ist gestaltbar in drei Richtungen: Einmal ist es möglich die Community Nurse an ein PHC[15] anzuhängen,

[15] PHC = Primary Health Care Center mit ihren vielfältigen Organisationsformen.

dann auch als selbständiges Unternehmen oder ausgehend von einer Gemeinde bzw. einem sozialen Dienstleister*innen als Angestellte. Wir haben daher keine Präferenzen beim Start hinsichtlich der Organisationsform gesetzt. Jeder Tag, den Klient*innen im häuslichen Bereich möglichst selbständig verbringen können, bedeutet den Erhalt

- von Lebensqualität
- der Kaufkraft in der Region sowie
- weniger Kosten für die Träger*innen sozialer Dienstleistungen.

Literatur

Arendt S. (2018). *Die Modelle der ICF, ATL und AEDL: Internationale Klassifikation der Funktionsfähigkeit, Behinderung und Gesundheit; Aktivitäten des täglichen Lebens; ... und existentielle Erfahrungen des Lebens.* GRIN-Verlag

Baumgartner C., Brandl P., Verlinden I. (2022). *Nutzen der Verblisterung von Medikamenten in der stationären Altenpflege – höhere Qualität – weniger Ressourcenverbrauch – mehr Hygiene.* unv. Projektentwurf

Beauchamp T., Childress J. (2008). *Principles of Biomedical Ethics.* 6. Auflage. Oxford University Press

Brandl P., Hösl G., Schnabler J. (2019). *Community Nurse – Agil, interdisziplinär, mehrsprachig, mit IT, ökonomisch.* unv. Einreichung, Hofamt

Brandl P., Hösl G., Schnabler J. (2021). LISSI – Lebe immer selbständig und sicher. (eingereicht und prämiert bei IÖB-Innovationsplattform). https://www.ioeb-innovationsplattform.at/marktplatz-innovation/detail/lissi-lebe-immer-selbstaendig-und-sicher. Zugegriffen: 6.12.2022

Deutsche Gesellschaft für Humanes Sterben (DGHS). Notfall-Ausweis und QR-Code. https://www.dghs.de/service/notfall-ausweis-qr-code.html. Zugegriffen:12.2022

Fonds Gesundes Österreich, WHO – 25 Jahre Ottawa Charta 2011, https://fgoe.org/projekt/25-jahre-ottawa-charta. Zugegriffen: 28.05.2022

Krohwinkel M. (2013). *Fördernde Prozesspflege mit integrierten ABEDLs: Forschung, Theorie und Praxis.* Hogrefe-Verlag

LISSIGROUP (2022). https://www.lissigroup.at Zugegriffen: 28.05.2022

Pharma relations (2022). https://www.pharma-relations.de. Newsletter Zugegriffen: 30.05.2022

Silver Living (2022). ÖNORM CEN/TE 16118: Betreutes Wohnen – Anforderungen an Dienstleistungen für ältere Menschen im Rahmen der Wohnform Betreutes Wohnen. https://www.silver-living.com/2021/10/oenorm-als-zeichen-fuer-seriositaet/. Zugegriffen: 28.05.2022

Paul Brandl, FH-Prof. Dr. (paul.brandl@kabelspeed.at) FH-Prof. Dr. Paul Brandl lehrt an diversen Hochschulen und betreut anwendungsorientierte Abschlussarbeiten. Er ist an Forschungsprojekten beteiligt im Bereich der Beschaffung und des Prozessmanagements sowie an der Beratung in der Sozialwirtschaft. Seine Forschungsinteressen: Prozessmanagement, Qualitätsmanagement, moderne Dienstleistungsentwicklung sowie die Verblisterung von Medikamenten.

Gabriela Hösl MSc (Gabriela.hoesl@gmx.net) Gabriela Hösl MSc (DGKP, RN, WDM), in Höherem Pflegemanagement und ausgebildete Wundmanagerin. Sie hat selbständig eine Praxis im Sinne einer „Community Nurse" geführt. Die Kernangebote waren Wundmanagement sowie Case- und Caremanagement. Das Basisgeschäftsmodell wurde in Etappen evaluiert und eine regionale Netzwerkorganisation mit analoger Dokumentation geschaffen. In Kooperation mit IKT-Ingenieuren hat sie eine digitale Plattform für eine durchgehende Pflegedokumentation mit einer kompletten Wunddokumentation für den extramuralen Bereich mitentwickelt.

Jürgen Schnabler, Ing. MSc (schnabler@lifesystems.at) Ausbildung im Bereich der Informationstechnologie mit Schwerpunkt Mechatronik und Digitalisierung – Marktleader in Österreich durch Unternehmensgründungen im Bereich der Assistierenden Technologie für Menschen mit Selbstfürsorgedefiziten. Vortragstätigkeit an berufsbildenden Organisationen sowie Kliniken im Gesundheitsbereich. Experte zur Transformation analoger Geschäftsmodelle in digitale Plattformen insbesondere für Health Care Netzwerke.

Ökonomisierung: veränderte Rahmenbedingungen und Umgangsperspektiven der Sozialen Arbeit

Andrea Hirschfeldt

Inhaltsverzeichnis

1 Ökonomisierung Sozialer Arbeit mit neuer Rahmung Digitalisierung

Ökonomisierung entwickelte sich im Laufe der 1990-ger Jahren in Staat und Gesellschaft zu einem handlungsleitenden Paradigma. International werden Einflüsse von wirtschaftlichen Denkweisen und Logiken in verschiedensten gesellschaftlichen Bereichen wie Kunst, Sport Kultur wie auch Sozialem, sichtbar (vgl. Sandel 2014). *Dabei verstehen die meisten Autor*innen unter Ökonomisierung*

A. Hirschfeldt (✉)
Fakultät Handel und Soziale Arbeit, Ostfalia Hochschule für Angewandte Wissenschaften, Suderburg, Deutschland
E-Mail: an.tabatt-hirschfeldt@ostfalia.de

B. Schmidtke et al. (Hrsg.), *Sozial - Innovativ - Nachhaltig*, Perspektiven Sozialwirtschaft und Sozialmanagement,
https://doi.org/10.1007/978-3-658-42847-1_13

der Sozialen Arbeit den Einfluss betriebswirtschaftlichen, markt- und wettbewerbsorientierten Denkens und Handelns auf die Soziale Arbeit. Obgleich sich die Soziale Arbeit als transdisziplinäre Handlungswissenschaft versteht und sich als solche verschiedenen Bezugswissenschaften bedient (vgl. Staub-Bernasconi 2007), wird bei der Wirtschaft die Einflusssphäre des Profit-Sektors auf den Non-Profit-Sektor deutlich. Dies lässt im Gegensatz zu anderen Bezugswissenschaften klarer die besondere Fremdartigkeit erkennen. Vaudt (2022) spezifiziert den Begriffsunterschied zu dieser Vermarktlichung: Ökonomisierung bezeichnet insbesondere die kritische Haltung gegenüber der Einführung marktlich er Elemente in den sozialen Bereich, namentlich Wettbewerb und Kosten- sowie Leistungsdruck (vgl. ebd. 2022). Ursächlich für die Ökonomisierung der Sozialen Arbeit ist der politische Auslöser als Ausdruck einer neoliberalen Politik, die im Gegensatz zum durch den Staat regulierten Kapitalismus, die Freiheit des Marktes und den Wettbewerb als Markttreiber*in forciert. Entsprechend wurde im Zuge der rot-grünen Regierung mit der sogenannten Agenda 2010 unter Bundeskanzler Gerhard Schröder, eine Abkehr vom Wohlfahrtsstaat, hin zum aktivierenden Staat vollzogen. Als Gegenleistung wird von den Adressat*innen der Sozialen Arbeit insbesondere der Einsatz ihre Arbeitskraft gefordert, was international noch deutlicher wird durch das Begriffspaar von welfare zu workfare (s. u. Kap. 2).

Wie beeinflusst die Digitalisierung nun die Selbstbestimmung der Adressat*innen? Beispielsweise werden die Adressat*innen durch digitale Lerntechnologien anerkannter Bildungsträger*innen in die Lage versetzt, ein konkretes Problem selbstbestimmt zu lösen. Von Vorteil ist dabei, dass die digitale Lerntechnologie orts- und zeitunabhängig verfügbar ist und nach eigenem Bedarf abgefragt werden kann. Dies ersetzt nicht, sondern ergänzt die professionelle Arbeit:

> Gerade im interaktiven Bereich erlauben digitale Lerntechnologien ganz neue Möglichkeiten. So können über virtuelle Kollaborationstools mit Push-Funktion ggf. Raum und Zeit überbrückt werden und Adressat*innen Sozialer Arbeit können zielgerichtet miteinander verknüpft und vernetzt werden. Aus Sicht der digitalen Lerntechnologie eröffnen sich damit erneut ganz andere Fragen, z. B. welche Gruppierungen für eine Problemlösung seitens der Adressat*innen unterstützend wirken und welche nicht, welche „Typen“ und Handlungsweisen von Sozialarbeiter* innen unterstützend bei der Begleitung wirken und welche nicht (Bäcker et al. 2021, S. 164).

2 Makroebene: Auslöser der Ökonomisierung auf politischer Ebene

Der politische Paradigmenwechsel vollzog sich als Abkehr vom regulierten Kapitalismus, dessen Begründer J. M. Keynes die Auffassung vertrat, dass der Kapitalismus sich nicht ungezügelt verbreiten, sondern staatlicher Regulierung bedarf, um einer wirtschaftlichen und sozialen Spaltung der Gesellschaft vorzubeugen. Entsprechend sorgt der Sozialstaat für sozialen Ausgleich. Abgelöst wurde dieses Paradigma vom Neoliberalismus, dessen Begründer Friedmann und Von Hayek die Überzeugung vertraten, der Markt müsse sich mithilfe von Wettbewerb frei entfalten, dem der Wohlfahrtstaat mit seiner staatlichen Regulierung entgegensteht. Politische Grundlage für die europäische, sozialpolitische Umsetzung war das deutsch-britische Grundsatzpapier „Der Weg nach vorne für Europas Sozialdemokraten“ (Deutscher Gewerkschaftsbund 1999), das Blair und Schröder 1999 unterzeichneten. Dabei wird das Ziel verfolgt, Bürokratie abzubauen und ausufernde Sozialausgaben zu senken, u. a. dadurch, die Inanspruchnehmenden sozialstaatlicher Leistungen zu aktivieren, was sich insbesondere auf die Stärkung ihrer eigenen Arbeitskraft bezieht. Umgesetzt wurde dies in Deutschland mit dem Prinzip „Fordern und Fördern“ im Rahmen des Programms der sogenannten „Agenda 2010“, im Zuge dessen die Sozialgesetze geändert wurde.

In einer gemeinsamen Erklärung sehen die Bundesarbeitsgemeinschaft der Freien Wohlfahrtspflege (BAGFW) und das Bundesministerium für Familie, Senioren, Frauen und Jugend (BMSFJ) in der *Digitalisierung die Chance, mithilfe digitaler Technik die Zielgruppe schnell und unbürokratisch anzusprechen und Unterstützungsangebote bedarfsgerecht auf die Adressat*innen zuzuschneiden bzw. anzupassen.* In der digitalen Gesellschaft verschmelzen in vielen Feldern der Sozialen Arbeit analoge und digitale Angebote zu hybriden Angeboten, „sei es bei Beratungs-, Qualifizierungs- und Bildungsangeboten, der Personal- und Organisationsentwicklung, dem freiwilligen Engagement, Management, und der sozialraumorientierten Arbeit“ (BMFSFJ & BAGFW 2020, S. 2).

So verbindet die Caritas z. B. analoge und digitale Angebote zu Blended Counseling mit dem Ziel, die Nutzer*innenorientierung zu erhöhen und umfassend erreichbar zu sein. Die Vorteile beider Zugangswege, Online-Beratung und Face-to-Face-Beratung, sollen dabei miteinander verknüpft werden. „Die Vielfalt der Zugangswege entspricht den unterschiedlichen Lebenssituationen und Bedürfnissen der Ratsuchenden“ (Deutscher Caritasverband 2020, S. 1). Die verschi edenen Beratungsphasen (Orientierungs-, Klärungs-, Veränderungs- und Abschlussphase) können sich dabei in Präsenz oder online abwechseln, parallel laufen, oder es kann auch nur eine Form genutzt werden. Dadurch verspricht sich die Caritas auch einen effizienten Ressourceneinsatz: „zunächst sind Investitionen für die Implementierung erforderlich, perspektivisch können aber Ressourcen durch optimierte Kontaktmöglichkeiten eingespart werden“ (Caritas 2022, S. 2).

3 Mesoebene: Herausforderungen für die Träger*innen der Sozialen Arbeit

Die Einführung des Neuen Steuerungsmodells (NSM) hat in der öffentlichen Verwaltung seit Mitte der 1990er Jahren zu einer Binnenmodernisierung der öffentlichen Träger*innen geführt und damit auch das Verhältnis zu den Leistungserbringer*innen verändert. Mit dem veränderten Leitbild -- von der Bürokratie zu einem modernen Dienstleistungsunternehmen – bedient sich der sogenannte „Schlanke Staat“ betriebswirtschaftlicher Instrumente, um die Effizienz der Verwaltung zu erhöhen und gleichzeitig kundenfreundlicher zu werden.

*Das veränderte Rollenverständnis wurde durch die novellierte Sozialgesetzgebung forciert, im Zuge dessen der Vorrang der frei-gemeinnützigen Träger*innen aufgehoben und der Wettbewerb zwischen den Träger*innen befördert wurde.* Das Selbstkostendeckungsprinzip wurde abgelöst durch prospektive Leistungsvereinbarungen. Folglich traten Auftraggeber*innen-Auftragnehmer*innen Beziehungen an die Stelle korporatischer Zusammenarbeit. Leistungsträger*innen und Leistungserbringer*innen verhandeln seither die Inhalte und Bezahlungsmodalitäten wohlfahrtsstaatlicher Leistungen (contract management). Bei der Hilfeplanung werden Ziele festgeschrieben, die im Nachhinein überprüft werden. Die Folgen für die leistungserbringenden Träger*innen der Sozialen Arbeit lassen sich unterscheiden nach Auswirkungen auf die Organisation und Auswirkungen auf das Personal. Zudem treten neue Markteilnehmer*innen aus dem gewerblichen Bereich in den Sozialmarkt ein und verschärfen so, einerseits die Konkurrenz (Preiswettbewerb) und setzten andererseits innovative Impulse (Qualitätswettbewerb) (vgl. bspw. Gerlach et al. 2022; Merchel 2009)

4 Organisationale Auswirkungen und Sozialinformatik

Die Organisationen der/die Leistungsträger*in reagieren auf die Ökonomisierung mit einer stärkeren Differenzierung ihres Leistungsspektrums. Dieses orientiert sich insbesondere an den Finanzierungsmöglichkeiten sowie Bedarfslücken, die vor Ort vorzufinden sind. Entsprechend werden Alleinstellungsmerkmale gesucht (vgl. Dahme et al. 2008). Der Druck der Refinanzierung sozialer Leistungen führt auch zu Versorgungsproblemen in ländlichen und strukturschwachen Räumen, weil lange Wege zu den Hilfeempfänger*innen die Leistungen verteuern.

Eine weitere Reaktion auf organisationaler Ebene ist die Nutzung von Zusammenschlüssen in Form von Kooperationen und Netzwerken entlang von Leistungsketten bzw. arbeitsteiliger Leistungserstellung für ähnliche Bedarfslagen (vgl. Wendt 2010). Auch wenn Träger*innen bei der Leistungserbringung konkurrieren, sovertreten sie auf strategischer Ebene, bei der Verhandlung der Rahmenbedingungen gegenüberLeistungsträger*innen und politischen Gremien doch gemeinsame Interessen. Schubert hat hierfür den Begriffder Koopkurrenz geprägt (Schubert 2008, S. 36).

Schließlich findet sich eine weitere Auswirkung in der Änderung der Rechtsform. Die tradierte Rechtsformdes Vereins wird zunehmend von der gGmbH abgelöst. Der zunehmende Wettbewerb zwischen denLeistungserbringer*innen verstärkt das Risiko von Insolvenzen. Mit der gGmbH werden Haftungsrisikenminimiert und die Führung professionalisiert (vgl. Buestrich et al. 2008).

Im Rahmen der Digitalisierung unterstützt Sozialinformatik die Entwicklungen auf der Organisationsebene. Wendt (2020b) definierte als erster ausführlich die Sozialinformatik:

> Sie hat Informations- und Kommunikationssysteme in der Sozialwirtschaft und der Sozialen Arbeitzum Gegenstand. Sie befasst sich mit der systematischen Verarbeitung von Informationen imSozialwesen in ihrer technischen Konzipierung, Ausführung und Evaluation, und sie geht damitverbunden den Bedingungen, Wirkungen und sozialen Begleiterscheinungen desTechnologieeinsatzes nach. Kurz: Sozialinformatik nimmt fachliche Verantwortung für denProduktionsfaktor Information im System sozialer Dienstleistungen und ihrem Umfeld wahr (ebd. 2000, S. 20).

Dabei sind die Kommunikationssysteme digitale elektronische Geräte, deren Vernetzung sowie Software,insbesondere fachspezifische Anwendungen und Programme die Soziale Arbeit betreffen. Bei dersystematischen Informationsbearbeitung im Sozialwesen geht es über den technischenInformationsbearbeitungsprozess hinaus, um die Beteiligung menschlicher Akteur*innen in den sozialenOrganisationen, zu berücksichtigen. Daher der Begriff „soziotechnische Systeme“. Wichtig ist, dass die Evaluation nicht nur die Wirkungen des IT-Einsatzes analysiert, sondern auch die Nebenwirkungen sowie Bedingungen und Faktoren des IT-Systemeinsatzes miteinschließt. Dabei gilt es die Sozialinformatik nicht nur handlungsorientiert zu verstehen, sondern reflektiv Auswirkungen, Chancen und Risiken zu thematisieren (vgl. Kreidenweis 2020, S. 16). Wesentlich ist die sozialverträgliche Gestaltung der Technik, als „verantwortlichen Einsatz

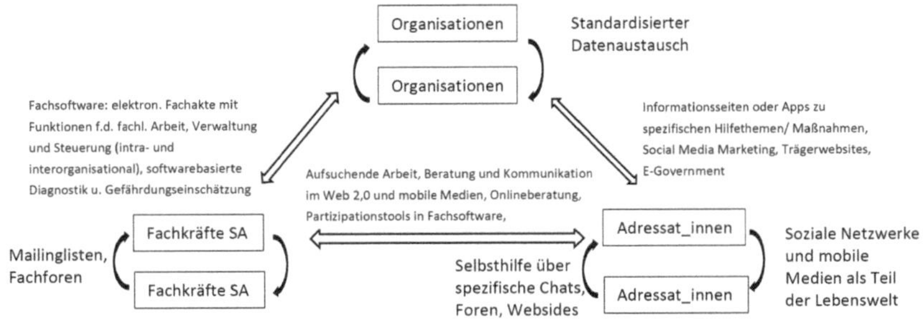

Abb. 1 soziale Organisationen und Akteur*innen der Digitalisierung (veränderte Darstellung in Anlehnung an: Kutscher et al. 2015, S. 4)

der Informationstechnologie (Wendt 1998, S. 15) im sozialen Leben der Menschen von heute und morgen. Dazu gehört vor allem die Frage der Teilhabe benachteiligter Bevölkerungsgruppen an der sich immer weiter digitalisierenden Gesellschaft (…)“ (ebd., S. 17).

Soziale Organisationen sind bei der Digitalisierung in einem Dreieck mit Adressat*innen und Fachkräften (Abb. 1)

Intern erfolgt digitale Kommunikation zwischen Fachkräften der Sozialen Arbeit durch Mailinglisten oder Fachforen. Zwischen den Adressat*innen mittels sozialer Netzwerke als Ausdruck ihrer Lebenswelt bzw. wird Selbsthilfe durch Chats, Foren oder Websites generiert. Organisationen kommunizieren digital untereinander mithilfe standardisiertes Datenaustauschs. Zwischen Organisationen und Fachkräften unterstützt Digitalisierung die Arbeit in Form von Fachsoftware bzw. softwarebasierter Diagnostik bzw. Gefährdungseinschätzung. Zwischen den Fachkräften und Adressat*innen wird der persönliche Kontakt medial ergänzt und ermöglicht örtliche (mobile Medien, Onlineberatung) bzw. zeitliche Unabhängigkeit (Partizipationstools). Hinsichtlich der Transparenz von Organisationen gegenüber potenziellen oder bestehenden Adressat*innen gewinnt Digitalisierung an Bedeutung durch Informationsbereitstellung über Apps, spezifischen Hilfethemen, Social Media Marketing, Träger*innenwebsites bzw. E-Government. Im Rahmen von drei Mediatisierungsdimensionen treten dabei unterschiedliche Anlässe und Rahmenbedingungen zwischen den Akteur*innen bei der Digitalisierung zutage.

Im Rahmen der gesellschaftlichen Veränderungen der Digitalisierung stehen soziale Organisationen nun im Wettbewerb um: An veränderte Bedarfe angepasste Produkte die den Adressat*innen mehr Autonomie ermöglichen, neue

Geschäftsmodelle, sowie angepasste Prozesse und die An-bzw.- Einbindung neuer Marktteilnehmenden. Die Bundesarbeitsgemeinschaft der freien Wohlfahrtspflege hat sechs Handlungsfelder für die digitale Transformation abgesteckt:

1. Sozialraumorientierte Soziale Arbeit: Ergänzung und Weiterentwicklung analoger Angebote durch Digitale, zur Stärkung der Beteiligung und Einbindung neuer Engagement-Formen. „Virtuelle sozialräumliche Erfahrungsräume müssen für eigene verbandliche und weitere Angebote (über Portale oder Plattformen) erschlossen und integrativ so nutzbar gemacht werden, dass Zugangsbarrieren für Zielgruppen aus allen Generationen, Milieus und Lebenslagen abgesenkt werden“ (BMFSFJ & BAGFW 2020, S. 5).
2. Freiwilliges Engagement und Selbsthilfe: Engagierten soll ein Forum für Austausch im Netz und für digitale Mitwirkung geboten werden. Gleichzeitig sollen sie in fach- und verbandspolitische Diskurse eingebunden werden. „Dafür ist der digitale Aus- und Umbau der Engagementinfrastruktur (Wissensmanagement, Vernetzung und Koordination, Möglichkeiten des Online-Volunteerings, digitale Angebote von Moderation, Fortbildung und Begleitung) notwendig“ (ebd. 2020)
3. Beratung und Therapie: Ausbau und konzeptionelle Weiterentwicklung der online-Beratungsangebote. „Ihre strukturelle Vernetzung erfordert neue Formen der Zusammenarbeit unter Einbindung von Peer-to- Peer-Beratung. Hierzu gehört auch die Entwicklung neuer, digital basierter und begleiteter Betreuungs- und Begleitungskonzepte“ (BMFSFJ & BAGFW 2020, S. 6).
4. Qualifikation und Bildung: Qualifizierung haupt- und ehrenamtlicher Mitarbeitender auf allen Ebenen im Umgang mit der Digitalisierung. „Es geht dabei um das Verstehen der Erfordernisse digitaler Produkte, Prozesse und Organisation, um methodische Kenntnisse des vernetzten, kollaborativen Arbeitens, sowie um die Fähigkeit zur Gestaltung von Veränderung. Es gilt nicht nur, die Qualität der sozialen Arbeit zu sichern, sondern damit gleichzeitig die Attraktivität der SAGE-Berufe[1] zu erhöhen. Es wird zunehmend neue digitale und technikunterstützte Angebote in allen Bereichen der Sozialen Arbeit geben. „Hierfür gilt es neue Weiterbildungsformate zu entwickeln sowie in der Erstausbildung modulare IT-Qualifikationskonzepte zu integrieren. Die Zusammenarbeit mit Weiterbildungsinstitutionen und -akademien, Fachschulen und Fachhochschulen ist entsprechend dieser Anforderungen anzupassen und ein Theorie-Praxistransfer zu organisieren (…) umso eine digitale Spaltung zu bekämpfen“ (ebd. 2020).

[1] SAGE steht für Soziale Arbeit, Gesundheit und Pflege und Erziehung und Bildung.

5. Management und Innovation: Entwicklung neuer sozial innovativer Dienstleistungsmodelle und neuer Struktureinheiten, „die für zukünftige Herausforderungen adäquate Lösungsansätze ermöglichen und neuartige Kooperationen fördern" (ebd. 2020).
6. Potenziale digitaler Innovation nutzen und durch Personal- und Organisationsentwicklung implementieren: organisatorische Anpassung verbandlicher Prozesse. „Dabei sind strukturelle Agilität und neue Formen des Wissensmanagements zu entwickeln und zu fördern" (ebd. 2020).

Die Dimensionen der Sozialinformatik lassen sich unterscheiden in die institutionelle und die Adressat*innen-Ebene. Während die Adressat*innen-Ebene sich auf Technologien im unmittelbaren Kontakt mit diesen bezieht (z. B. Blended Counseling, siehe Kap. Makroebene), geht es bei der institutionelle Ebene insbesondere um informationstechnologisch unterstützte Prozesse. Dies bezieht sich auf alle Prozesse der sozialen Organisation (Management-, Verwaltungs- und auch fachliche Prozesse). Damit gewinnt Prozessmanagement mit der Digitalisierung im Rahmen der Ökonomisierung an besonderer Bedeutung. „Denn digitale Geschäftsmodelle sind in der Regel stark prozessgetrieben und leben von einer agilen, radikal kundenfokussierten Gestaltung der Abläufe im Unternehmen" (Kreidenweis 2020, S. 79). Da Prozessmanagement in der Vergangenheit stark im Zusammenhang mit Zertifizierungen stand und wenig von den Fachkräften akzeptiert wurde, gilt es im Zusammenhang mit der Digitalisierung einen neuen Fokus im Sinne des internen und externen Kund*innennutzens zu setzten. Dies ist eine wesentliche Führungsaufgabe als Überzeugungsarbeit im Rahmen des Prozessmanagements. Intern in Bezug auf verschiedene Subsysteme, bzw. Abteilungen der Organisation, um zwischen diesen Abläufen zu optimieren, extern in Bezug auf die Gestaltung der Abläufe gemeinsam mit den Adressat*innen der Sozialen Arbeit. Digitale Elemente können in Geschäftsprozesse integriert werden (z. B. webbasierte Terminbuchung durch Adressat*innen, Krankmeldungen, Urlaubsbeantragung oder Dienstreiseabrechnungen durch Mitarbeitende).

> Bei der Umsetzung solcher kleinen Themen entstehen wichtige Lerneffekte für die Organisation: Welche organisatorischen und technischen Vorbereitungen sind nötig, wie kann die Akzeptanz bei Mitarbeitenden und Adressaten gesichert werden und wie lassen sich Erfolge messen und gesammelte Erfahrungen auf Folgeprojekte übertragen (Kreidenweis 2020, S. 80).

Bei komplexeren Prozessen wie z. B. die Hilfeplanung kann man die Digitalisierung zum Anlass nehmen, die vorhandene Prozesse zu überdenken oder radikal neu zu gestalten. Dies birgt auch die Möglichkeit, Prozesse nicht an den versäulten Strukturen zu orientieren, sondern im Sinne des Prozessmanagements von Nutzen für die in- sowie externen Kund*innen her zu denken, sowie entsprechend zu gestalten.

5 Personale Auswirkungen und Medienkompetenz

Die Ökonomisierung wirkt sich besonders auf das Personal der Leistungserbringer*innen aus, da auf dieses 70–80 % der Gesamtkosten entfallen und damit hier das größte Einsparpotenzial zu sehen ist. Entsprechend hat die Tarifflucht der sozialen Träger*innen eine Auswirkung auf das Personal. Galt der Tarifvertrag im öffentlichen Dienst (ehem. BAT) lange als Leitwährung für den sozialen Bereich, so erfolgen Bezahlung und Arbeitsbedingungen nur noch der Hälfte der Beschäftigten nach Branchentarifverträgen. Nach Haus- bzw.

Firmentarifverträgen werden ca. 11 % der Beschäftigten bezahlt. In 63 % der Betriebe bzw. für 37 % der Beschäftigten gibt ein keinen Tarifabschluss bzw. eine arbeitsrechtliche Vereinbarung (vgl. Schneiders 2020, S. 74). Ferner sind Fachkräfte in Sozialberufen zu 1/3 in atypischen Beschäftigungsverhältnissen, während dies ¼ aller Erwerbstätigen betrifft. Insbesondere die Befristung ist doppelt so häufig anzutreffen als bei der Gesamtzahl der Erwerbstätigen. Auch die Prekaritätsrisiken sind mit 25 % der in sozialen Berufen Beschäftigten im Gegensatz zu 17 % der Gesamtbeschäftigten, höher. Die zugrundeliegenden Prekaritätsrisiken dabei sind Brüche in der Erwerbskontinuität, geringe Integration in die sozialen Sicherungssysteme (Sozialversicherungen) und kein existenzsicherndes Einkommen (vgl. Beher & Fuchs-Rechlin 2013). Zudem verschiebt sich das Aufgabenspektrum und damit das Berufsbild der Soizalarbeiter*innen in Richtung administrativer und betriebswirtschaftlicher Aufgaben. Da hochqualifizierte Fachkräfte zu teuer werden, um nur operativ tätig zu sein, werden sie verstärkt mit Steuerungsaufgaben in sozialen Organisationen betraut, wogegen die operativen vermehrt durch Berufsgruppen mit einer Ausbildung (z. B. Pflegekräfte oder Erzieher*innen) übernommen wird (vgl. Wöhrle 2019).

Während die Sozialinformatik stärker Organisationsbezüge thematisiert, beschäftigen sich medienpädagogische Diskurse mit der individuellen Medienkompetenz und – bildung und damit mit dem Personal in sozialen Organisationen. Die Medienpädagogik ist eng mit der Sozialen Arbeit, insbesondere der Kinder- und Jugendhilfe verzahnt, beispielsweise als verschiedene Ausdrucksformen von Photographie, neuerdings Computerspielen und sozialen Medien. Bezogen auf die Arbeit mit den Adressat*innen ist besonders der Bereich der Sozialisation von Bedeutung. Insgesamt verändern sich die Lebenswelten der Adressat*innen, z. B. werden soziale Ungleichheiten über Medienhandeln (re-)produziert (vgl. Siller et al. 2020, S. 315). Medienpädagogik als Teildisziplin der Erziehungswissenschaften, geht davon *aus,* „dass das Verhältnis des Menschen zur Welt in modernen Gesellschaften größten Teils durch Medien vermittelt ist und pädagogisches Handeln heute nur mehr als ein Handeln in einer durch Medien geprägten Welt gedacht werden kann" (Stangl 2022). Medienpädagogik entwickelt einerseits Medienkompetenz, um Menschen „das kompetente, selbstbestimmte, sozialverantwortliche, kritische und solidarische Handeln in einer durch Medien geprägten Welt zu ermöglichen"; andererseits befasst sie sich mit der Medienwirkung, verstanden als „Einflüssen von Medien auf die Persönlichkeit (…) und damit verbunden, auf (…) die Stärkung der Autonomie und der Kompetenz des Subjekts" (ebd. 2022). Kritisch zu sehen ist, dass mit zunehmender digitaler Kommunikation die Beziehungsgestaltung reduziert wird (vgl. Klein 2015), weshalb die Medienkommunikation der Ergänzung durch Face-to Face- Kommunikation bedarf. Dies ist einerseits ein Handlungsfeld der Sozialen Arbeit in Bezug auf die Sensibilisierung und Bildung der Adressat*innen was deren Medienverhalten angeht, andererseits hinsichtlich der eigenen Kommunikation mit der Zielgruppe. Daher ist es wichtig für Fachkräfte der Sozialen Arbeit, sich in Bezug auf den Umgang mit Medien. weiterzubilden. Medienbildung umfasst drei Kompetenzbereiche: „den kompetenten Umgang mit den Medien, die Reflexion über sie sowie die Fähigkeit, sich auf unbekannte Mediensituationen angemessen einstellen zu können" (Aufenanger 1999, S. 23). *Für die Soziale Arbeit sind sowohl Medienkompetenz als auch Medienbildung bedeutsam,* „da Exklusionsrisiken, die Eröffnung von Teilhabechancen, die Erweiterung von Handlungsspielräumen und Förderung gesellschaftlicher Partizipation in einer mediatisierten Gesellschaft immer auch eng sowohl mit dem Mediensystem und seiner Funktionen, als auch dem Medienhandeln von Menschen verknüpf sind. Aus dieser Erkenntnis ergibt sich die Aufgabe, geeignete Angebote zum Erwerb von Medienkompetenz und zur Eröffnung von Medienbildungschancen bereit zu stellen" (Siller et al. 2020, S. 323 f.).

In Bezug auf die Ökonomisierung ist ferner zu berücksichtigen, dass die Kund*innenrolle der Adressat*innen leichter zwischen Produzent*in und Rezipient*in wechseln kann. Eigene Interessen können schneller und leichter auch im Sinne von Gegen-Öffentlichkeiten artikuliert werden. Die neuen medialen sozialräumlichen Arrangements haben durch mögliche Anonymität zudem eine enthemmende Wirkung und begünstigen neue Formen der Grenzverletzung wie Cybermobbing. Die Ausübung der Produzent*innen-Rolle ist zudem abhängig vom Medienzugang. So droht eine digitale Spaltung, von der strukturell

Benachteiligte besonders betroffen sind: Wenn z. B. Jugendliche in stationären Einrichtungen keinen WLAN-Zugang haben, Menschen mit Behinderung über keine assistiven Technologien verfügen, oder Eltern aus bildungsbenachteiligten Milieus ihre Kinder in Bezug auf die Gefahren der Internetnutzung nicht beraten können. Entsprechend besteht in unterschiedlichen Handlungsfeldern der Sozialen Arbeit Bedarf die medienpädagogische Kompetenz der Sozialarbeiter*innen (weiter-) zu bilden. Hierbei lassen sich sechs Kompetenzbereiche unterscheiden (Abb. 2):

1. Orientierungswissen: Verständnis und Einordnung der sozialen, rechtlichen, politischen und ökonomischen Entwicklungen in Bezug auf das Medienhandeln. Hierzu bedarf es Grundkenntnisse über Funktionsweisen technologischer Infrastruktur und die Komplexität von Mediensystemen.
2. Zusammenhangswissen: Auswirkungen und Entwicklungen von Medienhandeln auf Lebenswelt und Lebenslage der Adressat*innen. Verschiedene Handlungsfelder der Sozialen Arbeit begründen unterschiedliche Unterstützungsbedarfe mit digitalen Medien.

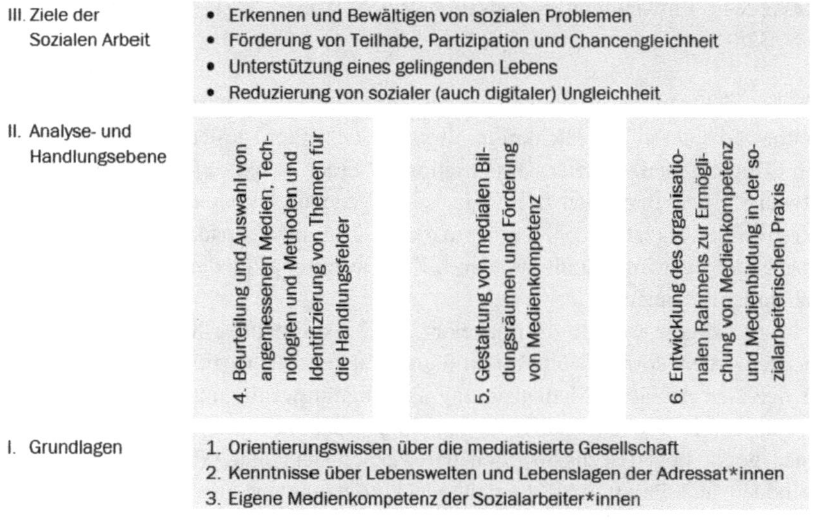

Abb. 2 medienpädagogische Kompetenzen für Fachkräfte der sozialen Arbeit (Siller et al. 2020, S. 327)

3. Medienkompetenz der Fachkräfte: Sozialarbeiter*innen müssen die Sprache und Codes der medialen Lebenswelten ihrer Adressat*innen verstehen, um Zugang zu diesen zu erlangen. Kenntnisse und Fähigkeiten im Umgang mit Medien sind zudem notwendig, um diesbezügliche gesellschaftliche Zusammenhänge zu verstehen und ihren Einfluss auf Adressat*innen sowie die eigene Arbeitswelt, zu reflektieren.
4. Methodenkompetenzen: um den Einsatz von Medien in Bezug auf verschiedene Handlungsfelder sowie Bildungsoptionen durch Medieneinsatz einschätzen zu können. Dazu gehört auch die Abwägung, in welcher Situation bzw. bei welcher sozialarbeiterischen Intervention, Medien förderlich sind (z. B. Kontaktpflege, Onlineberatung, Teilhabe oder Partizipation).
5. Handlungswissen zur Gestaltung medialer Bildungsräume: Kompetenter Umgang mit Medien in verschiedenen Handlungsfeldern der sozialen Arbeit. Dies verfolgt die Ziele selbstbestimmtes Medienhandeln der Adressat*innen zu befördern, ihnen Mitgestaltungsmöglichkeiten über Medien zu eröffnen und so schließlich soziale Ungleichheit über Medien zumindest zu reduzieren oder gar zu vermeiden.
6. Rahmenbedingungen gestalten: Reflexion der Einflüsse von Medien auf Prozesse, Methoden, Interaktion mit Adressat*innen, sowie die entsprechende (Weiter-) Entwicklung organisationaler Strukturen (vgl. Siller et al. 2020, S. 328–331).

Die Entwicklung der medienpädagogischen Kompetenz wird zunehmend zum Wettbewerbsfaktor um Fachkräfte. Ihre diesbezüglich gestärkte Employability hilft Träger*innen sozialer Organisationen ferner Alleinstellungsmerkmale zu entwickeln und ihre Dienstleistungen auch gegenüber neuen Zielgruppen bzw. lukrativen Selbstzahlenden, zu vermarkten. Die medienpädagogische Kompetenzstärkung gewinnt damit zunehmend an Bedeutung für die Qualifikation von Sozialarbeiter*innen.

In eine Studie wurden 48 Bachelor- und 35 konsekutive Masterstudiengänge Sozialer Arbeit, sowie zwölf Weiterbildungskataloge überregionaler Träger*innen der Sozialen Arbeit zu Mediatisierung und Digitalisierung untersucht (Abb. 3):

Während in Bachelorstudiengängen ein deutlicher Schwerpunkt auf der Medienpädagogik liegt (Bezugstheorien der Medienpädagogik, Medienpädagogische Methoden und Praxis bzw. Begleitende Umsetzung medienpädagogischer Projekte), weisen die Masterstudiengänge Sozialer Arbeit kaum digitale Medien bzw. Technologien auf. Im Weiterbildungsbereich überwiegen Angebote zur Öffentlichkeitsarbeit mit digitalen Medien das medienpädagogische Handeln. Darunter dominiert die digitale Kommunikation zwischen Organisationen und

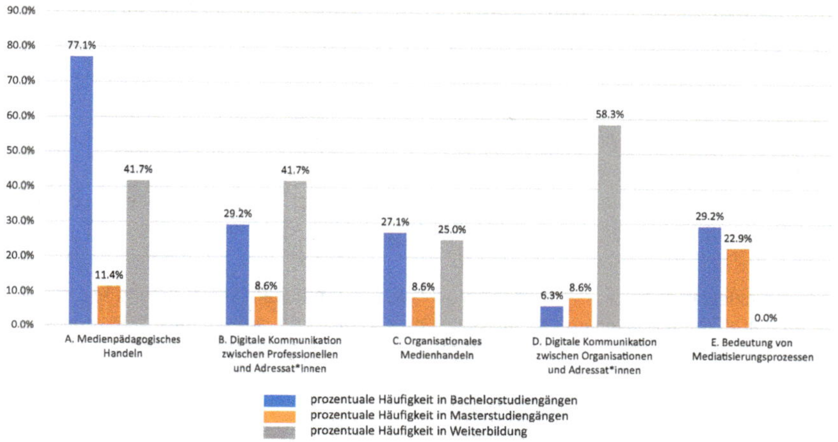

Abb. 3 Prozentuale Verteilung der Mediatisierung und Digitalisierung getrennt nach Studiengängen und Weiterbildungsangeboten (Helbig & Roeske 2020, S. 340)

Adressat*innen bzw. der Öffentlichkeit. Weitere nahezu gleich wichtige Themengebiete der Weiterbildung sind medienpädagogisches Handeln mit dem Fokus auf medienpädagogischen Methoden, und digitale Kommunikation zwischen Professionellen und Adressat*innen. Hierbei liegt der Schwerpunkt auf Angeboten zu problematischer Mediennutzung (z. B. Internet- und Computersucht). Zum organisationalen Medienhandeln gibt es wenige Angebote und hier, nur zur Nutzung von Fachsoftware. Zur Bedeutung von Mediatisierungsprozessen gibt es keine Weiterbildungsangebote (vgl. Helbig & Roeske 2020, S. 342 f.).

6 Die Ökonomisierungsdebatte mit Bezug zur Digitalisierung

Wilken (2000) beschreibt die Ökonomisierungsdebatte treffend *als* „Spannungsgefüge ökonomischer Rationalität und einem verantwortlichen fachlichen Selbstverständnis (...), ohne dabei sozial-ethische Standards preiszugeben" (ebd. 2000, S. 11). Obgleich Effizienz, Effektivität, Qualität oder Wirkung innerhalb der Fachlichkeit Sozialer Arbeit schon immer eine Rolle gespielt haben und Geld im Zusammenhang mit der weitestgehend öffentlichen Finanzierung Sozialer Arbeit, diese schon lange unter Legitimationszwang setzt, ist problematisch, dass der

Ausgangspunkt der Ökonomisierungsdebatte ein außerfachlicher ist: das „*sie eben nicht primär durch die Intention einer Steigerung der professionellen Qualität sozialpädagogischer Angebote ausgelöst und bestimmt wurde, sondern vielmehr ein Folgeeffekt der finanziellen Engpässe des Systems sozialer Sicherung im allgemeinen und personenbezogener sozialer Dienste im Speziellen ist*" (Galuske 2001, S. 312). Auch wenn Wirtschaftlichkeit und Effizienz zunehmend akzeptiert werden, so bestehen doch Zweifel demgegenüber, dass durch Kosten-Nutzen Relationen die Qualität sozialer Dienstleistungen zu steigern ist:

> Das Soziale reduziert sich, so erfahren es viele im beruflichen Alltag, mehr und mehr auf marktfähige Leistungen und auf den Wettbewerb um ihre kostengünstigste Erbringung. Auch wenn die Vorteile einer möglichen nutzerorientierten Steuerung und einer rationellen Leistungserbringung gesehen werden, so bestehen doch im Hinblick auf die gerechte Verteilung zunehmend begrenzter Ressourcen im Alltag der Sozialen Arbeit vielfältige Entscheidungszwänge (Wilken 2000a, S. 8 f.).

Ebenso wird der Begriff Kund*in für die Adressat*innen der Sozialen Arbeit ambivalent gesehen. Einerseits sprechen Wahlfreiheit, Souveränität und Selbständigkeit, welche zugleich durch sozialarbeiterische Konzepte wie Empowerment und Aktivierung befördert werden, dafür. And ererseits wird die Nachfrage nach sozialen Dienstleistungen nicht über die Kaufkraft reguliert, sondern über die Sozialgesetze. Soziale Dienstleistungen sind meritorische, keine öffentlich zugänglichen Güter, die über den Markt gesteuert werden. Beim Dienstleistungsprozess meritorisierter Leistungen gewinnt dabei zunehmend eine Sparpolitik an Bedeutung, was sich negativ auf das Vertrauensverhältnis zwischen sozialer Fachkraft und Adressat*innen auswirken kann (vgl. Finis Siegler 2021). Zudem zielt das kommerzielle Dienstleistungsunternehmen auf die Kund*innenbindung ab. Erfolg bedeutet, dass Kund*innen die Dienstleistung vermehrt in Anspruch nehmen. Dies ist bezüglich sozialer Dienstleistungen gegenteilig: Sowohl wird politisch auf Sparsamkeit und Wirtschaftlichkeit der umverteilten Güter geachtet, als auch die Soziale Arbeit auf die selbständige Bewältigung der Problemlagen abzielt (vgl. Buestrich & Wohlfahrt 2008).

Im Folgenden werden verschiedene Vor- und Nachteile der Ökonomisierung und Digitalisierung aufgezeigtVorteile der Ökonomisierung und Digitalisierung:

- Vorteile der Ökonomisierung und Digitalisierung:

Vorteile der Ökonomisierung und Digitalisierung: Einhaltung professioneller Autonomie: Die Ökonomisierung leistet Vorschub was Messbarkeit der Sozialen Arbeit angeht. Dadurch lassen sich Erfolge auch besser sichtbar machen.

Da das Sozialbudget ca. 1/3 der staatlichen Ausgaben einnimmt, hat die Gesellschaft auch ein Recht zu erfahren, wie die Mittel verwendet werden. Soziale Arbeit erhält mit der Kosten-Leistungs-Transparenz die Möglichkeit sich besser zu legitimieren (externe Wirkung). Intern dient die Messung der Selbstevaluation und leistet Vorschub überprüfbare Standards weiterzuentwickeln (vgl. Meysen 1999). Die Möglichkeiten und Grenzen der Wirkungsmessung Sozialer Arbeit ist nicht banal und wird aktuell erforscht und debattiert. Unklar ist z. B. wie mit der zeitlichen und sachlichen Verschiebung von Input und Outcome methodisch umgegangen werden kann.

Nachweis von Effizienz und Effektivität: Bislang war vor allem der Input im Fokus, die Einhaltung der Kostendeckung vor dem Hintergrund der Ressourcenknappheit. Die Ökonomisierung erweitert die Perspektive um die Wirkung. Dabei wird Soziale Arbeit nicht nur quantitativ, den Outcome bezogen gemessen. Vielmehr wird auch der Outcome, im Sinne einer qualitativen Überprüfung der fachlichen Standards Gegenstand der Betrachtung (vgl. Wilken 1998).

Mehr Humanität durch ökonomische Verantwortung: Die Soziale Arbeit weist schon in ihren Anfängen Bezüge zu Ökonomie auf, im Sinne der wirtschaftlichen Situation von Gemeinwesen. Eine soziale Ökonomie weist ein ganzheitliches Wirtschaftsverständnis auf, denn Soziale Arbeit bezieht Wirtschaften und Versorgung in allen Lebensbereichen mit ein. Dies vollzieht sich von der Makroebene als Reflektion des Umbaus des Sozialstaates bis in die Mikroebene, wie Adressat*innen mit ihren ökonomischen Verhältnissen zurechtkommen. Schließlich übernimmt Soziale Arbeit Verantwortung dafür, welche Ziele sie verfolgt und schafft so Transparenz (vgl. Wendt 1998).

*Die Bundesarbeitsgemeinschaft der Freien Wohlfahrtspflege sieht die Chancen der Digitalisierung in der Nutzung im Sinne des sozialen Zusammenhalts, schneller und unbürokratischer Hilfe für die Adressat*innen sowie Anpassung der Aufbau- und Ablauforganisation:* Als Akteur*innen der digitalen Transformation können die Wohlfahrtsverbände „die digitale Transformation aktiv und am sozialen Ausgleich orientiert mitgestalten. Sie können die teilhabeorientierte Nutzung der digitalen Chancen fördern, gesellschaftliche Randgruppen einbinden und helfen, neue soziale Problemlagen, die durch „digital gaps" en tstehen, zu bewältigen" (BMFSFJ & BAGFW 2020, S. 3). Bezüglich der organisationalen Anpassungen wird argumentiert: Die Digitalisierung tangiert alle Aufgaben und Funktionen der Freien Wohlfahrtspflege. Sie „erfordert auch eine grundsätzliche Überprüfung der gegebenen Aufbaustrukturen und Arbeitsweisen (...) Die Verbände müssen ihre Kommunikationswege, Angebotsformen und Arbeitsweisen überprüfen und sie konsequent aus der Nutzer/innenperspektive einer hybriden analog/digitalen sozialen Welt entwickeln" (ebd. 2020, S. 4).

Chance zur professionellen Neupositionierung: Der Umgang mit sozialen Medien als wesentlicher Teil der Lebenswelt insbesondere der „digital natives“ in der Kinder- und Jugendhilfe bietet für die Fachkräfte der Sozialen Arbeit die Chance ihre Medienkompetenz zu stärken, dabei auch ihr eigenes Medienhandeln zu überprüfen, sowie die Potenziale digitaler Medien für sich zu entdecken. Die Digitalisierung bietet eine Möglichkeit der grundsätzlichen Reflektion, als „Chance für die Soziale Arbeit, sich erneut über grundlegende Positionen und Herangehensweisen zu verständigen und im Zuge dessen zu fragen, welchen Beitrag sie in ihren verschiedenen Handlungsfeldern leistet, um ein gelingendes Leben in medial und digital durchdrungenen Lebenswelten zu ermöglichen““ (Tillmann 2020, S. 97).

Ausweitung zum digitalen Sozialraum: Der Sozialraum nicht nur ein Stadtteil oder Quartier als räumliches Territorium, sondern auch ein subjektiv erlebter Raum, in dem Begegnungen in der individuellen Lebenswelt stattfinden. Der Sozialen Arbeit obliegt hierbei die Aufgabe sozialräumliche Ressourcen im Sinne einer aktiven Hilfegestaltung zu mobilisieren. „Eine sozialraumorientierte Arbeit wird… auch um eine medienpädagogische Perspektive angereichert“: „Wir können – auch vor dem Hintergrund von Forschungsergebnissen zur Digitalen Ungleichheit […] – von ungleich existierenden Ausprägungen von Medienkompetenz ausgehen (Biermann 2013, para. 27)“ (Kergel 2020, S. 234). Ein medienpädagogisch erweitertes Sozialraumverständnis beschäftigt sich mit Fragen zu Dysfunktionalitäten durch die Internetnutzung, angesetzten Formen der Internetnutzung, oder der Suche nach niederschwelligen, alternativen Nutzungsformen. Der digitale Sozialraum ist nicht zeitlich und örtlich begrenzt, sondern durch Gleichgesinnte in Form des Peer-Austausches begrenzt. Social Networking Sites, bzw. die habituelle Identität werden durch personalisierte Werbung, vorstrukturierte Kommunikationsformen und algorithmisch determinierten News determiniert. Für die Soziale Arbeit ergibt sich als Handlungsfeld digital mitstrukturierte soziale Praktiken und Dynamiken danach [zu] beurteilen, inwieweit sie die Entfaltung des Willens bzw. Formen einer weitestgehend selbstgesteuerten sowie selbst bestimmten Lebensführung und Identitätsarbeit ermöglichen oder behindern. Sozialraumorientierung wird hierbei zu einer struktur-analytischen Denkstrategie, die digitalbasierte Interaktionen sozialräumlich analysiert und auf Grundlage dieser Analyse neue (anwaltschaftliche) Interventionsstrategien entwirft (vgl. Nutt 2000). (Kergel 2020, S. 239).

Digitale Dokumentation und Vernetzung: Es gibt vielfältigen Dokumente, die innerhalb der sozialen Arbeit digitalisiert werden wie beispielsweise Hilfepläne, Meldebögen, Tagesdokumentationen oder ganze Akten Darüber hinaus ermöglichen umfassende Falldokumentationssysteme integrierte Formen, die technische

Schnittstellen mittels Fachsoftware zwischen den Träger*innen überwinden. Innerhalb der Organisationen wirkt sich die Digitalisierung auf die Strukturen und Prozesse aus. Die Digitalisierung erhöht nicht nur den Automatisierungsgrad bürokratischer Entscheidungen,

> „sondern weitet sie auch auf bisher nicht erfasste fachliche Bereiche aus. Diese Entlastung in Fallentscheidungen kann von Sozialarbeiter*innen vor allem in überfordernd komplexen, unsicheren und riskanten Arbeitsfeldern als attraktiv wahrgenommen werden. Unterschiedliche Dokumentationstexte mit Argumentations-, Reflexions- und Evaluationsfunktion (etwa Gutachten, Entwicklungsberichte, Kontaktdokumentationen oder Hilfepläne) werden in digitale Dokumentationssysteme übersetzt, die Vorgaben für bestimmte Fall- und Hilfekonstellationen enthalten, automatisierte Warnmeldungen senden und eine Verknüpfung über Team- und Organisationsgrenzen hinweg umsetzen. Die Automatisierung von Entscheidungen kann dabei bis hin zur vollständigen Delegation an das System ausgedehnt werden (vgl. Bastian & Schrödter 2015)." (Ley & Reichmann 2020, S. 245 f.).

- Nachteile der Ökonomisierung und Digitalisierung:

  Auflösung der Professionalität: Die Wirtschaft okkupiert die Soziale Arbeit. In den USA sind weite Teile der öffentlichen Wohlfahrt und Sozialen Arbeit an Unternehmen abgegeben. Mit dem wachsenden Einfluss der Ökonomie werden zunehmende Spaltungstendenzen und gesellschaftliche Exklusionen befördert. Politik und Gesellschaft würden sich rückwärts bewegen und zunehmend von sozialer Verantwortung entfernen. Dies hätte zunehmende Verarmungstendenzen und den Ausschluss von Teilhabe zur Folge (vgl. Grams 1998).

  Unvereinbarkeit von ökonomischer Produktivität und ethischer Werthaltung: Die Logiken und Finanzierungsmodi des Wirtschaftssystems sind nicht vergleichbar mit denen der Sozialen Arbeit (mangelnde Wahlmöglichkeit, fehlende Kaufkraft, Adressat*innen im Zwangskontext, materielle bzw. soziale Notlagen, die die Wahlentscheidung erschweren etc.). Schließlich widerspricht der Wunsch nach Überprüfbarkeit und Steuerbarkeit dem ethischen Auftrag der sozialen Arbeit. Im Zuge der Leistungsvereinbarungen zwischen Leistungsträger*innen und Leistungserbringer*innen geraten die Bedarfe der Adressat*innen in den Hintergrund (vgl. Rappo & Walliman 2004).

  „BWL-isierung" der Sozialen Arbeit: ökonomische Methoden sind mitverantwortlich für die Zunahme von Armut in der Gesellschaft. Die wirtschaftliche Rationalität von Effektivitäts- und Gewinnstreben führt Menschen ins materielle Abseits. Dieselbe Rationalität die Exklusion vorantreibt kann nicht auf den sozialen Bereich übertragen werden, um deren Auswüchsen zu begegnen. Eine ausschließlich materielle Bewertung der Sozialen Arbeit ist abzulehnen und befördert das Vorurteil, Soziale Arbeit würde finanzielle Mittel verschwenden (vgl. Schmidt-Grunert 1996).

Die Bundesarbeitsgemeinschaft der Freien Wohlfahrtspflege formuliert auch Risiken der Digitalisierung. So die Entstehung neuer Exklusions-Formen. „Mit der Vielfalt digital vernetzter Produkte und neuartiger Kontroll- und Überwachungsmöglichkeiten ist die Gefahr verbunden, Persönlichkeitsrechte und die Privatsphäre, insbesondere von vulnerablen Bevölkerungsgruppen zu verletzen. Nicht zuletzt müssen der mögliche Verlust persönlicher, physischer Kontakte und sinnlicher Erfahrungen sowie die damit verbundenen psychosozialen Auswirkungen als Risiko beachtet werden" (BMFSFJ & BAGFW 2020, S. 4).

Rationalisierung von Arbeitsplätzen: Mit der Digitalisierung geht ein Wandel der Arbeitswelt einher. Neben der Tertiärisierung im Zuge der Verlagerung von industrieller Produktion in Billiglohnländer, vollzieht sich eine Ausweitung der Dienstleistungen. Auch wenn einer Studie zufolge 34 % der im Sozialwesen Beschäftigten von erhöhten Entscheidungsspielräumen durch Digitalisierung berichten und 24 % eine leichte Verbesserung bei der Vereinbarkeit von Familie und Beruf empfinden, nehmen ca. 57 % eine höhere Arbeitsmenge und 50 % eine höhere Arbeitsbelastung wahr. Alle Werte sind etwas ungünstiger als die des Beschäftigtendurchschnitts (Holler 2017, S. 42–69). Die Digitalisierung schlägt sich unterschiedlich in der Arbeit der Sozialarbeiter*innen nieder: 90 % nutzen das Internet für Recherche und Kommunikation mit Kolleg*innen, gefolgt von der Kommunikation mit Adressat*innen bzw. Ehrenamtlichen über WhatsApp oder Email (ca. 55 %) (vgl. Hoose et al. 2021).

Ablehnung gegenüber Fremdartigkeit: Ähnlich wie die Ablehnung gegenüber betriebswirtschaftlicher Überfremdung, wird sie gegenüber der Okkupierung der Sozialen Arbeit durch Digitalisierung wahrgenommen. Innerhalb sozialer Organisationen wird die Leistungserbringung und mit ihr die Relevanz der verschiedenen Kriterien (sozialarbeiterische, ökonomische, politische oder ethische) innerhalb der Digitalisierung selbst bestimmt. Jedoch bestehen aufgrund der Komplexität der Digitalisierung große Ungewissheiten, Fachkräfte der Sozialen Arbeit werden zunehmend verunsichert und vermissen Orientierungen (vgl. Waag 2021). Dies betrifft insbesondere die Digitalisierung in Bezug auf den direkten Kontakt zu Adressat*innen.

> „Kritischer wird der digitale Technikeinsatz immer dann gesehen, wenn Tätigkeitsbereiche betroffen sind, die von den Beschäftigten als Kern ihrer Arbeit begriffen

werden. Hier scheinen z. B. berufsethische Vorstellungen im Widerspruch zum Technikeinsatz zu stehen. So könnte es sein, dass der Austausch zwischen Menschen als zentraler (qualitativer) Aspekt der hier vielfach anzutreffenden Interaktionsarbeit aufgefasst wird. Ein Technikeinsatz, der Spielräume für zwischenmenschliche Tätigkeiten erweitert, wird begrüßt, wohingegen ein Technikeinsatz, der diese Interaktionen verändert bzw. sogar ersetzt, abgelehnt wird" (Hoose et al. 2021, S. 106).

7 Umgang mit Ökonomisierung und Digitalisierung

Vorgestellt werden im Folgenden zwei Umgangsmodalitäten, der Sozialen Arbeit mit der Ökonomisierung: „Im System arbeiten" und „Am System arbeiten".

Dabei verstehe ich unter „Im System arbeiten", dass sich die Soziale Arbeit nicht von der Wirtschaftslogik okkupieren lässt, sondern sich emanzipatorisch verhält, indem sie an ihrer Ethik, Werthaltenden und Prinzipien festhält und wirtschaftliche Handeln dahingehend reflektiert, wo sie es für sinnvoll hält. Einfach ausgedrückt: Die Soziale Arbeit stellt das Wirtschaftliche unter ihr Primat. Schwester Mager (2010), die als erste Ordensfrau die Caritas Deutschland als Vizepräsidentin vertritt, drückt es so aus:

> „Setzen wir dem Primat des Kapitals und der überhandnehmenden Ökonomisierung fast aller Lebensbereiche eine am Gemeinwohl orientierte Haushaltsführung entgegen, als Modell einer intelligenten Zusammenführung von Solidarität und Ökonomie, Nächstenliebe und Wirtschaft?... Neben der Kostenwahrheit gibt es immer auch die Wahrheit des Anderen. Es wird nicht genügen, sich auf ethische Werte zurück zu besinnen, sondern es geht um eine konsequente, nachhaltige Integration ins Tagesgeschäft, in die betrieblichen Abläufe hinein. Damit sind betriebswirtschaftliche Entscheidungen verbunden, die ethischen Maßstäben folgen und wirkungsvoll verhindern, dass allein die Kaufkraft eines in Not geratenen Menschen über seine Aufnahme und die Qualität der Hilfe bestimmt." (ebd. 2010, S. 32–34).

Der Hauptgeschäftsführer des Paritätischen Wohlfahrtsverbandes, Schneider fordert Räume, in denen Soziale Arbeit ihre Ethik und Haltungen reflektieren kann, statt, so könnte man ergänzen, sich nicht von einer wirtschaftsgetriebenen Logik vor sich hertreiben zu lassen. Hier gilt es auch Technikeinsatz und wirtschaftliche Instrumente auf ihren Nutzen hin zu hinterfragen und so einzusetzen, dass sie die Ziele der Soziale Arbeit unterstützen. Das Sozialmanagement hat hier verschiedene Wege aufgezeigt, z. B. wirkungsorientierte Leistungsvereinbarungen, bei denen die Standards gemeinsam zwischen den Akteur*innen Leistungsträger*innen, Leistungserbringer*innen und Adressat*innen ausgehandelt werden.

Entsprechendes gilt für die Digitalisierung. Die Bundesarbeitsgemeinschaft der Freien Wohlfahrtspflege hat erkannt, dass die Herausforderung darin liegt, „durch die Nutzung digitaler Technik innovative Lösungsansätze zu entwickeln, die den Zielen und Grundsätzen der Freien Wohlfahrtspflege entsprechen, die Menschen in- und außerhalb der Verbände zu befähigen, digitale Angebote anzuwenden und sie für den Umgang mit Daten zu sensibilisieren" (BMFSFJ & BAGFW 2020, S. 1).

Unter „Am System arbeiten" verstehe ich, dass Soziale Arbeit politische agiert und einen Soziallobbyismus betreibt, um ihre Vorstellungen einer gerechten Gesellschaft, wie die Verteilungsgerechtigkeit sozialer Leistungen und ihrer Finanzierung einzubringen. Der Berufsverband DBSH (2012) spricht sich in seiner Heidelberger. Erklärung für eine Re-Politisierung der Sozialen Arbeit aus und drückt das soziale Lobbying so aus: „Soziale Arbeit als Profession mit Expertise für das Soziale muss das politische Potenzial entwickeln und den Mut zur öffentlichen Empörung und Skandalisierung aufbringen" (ebd. 2012, S. 6). Da die Ökonomisierung der Sozialen Arbeit politisch initiiert ist (s. Kapitel Makroebene) ist es nur folgerichtig, auf der politischen Ebene zu (re-)agieren. Lobbyismus ist definiert als „politische Kommunikationsprozess, der sich zwischen Akteuren gesellschaftlicher Organisationen (…) und politischen Akteuren (…) abspielt mit dem primären Ziel, mittelbaren oder unmittelbaren Einfluss auf die politischen Entscheidungsprozesse zu nehmen. Lobbying arbeitet mit spezifischen Kommunikationsinstrumenten und ist in demokratischen Systemen an rechtliche und moralische Normen gebunden, d. h. bestimmte Verfahren (wie z. B. Bestechung) werden normativ *ausgeschlossen"* (Bentele 2003, S. 5). Auch wenn der Begriff Soziallobbyismus wissenschaftlich nicht fundiert ist, so ist er doch verbandliche Praxis und wird als anwaltschaftliches Handeln für sozialbenachteiligte M enschen oder lobbyistische Interessensvertretung durch Sozialverbände verstanden (vgl. Dietz 2013). Sein Gewicht gewinnt der Soziallobbyismus vor allem durch den Sozialmarkt als Wachstumsmarkt für Beschäftigung und damit dessen volkswirtschaftliches Gewicht. Im Sozialmanagement lässt sich Soziallobbyismus im Sozialmarketing, speziell der Öffentlichkeitsarbeit, dem Fundraising etc. verorten. Politisches Handeln ist innerhalb der Sozialen Arbeit originär innerhalb der Theorien der Sozialen Arbeit verortet z. B. in der Lebensweltorientierung (Thiersch) oder der Systemischen Sozialen Arbeit (Staub-Bernasconi), inhärent ist die Grundüberzeugung einer gewinnbringenden Doppelstrategie aus Einzelfallhilfe und Sozialreform (vgl. Rieger 2013). Ferner ist Soziallobbyismus dem dritten Mandat der Sozialen Arbeit zuzuordnen, als Vertretung der eigenen Berufsposition bzw. des Berufsethos. Staub-Bernasconi fordert insofern auch politisch tätig zu werden: „Soziale Arbeit als Menschenrechtsprofession verfügt über eine wissenschaftliche Beschreibungs- und Erklärungsbasis, eine eigene Ethik (Berufskodex) und eine Legitimationsbasis, die über konkrete Aufträge hinaus ein selbstbestimmtes Arbeiten ermöglicht. (...) Soziale Arbeit ist politisch, sie muss politisch sein, denn sie ist Akteurin in gesellschaftlichen Prozessen und verfügt über spezifisches Wissen über soziale Problemlagen und daraus resultierende gesellschaftliche Verwerfungen. Ohne dieses Wissen können politische Entscheidungen nicht sachgerecht getroffen werden“ (Kramp 2020, S. 1).

Gerade die Wohlfahrtsverbände haben eine hohe Reputation in allen sozialen Themengebieten. In ihrer Vernetzung als BAGFW erhöht sich ihr Einfluss auf Politiker*innen. Durch die föderale Struktur sind sie zudem mit politischen Entscheidungstragenden vor Ort gut vernetzt, um einerseits Informationen in politische Diskussionen einzubringen und andererseits, über Entscheidungsprozesse informiert zu sein. Aber auch einzelne Einrichtungen und Träger*innen kleinerer sozialer Organisationen können ihr politisches Mandat vor Ort anwaltschaftlich vertreten, indem sie sich in die kommunalpolitischen Gremien und Ausschüsse wählen lassen, Verbindung zu Beauftragten halten oder Kontakte zu Kommunalpolitiker*innen pflegen. In ihrer Dissertation hat sich Wilke (2022) den bislang kaum erforschten Instrumenten der politischen Interessenvertretung durch Wohlfahrtsverbände gewidmet. Dabei ist zwischen verschiedenen Zielgruppen zu unterscheiden:

- Grassroots-Lobbying, auch als Outside-Lobbying Politik bezeichnet, beeinflusst administrative und politische Entscheidungsträger*innen mithilfe indirekter Maßnahmen durch Einflussnahme auf die öffentliche Meinung (vgl. Kramer & Pirjol 2011). Dabei sind soziale Organisationen auch gefragt, ihre Adressat*innen zu mobilisieren. Die Dissertation verweist hier auf Pressemitteilungen und mediale Auftritte durch Vertreter*innen der Wohlfahrtsverbände, um die Öffentlichkeit zu mobilisieren (vgl. Wilke 2022, S. 73–88). Das Grassroot-Lobbying verweist ferner auf Demonstrationen oder Petitionen. Soziale Organisationen sollten an aktuellen öffentlichen Diskussionen vor Ort anknüpfen dabei auch ihre sozialen Medien einsetzen.
- Direktlobbying, auch Inside-Lobbying genannt, meint die direkte Einflussnahme auf Politiker*innen. Hier verweist die Dissertation auf Stellungnahmen und Fachpapiere. Persönliche Gespräche mit Abgeordneten werden als wichtigstes Instrument aufgezeigt, „um Informationen zu erhalten, Positionen deutlich zu machen und auf politische Prozesse im Vorfeld einzuwirk en“ (ebd. 2022, S. 81).

Das in Bezug auf die Digitalisierung spezifizierte Soziallobbying verfolgt das Ziel „gleichberechtigte Teilhabe, Meinungsfreiheit, Netzneutralität, Datensouveränität und Informationsfreiheit für alle Menschen zu garantieren und neue soziale Risiken, Überwachung und Diskriminierung zu verhindern." (gemeinsame Erklärung BMFSFJ & BAGFW 2020, S. 2).

8 Fazit: Haltung und professionelles Standing

Teile der sozialen Fachkräfte lassen wie aufgezeigt, Abwehrhaltungen gegenüber der Überfremdung durch Wirtschaft, sprich Ökonomisierung und Digitalisierung erkennen. Diese Skepsis lässt es oft nicht zu, sich mit den einzelnen Instrumenten sachlich auseinander zu setzen und näher zu beschäftigen. Damit läuft die Soziale Arbeit die Gefahr, unliebsame Bereiche „outzusourcen" und die Umsetzung Betriebswirt*innen oder Technologieexpert*innen zu überlassen. Da diese aber nicht über ausreichend sozialpädagogische Expertise verfügen, ergibt sich *ein Teufelskreis: Die wirtschaftlichen bzw. technologischen Instrumente werden zu wenig angepasst in soziale Handlungsfelder eingebracht, was sich nun operativ und direkt auf die Arbeitsbezüge der sozialen Fachkräfte auswirkt und so die anfängliche Skepsis weiter verschärft.* Schwester Mager (2010) argumentiert an dieser Stelle. „An uns liegt es, ihnen [den Ökonom*innen, Anm. d. Verf.] unser Selbstverständnis nahezubringen, sie in unsere Kultur einzuführen und zu begleiten. Gezielte Angebote im Bildungsbereich und der Personalentwicklung tragen dazu bei, die Menschen von der Sinnhaftigkeit einer nicht nur monetären Zielsetzung zu überzeugen" (ebd. 2010, S. 34). Auch das Sozialmanagement setzt sich damit auseinander, wie wirtschaftliche Instrumente angepasst auf die Bedarfe der sozialen Träger*innen, sowie Fachlichkeit der Soziale Arbeit eingesetzt werden können (s. o. Kap. 7). Schneider (2013) fordert in seinem Vortrag „Soziale Arbeit braucht Vertrauen", dass wenn Wirtschaftsfachleute soziale Organisationen z. B. als Geschäftsführer*innen leiten, sie Qualifikationen mitbringen müssen, die was aussagen über seine [ihre] reflexive Kompetenz, zum Menschenbild und zur Beziehung der Sozialen Arbeit (ebd. 2013). Vertrauen muss man sich allerdings auch erwerben. Hier fehlt es mitunter an einem Selbstbewusstsein der sozialen Fachkräfte ihre Wissenschaftlichkeit, Professionalität und Ethik anderen Logiken wie die der Wirtschaft und Technik entgegenzusetzen. Letztendlich geht es um Haltung. D. h. ein professionelles Standing zu entwickeln, das sich nicht von Überfremdung bedroht fühlt, sondern sich selbstbewusst auseinandersetzt. So kann es gelingen, ökonomische und technische Instrumente sinnvoll in die fachliche Weiterentwicklung einzubinden.

Literatur

Aufanger, S. (1999). Lernen mit den neuen Medien – Perspektiven für Erziehung und Unterricht. In I. Gogolin & D. Lenzen (Hrsg.) *Medien Generation*. Beiträge zum 16. Kongreß der Deutschen Gesellschaft für Erziehungswissenschaft (S. 61–76). Leske + Budrich.

Bäcker, E.M., Grottke, M., & König, A. (2021). Chancen digitaler Technologien für die Sozialen Arbeit? Überlegungen zu Social Entrepreneurship unter Einsatz von digitalen Lerntechnologien, virtuellem Kontext, New Work und Selbstkontrollmechanismen. In M. Wunder (Hrsg.). *Digitalisierung und Soziale Arbeit – Transformationen und Herausforderungen* (S. 144–172). Verlag Julius Klikhardt.

Beher, K., & Fuchs-Rechlin, K. (2013). Wie atypisch und prekär sind Beschäftigungsverhältnisse in sozialen Berufen? In *Sozialmagazin* 1–2 2013, (S. 52–64). Beltz.

Bentele, G. (2003). *Kungelei oder legitime Kommunikation? Innen- und Außenwahrnehmung des Lobbyismus*. Politikkongress vom 24.11.2003 in Berlin. https://www.politikkongress.de/_files/archiv/vortraege2003/betele.pdf. Zugegriffen: 01.03 2011.

BMFSFJ & BAGFW (2020). *Digitale Transformation und gesellschaftlicher Zusammenhalt – Gemeinsame Erklärung von BMFSFJ und BAGFW zur Wohlfahrtspflege in der Digitalen Gesellschaft*. Erklärung vom 22.10.2020. https://www.bagfw.de/fileadmin/user_upload/Veroeffentlichungen/Stellungnahmen/2020/GemeinsameErklC3A4rung_BMFSFJ_und_BAGFW.pdf. Zugegriffen: 11.Juni 2022.

Buestrich, M., Burmester, M., Dahme, H.-J., & Wohlfahrt, N. (Hrsg.). (2008). *Die Ökonomisierung Sozialer Dienste und Sozialer Arbeit. Entwicklungen – Theoretische Grundlagen – Wirkungen*, Band 18 Grundlagen der Sozialen Arbeit. Schneider-Verl.

Bustrich, M., & Wohlfahrt, N. (2008). Die Ökonomisierung in der Sozialer Arbeit. In *ApuZ 12-13 2008: Wandel der Sozialen Arbeit*. (S. 17–24) Bundeszentrale für politische Bildung

Caritas (2022). *Zentrale Aspekte bei der Erstellung eines Rahmenkonzeptes „Blended Counseling in der Suchtberatung“*.https://www.caritas.de/cms/contents/caritas.de/medien/dokumente/fachthemen/sucht/zentrale-aspekte-bei/rahmenkonzept_blended_counseling_stand_april_2022.pdf?d=a&f=o. Zugegriffen: 12.Juni 2022.

Dahme, H.-J., Kühnlein, G., & Wohlfahrt, N. (2008). *Zwischen Wettbewerb und Subsidiarität. Wohlfahrtsverbände unterwegs in die Sozialwirtschaft*. 2., unveränderte Auflage. edition sigma.

DBSH (2012). Heidelberger Erklärung. Berufspolitische Positionen des DBSH vom 24.10.2012. https://www.dbsh.de/profession/berufspolitische-veroeffentlichungen/heidelberger-erklaerung.html. Zugegriffen: 25 Juni 2022.

Deutscher Caritasverband (2020). Eckpunkte Blended Counseling. https://www.caritas.de/cms/contents/caritas.de/medien/dokumente/online-beratung/ob-fuer-berater-inne/uebergreifende-infos/material/eckpunkte-blended-co/eckpunkte_blended_counseling_201014_v2.pdf?d=af=pdf. Zugegriffen: 12.06.2022.

Deutscher Gewerkschaftsbund. (1999). Der Weg nach vorne für Europas Sozialdemokraten: Dokumentation: Das Schröder/Blair-Papier. In *Soziale Sicherheit Zeitschrift für Arbeit und Soziales*. (48, S. 197–201).

Dietz, A. (2013). Ungünstige Rahmenbedingungen für verbandliche Sozialanwaltschaft. In A. Dietz & S. Gillich (Hrsg.), *Barmherzigkeit trifft auf Gerechtigkeit. Anwaltschaft,*

Parteilichkeit und Lobbyarbeit als Herausforderung für Soziale Arbeit und Verbände (S. 109–1299). Evangelische Verlagsanstalt.

Eggenberger, J. (o.A.). Digitalisierung verstärkt die Ökonomisierung der Arbeit. Die Wirtschaftsfrau. https://www.die-wirtschaftsfrau.ch/digitalisierung-verstaerkt-die-oekonomisierung-der-arbeit/. Zugegriffen: 05.06 2022.

Finis Siegler, B. (2021)*: Entwicklung einer Ökonomik Sozialer Arbeit aus der Retrospektive.* Springer VS.

Galuske,M. (2001). *Methoden der Sozialen Arbeit. Eine Einführung.* Beltz Juventa.

Gerlach, C., von Bergen, M., & Eiler, K. (2022). *Zwischen gesellschaftlichem Auftrag und Wettbewerb Sozialmanagement und Sozialwirtschaft in einem sich wandelnden Umfeld.* Springer VS.

Grams, W. (1998). Ökonomisierung kontra Ethik. Lassen sich soziale Standards der sozialen Arbeit ichern? Empowerment als Gegenstrategie. In *Blätter der Wohlfahrtspflege* (Nr. 1/ 12. S. 231–233). Nomos.

Helbig, C., & Roeske, A. (2020). Digitalisierung in Studium und Weiterbildung der Sozialen Arbeit. In N. Kutscher, T. Ley, U. Seelmeyer, F. Siller, A. Tillmann & I. Zorn (Hrsg). *Handbuch Soziale Arbeit und Digitalisierung* (S. 333-346). Beltz Juventa.

Holler, M. (2017). *Verbreitung, Folgen und Gestaltungsaspekte der Digitalisierung in der Arbeitswelt.* Auswertungsbericht auf Basis des DGB-Index Gute Arbeit 2016. Institut DGB-Index Gute Arbeit.

Hoose, F. Schneiders, K., & Schönauer, A.-L. (2021). Von Robotern und Smartphones. Stand und Akzeptanz der Digitalisierung im Sozialsektor. In M. Wunder (Hrsg.), *Digitalisierung und Soziale Arbeit - Transformationen und Herausforderungen* (S. 79–109). Verlag Julius Klinkhardt.

Kergel, D. (2020). Der Ansatz der Sozialraumorientierung im digitalen Wandel In N. .. Kutscher, T. Ley, U. Seelmeyer, F. Siller, A. Tillmann & I. Zorn (Hrsg.). *Handbuch Soziale Arbeit und Digitalisierung* (S. 29–240). Beltz Juventa.

Klien, A. (2015). Soziale Unterstützung Online-Unterstützungsqualität und Professionalität. In N. Kutscher & U.Thomas.*Mediatisierung (in) der Sozialen Arbeit.* (S. 130–150). Schneider Verlag.

Kramer,D., & Pirjol, C. (2011). *Lobbyismus im Sozialmanagement.* Studienbrief des Hochschulverbundes für Distance Learning.

Kramp, B. (2020). Soziale Arbeit als Menschenrechtsprofession: „Wir dürfen uns nicht auf das doppelte Mandat beschränken". *CONZepte Magazin* 09.09.2020. Contec.

Kreidenweis, H. (2020). *Sozialinformatik. Digitaler Wandel und IT-Einsatz in sozialen Organisationen.* 3., vollständig überarbeitete Auflage. Nomos.

Kutscher, N., Ley, T., Seelmeyer, U. (2015) (Hrsg.). *Mediatisierung (in) der Sozialen Arbeit.* Schneider.

Ley, T. & Reichmann, U. (2020). Digitale Dokumentation in Organisationen Sozialer Arbeit. In N. Kutscher, T. Ley, U. Seelmeyer, F. Siller A. Tillmann & I. Zorn (Hrsg.) *Handbuch Soziale Arbeit und Digitalisierung* (S. 241–254). Beltz Juventa.

Mager, S. E.-M. (2010). Die absolute Ökonomisierung verhindern. In Bundesarbeitsgemeinschaft der Freien Wohlfahrtspflege (BAGFW) (Hrsg.). *Sozialwirtschaft – mehr als Wirtschaft? Steuerung –Finanzierung – Vernetzung*, Bericht des 6. Kongress der Sozialwirtschaft vom 14. und 15.Mai 2009 in Magdeburg (S. 31–35). Edition Sozialwirtschaft Bd. 27.

Merchel, J. (2009). *Sozialmanagement: Eine Einführung in Hintergründe, Anforderungen und Gestaltungsperspektiven des Managements in Einrichtungen der Sozialen Arbeit*. 3. überarbeitete Auflage. Juventa-Verlag.

Meysen, T. (1999). Verwaltungsreform – Neues Steuerungsmodell in der Sozialverwaltung. In T. Klie, K.Maier, T. Meysen. *Verwaltungswissenschaft. Eine Einführung für Soziale Berufe* (S. 103–133). Lambertus.

Rappo, A., &Walliman I. (2004). Auswüchse der Privatisierung in der Sozialen Arbeit: New Public Management, Konsumentinnen ohne Wahl und privatisierte Herrschaft. In J. Huf-schmidt (Hrsg.), *Privatisierung der Welt – Hintergründe, Folgen, Gegenstrategien* (S. 200-205). Reader des Wissenschaftlichen Beirats von Attec. Vsa Verlag.

Rieger, G. (2013). Das Politikfeld Sozialarbeitspolitik. In B. Benz, G. Rieger, W. Schönig & M. Többe-Schukalla (Hrsg.), *Politik Sozialer Arbeit* (S. 54–69). *Band 1:* Grundlagen, theoretische Perspektiven und Diskurse, Juventa.

Sandel, M. J. (2014). *Was man für Geld nicht kaufen kann. Die moralischen Grenzen des Marktes*. Ullstein Taschenbuch Verlag.

Schneider, U. (2013): „Soziale Arbeit braucht Vertrauen“, Plenums-Vortrag auf der CONSozial Nürnberg, 06.11.2013. https://www.youtube.com/watch?v=izJdOqEXqso. Zugegriffen: 25. Juni.2022.

Schmidt-Grunert, M. (1996). Die BWL-isierung als Hoffnungsträger der Sozialen Arbeit: Eine unangemessene und unrealistische Einschätzung des gesellschaftlichen Ansehens Sozialer Arbeit In *Sozialmagazin* (Nr. 4. S. 30–44) Beltz Juventa.

Schneiders, K. (2020). *Sozialwirtschaft und Soziale Arbeit*. Kohlhammer.

Schubert, H. (Hrsg.). (2008). *Netzwerkmanagement. Koordination von professionellen Vernetzungen –Grundlagen und Praxisbeispiele*. Verlag für Sozialwissenschaften.

Siller, F., Tillmann, A., & Zorn, I. (2020). Medienkompetenz und medienpädagogische Kompetenz in der Sozialen Arbeit. In N. Kutscher, T. Ley, U. Seelmeyer, F. Siller, A. Tillmann & I. Zorn (Hrsg.), *Handbuch Soziale Arbeit und Digitalisierung* (S. 315–332). Beltz Juventa.

Stangl, W. (2022). Medienpädagogik. Online Lexikon für Psychologie und Pädagogik. https://lexikon.stangl.eu/832/medienpaedagogik. Zugegriffen: 19. 06 2022.

Staub-Bernasconi, S. (2007). *Soziale Arbeit als Handlungswissenschaft. Systematische Grundlagen und professionelle Praxis*. Haupt.

Tillmann, A. (2020). Veränderte Lebenswelten im Zuge gesellschaftlicher Digitalisierungsprozesse. In N. Kutscher, T. Ley, U. Seelmeyer, F. Siller, A. Tillmann & I. Zorn (Hrsg.). *Handbuch Soziale Arbeit und Digitalisierung* (S. 89–100). Beltz Juventa.

Vaudt, S. (2022). *Sozialökonomie - Eine kritische Einführung*. Springer VS.

Waag, P. (2021). Digitalisierung als komplexer Gestaltungsspielraum: Eine systemtheoretische Bestimmung disziplinärer und praktischer Herausforderungen in der sozialen Arbeit In M. Wunder (Hrsg.). *Digitalisierung und Soziale Arbeit - Transformationen und Herausforderungen* (S. 80–96). Verlag Julius Klinkhardt.

Wendt, W. R. (1998). Wirtschaftern müssen wir allemal. Ökonomie ist kein Gegner – Soziale Arbeit hat sie nötig In *Blätter der Wohlfahrtspflege* (Nr. 1/12, S. 221–225). Nomos.

Wendt, W. R. (Hrsg.). (2010). *Wohlfahrtsarrangements. Neue Wege in der Sozialwirtschaft*. 1. Aufl. Nomos-Verl.-Ges.

Wendt,W. R. (Hrsg.). (2020). *Kurze Geschichte der Sozialen Arbeit*. Springer VS.

Wilke, Y. (2022). Wohlfahrtsverbandliche Anwaltschaft aus armuts- und geschlechtspolitischer Perspektive. In C. Gehrlach, M. von Bergen & K. Eiler (Hrsg.), *Zwischen gesellschaftlichem Auftrag und Wettbewerb Sozialmanagement und Sozialwirtschaft in einem sich wandelnden Umfeld* (S. 73–88). Springer VS.

Wilken, U. (2020a). Vorwort. In U. Wilken (Hrsg.), *Soziale Arbeit zwischen Ethik und Ökonomie* (S. 7–10). Lambertus.

Wilken, U. (2020). Faszination und Elend der Ökonomisierung des Sozialen. In U. Wilken (Hrsg.), *Soziale Arbeit zwischen Ethik und Ökonomie* (S. 11-30). Lambertus.

Wilken, U. (1998). Faszination und Elend der Ökonomisierung des Sozialen – Der Verlust der Selbstevidenz Sozialer Arbeit. In *Blätter der Wohlfahrtspflege* (Nr. 1/12, S. 226–230) Nomos.

Wöhrle, A. (2019). Personalsituation in der Sozialwirtschaft und Herausforderungen für das Personalmanagement. In A. Wöhrle, P. Gruna, – Kolhoff, G. Kortendieck, B. Nöbauer B., A. Tabatt-Hirschfeldt & R. Zillmann (Hrsg.), *Personalmanagement - Personalentwicklung* (S. 11–38). Nomos Verlag.

Andrea Hirschfeldt, Prof. Dr. (an.tabatt-hirschfeldt@ostfalia.de) Andrea Hirschfeldt, Prof. Dr. rer. pol. ist Professorin für Sozialökonomie und Sozialpolitik an der Hochschule Ostfalia am Campus Suderburg. Sie ist Mitglied des geschäftsführenden Vorstandes der Bundesarbeitsgemeinschaft Sozialmanagement/ Sozialwirtschaft (BAGSMW) und des erweiterten Vorstandes der Internationalen Arbeitsgemeinschaft Sozialmanagement/ Sozialwirtschaft (INAS).

Nachhaltigkeit & Wirkungen von sozialen Innovationen

Soziale Innovationen wirkungsorientiert gestalten

Sebastian Ottmann und Joachim König

Inhaltsverzeichnis

1 Wirkungsorientierung in der Sozialen Arbeit

Seit einigen Jahren gibt es in Fachkreisen eine stärkere Diskussion über die Wirkung und die Wirksamkeit von Angeboten der Sozialen Arbeit (vgl. Borrmann & Thiessen 2016; Eppler et al. 2011; Otto et al. 2007; Schober & Then 2015;

S. Ottmann · J. König (✉)
Institut für Praxisforschung und Evaluation, Evangelischen Hochschule Nürnberg, Nürnberg, Deutschland
E-Mail: joachim.koenig@evhn.de

S. Ottmann
E-Mail: sebastian.ottmann@evhn.de

B. Schmidtke et al. (Hrsg.), *Sozial - Innovativ - Nachhaltig*, Perspektiven Sozialwirtschaft und Sozialmanagement,
https://doi.org/10.1007/978-3-658-42847-1_14

Schulze-Krüdener 2017; Ottmann & König 2023), gleichzeitig rückt das Thema aber auch von Seiten der Kostenträger*innen und der Politik immer mehr in den Fokus. Als ein Beispiel kann hier die Einführung des Bundesteilhabegesetzes (BTHG) genannt werden, in dem die Themen Wirkung, Wirksamkeit und eine Wirkungskontrolle für die Eingliederungshilfe explizit aufgenommen wurden.

Betrachtet man die Diskussionen und Entwicklungen, so zeigt sich, dass recht schnell eine Debatte entstanden ist, die auf der empirischen Erfassung und Analyse von Wirkungen in den Arbeitsfeldern der Sozialen Arbeit basiert. Eine Verkürzung der Debatte auf die Erhebung von Zahlen und statistischen Kennwerten wird der Diskussion aber insgesamt nicht gerechnet, da eine Befassung mit Wirkung und Wirksamkeit in der Sozialen Arbeit umfassender gesehen und umgesetzt werden muss. Dies wird auch daran deutlich, dass von der Notwendigkeit einer Haltung der Wirkungsorientierung in der Sozialen Arbeit die Rede ist. Unter Wirkungsorientierung wird die „Forderung nach der Hinwendung zu Wirkungen sozialer Dienste" (Polutta 2013, 118) verstanden. Damit sich die in der Definition beschriebene Wirkungsorientierung als Haltung auch in der Praxis etablieren kann, muss die Befassung mit den Wirkungen der eigenen Angebote umfassender verstanden und eben nicht nur auf die (empirische) Analyse von Wirkung reduziert werden. Wie die Erfahrung aus verschiedenen Evaluations- und Forschungsprojekten zeigt, ist vor der Umsetzung eines konkreten empirischen Forschungsprojektes die vorausgehende Befassung mit dieser Thematik dringend angeraten. Die folgenden Arbeitsschritte dienen als Prozessstruktur für eine regelgeleitete Implementierung von Wirkungsorientierung innerhalb der Sozialen Arbeit und Sozialwirtschaft und werden im Weiteren ausgeführt (vgl. Ottmann & König 2018, 2023):

- Verständigen
- Entwickeln
- Analysieren
- Berichten
- Weiterentwickeln
- Skalieren

An Anfang – noch bevor man sich mit der konkreten Wirkung beschäftigt – sollte eine Verständigung im Team bzw. in der Einrichtung oder Organisation stattfinden. Hierbei sollte vor allem geklärt werden, aus welcher Perspektive man sich dem Thema der Wirkungsorientierung nähert. Neben der legitimatorischen Perspektive sollte bei der Befassung insbesondere immer auch eine fachliche Perspektive im Mittelpunkt stehen. Nach dieser ersten Verständigung müssen

Angebote wirkungsorientiert (weiter-) entwickelt werden. Dies bedeutet, dass bereits bei der Konzeption von neuen Angeboten die zu erzielenden Wirkungen im Vordergrund der Überlegungen stehen sollten. In diesem Schritt geht es also darum darzulegen, mit welchen Wirkungen man in den verschiedenen Angeboten und Dienstleistungen rechnet. Ein Nachweis der eigentlichen Wirkung wird an dieser Stelle noch nicht erbracht. Doch allein die Befassung mit den potenziellen Wirkungen bringt diverse Vorteile mit sich: Zum einen ist es hilfreich, wenn man bereits bei der Entwicklung die möglichen Wirkungen in den Blick nimmt und die Aktivitäten und Interventionen gezielt auf diese abstimmen kann. Zum anderen wird mit der Darstellung der erwarteten Wirkungen in einem Wirkmodell nicht nur transparent gemacht, mit welchen Wirkungen man rechnet, sondern auch, wie komplex Angebote im Bereich der sozialen Arbeit und Sozialwirtschaft oft sind.

Nach diesem Entwicklungsschritt kann dann darauf aufbauend eine Wirkungsanalyse bzw. Wirkungsevaluation durchgeführt werden, mit der im Idealfall die zuvor definierten Wirkungen auch empirisch nachgewiesen werden können (vgl. ausführlicher zur Thematik der Wirkungsanalyse Ottmann & König 2019b). Die Ergebnisse können zum einen dafür genutzt werden, diese Erfolge gegenüber Anspruchsgruppen zu kommunizieren, zum anderen sollten die Ergebnisse aber auch immer intern für die fachliche Arbeit eingesetzt werden. Hierbei sollten die Fachkräfte auf diese Ergebnisse zugreifen können und sie bestenfalls auch interaktiv auswerten können (z. B. mit sog. Dashboards, vgl. Ottmann 2021), um datengestützte Erkenntnisse in die fachliche Arbeit einfließen lassen und wenn nötig auch Weiterentwicklungsprozesse anstoßen zu können.

Im nachfolgenden Abschnitt soll zunächst erläutert werden, was unter sozialen Innovationen zu verstehen ist. Im weiten Verlauf des Beitrages wird der Fokus dann auf den Schritt ‚Entwickeln‘ im oben beschriebenen Prozessablauf gelegt, genauer gesagt auf die Entwicklung neuer Angebote und Dienstleistungen, also sozialer Innovationen.

2 Soziale Innovationen

Bei dem Begriff Innovationen fallen einem oft technische Errungenschaften ein, mit denen wir ja auch täglich umgehen, wie z. B. das Smartphone, das heute nicht mehr aus unserem Leben wegzudenken ist. Doch was macht eine Innovation zu einer sozialen Innovation? Die Europäische Kommission (o. J.) versteht unter einer sozialen Innovation „die Entwicklung neuer Ideen, Dienste und Modelle zur Besserung gesellschaftlicher Probleme“. Aus dieser Definition wird sehr schnell ersichtlich, was eine Innovation zur sozialen Innovation macht, nämlich der Fokus auf die Lösung gesellschaftlicher Probleme. Bei der Entwicklung sozialer Innovationen steht demnach eine Problemlösung im Vordergrund, unabhängig davon, mit welchen Aktivitäten, Interventionen oder Dienstleistungen die Lösung erfolgt. Durch diesen Fokus ergibt sich auch ein Bezug zur zuvor skizzierten Wirkungsorientierung der Sozialen Arbeit und Sozialwirtschaft. Denn auch in diesen Bereichen kann eine Wirkung auf verschiedenen Wegen entstehen: Zum einen durch eine positive Veränderung oder Stabilisierung bei den Zielgruppen der Angebote, zum anderen aber eben auch durch die Lösung eines gesellschaftlichen Problems. Erzielt beispielsweise ein Angebot für Jugendliche im Übergang von Schule zu Beruf eine positive Wirkung auf Ebene der Zielgruppe (Outcome), indem die Vermittlung in eine Ausbildung erfolgt, wirkt sich dies auch langfristig auf die Verbesserung des gesellschaftlichen Problems *Jugendarbeitslosigkeit* aus.

Insofern kann man feststellen, dass neue Angebote und Dienstleistungen, die innerhalb der Sozialen Arbeit und Sozialwirtschaft entwickelt werden, dementsprechend als soziale Innovationen bezeichnet werden können, selbst wenn dies in der Praxis nicht immer auch tatsächlich passiert. Ein guter Überblick über soziale Innovationen in den Arbeitsfeldern der Sozialen Arbeit ist bei Rahnfeld et al. (2021) zu finden.

Rund um das Thema soziale Innovationen zeigt sich aber auch eine dynamische Entwicklung neuer Geschäftszweige. Es gibt vermehrt Förderprogramme, die auf die Entwicklung von sozialen Innovationen abzielen (vgl. Bethmann et al. 2020), und darüber hinaus wird in den letzten Jahren der Bereich des sog. Social Entrepreneurship stärker betont und etabliert. Hierbei handelt es sich um Unternehmensgründungen, oft auch privatwirtschaftlich als GmbH geführt, die sich auch der Lösung eines gesellschaftlichen oder sozialen Problems verpflichtet sehen. Übersetzt können Social Entrepreneurs auch als Sozialunternehmer*innen bezeichnet werden.

Damit sozialen Innovationen eine Wirkung erzielt werden soll, erscheint ein von Anfang an wirkungsorientiertes Vorgehen bei ihrer Entwicklung bzw. bei der Entwicklung von neuen Angeboten und Dienstleistungen mehr als sinnvoll. Daher soll im nachfolgenden Kapitel nun ein mögliches Vorgehen für eine wirkungsorientierte Angebotsentwicklung vorgeschlagen werden.

3 Wirkungsorientierte Entwicklung von Angeboten und sozialen Innovationen – ein Verfahrensvorschlag

Bei der wirkungsorientierten Entwicklung von Angeboten, Dienstleistungen und sozialen Innovationen erscheint eine Anlehnung an die Methode des Design Thinking sinnvoll (vgl. Brown 2019; Plattner et al. 2011). Diese Methode wird in der Produktentwicklung in verschiedenen Branchen eingesetzt und gliedert sich in sechs Phasen (vgl. Uebernickel et al. 2015), die jedoch nicht linear durchlaufen werden, sondern ein iteratives Vorgehen gewählt werden sollte. Dies bedeutet, dass der Prozess dynamisch ist und zwischen den verschiedenen Phasen gewechselt werden kann, wenn dies aus dem Prozess heraus erforderlich und sinnvoll erscheint. Der Ansatz des Design Thinking wurde bereits im Bildungsbereich eingesetzt (vgl. Meinel & Krohn 2022) und auch innerhalb der Sozialen Arbeit und Sozialwirtschaft diskutiert (vgl. Herold-Majumdar 2016).

Gerade aufgrund des iterativen Vorgehens des Design Thinking erscheint es sinnvoll, diesen Prozess auch als Grundlage für die wirkungsorientierte Angebotsentwicklung zu nutzen. Dazu sollte aber eine Ergänzung mit Methoden des wirkungsorientierten Arbeitens erfolgen und der Prozess im Rahmen einer daten- und evidenzbasierten Ausrichtung durchgeführt werden. Evidenzbasierung bezeichnet hierbei „die Berücksichtigung und Nutzung der besten verfügbaren Informationen, wenn Entscheidungen getroffen oder Empfehlungen gegeben werden" (Wirtz 2019). Um eine daten- und evidenzbasierte Ausrichtung der Angebotsentwicklung sicherstellen zu können, müssen im Verlauf immer wieder systematisch empirische Daten erhoben, aber auch bereits bestehende Daten und Studien gesichtet und ausgewertet werden. Die Erkenntnisse daraus fließen dann in den weiteren Entwicklungsprozess ein. Ein vergleichbares Vorgehen wird im Bildungsbereich mit dem Ansatz der Entwicklungsforschung bzw. des Design-Based Research (vgl. u. a. Easterday et al. 2018; Euler & Sloane 2014; Reinmann 2005) verfolgt.

Der Ausgangspunkt des Design Thinking und die weiteren vorgestellten Überlegungen können in einen Prozess der wirkungsorientierten Entwicklung von Angeboten und sozialen Innovationen überführt werden. Dieser Prozess gliedert sich in der Umsetzung in die folgenden Arbeitsschritte (vgl. Ottmann & König 2023):

- Untersuchen & Verstehen
- Ziel & Strategie
- Wirkung & Aktivitäten

- Prototyping
- Überprüfen & Weiterentwickeln
- Wirkung skalieren

Der Prozess beruht auf dem Zusammenführen verschiedener bestehender Methoden und Tools sowie aus Überlegungen und Erfahrungen, die am Institut für Praxisforschung und Evaluation der Evangelischen Hochschule Nürnberg in einer Reihe von Praxisforschungs- und Evaluationsprojekten gesammelt wurden. Aktuell wird dieser Ansatz in verschiedenen Projekten jeweils in enger Kooperation mit der Praxis umgesetzt. Den beschriebenen Prozessvorschlag stellen wir vor dem Hintergrund unserer aktuellen Umsetzungserfahrungen mit diesem Beitrag bewusst zur Diskussion und sind offen für eine gemeinsam Debatte um weitere Erfordernisse in der Praxis und um Ergänzungs- und Modifizierungsvorschläge, etwa mit Blick auf das Dilemma zwischen normativen und/oder erfahrungsgeleitete Ansprüche der unterschiedlichen Stakeholder, die es entsprechend transparent zu machen, zu diskutieren und hinsichtlich ihrer Konsequenzen zu begründen gilt. Dies kann sich beispielsweise bei der Entwicklung von Wirkmodellen (siehe Punkt 3.3) zeigen, wenn Fachkräfte und Nutzer*innen der Angebote vor dem Hintergrund ihrer je eigenen fachlich-professionellen Ansprüche einerseits und ihrer persönlichen Erfahrungen andererseits zu unterschiedlichen Ansichten über die zu erzielenden Wirkungen kommen.

Nachfolgend werden nun die einzelnen Schritte in einem jeweils eigenen Abschnitt erläutert und Methoden vorgestellt, die im Rahmen der Konzeptionsentwicklung zum Einsatz kommen.

3.1 Untersuchen & Verstehen: Problem definieren und Zielgruppe festlegen

In diesem ersten Schritt des Prozesses geht es darum, das zugrundliegende Problem näher zu definieren und zu beschreiben sowie die potenzielle Zielgruppe des neuen Angebotes oder der sozialen Innovation festzulegen.

Um das zugrunde liegende Problem näher zu betrachten, eignet sich die Methode des Problembaums (vgl. Veselý 2008). Bei dieser Methode werden das Kernproblem bzw. die Kernprobleme dargestellt und erarbeitet, welche Ursachen zu diesem Kernproblem führen und welche Folgen und Auswirkungen es hat.

Der Problembaum kann gut im Rahmen von Workshops erarbeitet werden. Bereits bei diesem Schritt lohnt es sich, mit potenziellen Nutzer*innen des zukünftigen Angebotes ins Gespräch zu kommen und deren Rückmeldungen bei der Erstellung des Problembaums einzubeziehen. Dies kann gut in Form von Interviews erfolgen.

Die Erstellung des Problembaums orientiert sich an folgenden Schritten (angelehnt an Europäische Kommission 2004):

1. In einem offenen Brainstorming werden mögliche Probleme gesammelt. Diese werden visualisiert und geclustert.
2. In einer Diskussion werden die gesammelten Probleme gesichtet und es findet eine Fokussierung auf ein oder mehrere Kernproblem(e) statt.
3. Das definierte Kernproblem wird mit der 5W1H-Methode bzw. Kipling-Methode (vgl. Jenny 2019, 592) genauer beschrieben. Diese Methode eignet sich gut zur näheren Bestimmung von Problemen. Bei der Durchführung werden systematische Fragen gestellt, die eine konkrete Problembeschreibung ermöglichen und in nachfolgender Tabelle aufgeführt sind (vgl. Jung et al. 2020, 45):

What (was)?	Was ist das Problem?
Where (wo)?	Wo tritt das Problem auf?
When (wann)?	Wann tritt das Problem auf?
Why (warum)?	Warum tritt das Problem auf?
Who (wer)?	Wer ist vom Problem betroffen?
How (wie)?	Wie äußert sich das Problem?

4. Es wird geprüft, welche weiteren verwandten Probleme es zum festgelegten Kernproblem gibt. Nach Möglichkeit werden diese auch mit der 5W1H-Methode beschrieben.
5. Die verwandten Probleme werden im Hinblick auf Probleme sortiert, die das Kernproblem verursachen (Ursachen) und auf Probleme, die eine direkte Auswirkung des Kernproblems sind (Folgen).
6. Mit Pfeilen werden die Ursachen-Wirkungs-Beziehungen dargestellt und in die Darstellung eingearbeitet.
7. Wurden alle verwandten Probleme auf die dargestellte Weise zugeordnet, wird geprüft, ob noch weitere Ursachen und Folgen ergänzt werden müssen.
8. Am Ende des Prozesses wird der erstellte Problembaum auf Gültigkeit und Vollständigkeit überprüft. Ziel ist es, am Ende einen konsensualen Problembaum erarbeitet zu haben.

Bei der Erstellung eines Problembaums sollte immer der Aufwand für dessen Erstellung im Blick behalten werden. Gerade mit der Diskussion über mögliche Ursachen und Folgen kann man sich sehr lange beschäftigen. Es lohnt sich deshalb die Berücksichtigung des Pareto-Prinzips, das besagt, dass der Großteil der Ergebnisse bereits mit 20 % des Gesamtaufwandes erreicht werden kann. Insofern ist wichtig festzustellen, dass der Problembaum nicht bis ins letzte Detail ausgearbeitet und differenziert werden muss. Vielmehr sollte das zu lösende Problem gut beschrieben werden und die wichtigsten Ursachen und Folgen aufgeführt sein.

Wurde der Problembaum erarbeitet sollte in diesem ersten Schritt die *Zielgruppe* des zukünftigen Angebotes näher definiert werden. Hierbei zeigt sich, dass häufig bereits bei der Entwicklung eines Problembaums eine oder auch schon mehrere mögliche Zielgruppen für ein späteres Angebote ersichtlich werden.

Im Rahmen eines Workshops sollte auf jeden Fall eine Diskussion über mögliche Zielgruppen geführt werden. Zur methodischen Unterstützung eignen sich hier Methoden aus dem Design-Thinking wie die Stakeholder-Map oder die Methode der Persona. Die *Stakeholder-Map* unterstützt bei der Identifizierung von weiteren Beteiligten- und Interessensgruppen neben der zentralen Zielgruppe des Angebotes. Gerade bei Angeboten im Bereich der Sozialen Arbeit und Sozialwirtschaft ist der Blick auf diese Gruppen wichtig und auch, dass diese von Anfang an bei der Konzeption mitbedacht werden. Diese Methode kann mit der Methode der *Extrem User Map* ergänzt werden, die zum Ziel hat, sogenannte Extremnutzer*innen des neuen Angebotes zu identifizieren. Ob diese zusätzliche Methode zum Einsatz kommt, hängt davon ab, ob die potenziellen Zielgruppen einfach zu identifizieren sind oder nicht. Erfahrungen aus der Praxis zeigen, dass in den meisten Fällen nach der Erstellung des Problembaums und dem Arbeiten mit der Stakeholder-Map eine gute Zielgruppendefinition bereits ausreichend erfolgt ist.

Konnte die Zielgruppe bzw. die Zielgruppen des zu konzeptionierenden Angebotes identifiziert werden, sollten sie mit der Methode der *Persona* noch näher beschrieben werden. Hierbei wird versucht, den bzw. die zukünftige*n Nutzer*in des Angebotes so genau wie möglich zu beschreiben. Hierbei wird eine fiktive Person erstellt und genauer im Hinblick auf ihre Eigenschaften und Besonderheiten skizziert. Oft wird diese Beschreibung sehr konkret durchgeführt, z. B. mit einem Foto und der Ergänzung der demografischen Angaben. Ziel dieser Methode ist es, einen genaueren Eindruck von den potenziellen Nutzer*innen des Angebotes zu erhalten.

Am Ende des Schrittes „Untersuchen & Verstehen" sollte daher ein ausformulierter Problembaum vorliegen und die Zielgruppe der sozialen Innovation bzw. des neuen Angebotes definiert und näher beschrieben sein.

3.2 Ziele & Strategie

Wurde das zugrundliegende Problem, das mit einer sozialen Innovation gelöst werden soll, definiert und die Zielgruppe festgelegt, sollten in einem nächsten Schritt die Ziele näher betrachtet werden. Dies geschieht, indem der Problembaum aus dem vorherigen Schritt in einen sog. Zielbaum überführt wird. Der Leitgedanke bei der Erstellung des Zielbaums ist die Transformation der negativen Problemaussagen in positive Zielaussagen. Durch den Zielbaum wird eine fiktive Situation in der Zukunft dargestellt, wenn Lösungen für die zuvor definierten Probleme gefunden sind.

Für die Erarbeitung des Zielbaums empfiehlt sich ebenfalls das Arbeiten in einem Workshop-Setting. Bei der Erarbeitung kann man sich an folgenden Schritten orientieren (vgl. Europäische Kommission 2004, 69):

1. Am Anfang des Workshops wird der erarbeitete Problembaum gesichtet und geprüft, ob dieser immer noch gültig ist und als vollständig angesehen wird. Nötige Ergänzungen werden eingearbeitet.
2. Im nächsten Schritt werden die negativen Problemaussagen in positive Zielbeschreibungen umformuliert. Hierbei sollte bei den Zielbeschreibungen unterschieden werden zwischen
   a. Beschreibungen, die wünschenswert sind und
   b. Beschreibungen, die realistisch erreichbar sind.

Die Beschreibungen werden im Zielbaum nach diesen Kriterien getrennt dargestellt.

3. Es wird überprüft, ob die zuvor definierten Ursachen-Wirkungs-Beziehungen mit den positiven Formulierungen bestehen bleiben können oder überarbeitet werden müssen.
4. Danach wird überprüft, ob durch die Transformation zu einem Zielbaum noch weitere Aspekte bzw. Ziele mit aufgenommen werden müssen, die sich bisher nicht aus dem Problembaum ergeben haben.
5. Am Ende des Erstellungsprozesses wird der Zielbaum auf Gültigkeit und Vollständigkeit geprüft und konsensual bestätigt.

Wurde der Zielbaum erarbeitet, zeigt sich, dass gewünschte Ziele oft auf unterschiedlichen Wegen erreicht werden können bzw. dass es mehrere Ansatzpunkte für die Zielerreichung gibt. Die Frage, die sich nun mit Blick auf das zu entwickelnde Angebot bzw. die zu entwickelnde soziale Innovation stellt ist, ob die vorhandenen Ressourcen ausreichen, um diese Wege zu gehen oder ob es nicht sinnvoller ist, sich auf einen bestimmten Weg zu fokussieren. Daher sollte nach der Erstellung des Zielbaums eine Strategieanalyse durchgeführt werden. Hierbei sollte man sich auf folgende Fragen konzentrieren (vgl. Europäische Kommission 2004, 69):

- Sollen alle ermittelten Probleme/Ziele angegangen werden oder sich auf spezielle Probleme/Ziele fokussiert werden?
- Gibt es Kombinationen von Problemen/Ziele, die am ehesten zu den gewünschten Ergebnissen führen und die Wirkung des Angebotes fördern?
- Welche Strategie wird sich am positivsten auf die Zielgruppe des Angebotes auswirken?
- Welche Strategie hat ein gutes Kosten-Nutzen-Verhältnis?

Durch die Diskussion und Beantwortung dieser Fragen wird das geplante Angebot meistens konkreter und es ist klarer, in welchem Umfang, mit welcher Zielgruppe und ggf. auch schon mit welchen möglichen Aktivitäten und Interventionen das Ziel erreicht werden kann. Dies ist, neben der Erstellung des Zielbaums, ein wichtiges Ergebnis beim Durchlaufen dieses zweiten Schrittes im Rahmen der wirkungsorientierten Entwicklung von Angeboten und sozialer Innovationen.

3.3 Wirkung & Aktivitäten

Im dritten Schritt soll dann der Fokus noch einmal explizit auf die Wirkung selbst gerichtet werden. Hierbei wird zuerst die zu erzielende Wirkung in den Blick genommen, bevor konkrete Aktivitäten oder Interventionen innerhalb des neu geplanten Angebotes oder der Dienstleistung festgelegt werden. Zentrales methodisches Element in diesem Schritt ist die Entwicklung eines Wirkmodells, das ebenfalls sinnvollerweise im Rahmen eines Workshops erarbeitet werden kann. Hierfür sollten mindestens zwei Workshops eingeplant werden. So ist sichergestellt, dass zwischen dem ersten Workshop, in dem ein erster Entwurf des Wirkmodells erarbeitet wird, und dem zweiten, in dem das finale Wirkmodell festgelegt wird, Zeit für die Reflexion des Modells liegt. Somit kann im zweiten Workshop der erste Entwurf nochmals kritisch diskutiert und damit auch ausgeschlossen werden, dass eine voreilige Festlegung auf bestimmte Wirkungen bzw. Mechanismen erfolgt. Auch empfiehlt es sich in diesem Schritt, mögliche potenzielle Nutzer*innen des Angebots in die Entwicklung miteinzubeziehen. Dies kann entweder durch die direkte Beteiligung an den Workshops oder durch qualitative Interviews zwischen den Workshops geschehen. Bei diesen Interviews sollte als Fragestellung vor allem auf den zu erwarteten Nutzen der Teilnehmenden an einem zukünftigen Angebot abgezielt werden. Im zweiten Workshop kann dann der erste Entwurf des Wirkmodells mit den Ergebnissen aus diesen Interviews abgeglichen und ggf. ergänzt werden.

Ein Wirkmodell kann man als „eine logische, grafisch aufbereitete Darstellung dessen, wie ein Programm [oder eine Maßnahme] unter gewissen Rahmenbedingungen theoretisch und/oder empirisch funktioniert" (Rauscher et al. 2015, 43) verstehen. Bei der Erarbeitung eines Wirkmodells kann man sich an der Methode der Theory of Change (vgl. Weiss 1995; Nobel 2019; Ottmann & König 2019a) orientieren. Diese Methode stellt in einzelnen Schritten zunächst die zu erzielenden Hauptwirkungen in den Mittelpunkt und arbeitet sich dann argumentierend (‚backward mapping') zu den einzelnen, ganz konkreten Aktivitäten im Alltagsgeschäft zurück:

- In einem ersten Schritt wird die ‚Hauptwirkung' der Maßnahme festgelegt. Bei der Festlegung dieser Hauptwirkung kann man sich an dem zuvor erstellten Zielbaum und der Strategieanalyse orientieren. In den meisten Fällen kann aus dem Zielbaum direkt die Hauptwirkung in das Wirkmodell übernommen werden.
- Danach wird durch eine Rückwärtsinduktion herausgearbeitet, welche Teilwirkungen nötig sind, um diese ‚Hauptwirkung' zu erzielen. Hierbei wird der Blick zunächst auf die Outcomes, also die Wirkungen, gerichtet und noch nicht auf die Aktivitäten selbst. Es werden also ‚Teilwirkungen' definiert, die zur Erreichung der ‚Hauptwirkung' vorhanden sein müssen. Daher empfiehlt es sich, eine stufenweise Definition der Outcomes im Sinne einer sogenannten Resultate-Treppe (vgl. Beywl & Niestroj 2009, 145) vorzunehmen: Die Unterscheidung von Outcomes im Sinne einer Aneignung von Wissen und Fähigkeiten einerseits (= Teilwirkungen) und der Veränderung von Handlungen und Verhalten andererseits (= Hauptwirkung) können wichtige Anhaltspunkte bei der Ausarbeitung eines detaillierten Wirkmodells darstellen.
- Im dritten Schritt werden Annahmen über den Kontext erarbeitet, in den die Maßnahme eingebettet ist. Unter Kontext werden u. a. gesellschaftliche, finanzielle und/oder rechtliche Rahmenbedingungen verstanden.
- Danach werden diejenigen Aktivitäten und Interventionen identifiziert, die durchgeführt werden müssen, damit die zuvor definierten Teil- und Hauptwirkungen auch tatsächlich erzielt werden können. In Bezug auf die zuvor

definierten Outcomes kann es solche Wirkungen geben, die ‚von alleine' entstehen und solche, bei denen eine Intervention im Sinne der Maßnahme nötig ist.
- In einem letzten Schritt werden dann im Rahmen der Erstellung der Theory of Change Indikatoren benannt und festgehalten, die später zur Überprüfung der Umsetzung der Maßnahmen dienen können.

Am Ende des Prozesses wird das erstellte Wirkmodell visualisiert und verschriftlicht. Wie bereits in den vorherigen Schritten schon aufgeführt, soll bei der Entwicklung des Wirkmodells auch der Kontext in den Blick genommen werden. Gerade bei Innovationen und neuen Angeboten im Bereich der Sozialen Arbeit und der Sozialwirtschaft erscheint dies besonders wichtig, da diese Angebote in soziale Wirklichkeit eingebettet sind und es daher oft eine Reihe von Kontextfaktoren gibt, die auch eine Auswirkung darauf haben können, ob gewünschte Wirkungen erzielt werden oder nicht. Bei der Identifikation und Beschreibung des Kontextes empfiehlt sich daher eine differenzierte Betrachtung, wie sie z. B. im sogenannten Programmbaum (vgl. Bartsch et al. 2016) vorgenommen wird. Die folgenden vier Bereiche spielen dabei eine entscheidende Rolle:

- *Strukturen*: Hierbei werden die internen Strukturen der Einrichtung bzw. des/r Träger*in in den Blick genommen, z. B. die Aufbauorganisation oder die interne Vorgabe, dass regelmäßig in Teambesprechungen die aktuellen Veränderungen der Klient*innen diskutiert werden.
- *Inputs*: Dies sind Mittel, die ein/e Träger*in in die Maßnahme bzw. das Angebot einbringt, z. B. die Anzahl der Mitarbeitenden, die für das Angebot vorgehalten werden oder auch räumliche Ressourcen.
- *Incomes*: Damit sind Ressourcen gemeint, die die Klient*innen mit einbringen. Auch davon kann der erfolgreiche Verlauf einer Maßnahme abhängen, z. B. das Vorwissen oder die Vorgabe, dass die Klient*innen bei Aufnahme keine komplexen psychischen Probleme haben dürfen.
- *Kontext*: Unter Kontext im engeren Sinne werden schließlich die gesellschaftlichen, politischen und rechtlichen Rahmenbedingungen subsumiert, in die die Maßnahme eingebettet ist.

Die gefundenen Kontextfaktoren in den jeweiligen Kategorien können dann im erstellten Wirkmodell berücksichtigt werden.

Am Ende des Schrittes ‚Wirkung und Aktivitäten' sollte das ausgearbeitete Wirkmodell vorliegen und definiert worden sein, mit welchen Aktivitäten und Interventionen man in dem neu geplanten Angebot diese Wirkungen erzielen kann. An dieser Stelle sei noch angemerkt, dass ein einmal erstelltes Wirkmodell nicht ‚in Stein gemeißelt ist', sondern es vielmehr in der Folge jederzeit angepasst und überarbeitet werden kann und auch sollte, wenn dies aus der Praxis heraus nötig erscheint.

3.4 Prototyping

Den Begriff des Prototypings kennt man auch häufig aus dem technischen Bereich. Damit gemeint ist eine „zur Erprobung und Weiterentwicklung bestimmte erste Ausführung" (Bibliographisches Institut o. J.) eines Produkts oder einer Dienstleistung. Auch bei sozialen Innovationen oder neu konzipierten Angeboten in der Sozialen Arbeit und Sozialwirtschaft empfiehlt es sich, in einem ersten Schritt einen Prototyp zu entwickelt und in die Praxis zu implementieren, bevor das Angebot als solches am Markt platziert wird. Innerhalb der Sozialen Arbeit könnte ein solches Prototyping so aussehen, dass das geplante Angebot erstmal an einer kleinen Gruppe von Nutzer*innen erprobt wird. Hierbei können evtl. auch schon Nutzer*innen, die bereits in der Einrichtung oder beim Träger bzw. der Trägerin sind, in das neue Angebot integriert werden.

Der Vorteil dieses Vorgehens ist, dass man schon frühzeitig mögliches Optimierungspotenzial oder Überarbeitsbedarfe identifizieren kann. Gleichzeitig ist aber auch wichtig, dass bei der Durchführung des Angebots im Rahmen des Prototypings eine regelmäßige Überprüfung durchgeführt wird und die einzelnen Prozessschritte bereits am Anfang festgehalten werden. Hierbei ist eine Orientierung am sogenannten Service Blueprint (vgl. Fließ 2009) sinnvoll, mit dessen Hilfe der Prozess einer Dienstleistungsdurchführung visualisiert werden kann und einzelne Schritte detaillierter ausgearbeitet werden können. Durch eine solche detailliertere Darstellung wird auch ersichtlich, welche Ressourcen für das Angebot bei der Durchführung benötigt werden.

Am Ende dieses Arbeitsschrittes sind die Prozesse des neuen Angebotes klar strukturiert und erste Tests mit einer kleinen Nutzer*innengruppe durchgeführt. Bevor aber das Angebot ausgeweitet, also ins Regelprogramm übernommen werden kann, muss im Zuge der Durchführung des Prototyp-Angebots systematisch geprüft werden, ob inzwischen alle Weiterentwicklungspotenziale identifiziert, genutzt und umgesetzt worden sind. Erst dann sollte eine Ausweitung, also die Skalierung auf einen größeren Aktionsradius vorgenommen werden.

3.5 Überprüfen & Weiterentwickeln

Wurde der Prototyp erfolgreich implementiert, sollten parallel dazu regelmäßige Erhebungen erfolgen, die den aktuellen Umsetzungsstand dokumentieren. Als zentral wird hierbei der Aufbau eines wirkungsorientierten Monitorings (vgl. Ottmann & König 2019a, 2023) angesehen. Dazu sollte eine Längsschnitterhebung mit mindestens zwei Erhebungszeitpunkten erfolgen: Zunächst dann, wenn die Nutzer*innen in das Angebot kommen und schließlich dann, wenn das Angebot beendet wurde. Sollte die soziale Innovation bzw. das neue Angebot langfristig angelegt sein und kein festes Enddatum haben, empfiehlt sich eine jährlich wiederkehrende Erhebung. Im Rahmen des wirkungsorientierten Monitorings wird ein Erhebungsinstrument entwickelt und implementiert, mit dem die Veränderungen bzw. die Stabilisierungen der Zielgruppe bzgl. der im Wirkmodell definierten Outcomes erfasst werden können. Weiterhin sollten auch zentrale Kontextfaktoren miterfasst werden. Mithilfe eines wirkungsorientierten Monitorings können Effekte, also gewünschte Veränderungen und Stabilisierungen bei der Zielgruppe des Angebotes, erfasst werden. Im Rahmen der Datenauswertung sollten diese Effekte dann auch in einer Wirkungsplausibilisierung dahingehend näher betrachtet werden, ob diese tatsächlich durch das neue Angebot zustande kommen oder (auch) durch andere Faktoren bedingt sein könnten. Wenn hierbei festgestellt wird, dass die Effekte (überwiegend) durch das Angebot verursacht wurden, kann von einer plausibilisierten Wirkung gesprochen werden, die erzielt wurde.

Die so erhobenen Daten können in eine Überprüfung der bisherigen Realisierung einfließen und regelmäßig mit den durchführenden Fachkräften diskutiert und interpretiert werden. Dazu sollte der Fokus auf erwartbare, vor allem aber auch auf überraschende Ergebnisse gelegt werden. Denn gerade letztere können Anhaltspunkte für mögliche Weiterentwicklungen im Rahmen des Angebotes ergeben. Die entwickelten Prozesse zur Datenerhebung und Ergebnissichtung können auch fortgesetzt werden, wenn das neue Angebot aus der Prototyp-Phase heraus langfristig angeboten wird. Ein mögliches Vorgehen für die Sichtung und Interpretation von Daten (nicht nur aus dem beschriebenen wirkungsorientierten Monitoring), die sogenannte VIA-Methode, ist bei Ottmann und König (2023) zu finden. Mithilfe dieser Methode kann man Workshops zur Datensichtung und -interpretation gestalten.

Neben dem dargestellten wirkungsorientierten Monitoring empfiehlt es sich auch, regelmäßig Gespräche bzw. Gruppendiskussionen mit den Fachkräften durchzuführen, die in dem neuen Angebot arbeiten. Dort können wichtige Aspekte gesammelt werden, etwa im Hinblick auf bereits gut funktionierende

Prozesse, aber auch auf Prozesse, die noch optimiert oder weiterentwickelt werden müssen. Darüber hinaus ist es empfehlenswert, Anekdoten, die im Alltag aufkommen, beispielsweise im Gespräch mit Nutzer*innen des neuen Angebotes, systematisch zu sammeln, zu dokumentieren und zu sichten. Mithilfe dieser qualitativen Erhebungsmethoden besteht auch die Möglichkeit, gegebenenfalls nicht-intendierte Wirkungen, also solche, die nicht bereits zu Beginn im Wirkmodell definiert wurden, zu erfassen. Sollten solche nicht-intendierte Wirkungen entstanden sein, empfiehlt sich eine Überarbeitung und entsprechende Ergänzung des Wirkmodells immer dann (aber auch nur dann), wenn die nicht-intendierten Wirkungen auch tatsächlich als wünschenswerte Wirkungen eingeschätzt werden.

Ziel dieses Schrittes sollte sein, die Durchführung des Angebotes in der Prototyp-Phase (und im Idealfall auch darüber hinaus) regelmäßig zu evaluieren und ggf. auch weiterzuentwickeln. Daher kann es auch förderlich sein, im Rahmen des iterativen Vorgehens einen zuvor durchlaufenen Schritt auf der Basis neuer Erkenntnisse aus diesen Evaluationen nochmals zu wiederholen. So kann es beispielsweise sinnvoll erscheinen, das Wirkmodell zu überarbeiten oder bestimmte Prozesse im Rahmen des Prototypings nochmals neu auszurichten. Gerade darin liegt ein zentraler Vorteil des vorgestellten Konzeptionsprozesses: Er kann nicht nur linear durchlaufen werden, sondern es ist möglich, jederzeit zu den vorherigen Schritten zurückzuwechseln, wenn dies nötig erscheint, um das zu entwickelnde Angebot zu verbessern.

3.6 Skalieren

Wurde die Prototyping-Phase erfolgreich durchlaufen und im Rahmen der Überprüfung festgestellt, dass kein weiterer Überarbeitungsbedarf an dem neu konzeptionierten Angebot besteht, kann es nun final eingeführt werden. Hierbei sollte man sich auch Gedanken machen, ob man die erzielte Wirkung skalieren möchten. Unter Skalierung wird die Herausforderung verstanden, „die soziale Wirkung, die ein Sozialunternehmen auf Basis seines operativen Modells (Anm. d. Verf.: Maßnahme oder Angebote) generiert, möglichst effektiv und effizient zu steigern, um auf diese Weise der Nachfrage nach diesem Produkt oder dieser Dienstleistung gerecht zu werden." (Bertelsmann Stiftung 2013, 11).

In der Praxis gibt es mehrere Skalierungsstrategien, die zum Einsatz kommen können. Prinzipiell differenziert man zwischen vier Skalierungsstrategien, die sich darin unterscheiden, ob die Skalierung mit oder ohne Partner*in durchgeführt wird und ob durch die Skalierung hohe oder niedrige Transferkosten entstehen. Von hohen Transferkosten geht man dann aus, wenn zusätzliche Anpassungen an dem Angebot vorgenommen werden, damit es skaliert werden kann. Dies kann beispielsweise der Fall sein, wenn das Angebot für neue Standorte angepasst werden muss.

Anhand dieser Unterscheidung kann man zwischen den Skalierungsstrategie Kapazitätserweiterung, strategische Ausdehnung, vertraglich fundierte Partner*innenschaft und Wissensdiffusion unterscheiden. Da in diesem Beitrag die vier Strategien aus Platzgründen nicht ausführlich vorgestellt werden können, sei an dieser Stelle auf die Publikation der Bertelsmann Stiftung (2013) verwiesen, in der die Strategien näher dargestellt werden.

Am Ende dieses Schrittes sollte eine Entscheidung gefallen sein, ob man das neue Angebot weiter skalieren und damit verbreiten möchte, oder ob man von dieser Option Abstand nimmt. In der Praxis sollte hierbei vor allem immer der dazu notwendige Aufwand im Verhältnis zum daraus erwarteten Nutzen betrachtet und vor dem Hintergrund gut geprüft werden, welche Skalierungsstrategie die richtige ist.

4 Fazit

Mit dem dargestellten Prozess der wirkungsorientierten Entwicklung von Angeboten und sozialen Innovationen wurde ein Vorschlag unterbreitet, wie bereits bei der Entwicklung von Angeboten und sozialen Innovationen eine Haltung der Wirkungsorientierung mitberücksichtigt und in einer organisationalen Logik implementiert werden kann. Neben diesem Prinzip der Wirkungsorientierung spielen aber auch sowohl die Daten- als auch die Evidenzbasierung sowie die nutzerzentrierte Entwicklung eine wichtige Rolle. Alle diese Aspekte sollten demnach bereits in der Konzeptionsphase solcher Prozesse berücksichtigt werden. Wirkungsorientierung hilft bei der Klärung, welche Wirkungen mit einem neuen Angebot oder einer sozialen Innovation erreicht werden sollen. Auf diese Weise ist deren transparentere Darstellung und damit auch die Benennung der zu lösenden gesellschaftlichen Probleme möglich. Ihre Dokumentation lässt sich zudem bei der Akquise von Fördermitteln oder gegenüber Kostenträger*innen einsetzen. Daten- und Evidenzbasierung im Prozess führen darüber hinaus dazu, dass eine Angebotsentwicklung nutzerorientiert erfolgt und die Bedürfnisse der späteren Zielgruppe bereits bei der Entwicklung berücksichtigt werden können. Hierdurch ist auch eine Fehlplanung an bestehenden Bedarfen vorbei vermeidbar.

Das dargestellte Vorgehen ist in der Praxis nach allen Erfahrungen sinnvoll im Rahmen von Workshops in den verschiedenen Arbeitsfeldern der Sozialen Arbeit und bei gesellschaftlichen Problemfragestellungen umsetzbar. Hierfür müssen natürlich Ressourcen (z. B. teilnehmende Mitarbeitende) bereitgestellt werden. Allerdings ist der Prozess so gestaltbar, dass bei aktuell nicht ausreichend verfügbaren Ressourcen auch gezielt lediglich einzelne Methoden oder Tools genutzt werden können. Dabei ist allerdings der logische Aufbau des Vorgehens insgesamt zu berücksichtigen. Gerade hier gewinnt der Gedanke des iterativen Vorgehens für die Praxis eine hohe Bedeutung, weil es auf diese Weise möglich wird, immer wieder zu einzelnen Schritten zurückzukehren und bereits Erarbeitetes weiter zu verbessern. Die Erfahrung zeigt, dass Praxis oft nicht linear planbar ist und es daher wichtig und sinnvoll sein kann, im Prozess der Entwicklung von neuen Angeboten und sozialen Innovationen flexibel zu reagieren. Trotz alledem sei an dieser Stelle angemerkt, dass ein iteratives Vorgehen letztlich immer auch einen vergleichsweise höheren Ressourceneinsatz zur Folge hat. Der Mehrwert, dass eine soziale Innovation dafür wesentlich passgenauer und wirkungsorientierter entwickelt werden kann, sollte diesen höheren Ressourceneinsatz aber mehr als ausgleichen.

Zu wünschen ist, dass die Diskussion über Wirkungsorientierung in den Arbeitsfeldern der Sozialen Arbeit und der Sozialwirtschaft nicht nur auf methodische Aspekte reduziert und lediglich auf die Möglichkeiten des empirischen Wirkungsnachweises fokussiert wird, sondern dass ein Mitdenken der zu erzielenden Wirkungen und eine wirkungsorientierte Arbeitsweise im gesamten Prozess der Sozialen Arbeit als Ganzes berücksichtigt werden. Gerade bei der Angebotskonzeption und bei der Entwicklung sozialer Innovationen gewinnt dieser Gedanke eine zunehmende Bedeutung.

Literatur

Bartsch, S., Beywl, W. & Niestroj, M. (2016). „Der Programmbaum als Evaluationsinstrument". In *Evaluationspraxis: Professionalisierung – Ansätze – Methoden*, Giel S., Klockgether K. & Mäder S. (Hrsg.) 2. Aufl., 89–111. Waxmann Verlag.

Bertelsmann Stiftung. (2013). *Skalierung sozialer Wirkung. Handbuch zu Strategien und Erfolgsfaktoren von Sozialunternehmen.* 1. Aufl. Gütersloh: Verlag Bertelsmann Stiftung.

Bethmann, S., Steffen, S., Schröer, A. &Then, V. (2020). *Stiftungen und soziale Innovationen: Strategien zur Lösung gesellschaftlicher Probleme.* Soziale Investitionen. Springer VS.

Beywl, W. & Niestroj, M. (Hrsg.) (2009). „Der Programmbaum. Landmarke wirkungsorientierter Evaluation". In *Das ABC der wirkungsorientierten Evaluation: Glossar – deutsch/ englisch – der wirkungsorientierten Evaluation*, 2. Aufl., 137–49. Univation - Inst. für Evaluation Dr. Beywl und Associates.

Bibliographisches Institut. (o. J.). „Prototyp, der". https://www.duden.de/rechtschreibung/Prototyp. Zugegriffen: 23. Februar 2022.

Borrmann, S., & Thiessen, B. (Hrsg.). (2016). *Wirkungen Sozialer Arbeit: Potentiale und Grenzen der Evidenzbasierung für Profession und Disziplin.* 1. Aufl. Verlag Barbara Budrich.

Brown, T. (2019). *Change by Design: How Design Thinking Transforms Organizations and Inspires Innovation.* Revised and Updated. Harper Business, an imprint of HarperCollins Publishers.

Easterday, M., Rees Lewis, D. & Gerber, E. (2018). „The Logic of Design Research". *Learning: Research and Practice* 4 (2): 131–60.

Eppler, N., Miethe, I. & Schneider, A. (2011). *Qualitative und quantitative Wirkungsforschung: Ansätze, Beispiele, Perspektiven.* 1. Aufl. Verlag Barbara Budrich.

Euler, D., & Sloane, P. (Hrsg.). (2014). *Design-based research.* Zeitschrift für Berufs- und Wirtschaftspädagogik Beihefte 27. Steiner.

Europäische Kommission (Hrsg.). (2004). „Aid Delivery Methods Volume 1: Project Cycle Management Guidelines". https://zewo.ch/fr/methodology-aid-delivery-methods-project-cycle-management-200403_en_2/. Zugegriffen: 4.1.2002.

Europäische Kommission (Hrsg.). o. J. „Soziale Innovation". Zugegriffen 15. Februar 2022. https://ec.europa.eu/social/main.jsp?langId=de&catId=1022. Zugegriffen: 15.2.2022.

Fließ, S. (2009). *Dienstleistungsmanagement: Kundenintegration gestalten und steuern.* 1. Aufl. Gabler.

Herold-Majumdar, A. (2016). *Social Service Design & Marketing. Theorie und Kretivwerkstatt sozialer und gesundheitsbezogener Dienstleistungen - für mehr Wert und Wohlergehen in der „Helfer"-Branche.* 2. Auflage. Walhalla Verlag.

Jenny, B. (2019). *Projektmanagement: das Wissen für den Profi.* 4, Vollständig überarbeitete und Aktualisierte Auflage. vdf Hochschulverlag AG an der ETH Zürich.

Jung, B., Schweißer, S. & Wappis, J. (2020). *8D - Systematisch Probleme lösen.* 4. Auflage. Pocket Power 062. Hanser.

Meinel, C. & Krohn, T. (Hrsg.). (2022). *Design Thinking in der Bildung: Innovation kann man lernen.* Wiley-VCH GmbH.

Nobel, J. (2019). „Theory of change in ten steps". NPC New Philanthropy Capital. https://www.thinknpc.org/wp-content/uploads/2019/10/Theory-of-Change-10-Steps-Updated.pdf. Zugegriffen: 23.6.2020.

Ottmann, S. (2021). „Dashboard-Lösungen als Instrument zur Beteiligung von Fachkräften in Evaluationen und Wirkungsanalysen". *Zeitschrift für Evaluation* 20 (1): 188–96.

Ottmann, S. & König, J. (2018). „Was wirkt wie? – Konzeptionelle Überlegungen zur Messung und Analyse von Wirkungen in der Sozialen Arbeit. Der Wirkungsradar des Instituts für Praxisforschung und Evaluation der Evangelischen Hochschule Nürnberg". *Forschung, Entwicklung, Transfer – Nürnberger Hochschulschriften* 29.

Ottmann, S. & König, J. (2019a). „Am Anfang steht das Wirkmodell. Überlegungen und Ansätze zur Analyse von Wirkungen in der Sozialen Arbeit". *Blätter der Wohlfahrtspflege* 166 (2): 67–70.

Ottmann, S. & König, J. (2019b). „Wirkungsanalyse in der Sozialen Arbeit. Differenzierung ist nötig." *Soziale Arbeit* 68 (10): 368–76.

Ottmann, S. & König, J. (2023). *Wirkungsorientierung in der Sozialen Arbeit. Eine Einführung für Studium und Praxis.* 1. Aufl. Bd. 45. Grundwissen Soziale Arbeit. Kohlhammer Verlag.

Otto, H., Polutta, A. & Ziegler, H. (2007). *What Works - Welches Wissen braucht die Soziale Arbeit?: Zum Konzept evidenzbasierter Praxis.* 1. Aufl. Budrich.

Plattner, H., Meinel, C. & Ulrich Weinberg (2011). *Design Thinking: Innovation lernen – Ideenwelten öffnen.* Nachdr. mi-Wirtschaftsbuch, Finanzbuch Verl.

Polutta, A. (2013). „Wirkungsorientierung". In *Lexikon der Sozialwirtschaft*, herausgegeben von Klaus Grunwald, Georg Horcher, und Bernd Maelicke, 2. Aufl., 1108–9: Nomos Verlagsgesellschaft.

Rahnfeld, C., Plunger, S. & Rosch, E. (2021). *Soziale Innovationen: Erkenntnisse aus der Praxis für die Handlungstheorie der Sozialen Arbeit.* Springer VS.

Rauscher, O., Mildenberger, G. & Krlev, G. (2015). „Wie werden Wirkungen identifiziert? Das Wirkungsmodell". In *Praxishandbuch Social Return on Investment: Wirkung sozialer Investitionen messen*, herausgegeben von Christian Schober und Volker Then, 41–57. Schäffer-Poeschel Verlag.

Reinmann, G. (2005). „Innovation ohne Forschung? Ein Plädoyer für den Design-Based Research-Ansatz in der Lehr-Lernforschung". *Unterrichtswissenschaft* 33 (1): 52–69.

Schober, C. & Then, V. (Hrsg.). (2015). *Praxishandbuch Social Return on Investment: Wirkung sozialer Investitionen messen.* 1. Aufl. Schäffer-Poeschel Verlag.

Schulze-Krüdener, J. (2017). *Wissen, was in der Sozialen Arbeit wirkt! Zur Reichweite empirischer Zugänge.* 1. Auflage. Apollon University Press.

Uebernickel, F., Brenner, W., Naef, T., Pukall, B. & Schindholzer, B. (2015). *Design Thinking: das Handbuch.* 1. Aufl. Frankfurter Allgemeine Buch.

Veselý, A. (2008). „Problem Tree: A Problem Structuring Heuristic". *Central European Journal of Public Policy* 2 (2): 66–81.

Weiss, C. H. (1995). Nothing as practical as good theory: Exploring theory-based evaluation for comprehensive community initiatives for children and families. In J. Connell, A. Kubisch, L.B. Schorr & C. H. Weiss (Hrsg.), *New approaches to evaluating community.*

Wirtz, M. (2019). „Evidenzbasierung". In *Dorsch Lexikon der Psychologie*, herausgegeben von Markus Antonius Wirtz. Bern: Hogrefe. https://dorsch.hogrefe.com/stichwort/evidenzbasierung. Zugegriffen: 25.7.2022.

Sebastian Ottmann M.A. (sebastian.ottmann@evhn.de) Sebastian Ottmann M.A. ist wissenschaftlicher Mitarbeiter am Institut für Praxisforschung und Evaluation der Evangelischen Hochschule Nürnberg und leitet dort das Kompetenzzentrum Wirkungsorientierung in der Sozialen Arbeit.

Joachim König, Prof. Dr. (joachim.koenig@evhn.de) Prof. Dr. Joachim König, Professor i.R., ehemaliger Leiter des Instituts für Praxisforschung und Evaluation der Evangelischen Hochschule Nürnberg

Wirkungsorientierte Evaluation innovativer Arbeitsmarktansätze

Frank Unger, Uli Sann, Dagmar Wiesmann
und Carolin Martin

Inhaltsverzeichnis

F. Unger · U. Sann · D. Wiesmann (✉) · C. Martin (✉)
Hochschule Fulda University of Applied Sciences, Fulda, Deutschland
E-Mail: dagmar.wiesmann@sw.hs-fulda.de

C. Martin
E-Mail: carolin.martin@sw.hs-fulda.de

F. Unger
E-Mail: frank.unger@sw.hs-fulda.de

U. Sann
E-Mail: uli.sann@sw.hs-fulda.de

B. Schmidtke et al. (Hrsg.), *Sozial - Innovativ - Nachhaltig*, Perspektiven Sozialwirtschaft und Sozialmanagement,
https://doi.org/10.1007/978-3-658-42847-1_15

1 Einführung

Langzeitarbeitslosigkeit stellt – trotz positiver Entwicklungen der letzten 10 Jahre und einer grundsätzlich guten Arbeitsmarktsituation – für die Arbeitsmarkt- und Sozialpolitik insgesamt wie auch für die tägliche Unterstützung langzeitarbeitsloser Menschen (z. B. durch Jobcenter) weiterhin eine Herausforderung dar. Viele Personen sind schon lange auf Arbeitsuche, spüren die negativen Folgen von Arbeitslosigkeit wie z. B. gesundheitliche Folgen, finanzielle Schwierigkeiten, wenig soziale Netzwerke, Stigmatisierung, fehlende Selbstwirksamkeit und geringes Kompetenzbewusstsein, zum Teil geringe Problemeinsicht (bzw. Veränderungsmotivation) und haben teilweise resigniert.

Instrumente der Arbeitsmarktförderung für langzeitarbeitslose Menschen zielen in erster Linie auf Maßnahmen zur Aktivierung und beruflichen Wiedereingliederung ab (vgl. BA 2019, S. 17) und ‚treffen' zum Teil auf Menschen, für die berufliche Wiedereingliederung und Arbeitsaufnahme aufgrund multipler Vermittlungshemmnisse (wie z. B. die Länge des Leistungsbezugs, fehlende Qualifikationen oder gesundheitliche Einschränkungen) nicht an erster Stelle stehen. Die Anforderungen an die Unterstützung und Begleitung dieser Menschen sind vielfältig, enorm anspruchsvoll. Häufig sind nur kleinteilige Fortschritte (nicht selten begleitet von Rückschritten oder Widerstand) zu konstatieren.

Das Projekt „Auszeit-Aktiv-Arbeit A^3" im Rahmen des Bundesprogramms „Innovative Wege zur Teilhabe am Arbeitsleben – rehapro" des BMAS richtet sich insbesondere an erwerbsfähige Leistungsberechtigte mit nicht nur vorübergehender gesundheitlicher Einschränkung und versucht, Erwerbsfähigkeit zu erhalten und die berufliche wie soziale Teilhabe zu verbessern. Es gilt, den häufig in dieser Zielgruppe auftretenden Negativkreislauf „Arbeitslosigkeit macht krank", „gesundheitliche Einschränkungen hemmen die Vermittlung" und „Krankheit erhöht das Risiko arbeitslos zu werden bzw. zu bleiben" (vgl. Kooperationsverbund Gesundheitliche Chancengleichheit 2019, S. 3) zu durchbrechen.

2 Innovativer Arbeitsmarktansatz im Jobcenter

Klassisch wird im Fallmanagement geprüft, welche Leistungen eine arbeitslose Person aufgrund der individuellen Situation in Anspruch nehmen kann, um sich (langfristig) durch Aufnahme einer Beschäftigung wieder in den Arbeitsmarkt einzugliedern. Dabei erschweren u. a. Fallzahlschlüssel und das damit einhergehende geringe Zeitkontingent das Erkennen bestimmter Problemlagen (z. B.

nicht nur vorrübergehenden gesundheitlichen Einschränkungen) und eine auf die individuelle Situation abgestimmte Beratung. Das starre System und fehlende Instrumente innerhalb des Jobcenters lassen in solchen Fällen nur schwer schnelle und individuell ausgerichtete Hilfe zu, was z. B. das Risiko einer dauerhaften Erwerbsunfähigkeit erhöht. Auch im Hinblick auf eine rechtskreisübergreifende Zusammenarbeit stellen komplexe Strukturen und Zuständigkeiten Hürden bei der Suche nach individuell passenden Angeboten dar. Die Praxis hingegen zeigt, dass die Zahl der Langzeitarbeitslosen mit gesundheitlichen Einschränkungen stetig steigt und in der empirischen Arbeitsmarktforschung werden nachweislich Zusammenhänge zwischen Langzeitarbeitslosigkeit und sich damit verschärfender gesundheitlicher Beeinträchtigungen gesehen (z. B. Ludwig-Mayerhofer 2018).

Das Projekt des Jobcenterverbundes beabsichtigt hier anzusetzen und dem beschriebenen Negativkreislauf mit einem präventiven Modellansatz zu begegnen. Er besteht aus vier Phasen: der Akquise, einer zweimonatigen Auszeit, Erarbeitung einer individuellen Zielvereinbarung und einer zwanzigmonatigen individuellen Betreuungsphase. In der Startphase des Projektes soll den Teilnehmenden über die Auszeit ermöglicht werden, eine spürbare Veränderung zu ihrer bisherigen Situation im „Hartz-IV-Bezug“ zu erleben. Dafür wird u. a. ein echter Perspektivwechsel vorgenommen und Selbsthilfepotentiale werden (re-)aktiviert und gestärkt. Den Teilnehmenden steht durchgehend ein sogenannter Socialcoach (SC) als Ansprechpartner zur Seite, der auf Basis eines engen Vertrauensverhältnisses über die Auszeit hinaus die Teilnehmenden durch zielgerichtete Gesprächsführung und Einleitung von Hilfen dabei unterstützen soll, die gesundheitlichen Einschränkungen in ihrer Tragweite zu eruieren bzw. anzugehen. Der Fokus der Beratungsarbeit eines SCs liegt auf einem ausreichenden Zeitkontingent für Gespräche, mehr Flexibilität, geringerer Bindung an organisationale Ziele (z. B. kleiner Fallzahlschlüssel) und ggf. auf Kompetenzentwicklung durch Weiterbildungen. Dies soll außerhalb der üblichen organisatorischen „Routinen“ der Jobcenter geschehen. Freiwilligkeit zur Teilnahme ist Grundvoraussetzung, Sanktionen sowie verpflichtende Eingliederungsvereinbarungen sollen ausgesetzt und durch alternative Formen (z. B. persönliche Zielvereinbarungen) ersetzt werden.[1]

Die für Jobcenter in gewisser Weise innovative und wirkungsorientierte Herangehensweise besteht in der Fragestellung „Welche Ziele verfolgt der/die Kund*in und wie kann das Fallmanagement mit Leistungen unterstützen, die sinnvoll und zielführend sind?“ Ein zentraler Unterschied liegt in der Annahme, dass der/die

[1] Jobcenterverbund Kommunales Kreisjobcenter Landkreis Fulda, Kommunale Vermittlung in Arbeit Landkreis Hersfeld-Rotenburg, KVA Vogelsbergkreis Kommunales Jobcenter (Auszug aus Projektantrag, November 2018).

Kund*in mehr selbstbestimmt und eigenmotiviert handelt. Dies setzt eine besondere Arbeitsweise und Beratungsarbeit des SC voraus, denn die Aufgabe besteht in erster Linie darin, die Kund*innen zu Selbstbestimmung und Eigenmotivation zu befähigen.

3 Selbstbestimmung/Autonomie

Verhaltensänderungen können insbesondere dann nachhaltig gelingen, wenn die Initiative von den betroffenen Personen selbst ausgeht. In unserem Beispiel kann der Negativkreislauf von Arbeitslosigkeit und Gesundheit nur durchbrochen werden, wenn langzeitarbeitslose Menschen selbst die Ein-/Absicht bzw. die Motivation haben, etwas an ihrer Situation zu verändern.

Die Selbstbestimmungstheorie nach Deci und Ryan (1993) ist ein Motivationsansatz der unter Einsatz empirischer Methoden untersucht, wie intrinsische Faktoren (z. B. Interesse, Neugier) oder extrinsische Aspekte (z. B. Belohnungssysteme, soziale Bedingungen) die Motivation, die Zufriedenheit, die Leistung und das Wohlbefinden einer Person fördern oder beeinträchtigen können. Insbesondere das Zusammenspiel von externen Einflussfaktoren und internen Bedürfnissen ist von großem Interesse. Die Selbstbestimmungstheorie kommt ursprünglich aus dem Bildungsbereich/Lernumfeld, aber sie wurde und wird auch weiterhin extensiv in verschiedenen anderen Bereichen wie z. B. Erziehung, Gesundheitswesen oder im Arbeitskontext erforscht. Sie geht u. a. davon aus, dass Menschen einen angeborenen Drang haben zu lernen und sich zu entwickeln, dass sie den Wunsch haben, Herausforderungen zu meistern und zu überwinden (im Sinne von Selbstwirksamkeit) und gute Beziehungen zu anderen zu knüpfen. Jedoch benötigen sie passende Rahmenbedingungen, um sich zu entfalten.

Menschliches Handeln und Verhalten basiert dabei auf drei psychologischen Bedürfnissen: Selbstbestimmung (Autonomie), Kompetenzerleben und soziale Verbundenheit. Sie lassen sich wie folgt beschreiben (vgl. Unger et al. 2022; Slemp et al. 2021; Ryan & Deci 2020; Brandstätter 2020):

- Autonomie

Autonomie wird erfahren, wenn Menschen sich als selbstbestimmt wahrnehmen, auf eigene Initiative hin handeln und ihre Entscheidungen unabhängig von anderen treffen. Ihr ganzes Verhalten spiegelt die persönlichen Interessen und Werte wider. Menschen bestimmen selbst, wie ihre Umwelt geformt wird oder wie sie aktiv an ihr teilnehmen. Sie tragen die Verantwortung für ihr eigenes Leben (das

Gegenteil wäre unter anderem, strenge Kontrolle von außen, Druck, Anweisungen etc.).

- Kompetenz

Das Bedürfnis nach Kompetenz beschreibt das Gefühl, ausreichend Kontrolle über ein Ereignis zu haben, insbesondere erfolgreich bei (heraus-)fordernden Aufgaben zu sein, gewünschte Ergebnisse erzielen zu können (im Sinne von Effektivität und der Fähigkeit, einen guten Job zu machen) und in der Lage zu sein, die eigenen Kompetenzen weiterzuentwickeln. Das Gefühl effektiv zu sein oder eine Herausforderung meistern zu können ist etwas, das man bewusst erreichen möchte.

- Verbundenheit

Verbundenheit steht für ein Zugehörigkeitsgefühl, gegenseitigen Respekt, Zuverlässigkeit, Unterstützung und bedeutsame Beziehungen zu anderen, besonders zu Menschen im näheren Umfeld.

Die Selbstbestimmungstheorie unterscheidet zwischen motiviertem und nicht-motiviertem (sog. amotiviertes) Handeln und Verhalten. Amotivierte Verhaltensweisen sind ohne Intentionen. Sie haben kein erkennbares Ziel (z. B. herumlungern) oder entspringen einem unkontrollierten Handlungsimpuls (z. B. Wutanfall), werden aber nicht durch intentionale Prozesse gesteuert (vgl. Deci & Ryan 1993). Weiterhin schreiben Deci und Ryan (1993) zu motivierten Verhaltensweisen:

> Menschen gelten als motiviert, wenn sie etwas erreichen wollen – wenn sie mit dem Verhalten einen bestimmten Zweck verfolgen. Die Intension zielt auf einen zukünftigen Zustand, gleichgültig ob er wenige Sekunden oder mehrere Jahre entfernt liegt. Dazu gehört auch die Bereitschaft, ein Mittel einzusetzen, das den gewünschten Zustand herbeiführt. (ebd. S. 224)

Motiviertes Handeln wiederum tritt in verschiedenen qualitativen Ausprägungen auf, je nach dem Grad der Selbstbestimmung bzw. nach dem Ausmaß der Kontrolliertheit einer Handlung. Intrinsische Motivation ist selbstbestimmt, freiwillig und geht aus einem Selbst hervor. Intrinsisch motivierte Handlungen repräsentieren den Prototyp selbstbestimmten Handelns (Deci & Ryan 1993, S. 226). Extrinsische Motivation dagegen wird in Verhaltensweisen sichtbar, die mit instrumenteller Absicht durchgeführt werden, um eine von der Handlung separierbare Konsequenz zu erlangen. Extrinsisch motivierte Verhaltensweisen treten in der Regel nicht spontan auf; sie werden vielmehr durch Aufforderungen in Gang gesetzt, deren Befolgung eine (positive) Bekräftigung erwarten lässt, oder die auf andere Weise instrumentelle Funktion besitzen (Deci & Ryan 1993, S. 225). So lassen sich verschiedene Motivationstypen entlang einer Selbstbestimmung-Kontroll-Skala bestimmen.

Inzwischen gibt es zahlreiche empirische Studien in unterschiedlichsten Anwendungsgebieten, sodass die Selbstbestimmungstheorie neben theoretischen Grundlagen auch konkrete didaktische Impulse geben kann (z. B. für die Beratungsarbeit in der Arbeitsvermittlung).

4 Beratung in der Arbeitsvermittlung

Was ist Beratung? Die Deutsche Gesellschaft für Beratung betont in ihrer Definition die Wichtigkeit einer kooperativen Bearbeitung und Klärung von Aufgaben, Problemen und Konflikten. Konkret wird dort formuliert: „Beratung ist eine personen- und strukturbezogene soziale Dienstleistung. Sie setzt somit eine gemeinsame Anstrengung und Leistung aller Beteiligten [...] und klare Zielvereinbarungen voraus.“ (DGfB (o. J.), S. 3). Im Kontext des SGB II wird dagegen die Aufgabe von Beratung insbesondere in der „Erteilung von Auskunft und Rat zu Selbsthilfeobliegenheiten und Mitwirkungspflichten, zur Berechnung der Leistungen zur Sicherung des Lebensunterhalts und zur Auswahl der Leistungen im Rahmen des Eingliederungsprozesses“ gesehen (§ 14 Abs. 2 S. 2, 3 SGB II). Was manchen als ein Spannungsverhältnis erscheinen mag, ist indes tatsächlich eine notwendige Ergänzung. Die im SGB II formulierten Ziele lassen sich kaum nachhaltig erreichen ohne eine gemeinsame Anstrengung der Beteiligten. Die Berücksichtigung von motivationalen und volitionalen Aspekten ist in der Beratung im SGB II Kontext sowohl ein entscheidender Faktor für eine an den Bedarfen der Kund*innen orientierte Unterstützung, als auch für die erfolgreiche Erfüllung der gesetzlichen Vorgaben. Forschungsbefunde zeigen, dass individuellere und intensivere Beratungsprozesse zu einer kürzeren Arbeitslosigkeit führen (u. a. Bruckmeier et al. 2020). Zudem unterstützt eine höhere Kontaktdichte die professionelle Arbeitsbeziehung und in der Folge einen effizienteren Absprache- und Integrationsprozess (Egenolf et al. 2014). Vor allem alleinerziehende Eltern und Personen mit gesundheitlichen Einschränkungen sind mit der Betreuung der Jobcenter weniger zufrieden als diejenigen ohne Einschränkungen (vgl. Stockinger & Zabel 2020). Hervorzuheben ist außerdem, dass die Leistungsberechtigten ausführliche Beratungsgespräche besonders wertschätzen.

Auch die spezifischen Problemlagen im SGB II-Kontext legen eine Nutzung motivationsförderlicher Beratungsstrategien nah. Die Folgen von Langzeitarbeitslosigkeit sind vielfältig belegt. Auf psychischer Ebene lassen sich z. B. Depressionen, Ängste und ein verringertes Selbstwertgefühl benennen, die sich mit zunehmender Dauer meist noch intensivieren. Ähnliche Effekte sind für die Einschränkung der allgemeinen Lebenszufriedenheit festzustellen, die sich zudem auf die Familienmitglieder auswirkt. Weiterhin reduziert sich die soziale Eingebundenheit bzw. gesellschaftliche Teilhabe der Betroffenen (Ludwig-Mayerhofer 2018, S. 181 ff.). Damit ist die Erfüllung der in der empirisch gut belegten Selbstbestimmungstheorie (Ryan & Deci 2020) postulierten psychologischen Grundbedürfnisse von Menschen nach Autonomie, Kompetenzerleben und sozialer Eingebundenheit bei Langzeitarbeitslosigkeit besonders eingeschränkt. Beste et al. (2010, S. 7 f.) sprechen von Entmutigung.

Der Einsatz motivierender Gesprächsführung kann dieser Entmutigung entgegenwirken. Das Gefühl von Autonomie wird zum Beispiel gestärkt, wenn Wahlmöglichkeiten gegeben werden, Eigeninitiative möglich gemacht und gefördert wird sowie externe (Mikro-) Kontrolle oder Sanktionen (z. B. wertende Aussagen, Druck, Drohungen, Strafen) vermieden werden. Das Bedürfnis nach Kompetenz wird am besten in einem gut strukturierten Umfeld befriedigt (klare Rahmenbedingungen), das optimal Herausforderungen, positive Rückmeldungen und Gelegenheiten zu wachsen bietet. Eingliederungsvereinbarungen, Hilfepläne und Zielvereinbarungen sollten gemeinsam erarbeitet werden und tatsächlich sinnvoll wie umsetzbar sein. Daher sollten Aufgaben oder Ziele zwar herausfordernd, aber nicht überfordernd sein. Der/die Beratende sollte die Sicherheit bieten, dass Fehlermachen erlaubt ist und Unterstützung leisten, wenn es notwendig oder gewünscht wird. Auch soziale Verbundenheit kann über motivierende Gesprächsführung entstehen. Eine Beziehung aufbauen bedeutet in erster Linie, kontinuierliches und authentisches Interesse am Gegenüber zu zeigen, individuelle Hilfe und passende Unterstützung zu leisten. Dies kann unter anderem über ein aufrichtiges Verständnis (zuhören, verstehen, würdigen) erreicht werden. Ein zentraler Aspekt hierbei ist, dem Gegenüber „wert-frei" gegenüberzutreten, den Ausführungen/ Wünschen wirklich zuzuhören (und diese zu verstehen), nach individuellen Ansichten zu fragen und Möglichkeiten zu bieten Gefühle in schwierigen Situationen offen auszudrücken.

Um den hohen Anforderungen der Beratungsarbeit in Jobcentern gerecht zu werden, bietet die Motivierende Gesprächsführung einen möglichen Ansatzpunkt. Unter Anwendung motivierender Gesprächsführungstechniken kann die Verzahnung von individuellen Beratungsbedarfen und gesetzlichem Anspruch gut bewältigt werden.

5 Motivierende Gesprächsführung (MI) für die Vermittlungsarbeit

Die hohe Effektivität von MI (Motivational Interviewing) mit seiner spezifischen Haltung und dem Umgang mit Widerständen zeigt sich insbesondere in schwierigen Lebenslagen (Miller & Rollnick, 2015; Fuller & Tylor 2015, S. 31). Dies lässt sie auch für den Beratungskontext des SGB II als besonders geeignet erscheinen. Im Grundlagenwerk von Miller und Rollnick (2015 S. 47) wird der Gesprächsansatz folgendermaßen definiert:

> Motivational Interviewing ist ein kooperativer, zielorientierter Kommunikationsstil mit einer besonderen Aufmerksamkeit auf die Sprache der Veränderung. Es ist daraufhin konzipiert, die persönliche Motivation für und die Selbstverpflichtung auf ein spezifisches Ziel zu stärken, indem es die Motive eines Menschen, sich zu ändern, in einer Atmosphäre von Akzeptanz und Mitgefühl herausarbeitet und erkundet.

Eine Kombination von Akzeptanz und Mitgefühl (vor allem offene Fragen, aktives Zuhören und unbedingte Wertschätzung) einerseits sowie einem Fokus auf die Förderung von Entwicklungs- und Veränderungspotentialen andererseits (z. B. durch „Change Talk", den besonderen Umgang mit Widerstand), erscheint gerade für die Arbeitsvermittlung hoch relevant. Verschiedene Untersuchungen zeigen, dass MI positive Wirkungen auf die Veränderungsmotivation auch in diesem Kontext hat und die Motivation zur Arbeitsaufnahme nachhaltig erhöhen kann (z. B. Brit et al. 2018). Bereits ein Anstieg der Intention für eine Verhaltensänderung kann ein erster Schritt hin zu einer kleinen bis mittleren Verhaltensänderung sein (Metaanalyse von Webb & Sheeran 2006). Der Einsatz von MI kann zu einem gesteigerten Engagement der arbeitslosen Menschen in Maßnahmen, zu höheren Beschäftigungsquoten und zu mehr Nachhaltigkeit führen (Britt et al. 2018). Vor allem bei zunächst scheinbar geringer Eigenmotivation, bei psychischen oder physischen Gesundheitsbelastungen sind überraschende Wirkungen erzielbar.

Nachdem der hohe praktische Nutzen einer derartigen Gesprächsführung gut belegt ist, stellt sich einerseits die Frage nach der Befähigung der (zukünftigen) Jobcentermitarbeiter*innen MI umzusetzen und andererseits jene nach möglicherweise bestehenden Umsetzungshindernissen. Zudem impliziert der Einsatz von MI in der Beratungsarbeit der Jobcenter ein (teilweise) Umdenken hinsichtlich der Anforderungen an die Beratungskompetenzen.

Aktuell haben sich die Rahmenbedingungen im SGB II dahingehend geändert, dass das Bundeskabinett beschlossen hat, bis zum Jahresende bei Pflichtverletzungen und Meldeversäumnissen keine Sanktionen mehr durch die Jobcenter zu erlassen (vgl. Die Bundesregierung 2022). Dies kann jedoch auch dazu führen, dass die Auseinandersetzung mit Instrumenten und Methoden erfolgreicher Beratungsarbeit verstärkt in den Vordergrund tritt.

6 Wirkungsorientierte Projektarbeit und Evaluation

Das Projekt „A³" verfolgt einen wirkungsorientierten Ansatz (sowohl in der Begleitforschung als auch in der Durchführung). Konkret bedeutet dies, sich der Herausforderung zu stellen, theoretische wirkungsorientierte Forschung in wirkungsorientiertes (pädagogisches) Arbeiten in der Praxis umzusetzen. Voraussetzung hierfür ist zunächst die Sensibilisierung der Projektakteur*innen hin zu wirkungsorientiertem Denken. Das Evaluationsdesign beinhaltet neben der klassischen summativen Forschung auch einen Mixed-Method-Ansatz sowie prozessbegleitende formative Evaluation, um Wirkungszusammenhänge zu erforschen und mögliche Wirkhebel herauszufiltern. Hierzu wurde eine Wirkungstreppe aus dem „Kursbuch Wirkung" von Phineo (Kurz & Kubek, 2018) erstellt, in der die gewünschten Wirkungsziele des Projektes auf Handlungs- und Verhaltensebene der Projektteilnehmenden formuliert sind und über die Projektteilnahme hinaus evaluiert werden, um deren Nachhaltigkeit zu erfassen. Über den Mixed-Method-Ansatz und die formative Forschung werden die Umsetzung des Phasenkonzeptes und die Rolle des Socialcoach (SC) untersucht.

Die Vorstellung der Wirkungstreppe basiert auf der von Univation als „Resultate Treppe" bezeichneten Charakterisierung von Resultaten eines zu evaluierenden Programms (Beywl & Niestroj 2009, S. 145). Nach diesem Modell sind Wirkungen Veränderungen, die bei bestimmten Zielgruppen, ihrem Lebensumfeld oder in der Gesellschaft erreicht werden. Abb. 1 zeigt, dass Phineo den Begriff Impact für gesellschaftliche Wirkung und den Begriff Outcomes für Wirkungen bei Zielgruppen nutzt. Bei den Outcomes werden wiederum verschiedene Wirkungsebenen unterschieden, z. B. die Veränderung von Fähigkeiten, Verhalten oder der Lebenslage von Zielgruppen.

Das Treppenmodell suggeriert eine hierarchische Kausalkette, die die Komplexität menschlichen Handelns und Verhaltens vereinfacht darstellt. Kritik erfährt das Modell hinsichtlich der deutlichen Grenzziehung zwischen Output und Outcome und der Tatsache, dass Wirkungen erst ab Stufe 4 erzielt werden. Nach Meinung von Burmester et al. (2020, S. 45 f.) können auch auf Output-Ebene durch aktives Handeln bereits Wirkungen entstehen. In der Praxis erweist sich dieses Modell jedoch aufgrund seiner geringen Komplexität als hilfreich, um an wirkungsorientiertes Denken heranzuführen und dieses in die Projektarbeit

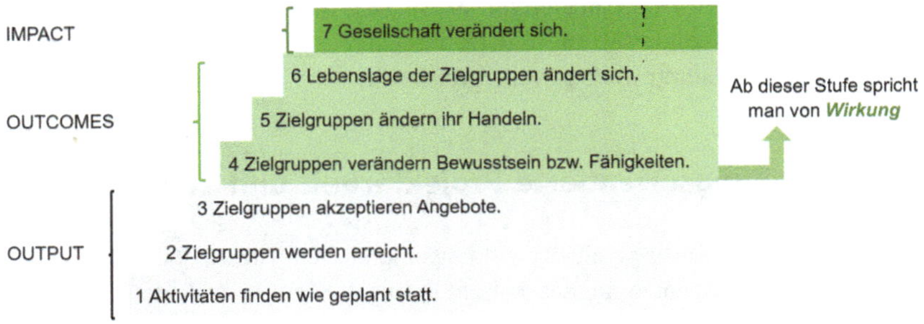

Abb. 1 Wirkungstreppe. (Eigene Darstellung nach Kurz & Kubek 2018, S. 5)

bzw. die Beratungspraxis zu integrieren (vor allem im Kontext der Jobcenter, die ihren Fokus bei der Messung ihrer Arbeitserfolge u. a. auf quantitative (Vermittlungs-)Zahlen legen). Neben den klassischen Zielen des Projektes wie „Erwerbsfähigkeit erhalten" (mind. drei Stunden pro Tag) und „berufliche und gesellschaftliche Teilhabe verbessern", die projektbegleitend auch über ärztliche Gutachten geprüft werden, wurden Wirkungsziele formuliert. Exemplarisch im Kontext der Prävention lauten die Wirkziele: „Die Teilnehmenden kennen ihre Stärken und Schwächen im sportlichen Bereich." (Stufe 4), „Sie nutzen ihre vorhandenen Ressourcen für individuell sinnvolle, sportliche Aktivitäten." (Stufe 5) und „Die Teilnehmenden erhalten bzw. verbessern ihre Gesundheit." (Stufe 6). Die Teilnehmenden sollen Vertrauen zu ihren SC und ihrem sozialen Umfeld aufbauen, ihre eigenen Kompetenzen zunächst (er-)kennen und sich selbst als kompetent erleben, um im Idealfall aus eigenem Antrieb heraus ihre derzeitige Situation zu verändern (im Sinne von verbessern). Dabei steht nicht zwingend die Arbeitsaufnahme im Vordergrund, sondern Themen, die die individuelle Situation des Einzelnen widerspiegeln (z. B. gesundheitliche Situation, Kinderbetreuung, soziale Anbindung).

Um mögliche Veränderungen zu messen, sieht das Evaluationsdesign mehrere Messzeitpunkte vor. Zu Beginn wird die aktuelle Situation jedes einzelnen Teilnehmenden in Form eines Gesprächsleitfadens erfasst. Dieses Gespräch führt bereits der SC. Am Ende der achtwöchigen Auszeitphase, die vorwiegend aus Gruppenaktivitäten besteht und zur Vertrauensbildung bei den Teilnehmenden untereinander, aber auch beim SC gedacht ist, finden Fokusgruppen mit den Teilnehmenden statt und während der anschließenden individuellen Betreuungsphase Befragungen in einem Abstand von etwa einem halben Jahr, um mögliche Veränderungstendenzen oder -absichten im Verhalten der Teilnehmenden zu erfassen.

Die SC werden halbjährlich in einer Fokusgruppe befragt, die Projektleitung und obere Führungsebene zu Beginn, nach zwei Jahren und am Ende der Projektlaufzeit.

7 Die Beratungsarbeit des Socialcoachs (SC)

Zentral für die wirkungsorientierte Evaluation sind folgende Fragestellungen: „Welche Techniken und Strategien setzt der SC in seiner Beratungsarbeit ein, um die Wirkungsziele Vertrauensaufbau, Kompetenz- und Autonomieerleben der Teilnehmenden zu erreichen?“ und „Tragen die eingesetzten Techniken und Strategien aus Sicht der SCs und aus Sicht der Teilnehmenden zum gewünschten Ergebnis bei?“.

Mit Projektbeginn wurden die SCs mittels eines Online-Fragebogens gefragt, wie sie sich die Beratungsarbeit bei Langzeitarbeitslosen mit gesundheitlichen Einschränkungen vorstellen, mit welchen Techniken, Strategien und Haltungen sie den Teilnehmenden gegenübertreten möchten. Die SCs versprechen sich von Techniken der klient*innenenzentrierten Beratung und motivierenden Gesprächsführung, zum Teil ergänzt durch systemische Beratungselemente wie Lösungs- und Ressourcenorientierung die besten Erfolge. Neben dem Einsatz von Techniken und Strategien steht zu Beginn Beziehungsarbeit an. Allen SCs ist wichtig, eine gute Beziehung aufzubauen und Empathie zu zeigen. Dies gelingt über „aktives Zuhören“, welches dem SC ermöglicht, wirkliches Interesse an der individuellen Situation und den Problemen seines Gegenübers zu vermitteln. Die SCs legen größten Wert auf eine wertschätzende Beratungsarbeit, indem sie zuhören, gewünschte Informationen geben, präsent (offen, zugewandt) sind, mit offenen Fragen arbeiten und Veränderungsabsichten der Projektteilnehmenden unterstützen bzw. sie darin bestärken.

Auch die Teilnehmenden wurden zu Projektbeginn gefragt, wie ihnen der SC im Projekt helfen, wo er sie unterstützen könnte. Am häufigsten erhoffen die Teilnehmenden sich Hilfe bei ihren gesundheitlichen Anliegen, die vorrangig sind vor der Aufnahme einer Arbeit. Die Unterstützung bei amtlichen Anträgen/ Formularen, bei denen sie sich überfordert fühlen bzw. z. T. gar nicht erst verstehen, stehen an zweiter Stelle. Erst danach wird das Thema Arbeit angesprochen. Hier ist den Teilnehmenden wichtig, dass es sich um eine passgenaue Arbeit handelt, die u. a. die eigene gesundheitliche Situation berücksichtigt. Bereits zu diesem Zeitpunkt äußern einige Teilnehmende (5,5 %) den Wunsch, dass die Unterstützung durch den SC darin bestehen sollte, ihnen einfach zuzuhören und Ansprechpartner*in für sie zu sein.

In den Fokusgruppen am Ende der Auszeitphase und in weiteren Befragungen zeigt sich deutlich, dass die Arbeitsweise des SCs spürbar anders ist als die des Fallmanagers. Fast Zweidrittel der Teilnehmenden beginnen das Projekt mit der Einstellung, dass der SC allein dafür verantwortlich ist, passende Hilfen und Unterstützung zu finden, damit sich die Situation des Teilnehmenden verbessert. Sie haben zum einen Interesse und eine gewisse Neugier an der innovativen Vorgehensweise im Projekt, sind zum anderen misstrauisch, ob die versprochenen Projektinhalte (Freiwilligkeit, Sanktionsfreiheit, individuelles Coaching etc.) entsprechend umgesetzt werden und verhalten sich zunächst abwartend. Nach einem dreiviertel Jahr Projektlaufzeit hat sich bereits ein sehr hohes Vertrauensverhältnis zwischen SC und Teilnehmer*innen aufgebaut. Die Frage, wie die Teilnehmenden das Vertrauensverhältnis zwischen ihnen und ihrem SC einschätzen, wird auf einer 7er-Skala (7 = sehr großes Vertrauen bis 1 = überhaupt nicht vorhanden) mit einem Durchschnittswert von 6,24 (der Median liegt bei 6) beantwortet.

Die klient*innenenzentrierte Beratungsarbeit der SCs unter Einsatz motivierender Gesprächsführungstechniken und -haltungen führt dazu, dass beratende Personen (hier der SC) von den Teilnehmenden als authentisch wahrgenommen werden. Vor allem Wertschätzung und präsent sein wird (trotz unterschiedlicher Zielgruppenzusammensetzung) in allen drei Landkreisen als äußerst positiv wahrgenommen. Dies drückt sich über Äußerungen aus wie *„das Interesse da war von den Socialcoachs zu einem, das hat man richtig gespürt und gemerkt, dass sie sich engagieren, und das fand ich richtig toll.“* oder *„Ja dieses Würdevolle, Respektvolle, auf einer Stufe stehen quasi“*, *„Hohes Maß an Vertrauen hier und an Wertschätzung, ganz anders als…“*, *„Und ich fand auch, dadurch, dass die Coaches untereinander befreundet scheinen, wirkt das irgendwie auch authentischer, sodass wir auch miteinander klarkommen“*.

8 Erste Wirkungen innerhalb des Projektansatzes

Die Projektlaufzeit beträgt fünf Jahre, für den einzelnen Teilnehmenden beläuft sie sich auf zwei Jahre und ist bisher für keinen Teilnehmenden regulär abgeschlossen. Die ersten Forschungsergebnisse beziehen sich daher vorwiegend auf die qualitativen Auswertungen der Fokusgruppen zu Projektbeginn.

Durch die Vertrauensarbeit der SCs machen die Teilnehmenden positive Erfahrungen und werden unter anderem in ihrem Selbstwertgefühl bestärkt. Das sprechen einige Teilnehmende direkt an *„man wurde hier mit seinen persönlichen Problemen für voll genommen“*, *„Das man halt nicht nur so eine Nummer ist“*, *„Das liegt vielleicht auch daran, dass sich es nicht gewöhnt bin, dass sich* *jemand Sorgen um mich macht"* und auch die SCs berichten davon, dass manche Teilnehmende im Projekt mit einem geringen Selbstwertgefühl starten und durch positive Erfahrungen ermutigt werden *„Zum anderen dann halt natürlich Bewegung, aktiv werden, dass die Kunden auch merken „Ich kann ja doch noch was und bin nicht komplett kaputt", weil viele wirklich mit einem Selbstbild in der Auszeit ankommen, ja nach dem Motto „Mein Körper ist eine einziges Wrack und ich kann ja nichts mehr" und dann merken sie eben doch, es geht schon kleinschrittig. Das ist natürlich positiv und ja bringt auch weiter für die persönliche Entwicklung."*

Parallel fördert das Gruppensetting positive Erfahrungen hinsichtlich des Selbstwertgefühls wie Teilnehmende beschreiben: *„Wenn ich jetzt mal an Tag eins denk, wenn du so in die Gesichter geguckt hast und du guckst heute in die Gesichter und hast dich ja auch mit allen so, also ich glaub da ist jeder dran gewachsen."* oder *„die Erfahrung durch die Gruppe, da sind viele Frauen, die in der gleichen Situation sind wie ich. Teilweise auch die genauen Schicksalsschläge oder Widrigkeiten zu spüren bekommen haben. Das stärkt schon."*

Die Kombination von Auszeit (Gruppenaktivität) und Beratungsarbeit des SCs schafft ein Zusammengehörigkeitsgefühl bei den Teilnehmenden, das ebenso wie die Wertschätzung in allen drei Landkreisen unabhängig von der Zielgruppe als besonders positiv erfahren wird. Die Teilnehmenden sprechen von Wohlbefinden und fast familiärer Situation *„Von meiner Seite ganz großes Lob an Coaches, an euch, ich habe mich einfach gefühlt wie zuhause."* Die Aktivitäten der Auszeit sind zwar von Interesse, doch wichtiger ist die Möglichkeit, soziale Kontakte aufzubauen (in einem geschützten Rahmen von Menschen mit gleichen Problemlagen): *„Ich habe Leute kennengelernt, ich weiß, ich bin nicht allein mit meinen Sachen, dass da auch andere Leute sind, die auch in dem Bereich sind eben, aber die mir auch gezeigt haben, dass man miteinander reden kann, was man vielleicht manchmal draußen mit den anderen nicht kann."*

Das Bedürfnis nach Verbundenheit – eines der drei psychologischen Grundbedürfnisse und ein Wirkungsziel des Projektes – wird besonders in der Auszeitphase des Projektes erfüllt und ist den Teilnehmenden wichtig. Dies zeigt sich unter anderem darin, dass sie Ängste und Bedauern äußern, dass das Zusammengehörigkeitsgefühl und die neu gewonnen sozialen Kontakte mit Auszeit- oder Projektende wieder verloren gehen und man zur Alltagsroutine und Isolation zurückkehrt: *„Ich finde es Scheiße, dass wir uns wieder trennen müssen, auch mit den Coachs. Es ist .... die ganzen Leute haben gestimmt, die Coachs waren absolut spitze und es ist dann halt doof, wenn du dann eine gute Gruppe hast, ein gutes Verhältnis mit jedem und dann gehts auf einmal („bumm") zu Ende"*.

Erste Schritte hin zu Kompetenzerleben lassen sich bei den Teilnehmenden durch positive Lernerfahrungen beobachten. Etwas Neues zu erlernen, lässt sie spüren, dass sie in der Lage sind, gewisse Herausforderungen zu meistern oder gezielt Verbesserungen zu erreichen. Eine Teilnehmerin, die viele Arztbesuche hinter sich hatte, dadurch aber keine Verbesserung ihrer gesundheitlichen Situation erreichen konnte, hat über die Bewegungsangebote während der Auszeit eine Verbesserung erfahren und führt diese Übungen regelmäßig zu Hause weiter (*„deshalb weiß ich jetzt, umso mehr ich mich bewege, umso besser ist das für mich. Auch nicht so für Körper, aber auch für die Psyche“).*

Das Verhalten der Teilnehmenden einerseits und eine „weiche“ Form der Beratungsarbeit (Freiheiten lassen, partizipatives Arbeiten, Empathie, Authentizität) andererseits motiviert auf beiden Seiten. Der SC hat die Möglichkeit, außerhalb der Jobcenter-Routine und den eher eng gesteckten Rahmenbedingungen zu arbeiten. Die Teilnehmenden fühlen sich ernst genommen und entwickeln Eigeninitiative. Das Verhalten der Teilnehmenden zeigt dem SC, dass diese sich durch seine Arbeit in die richtige Richtung bewegen, was wiederum positiv auf das Empathie-Verhalten des SCs wirkt.

Unterstützt wird die Arbeitsweise des SCs durch die Projektleitung, die entsprechende Rahmenbedingungen geschaffen hat. Ein wichtiges Einstellungskriterium für die Projektleitung war die Empathie-Fähigkeit der Bewerber*innen. Zum anderen wurden Projekträumlichkeiten angemietet, um das vorhandene Misstrauen gegenüber den Jobcentern nicht aufkommen zu lassen und die Projektziele und -inhalte durch den SC glaubwürdig vermitteln zu können.

Die Beratungsarbeit der SCs zeigt erste Wirkungen hinsichtlich der Verbesserung der beruflichen und gesellschaftlichen Teilhabe sowie der Gesundheitsprävention. Als Nebeneffekt lässt sich beobachten, dass sich die Glaubwürdigkeit der Jobcenter positiv verbessert. Das zeigt sich in Aussagen wie *„Was ich auch noch positiv fand für eine Maßnahme vom Jobcenter, dass tatsächlich mal gemacht wurde, was vorher angekündigt wurde“* und *„Ich kann es nicht vergleichen* (Anm. mit anderen Maßnahmen des Jobcenters), *weil dieses Projekt ist freiwillig, ich konnte jederzeit aussteigen.“; „In anderen Maßnahmen, muss ich auch sagen, man wird gezwungen hinzugehen und hier war es dieses Freiwillige und wenn man mal nicht konnte, da hat man einfach angerufen, da hat keiner irgendwie ein Fass aufgemacht, sonst in den anderen Maßnahmen musste man ständig den gelben Schein einreichen und wenn du nicht kommst, dann bekommst du das Geld gesperrt.“* Es ist auch aufseiten der SCs ein Anliegen, das Bild vom Jobcenter zu verändern, wie ein SC deutlich macht *„ich weiß natürlich auch, welches Bild einfach auch von den Jobcentern in den Köpfen der Leute ist. Und ja, von daher ist es mir persönlich auch wichtig irgendwie, das Bild zu verändern.“*

In Kombination mit der projektspezifischen Auszeit, in der vorwiegend Gruppenaktivitäten vorgesehen sind, zeigt Wertschätzung in der Beratungsarbeit der

SCs hohes Aktivierungspotential bei den Teilnehmenden. Das anfängliche Misstrauen, die abwartende Haltung und das Zeigen von wenig Eigeninitiative ändern sich mit den Erfahrungen in der Auszeit. Die von den SCs entgegengebrachte Wertschätzung führt dazu, dass sie – so zum Beispiel die Aussage eines SCs in der Fokusgruppe – *„gerne irgendwie etwas zurückgeben wollen“*. Sie bringen ungefragt und ungebeten kleine Aufmerksamkeiten mit und stärken damit auch den Sozialkontakt innerhalb der Gruppe. Sie lösen sich von ihren Alltagsroutinen *(„Ich freue mich die ganze Zeit, jeden Morgen, wenn ich hierherkomme, normal bin ich kein so Frühaufsteher, aber das hat mir da nichts ausgemacht“)* und nehmen Unannehmlichkeiten in Kauf, weil sie sich im Projekt wohlfühlen und es ihnen Spaß macht, sich mit Menschen in ähnlichen Situationen zu treffen und auszutauschen. Eine Teilnehmerin zum Beispiel hat einen Minijob und muss ihre Arbeitszeiten mit der Anwesenheit im Projekt abstimmen. Auch wenn sie dadurch zeitlich manchmal unter Druck gerät, nimmt sie das in Kauf und ist regelmäßig anwesend *„Ja, das ist wirklich für mich eine Auszeit hier, aber ich habe das schon geklärt wegen meiner Arbeit täglich, ich arbeite manchmal eine Stunde, erste Stunde in der Schule, und dann die Auszeit, ich habe ein bisschen Druck.“*

Die Wirkungen im Sinne von Veränderungen werden auch von den Teilnehmenden selbst realisiert. Dies unterstreichen Aussagen wie *„Also, mir hilft das auf jeden Fall, nach den acht Wochen aktiver zu sein, weil es ist natürlich für mich jetzt viel leichter, dann Schritte zu gehen, als wenn ich die jetzt von zuhause aus, aus diesem isolierten Zustand heraus machen muss, als wenn ich jetzt wirklich acht Wochen unter Leuten war, das macht vieles leichter für mich persönlich.“*

„Und ich muss sagen, ich fand, das war der erste Kurs, wo ich das Gefühl hatte, es bringt mir was, das bringt mich im Leben weiter und stellt mich nicht gesellschaftlich noch eine Stufe nach unten.“

9 Ausblick

Im Verlauf des Projektes gilt es nun weiter zu beobachten, ob es den SCs über ihre Beratungsarbeit gelingt, das Zugehörigkeitsgefühl der Teilnehmenden auch in der Phase des individuellen Coachings aufrecht zu erhalten und ob sich nach zweijähriger Projektlaufzeit für den Teilnehmenden auch Veränderungen in seinem Kompetenz- und Autonomieerleben evaluieren lassen.

Literatur

BA-Bundesagentur für Arbeit, S. A. (2019). *Blickpunkt Arbeitsmarkt-Arbeitsmarktsituation von langzeitarbeitslosen Menschen.*

Beste, J., Bethmann, A., & Trappmann, M. (2010). *Arbeitsmotivation und Konzessionsbereitschaft: ALG-II-Bezug ist nur selten ein Ruhekissen.* IAB-Kurzbericht 15/2010.

Beywl, W., & Niestroj, M. (Hrsg.). (2009). Der Programmbaum. Landmarke wirkungsorientierter Evaluation. *Das A-B-C der wirkungorientierten Evaluation, 2, vollst. bearb. erg. Aufl.*

Brandstätter, V. (2020). Motivation von Mitarbeitenden. In L. Rosenstiel, E. Regner, & M. Domsch (Hrsg.), *Führung von Mitarbeitern. Handbuch für erfolgreiches Personalmanagement* (S. 237–249). Schäffer-Poeschel.

Britt, E., Sawatzky, R., & Swibaker, K. (2018). Motivational Interviewing to Promote Employment. *Journal of employment counseling, December 2018, 55* (S. 176–189).

Bruckmeier, K., Globisch, C., Gottwald, M., Hirseland, A., Hohmeyer, K., Kruppe, T.,… Wolff, J. (4. Mai 2020). *Zur Arbeitsförderung und Beratungsqualität in den Jobcentern.* Stellungnahme des IAB zur öffentlichen Anhörung im Bundestagsausschuss für Arbeit und Soziales am 04. Mai 2020, IAB-Stellungnahme 06/2020.

Burmester, M., Friedmann, J., Funk, S., Kühnert, S., & Zisenis, D. (Hrsg.). (2020). *Die Wirkungsdebatte in der Quartiersarbeit.* Springer VS.

Deci, E., & Ryan, R. (1993). Die Selbstbestimmungstheorie der Motivation und ihre Bedeutung für die Pädagogik. *Zeitschrift für Pädagogik, 39* (S. 223–238).

Deutsche Gesellschaft für Beratung e.V. (o.J.). (kein Datum). von https://dachverband-beratung.de/dokumente/DGfB_Beratungsverstaendnis.pdf. Zugegriffen: 07.07.2020.

Die Bundesregierung. (16. März 2022). https://www.bundesregierung.de/breg-de/aktuelles/sanktionen-grundsicherung-2009920. Zugegriffen: 27.04.2022.

Egenolf, D., Fertig, M., Puxi, M., Rosemann, M., & Weimann, M. (2014). *Implementationsstudie zur Berliner Joboffensive.* IAB-Forschungsbericht, Nr. 1.

Fuller, C., & Taylor, P. (2015). *Therapie-Tools Motivierende Gesprächsführung.* Beltz.

Kooperationsverbund Gesundheitliche Chancengleichheit. (Oktober 2019). Fachinformation Arbeitslosigkeit und Gesundheit. https://www.gesundheitliche-chancengleichheit.de/fileadmin/user_upload/pdf/Leitthemen/Arbeitslosigkeit/19-10-08_Fachinformation_Arbeitslosigkeit_und_Gesundheit.pdf. Zugegriffen: 08.04.2022.

Kurz, B., & Kubek, D. (2018). *Kursbuch Wirkung. Das Praxishandbuch für alle, die Gutes noch besser machen wollen.* Phineo.

Ludwig-Mayerhofer, W. (2018). Arbeitslosigkeit. In M. Abraham, & T. Hinz (Hrsg.), *Arbeitsmarktsoziologie. Probleme, Theorien, empirische Befunde* (S. 155–192). Springer VS.

Miller, W., & Rollnick, S. (2015). *Motivierende Gesprächsführung.* Lambertus.

Ryan, R., & Deci, E. (2020). Intrinsic and extrinsic motivation from a self-determination theory perspective: Definitions, theory, practices, and future directions. *Contemporary Educational Psychology.* https://doi.org/10.10016/j.cedpsych.2020.101860

Slemp, G., Lee, M., & Mossman, L. (o. J.). Interventions to support autonomy, competence, and relatedness needs in organizations: A systematic review with recommendations for research and practice. *Journal of Occupational and Organizational Psychology, 94* (S. 427–457).

Stockinger, B., & Zabel, C. (2020). Bewertung der Betreuung und Beratung in den Jobcentern. Leistungsberechtigte bedürfen oft besonderer Unterstützung. *IAB-Kurzbericht, 23/ 2020* (S. 11).

Unger, F., Sann, U., & Martin, C. (2022). *Personalführung in Organisationen der Sozialwirtschaft: Ein Studienbuch.* Springer Fachmedien.

Webb, T., & Sheeran, P. (2006). Does Changing Behavioral Intentions Engender Behavior Change? A Meta-Analysis of the Exerimental Evidence. *Psychological Bulletin, 132* (S. 249–268).

Frank Unger, Prof. Dr. (frank.unger@sw.hs-fulda.de) Prof. Dr. Frank Unger lehrt an der Hochschule Fulda die Schwerpunkte Personalführung, Personal- und Organisationsentwicklung, Kommunikation und Bildung in der Arbeitswelt. Er leitet den Studiengang BASS (B.A. Soziale Sicherung und Sozialverwaltungswirtschaft) und war zuvor über zehn Jahre als Führungskraft tätig. Frank Unger besitzt umfangreiche Erfahrung als Trainer und Coach von Führungskräften und Teams. Einer seiner Forschungsschwerpunkte ist die Frage von gesundheitsorientierter und leistungsförderlicher Führung.

Uli Sann, Prof. Dr. (uli.sann@sw.hs-fulda.de) Seit September 2008 Professor für Psychosoziale Beratung an der Hochschule Fulda (Fachbereich Sozialwesen). Leiter des Master-Studiengangs „Methoden und Theorien von Beratung und Therapie". Schwerpunkte in Lehre, Forschung und Weiterbildung liegen in den Bereichen Gesprächsführung, Verhaltensmodifikation und Change Management in Sozialen Organisationen und der öffentlichen Verwaltung. Zuvor 10 Jahre lang als Psychologischer Psychotherapeut, Berater, Trainer und Coach tätig. Verantwortlichkeit für das Kompetenzfeld „Pädagogische Psychologie" des Frankfurter Zukunftsrats.

Dagmar Wiesmann Dipl. Soz. (dagmar.wiesmann@sw.hs-fulda.de) Dagmar Wiesmann Dipl. Soz. evaluiert im Fachbereich Sozialwesen der Hochschule Fulda ein Verbundprojekt der Landkreise Fulda, Hersfeld-Rotenburg und Vogelsberg im Rahmen des Bundesprogramms „Innovative Wege zur Teilhabe am Arbeitsleben – rehapro" des BMAS. Zuvor war sie viele Jahre als Projektleiterin in der internationalen Markt- und Meinungsforschung sowie als Assistenz der Geschäftsführung in einer gemeinnützigen Organisation tätig.

Carolin Martin M.A. (carolin.martin@sw.hs-fulda.de) Carolin Martin M.A. lehrt seit 2017 am Fachbereich Sozialwesen der Hochschule Fulda im Bereich Sozial- & Bildungsmanagement, wirkungsorientiertes Projektmanagement sowie Kommunikation & Gesprächsführung. Zuvor war sie viele Jahre in einem modernen Sozialunternehmen als Führungskraft tätig.

Die Bedeutung von Wirkungsmessungen bei der Gewinnung von Investor*innen für Social Entrepreneure

Wolfgang Gehra und Barbara Hieronymus

Inhaltsverzeichnis

1 Problematik der Wirkungsmessung im Kontext der Gewinnung von Investor*innen

Sozialunternehmen verfügen über ein hohes gesellschaftliches und finanzielles Potenzial, da sie Lösungen für gesellschaftliche Probleme erarbeiten, die auf eine langfristige Bewältigung ihrer Ursachen, bzw. deren Prävention abzielen. Auf diese Weise lassen sich für die öffentliche Hand Folgekosten einsparen. Das finanzielle Potenzial aller Sozialunternehmen, die allein von Ashoka gefördert werden, liegt in Deutschland bei ungefähr 18 Mrd. Euro pro Jahr (vgl. Ashoka Deutschland & McKinsey & Company 2019, S. 4 f.). Sie stellen in erster Linie Angebote bereit, die durch das bestehende Wohlfahrtssystem nicht abgedeckt

W. Gehra (✉) · B. Hieronymus
Fakultät für angewandte Sozialwissenschaften, Hochschule München, München, Deutschland
E-Mail: gehra@hm.edu

B. Schmidtke et al. (Hrsg.), *Sozial - Innovativ - Nachhaltig,* Perspektiven Sozialwirtschaft und Sozialmanagement,
https://doi.org/10.1007/978-3-658-42847-1_16

werden und zielen darauf ab, ihre Innovationen langfristig in bereits vorhandene Sozialstrukturen einzufügen (vgl. ebd. S. 9 ff.).

Aufgrund des sozialstaatlichen Wohlfahrtssystems entwickelt sich Social Entrepreneurship in Deutschland im internationalen Vergleich zwar nur langsam, dennoch ist absehbar, dass Trends aus Ländern, die über eine liberale Wohlfahrtsstruktur verfügen die Entwicklung des Sozialunternehmer*innentums hierzulande beeinflussen werden (vgl. Osbelt 2019, S. 1 f.). Darüber hinaus nimmt die gesellschaftliche Akzeptanz von Sozialunternehmen als Ergänzung zu den Angeboten der Freien Wohlfahrtspflege stetig zu. Es entstehen Kooperationen zwischen klassischen Sozialunternehmen und Social Entrepreneurs, um Nischen besser zu bedienen. Zudem beschäftigen sich Politik, Verbände und Behörden zunehmend mit steuerrechtlichen Rahmenbedingungen, Venture Capital und Social Impact Messung für Sozialunternehmen (vgl. BMWi 2018, S. 48).

Deutschlandweit engagieren sich über 60.000 Organisationen für soziale und/ oder ökologische Themen (vgl. PHINEO gAG 2021, S. 6). Da der Markt an sozialen Initiativen und Projekten mit monetären und nicht monetärem Unterstützungsbedarf dementsprechend groß ist, bereitet es auch Finanziers Schwierigkeiten, Sozialunternehmen nach geeigneten Kriterien auszuwählen.

Sowohl öffentliche als auch private Mittelgeber*innen haben die Erwartung, dass ihre Investition in ein soziales Projekt zur beabsichtigten Wirkung führt (vgl. Wachsmuth et al. 2019, S. 292). Gleichermaßen werden von Seiten der Sozialpolitik zunehmend Wirkungsbelege eingefordert (vgl. Burmester &Wohlfahrt 2021, S. 87).

Um an Finanz- und Fördermittel zu gelangen, ist es demnach für Sozialunternehmen unerlässlich, ein klares Konzept und eine deutliche Darstellung des gesellschaftlichen Mehrwerts ihrer Aktivitäten vorzuweisen, d. h. ihr Wirkpotenzial deutlich zu kommunizieren. Jedoch bereitet es ihnen häufig Schwierigkeiten, den Social Impact ihrer Aktivitäten vorauszusehen, da sich insbesondere bei präventiven Maßnahmen eine Wirkung erst spät oder nur indirekt einstellt. Erschwerend hinzu kommt, dass die Evaluation von Maßnahmen kostspielig ist (vgl. Ashoka Deutschland & McKinsey & Company 2019, S. 28 ff.). Zudem existiert noch kein einheitliches System für die Monetarisierung sozialer Wirkungen. Klassische Methoden der Privatwirtschaft eignen sich nur bedingt dafür, den Erfolg sozialer Dienstleistungen zu messen (vgl. Scheck & Spiess-Knafl 2014, S. 146).

Beim Thema Finanzierung sehen sich viele Sozialunternehmen mit großen Hürden konfrontiert. 27 % haben Schwierigkeiten, an eine geeignete Startfinanzierung zu gelangen und 22 % bereitet das Ausbleiben einer gezielten Anschlussfinanzierung Probleme. Darüber hinaus wird von 30 % die mangelnde

Transparenz bei der Vergabe öffentlicher Finanzmittel kritisiert (vgl. Hoffmann et al. 2020/21, S. 66 f.).

2 Forschungshintergrund

Im Rahmen der Masterarbeit: „Finanzierung von Social Entrepreneurship: Die Bedeutung von Wirkungsmessungen bei der Gewinnung von Investor*innen", wurde eine empirische Untersuchung mit 17 Sozialunternehmen durchgeführt. Die qualitative Studie hatte zum Ziel, auf der Basis von Erfahrungen und Einschätzungen von Sozialunternehmer*innen in Deutschland der Frage nachzugehen, welchen Einfluss Wirkungsmessungen/-analysen beim Erwerb monetärer und nicht monetärer Mittel im Social Entrepreneurship einnehmen.

Das Thema Wirkungsorientierung im Non-Profit- Sektor bzw. Social Profit Sektor gewinnt sowohl im wissenschaftlichen Diskurs als auch in der Praxis zunehmend an Bedeutung. Jedoch existieren nur wenige wissenschaftliche Publikationen, die sich explizit mit Wirkungsmessungen/-analysen im Social Entrepreneurship befassen. Der vorliegende Beitrag trägt dazu bei, bestehende Forschungslücken zu schließen, indem die Ergebnisse einer empirischen Studie dargelegt und im Kontext bestehender Fachliteratur diskutiert werden.

3 Methodisches Vorgehen

Forschungsdesign

Um einen umfassenden Einblick in die Umsetzungspraxis von Wirkungsmessungen/-analysen im Social Entrepreneurship zu gewinnen, wurde ein qualitativer Forschungszugang gewählt. Mithilfe halbstrukturierter Expert*inneninterviews wurden zunächst persönliche Erfahrungen von Sozialunternehmern zum Thema Wirkungsmessungen/-analysen im Social Entrepreneurship erhoben, die anschließend mittels der Methode der qualitativen Inhaltsanalyse nach Mayring ausgewertet wurden. Insgesamt wurde mit 17 Sozialunternehmen leitfadenbasierte Interviews geführt, die entweder persönlich oder telefonisch stattfanden. Der Zeitpunkt der Untersuchung lag zwischen Februar und Mai 2020. Das gewählte empirische Vorgehen erschien für den Untersuchungsgegenstand aus mehreren Gründen als zielführend: ein Merkmal qualitativer Interviews besteht darin, dass ihr Verlauf vom/von der Interviewer*in nur geringfügig vorstrukturiert und gesteuert wird (vgl. Döring & Bortz 2016, S. 365). Wird für die Datenerhebung ein offenes Vorgehen gewählt, so können auch unerwartete Aspekte erfasst werden (vgl. ebd. S. 26).

Diese Ergebnisoffenheit erschien in Anbetracht der Tatsache, dass nur wenige empirische Untersuchungen zum Forschungsthema existieren, als zielführend. Auf diese Weise konnten auch neue Erkenntnisse gewonnen werden, die in der Forschungsliteratur bislang noch keine Erwähnung fanden.

Stichprobe

Die Stichprobe bestand aus 17 Sozialunternehmen in Deutschland. Bei den Interviewpartner*innen handelte es sich in der Regel um Gründer*innen oder Geschäftsführer*innen von Sozialunternehmen. In einigen Fällen wurden Beschäftigte befragt, die für die Bereiche Fundraising/Finanzierung und/oder Marketing/Öffentlichkeitsarbeit verantwortlich sind. Die Stichprobe umfasst Sozialunternehmen unterschiedlichen Alters, unterschiedlicher Größe und Rechtsform. Die Auswahl der Stichprobe erfolgte anhand einer Internetrecherche. Sie geschah nicht zufällig, vielmehr wurden bewusst Sozialunternehmen ausgewählt, die der Definition von Sozialunternehmen entsprechen, welche in der zugrunde liegenden Forschungsarbeit herangezogen wurde. Auf der Grundlage erhobener Daten einer Studie des Social Entrepreneurship Netzwerk Deutschland (SEND e. V.) in Kooperation mit dem Lehrstuhl für Innovationsmanagement und Entrepreneurship der TU Berlin wurde von SEND e. V. eine eigene Definition für die Akteur*innen von SEND e. V. entwickelt. Diese folgt dem von der Europäischen Kommission genutzten Schema einer Betrachtung des Social Entrepreneurship in drei Dimensionen: der gesellschaftlichen, der unternehmerischen und der Governance Dimension (vgl. Osbelt 2019, S. 2). SEND e. V. definiert Social Entrepreneurship demnach wie folgt:

> „Das primäre Ziel von Social Entrepreneurship ist die Lösung gesellschaftlicher Herausforderungen. Dies wird durch kontinuierliche Nutzung unternehmerischer Mittel erreicht und resultiert in neuen und innovativen Lösungen. Durch steuernde und kontrollierende Mechanismen wird sichergestellt, dass die gesellschaftlichen Ziele intern und extern gelebt werden." (Osbelt 2019, S. 3).

Erhebungsinstrument

Als Erhebungsinstrument wurde das halbstrukturierte Expert*inneninterview gewählt. Diese Methode eignete sich dafür, Expert*innenwissen mit subjektiver Erfahrung zu verknüpfen. Zudem ermöglichte sie eine empirische Überprüfung theoretischer Vorannahmen bei gleichzeitig hoher Offenheit gegenüber neuen Erkenntnissen.

Durchführung der Datengewinnung
Es wurden insgesamt 80 E-Mail-Anfragen an Sozialunternehmen in Deutschland gerichtet. Die Interviews wurden entweder Face-to-Face oder telefonisch durchgeführt.

Auswertungsmethodik
Die Interviews wurden einzeln ausgewertet. Ihre Auswertung erfolgte in Anlehnung an die qualitative Inhaltsanalyse nach Mayring. Dabei wurden ein induktives und deduktives Vorgehen kombiniert, um Ergebnisse aus der Fachliteratur empirisch zu überprüfen und gleichzeitig eine große Offenheit gegenüber neuen Erkenntnissen aus den Interviews zu gewährleisten.

4 Ergebnisse und Diskussion

Social Impact der Aktivitäten
Jedes der befragten Sozialunternehmen verfolgt mit seinen Aktivitäten einen Social Impact, der sich in vielen Fällen für die direkte Zielgruppe des Angebots bzw. weitere Stakeholder unmittelbar einstellt. Die Interviewaussagen enthalten sowohl subjektive Einschätzungen der Social Entrepreneurs über das eigene Wirkpotenzial als auch Erläuterungen des explizit nachgewiesenen gesellschaftlichen Mehrwerts in Folge einer systematischen Messung und/oder Analyse. Manchmal stellt sich ein sozialer Mehrwert durch die Inanspruchnahme des Projekts erst nach längerer Zeit ein bzw. wird von vornherein eine präventive Wirkung angestrebt. In einigen Fällen wird ersichtlich, dass sich durch die Aktivitäten des Sozialunternehmens sozialstaatliche Kosten einsparen lassen, selbst wenn es schwer ist, diese exakt zu beziffern.

Kommunikation des Social Impact
Die Befragten nutzen eine große Bandbreite unterschiedlicher Kommunikationsinstrumente, um ihren Social Impact nach außen darzustellen. Die eigene Website sowie die Nutzung von Social Media werden oft als Hauptinstrumente genannt, um die soziale Wirkung zu kommunizieren. Hierbei bedienen sich Sozialunternehmen zusätzlich weiterer Mittel, um die eigenen Wirkungsziele und Aktivitäten zu visualisieren und ihre Botschaft zu transportieren, beispielsweise Fotos, Videos, Blogs oder eigene Online-Angebote. Darüber hinaus geben einige

Sozialunternehmen Flyer, Newsletter oder eine eigene Zeitung heraus, in der sie regelmäßig über ihr Projekt und ihre Aktivitäten berichten. Zur Kommunikation des Social Impacts gegenüber Stakeholdern werden zudem klassische Pressearbeit, eigene Veranstaltungen und die Teilnahme an Messen genutzt. Außerdem wird die Teilnahme an Wettbewerben und Werbung in privaten Netzwerken genannt.

Neben der Kommunikation der sozialen Wirkung erfüllt Öffentlichkeitsarbeit auch die Funktion, monetäre und nichtmonetäre Finanz- und Fördermittel zu akquirieren. Nicht immer ist es dafür erforderlich, die Erreichung der Wirkungsziele explizit durch Nachweise zu belegen. Oft führt allein die Darstellung der eigenen Wirkungsziele und Aktivitäten durch den gelungenen Einsatz medialer Instrumente und PR-Aktionen zur erfolgreichen Akquise von Spenden- und Fördergeldern. Dieses Ergebnis könnte teilweise darauf zurückgeführt werden, dass die Motive zu spenden, insbesondere bei Privatspender*innen, häufig persönlicher Art sind. Eine weitere Erklärung wäre, dass viele Stiftungen Projekte und soziale Initiativen, in die sie investieren, in erster Linie danach ausgewählt werden, ob sie zum Stiftungszweck passen. Seltener wird danach entschieden, ob Wirkungsziele auch erreicht und belegt werden können. Öffentlichkeitsarbeit dient zudem dazu, den eigenen Bekanntheitsgrad zu erhöhen sowie neue Kooperationspartner*innen und Projektteilnehmer*innen zu gewinnen. Durch den Einsatz medialer Mittel können außerdem Nachdenkprozesse über die Zielgruppe angestoßen und Aufklärungsarbeit geleistet werden.

Finanzierungsmethoden

Die Befragten stellen ihre Finanzierung in der Regel durch mehrere Einnahmequellen sicher. Nur selten setzen sie eine einzige Methode ein, um Einnahmen zu erzielen. Oft wird die Finanzierungsstrategie dabei im Laufe der Zeit geändert und an die gerade verfügbaren Möglichkeiten angepasst. Dies ist der Tatsache geschuldet, dass viele Finanziers oft nur für einen begrenzten Zeitraum Fördermittel zur Verfügung stellen. Der Vorteil einer Kombination mehrerer Finanzierungsoptionen wird darin gesehen, auf mehrere Einnahmenquellen zurückgreifen zu können, falls ein/e lukrative/r Geldgeber*in seine*ihre Unterstützung einstellt.

Der Einsatz klassischer Finanzierungsmethoden wie Bankkredite oder Business Angels spielt kaum eine Rolle. In einem Fall wurde erwähnt, dass eine Bank eine geringfügige nichtmonetäre Unterstützung bietet. In einem anderen, dass der Einsatz von Business Angels für die Zukunft geplant ist. Social Impact Investing nimmt als Finanzierungsstrategie für Sozialunternehmen im aktuellen Forschungsdiskurs eine bedeutende Rolle ein. Zum Untersuchungszeitpunkt finanzierte sich keines der Sozialunternehmen durch Social Venture Capital.

Hierfür könnten mehrere in der Forschungsliteratur diskutierte Gründe ausschlaggebend sein. Zum einen wird diese Finanzierungsmethode in der Regel nur von Sozialunternehmen eingesetzt, die neben einer sozialen auch eine finanzielle Rendite erwirtschaften (vgl. Duran 2017, S. 3). Zudem setzt Social Impact Investing eine gewisse Investitionsreife voraus, um für wirkungsorientierte Investor*innen attraktiv zu sein (vgl. Kleemann-von Gersum 2017, S. 5). Diese wird jedoch von vielen Sozialunternehmen nicht erreicht (vgl. BMWi 2015, S. 47). Aus der Studie „3. Deutscher Social Entrepreneurship Monitor 2020/21" von SEND e. V. geht hervor, dass sich nur knapp 6 % der Sozialunternehmen über Venture Capital finanzieren (vgl. Hoffmann et al. 2020/21, S. 50).

Einige der Befragten stellen ihre Finanzierung bzw. eine Teilfinanzierung durch die Einnahme öffentlicher Gelder sicher. In einigen Fällen erfolgt die Finanzierung vollständig oder überwiegend über Eigenkapital. Werden altruistische Ziele verfolgt, wird der Einsatz eigener Mittel als gerechtfertigt empfunden. Als Vorteil einer ausschließlichen Finanzierung über eigene Mittel wird eine gewisse Unabhängigkeit von den Erwartungen externer Geldgeber*innen erachtet, die gegebenenfalls dem Unternehmensziel entgegenstehen würden. In mehreren Fällen ist das Erwirtschaften von Einnahmen Teil des Geschäftsmodells und wird durch den Verkauf einer Dienstleistung der Zielgruppe, der Herstellung eines Produktes durch die Zielgruppe und den anschließenden Vertrieb durch das Sozialunternehmen, den Verkauf von Online-Angeboten und Merchandise-Produkten oder die Veranstaltung von Events, z. B. Benefizkonzerten sichergestellt.

In mehreren Fällen erhalten die Befragten finanzielle Unterstützung von einer Stiftung. Zudem stellen Spenden von privatwirtschaftlichen Unternehmen eine weitere wichtige Einnahmequelle dar. Die Teilnahme an Förderprogrammen und Wettbewerben wird oft als mögliche Option ins Auge gefasst, um an monetäre oder nichtmonetäre Unterstützung zu gelangen. Zudem stellt Crowdfunding eine hilfreiche Finanzierungsoption dar, mit der jedoch in der Regel nur kleinere Geldbeträge generiert werden können. Allerdings stößt diese Finanzierungsmethode nicht bei allen auf Anklang. So werden Bedenken geäußert, dass beim Crowdfunding Unternehmen, die sich gute Werbekampagnen leisten können, mehr Spenden erhalten als Sozialunternehmen, die versuchen, mit ihrer nachgewiesenen Wirkung zu überzeugen. Eine finanzielle Unterstützung von Freund*innen und Familie wird nur in einem Fall genannt.

Herausforderungen der Finanzierung

Die Anfangsphase wird in einigen Fällen als herausfordernd empfunden. Als Grund hierfür wird unter anderem die Schwierigkeit genannt, potenzielle Mittelgeber*innen von der eigenen Projektidee zu überzeugen, da diese sehr viele

Förderanfragen erhalten. Das betrifft sowohl die Förderung mit öffentlichen Mitteln als auch Firmen-Sponsoring. Ein weiteres Problem ergibt sich dadurch, dass gerade in der Anfangsphase die Arbeit überwiegend ehrenamtlich verrichtet wird, was auf Dauer zu finanziellen Einbußen bei den Gründer*innen führen kann. Zudem ist es schwierig, Fachkräfte zu gewinnen, die das Sozialunternehmen langfristig unentgeltlich unterstützen möchten. Gleichermaßen wird die Finanzierung von Arbeitsplätzen als herausfordernd erlebt.

Viele der Sozialunternehmer*innen, die im Zeitraum von März bis Mai 2020 interviewt wurden befürchten, dass ihr eigenes Unternehmen oder die Social Entrepreneurship-Branche im Allgemeinen infolge der Corona-Krise finanzielle Einbußen erleiden wird. Einige haben bereits durch die Pandemie bedingte Verluste erlitten. In einigen Fällen hat das Sozialunternehmen sein Geschäftsmodell aufgrund der Krise verändert, indem beispielsweise Aktivitäten nur noch online angeboten werden.

Die Gewinnung von Mittelgeber*innen kann auch dadurch erschwert werden, dass die Zielgruppe kein hohes Ansehen in der Gesellschaft hat. Hingegen stellt es sich als hilfreich dar, wenn das Sozialunternehmen Maßnahmen verfolgt, die von hoher gesellschaftlicher Brisanz sind, da Investor*innen und Privatspender*innen ein großes Interesse daran haben, Projekte zu fördern, die den Zeitgeist treffen.

Einige Sozialunternehmen erleben die Wahl der geeigneten Rechtsform als herausfordernd. Banken vergeben in der Regel keine Kredite an Unternehmen mit einer gemeinnützigen Zielsetzung. Gleichzeitig können gemeinnützige Initiativen aufgrund rechtlicher Vorgaben nur in geringem Maße Einnahmen erwirtschaften. Oft ist der Erhalt öffentlicher Fördermittel mit einem hohen bürokratischen Aufwand verbunden. Zudem müssen zahlreiche Förderrichtlinien eingehalten werden, was einige der Befragten daran hindert, öffentliche Mittel zu beantragen. Als herausfordernd wird in diesem Zusammenhang auch die Darstellung des eigenen Konzeptes in einem kurzen Projektbericht erlebt. Gleichermaßen ist der Erwerb von Geldern aus Sponsoring mit einem hohen bürokratischen Aufwand verbunden. Darüber hinaus schränkt ein geringer Bekanntheitsgrad des Sozialunternehmens die Möglichkeiten, an Investor*innen zu gelangen, weiter ein. Problematisch erweist sich der Erhalt einer langfristigen Finanzierung, da Förderzusagen in der Regel zeitlich begrenzt sind, was einer langfristigen Projektplanung im Wege steht. Zudem werden nicht alle Bereiche des Projektes gefördert, beispielsweise sind Stellen, die Verwaltungsarbeit durchführen, davon ausgenommen. Die Mehrheit der Social Entrepreneurs der vorliegenden Untersuchung ist der Ansicht, dass die Finanzierung zum momentanen Zeitpunkt gelingt, sieht jedoch Schwierigkeiten auf sich zukommen, sobald ihr Kapitalbedarf steigt und höhere Geldsummen zu akquirieren sind.

Obwohl eine Finanzierung über Stiftungsgelder, öffentliche Mittel und Unternehmen für die meisten der Befragten eine hilfreiche Option darstellt, benennen einige die im Fachdiskurs genannten Nachteile externer Finanzmittel. Laut der Studie „Wenn aus klein systemisch wird. Das Milliardenpotenzial sozialer Innovationen" von Ashoka (2019), sehen 52 % aller befragten Social Entrepreneurs in unflexiblen und aufwendigen Förderrichtlinien eine Hürde bei der Beantragung von Fördermitteln. Sie wünschen sich diesbezüglich mehr Flexibilität von möglichen Kooperationspartner*innen wie Krankenkassen, Schulbehörden, Ministerien oder Wohlfahrtsverbänden (vgl. ebd. S. 28). Erschwerend hinzu kommt, dass Fördermittel häufig rein projektgebunden vergeben werden und strukturelle Maßnahmen oft von einer Förderung ausgeschlossen sind (vgl. PHINEO gAG 2021, S. 7).

Wirkungsmessungen/-analysen: Umsetzungspraxis und häufig eingesetzte Methoden

Die Interviewpartner*innen wurden dazu befragt, ob sie Wirkungsmessungen/-analysen durchführen und wenn ja, welche Erhebungsmethoden sie einsetzen. Um die eingesetzten Maßnahmen danach beurteilen zu können, inwieweit sie dem Begriff Wirkungsmessung im wissenschaftlichen Sinn zuzuordnen sind, ist es zunächst erforderlich, eine theoretische Abgrenzung des Begriffs Wirkungsmessung/-analyse zu primär praxisorientierten Methoden – im Sinne einer „Alltagsevaluation" - vorzunehmen.

Wirkungsmessungen/-analysen beruhen auf einer Wirkungskettenlogik, bei der zwischen intendierten und nichtintendierten Wirkungen unterschieden wird. Intendierte Wirkungen sind das Resultat zielorientierten Handelns. Nichtintendierte Wirkungen entstehen unbeabsichtigt infolge der Leistungserbringung und können das Gesamtresultat der erbrachten Leistung maßgeblich beeinflussen. Die empirische Analyse und Auswertung der Wirkungen beruht auf einem Wirkungskettenmodell (vgl. Grünhaus & Rauscher 2021, S. 77). Die Wirkungsanalyse steht in der Tradition der Evaluationsforschung (vgl. ebd. S. 63).

Wissenschaftlich durchgeführte Evaluationen unterscheiden sich von „Alltagsevaluationen" gemäß Stockmann darin,

„[...] dass sie (1) auf einen klar definierten Gegenstand [...] bezogen sind, (2) für die Informationsgenerierung objektivierende empirische Datenerhebung eingesetzt und (3) die Bewertung anhand explizit auf den zu evaluierenden Sachverhalt und anhand präzise festgelegter und offengelegter Kriterien (4) mit Hilfe systematisch vergleichender Verfahren vorgenommen wird. Die Evaluation wird

(5) in der Regel von dafür besonders befähigten Personen (Evaluatoren) durchgeführt (6) mit dem Ziel, auf den Evaluationsgegenstand bezogene Entscheidungen zu treffen.“ (Stockmann 2010, S. 66).

Im Einzelfall ist es sehr verschieden, ob die Wirkungsmessung/-analyse nach wissenschaftlichen Kriterien vorgenommen wird oder ein praxisorientierter bzw. nicht wissenschaftlich fundierter Bewertungsvorgang erfolgt. Es werden oft Daten erhoben, ohne dass von einem speziellen Evaluationsdesign Gebrauch gemacht wurde. Beispielsweise erfolgt eine Beobachtung der Entwicklung der Projektteilnehmer*innen im Sinne einer Vorher-Nachher-Messung auf der Grundlage von Schätzungen und Vermutungen. In der Folge führen fehlende Ressourcen nicht nur dazu, dass Wirkungsmessungen/-analysen wissenschaftlichen Kriterien nicht oder nur eingeschränkt gerecht werden, sondern dass diese generell nur in begrenztem Umfang durchgeführt werden bzw. vollständig auf sie verzichtet wird. Daraus resultiert eine Diskrepanz zwischen dem Wunsch, die Wirksamkeit der eigenen Aktivitäten zu belegen, um an höhere Fördersummen zu gelangen, und der Erkenntnis, dass die Durchführung von Wirkungsmessungen/-analysen die eigenen Kapazitäten übersteigen würde.

Aufgrund des hohen Ressourcenaufwands empirisch durchgeführter Wirkungsmessungen/-analysen und der Begrenztheit der dafür zur Verfügung stehenden Kapazitäten nehmen diese – begrifflich der „Alltagsevaluation“ zurechenbaren – Erhebungsmethoden jedoch eine wichtige Funktion ein. In der Regel erkennen Sozialunternehmen die Nachteile von Wirkungsanalysen, die wissenschaftlichen Maßstäben nicht gerecht werden, machen jedoch aus Mangel an methodisch fundierten Alternativen häufig dennoch davon Gebrauch. Methodisch einfach zu erfassende Daten, die beispielsweise mittels Vorher-Nachher-Messungen oder anhand informeller Gespräche gewonnen werden, liefern oft zieldienliche Ergebnisse. Im Fachdiskurs wird allerdings darauf hingewiesen, dass sich Sozialunternehmen nicht darauf beschränken sollten, ausschließlich leicht zu erfassende Daten zu erheben, und gewonnene Daten stets einer systematischen Analyse zu unterziehen sind, um fehlerhafte Rückschlüsse zu verhindern (vgl. Albrecht et al. 2013, S. 39).

Ein häufig angewandtes Instrument zur Wirkungsmessung stellt die schriftliche Befragung der Projektteilnehmer*innen mittels (Online-)Fragebogen dar. Darüber hinaus lassen einige ihr Projekt durch externe Studien evaluieren, die entweder von einem unabhängigen Institut/Unternehmen, durch den/die Fördergeber*in bzw. die öffentliche Hand oder von Universitäten durchgeführt werden. Ein häufig eingesetztes Instrument, um die Zufriedenheit der Projektteilnehmer*innen und weiterer Stakeholder zu ermitteln sowie die Wirkungen eines

Projektes abzufragen, stellen Selbsteinschätzungen dar, die in Form informeller Gespräche stattfinden. Informelle, nicht methodisch systematisierte Gespräche mit Kund*innen und Mitarbeiter*innen dienen außerdem dem Zweck, neue Geschäftspotenziale in Erfahrung zu bringen. Auf Schätzungen beruhenden Vorher-Nachher-Messungen werden ebenfalls herangezogen, um die Wirksamkeit des Angebots zu ermitteln. Anstelle von informellen Gesprächen finden jedoch auch kontinuierliche, systematisch durchgeführte Evaluierungsgespräche statt, um Rückschlüsse auf die bei den Zielgruppen entstandene Wirkung zu ziehen. Darüber hinaus werden externe Beratungsleistungen in Anspruch genommen, um Wirkungsanalysen durchzuführen: Erwähnt wird die Teilnahme an einem Workshop zum Thema Wirkungsmessung/-analyse sowie eine Definition der Wirkungsziele mithilfe externer Berater*innen.

Obwohl die eingesetzten Methoden in einigen Fällen wissenschaftlichen Maßstäben nicht oder nur unzureichend gerecht werden, zeichnet sich bei den befragten Sozialunternehmen dennoch die Tendenz ab, Wirkungsmessungen/-analysen systematisch und kontinuierlich durchzuführen. In den Fällen, in denen Wirkungsnachweise auf „Alltagsevaluationen" beruhen, wird überwiegend der Einsatz wissenschaftlich fundierter Methoden für die Zukunft angestrebt.

Funktion und Verwendungsweise von Wirkungsmessungen/-analysen

Wirkungsmessungen/-analysen werden zu verschiedenen Zwecken eingesetzt. Sie erfüllen zum einen die Funktion, den Wettbewerb am Fundraising-Markt zu bestehen und dem Trend zur Wirkungsmessung/-analyse nachzugehen. In vielen Fällen dienen sie außerdem der Erfolgskontrolle, der Zielüberprüfung sowie der Optimierung einzelner Projektschritte und des Projektverlaufs. Die eigene Ideologie und Mission kann gegenüber Investor*innen deutlicher kommuniziert werden, wenn Wirkungsbelege erbracht werden. Zudem erfüllen sie die Funktion, die eigene Dienstleistung gegenüber Förderer*innen zu legitimieren. Dementsprechend können Wirksamkeitsnachweise gezielt zur Gewinnung von Mittelgeber*innen eingesetzt werden.

Hinderungsgründe durch die Wirkungsmessungen/-analysen vom befragten Sozialunternehmen nicht bzw. nicht im gewünschten Umfang durchgeführt werden können

In den Interviews ist durchgängig erkennbar, dass die Messung der eigenen Wirkung aus verschiedenen Gründen als herausfordernd erachtet wird. Die Befragten nennen als Hinderungsgründe, Wirkungsmessungen/-analysen nicht bzw. nicht im gewünschten Umfang durchführen zu können, oftmals fehlende zeitliche, finanzielle und personelle Ressourcen. Je nachdem wie hoch die Erwartungen sind, die ein Sozialunternehmen in Bezug auf Methodik und Umfang der Analyse stellt, werden die eigenen Messmethoden als mehr oder weniger unzureichend empfunden. Aufgrund der Mehrdimensionalität von Wirkfaktoren entstehen methodologische Schwierigkeiten bei der Wirkungsmessung. Probleme bereiten in diesem Zusammenhang die Operationalisierung sozialer Wirkungen, das Herstellen von Kausalitäten und der Ausschluss nichtintendierter Wirkungen.

Die Rolle als Social Entrepreneur ist für einige Interviewpartner*innen noch neu. Aufgrund fehlender Methodenkompetenz wird in der Start-up-Phase mit Analysemöglichkeiten noch experimentiert. Ein junges Alter des Sozialunternehmens stellt außerdem einen Grund dafür dar, dass Wirkungsmessungen/-analysen in der Praxis noch nicht etabliert bzw. diesbezügliche Aktivitäten bereits nach einiger Zeit wiedereingestellt wurden. Es wird die Ansicht vertreten, dass solche Maßnahmen erst nach einer gewissen Vorlaufzeit sinnvoll umgesetzt werden können, in der die dafür notwendigen Voraussetzungen geschaffen werden. Wirkungsmessungen/-analysen werden abgelehnt, wenn die Ansicht besteht, dass die soziale Wirkung nicht notwendigerweise gemessen werden muss, sondern sich unmittelbar an der Zielgruppe beobachten lässt. Überschreiten die Hauptaufgaben des Sozialunternehmens bereits die eigenen zeitlichen Kapazitäten, führt die Begrenztheit an zeitlichen Ressourcen dazu, dass eine zusätzliche Durchführung von Wirkungsmessungen/-analysen abgelehnt wird.

Im Fachdiskurs wird oft erwähnt, dass bei sozialen Organisationen Vorbehalte gegenüber Wirkungsmessungen/-analysen bestehen, da sie die Ansicht vertreten, soziale Wirkung sei nicht messbar und die Sorge besteht, dass sich das Soziale „dem Diktat der Ökonomie" unterwerfe (vgl. Schober & Then 2015, S. 4). Diese Argumentation spielt in der vorliegenden Untersuchung nur eine untergeordnete Rolle. In einem Fall wird der Einwand hervorgebracht, dass sich die soziale Wirkung direkt an der Zielgruppe beobachten und damit der Erfolg der Maßnahme bestimmen lässt. Eine methodische Erhebung erscheint dem genannten Social Entrepreneur als unnötig.

*Zusammenhang zwischen der Durchführung von Wirkungsmessungen/-analysen und der Gewinnung von Investor*innen*

Es besteht ein überwiegender Konsens darüber, dass Wirkungsnachweise einen wesentlichen Aspekt bei der Generierung monetärer und nichtmonetärer Mittel einnehmen. Vor allem bei der Vergabe größerer Geldsummen wird oft ein Nachweis über Wirksamkeit und Nachhaltigkeit der Aktivitäten verlangt. Dementsprechend bedeutsam sind Wirkungsnachweise in der Wachstumsphase, da in dieser Phase der Finanzbedarf steigt. Nicht immer ist es gesellschaftlich erwünscht, dass aus einer Maßnahme eine positive soziale Wirkung für die Zielgruppe resultiert, wie es bei Projekten mit Strafgefangenen der Fall ist. In solch einem Fall wirken sich Wirksamkeitsnachweise möglicherweise negativ auf die Spendenbereitschaft in der Bevölkerung aus. Eine Einzelaussage ergänzt, dass sich die Frage nach einem Zusammenhang zwischen der Durchführung von Wirkungsmessungen/-analysen nicht pauschal beantworten lässt, da es schwierig ist, im Nachhinein die Beweggründe der Geldgeber*innen zu eruieren. Spenden werden nicht selten aufgrund subjektiver Eindrücke und spontaner Entscheidungen getätigt.

*Externe Anforderungen von Investor*innen in Bezug auf Wirkungsnachweise*
Insgesamt ergibt sich für die vorliegende Studie ein sehr divergierendes Bild in Bezug auf die Frage, ob und in welchem Umfang von Investor*innen und weiteren Unterstützer*innen Wirkungsnachweise eingefordert werden. Beeinflusst wird dies durch eine Reihe unterschiedlicher Faktoren, beispielsweise dem Bekanntheitsgrad des Sozialunternehmens. Ersichtlich wird, dass keine einheitlichen Kriterien und Vorgaben seitens der Geldgeber*innen existieren. Bei Projektzielen, die leicht nachzuvollziehen, oder gesellschaftlich brisant sind, können Privatspenden oder Spenden kirchlicher Institutionen oftmals auch ohne Wirkungsnachweis generiert werden. Der Grund hierfür wird darin gesehen, dass der Spende in diesem Fall kein Unterstützungsgesuch seitens des Sozialunternehmens vorausgeht, sondern die Initiative vom/von der Spender*in ausgeht. Jedoch wird auch erwähnt, dass es Privatspender*innen unter Umständen sehr wichtig ist zu wissen, was mit ihrer Spende erreicht wird. Die Erwartungshaltung von Investor*innen in Bezug auf Wirkungsnachweise fällt zudem bei kleineren Projekten in der Startphase noch geringer aus als bei der Vergabe größerer Summen in späteren Phasen. In einem Fall wird erwähnt, dass der Legitimierungsgrad der eigenen Aktivitäten davon abhängt, ob das Sozialunternehmen über persönliche Kontakte zu den Förder*innen verfügt oder nicht. Mehrmals Erwähnung findet, dass klare Vorgaben seitens externer Unterstützer*innen existieren, wie eine Evaluierung und Messung der eigenen Wirksamkeit zu erfolgen hat.

Einige Interviewaussagen liefern einen Hinweis darauf, dass von der öffentlichen Hand oftmals keine Wirksamkeitsbelege eingefordert werden, sondern Leistungsberichte ausreichend sind, um eine Förderzusage zu erhalten. Hierauf wird auch im Fachdiskurs oft Bezug genommen. Nicht selten werden bei der Vergabe öffentlicher Fördermittel die Kosten als ausschlaggebendes Kriterium herangezogen und nicht die erreichte Wirkung. Dementsprechend fehlt es sozialen Organisationen oft an Anreizen, eine transparente Berichterstattung durchzuführen. Erschwerend hinzu kommt, dass Sozialunternehmen, die mit ihrem Angebot eine präventive Wirkung erzielen bzw. bei denen sich die soziale Wirkung erst auf lange Sicht einstellt, Nachteile bei der Mittelvergabe befürchten, wenn diese auf Basis eines standardisierten Reporting erfolgt (vgl. Rock 2014, S. 147).

Einführung eines Instruments zur Wirkungsmessung
Die Sozialunternehmer*innen wurden abschließend dazu befragt, ob sie es sich vorstellen können, ein komplexes Instrument zur Wirkungsmessung einzuführen, das über ihre bisherigen Aktivitäten im Bereich der Wirkungsmessung/-analyse hinausgeht, beispielsweise eine SROI-Analyse. Obwohl auch komplexe Instrumente zur Wirkungsmessung in der Regel für sinnvoll erachtet werden, wird nur in einem Fall eine Einführung angestrebt, sobald die dafür notwendigen Ressourcen zur Verfügung stehen. Von der Einführung eines zusätzlichen Messinstruments wird hingegen abgesehen, wenn die momentane Evaluierungsstrategie als ausreichend empfunden wird.

5 Fazit und Ausblick

Die gewonnenen Resultate aus den Interviews mit Sozialunternehmer*innen veranschaulichen, dass Wirkungsnachweise die Akquise von Spenden- und Fördergeldern im Social Entrepreneurship positiv beeinflussen, da Financiers oftmals Wirkungsbelege für eine monetäre oder nichtmonetäre Unterstützung einfordern. Wirkungsmessungen/-analysen haben zudem einen positiven Effekt auf interne und externe Organisationsprozesse und tragen zu einer effizienten und nachhaltigen Umsetzung sozialer Innovationen bei. Sie sind vor allem bei der Akquise höherer Fördergelder bedeutsam. Zudem werden sie als ein wichtiges Instrument erachtet, um im Wettbewerb zu bestehen und die eigene Vision gegenüber Stakeholdern zu kommunizieren.

Die Ergebnisse der Studie machen deutlich, dass es von Vorteil für Sozialunternehmen ist, Verfahren für eine kontinuierliche, methodisch fundierte Durchführung von Wirkungsmessungen/-analysen zu erschließen, um gegenüber Mittelgeber*innen nachweisen zu können, ob der angestrebte Social Impact ihrer Aktivitäten tatsächlich auch erreicht wird.

Die Evaluierungs- und Messmethoden sollten jedoch stets methodisch korrekt angewendet werden, um fehlerhafte Resultate und Schlussfolgerungen zu verhindern. Selbst wenn „Alltagsevaluationen“ aufgrund ihrer geringen Komplexität als geeignete Lösung erscheinen, um auch mit geringen Ressourcen und fehlender Fachexpertise zu Daten über die soziale Wirkung zu gelangen, sollte trotzdem darauf verzichtet werden. Dennoch ist es nicht notwendig, neue komplexe Verfahren zu entwickeln, vielmehr können vorhandene Daten systematisch ausgewertet werden. Sozialunternehmen, denen es an den notwendigen fachlichen Kompetenzen mangelt, Wirkungsmessungen/-analysen effizient umzusetzen, sollten auf Förder*innen zugehen, um finanzielle Mittel und Fachexpertise einzufordern. Darüber hinaus ist zu empfehlen, dass sie externe Unterstützungsangebote in Anspruch nehmen.

Nur selten wird die Durchführung von Wirkungsmessungen/-analysen als unnötig empfunden und das im Fachdiskurs häufig aufgegriffene Argument hervorgebracht, dass sich soziale Wirkung nur schwer messen lässt. Jedoch vertreten einige Social Entrepreneurs die Ansicht, dass sich der Social Impact der eigenen Aktivitäten nicht von Anfang an messen lässt und die Durchführung von Wirkungsmessungen eine gewisse Vorlaufzeit benötigt. Dennoch sollten Daten bereits in frühen Phasen erhoben werden, andernfalls besteht das Risiko, am Ende eines Förderzeitraums nicht belegen zu können, welche Wirkungen erzielt wurden.

Wirkungsbelege stellen zwar ein wichtiges Entscheidungskriterium für die Investition in soziale Projekte dar, dennoch wählen nicht alle Finanziers Sozialunternehmen primär danach aus. Vielmehr wird eine Investition von einer Reihe weiterer Faktoren beeinflusst. Positiv wirkt sich unter anderem auf die Spendenbereitschaft aus, wenn Aktivitäten verfolgt werden, die von hoher gesellschaftlicher Brisanz sind. In der Start-up-Phase ist es zudem oft einfacher, an Fördergeber*innen zu gelangen, auch ohne die Wirksamkeit der Maßnahmen explizit zu belegen. Diese stellen an junge Sozialunternehmen oft noch geringere Erwartungen als es bei etablierten Organisationen der Fall ist. Von der öffentlichen Hand werden bei der Vergabe von Fördermitteln nach wie vor oft Leistungsberichte anstatt Wirksamkeitsnachweise als Entscheidungskriterium herangezogen.

Gerade im Hinblick darauf, dass Investor*innen, die Sozialunternehmen Unterstützung gewähren, oftmals eigene Interessen verfolgen, ist es für Social Entrepreneurs von zentraler Bedeutung, ihre Wirkungsziele und erreichten Erfolge anhand von Wirksamkeitsnachweisen zu belegen. Andernfalls besteht die Gefahr, dass sie lediglich als Werbebotschafter größerer Organisationen fungieren und ihre eigene Mission nicht zum Ausdruck bringen können.

In der Regel kommunizieren Sozialunternehmen ihre Wirkungsziele über diverse Kommunikationsinstrumente nach außen. Auch wenn die Darstellung des Social Impacts nicht selten bereits zur erfolgreichen Akquise von Spenden- und Fördergeldern führt, sollten sie dennoch darauf achten, die Erreichung ihrer Wirkungsziele einer regelmäßigen Analyse zu unterziehen, um nicht ihre Authentizität einzubüßen.

In den vergangenen Jahrzehnten wurden zwar zahlreiche Instrumente und Methoden zur Wirkungsmessung im Non-Profit-Sektor entwickelt, jedoch fehlt es den meisten Sozialunternehmen an der notwendigen Fachexpertise, diese umzusetzen. Da von keinem der Befragten komplexe Impact-Messmethoden, etwa in Form einer SROI-Analyse, eingesetzt werden, konnte nicht abschließend geklärt werden, welche Vor- und Nachteile Verfahren dieser Art im Hinblick auf die Gewinnung von Investor*innen bieten. Die meisten Sozialunternehmen sehen zwar von der Einführung einer komplexen Messmethode wie der SROI-Analyse ab, jedoch könnte mithilfe dieses Instruments die Höhe sozialstaatlicher Kosteneinsparungen durch die eigene Innovation exakt beziffert werden. Wirkungsnachweise bieten darüber hinaus den Vorteil für Investor*innen des Sozialen Kapitalmarkts attraktiv zu werden, die bislang für eine Förderung noch nicht infrage kamen, beispielsweise Venture-Capital-Geber.

Investor*innen sollten Sozialunternehmen dabei unterstützen, Wirkungsmessungen/-analysen durchzuführen, indem sie die notwendigen Ressourcen zur Verfügung stellen. Fördergeber*innen sollten vermehrt Wirkungsbelege einfordern und die Entscheidung, in ein Sozialunternehmen zu investieren, davon abhängig machen, ob Wirkungsziele tatsächlich auch erreicht werden, anstatt sich auf die Ziel- und Leistungserbringung zu konzentrieren.

Zudem wäre es von großer gesellschaftlicher Bedeutung, wenn Investor*innen und Spender*innen nicht vorrangig Sozialunternehmen fördern, deren Aktivitäten den Zeitgeist treffen, sondern insbesondere auch solche Initiativen unterstützen, deren Zielgruppe über ein geringes gesellschaftliches Ansehen verfügt. Andernfalls besteht die Gefahr, dass das soziale Engagement für Randgruppen sinkt und Sozialunternehmen hohe finanzielle Einbußen erleiden, sobald das gesellschaftliche Interesse an ihren Aktivitäten nachlässt.

Literatur

Albrecht, K., Beck, S., Hoelscher P., Plazek M., von der Ahe, B. (2013). Wirkungsorientierte Steuerung in Non-Profit-Organisationen. PHINEO gAG, Institut für den öffentlichen Sektor e. V. und KPMG AG Wirtschaftsprüfungsgesellschaft (Hrsg.). PHINEO gAG. https://www.bertelsmann-stiftung.de/fileadmin/files/BSt/Publikationen/GrauePublikationen/GP_Wirkungsorientierte-Steuerung-in-NPOs.pdf. Zugegriffen: 02.07.2023.

Ashoka Deutschland und McKinsey & Company (2019). Wenn aus klein systemisch wird. Das Milliardenpotenzial sozialer Innovationen. https://ashokaoffice365.sharepoint.com/ Zugegriffen: 02.07.2023.

https://www.ashoka.org/sites/default/files/atoms/files/2019_ashoka_mckinsey_wenn_aus_klein_systemisch_wird.pdf. Zugegriffen: 02.07.2023

Bundesministerium für Wirtschaft und Energie (BMWi) (2018). Praxisleitfaden Soziales Unternehmertum. https://www.existenzgruender.de/SharedDocs/Downloads/DE/Broschueren-Flyer/Praxisleitfaden-Soziales-Unternehmertum.pdf?__blob=publicationFile. Zugegriffen: 02.07.2023

Bundesministerium für Wirtschaft und Energie BMWi (2015). Herausforderung bei der Gründung und Skalierung von Sozialunternehmen. Welche Rahmenbedingungen benötigen Social Entrepreneurs? Endbericht für das Bundesministerium für Wirtschaft und Energie. https://www.bmwi.de/Redaktion/DE/Downloads/H/herausforderungen-bei-der-gruendung-und-skalierung-von-sozialunternehmen-zusammenfassung.pdf?__blob=publicationFile&v=4. Zugegriffen: 02.07.2023.

Burmester M., Wohlfahrt N. (2021). Wozu die Wirkung sozialer Arbeit messen? Sozialpolitische Implikationen der Wirkungskontrolle. In E. Johannes, A. Lob-Hüdepohl (Hrsg.). *Gute Assistenz für Menschen in Behinderungen. Wirkungskontrolle und die Frage nach dem gelingenden Leben.* Kohlhammer Verlag.

Döring, N., & Bortz, J. (2016). *Forschungsmethoden und Evaluation in den Sozial- und Humanwissenschaften.* Springer Verlag.

Duran H. (2017). Gastbeitrag Finanzierung für Sozialunternehmen: „Durchstarten mit hybridem Treibstoff" – Teil 1 (S. 1–7). https://www.munich-startup.de/21158/finanzierung-sozialunternehmen-teil-1/. Zugegriffen: 02.07.2023.

Grünhaus C., & Rauscher O. (2021). Impact und Wirkungsanalyse in Nonprofit Organisationen, Unternehmen und Organisationen mit gesellschaftlichem Mehrwert: Vom Wirkungsmodell über die Messung, Bewertung bis zur Steuerung, Darstellung und Kommunikation. Kompetenzzentrum für Nonprofit-Organisationen und Social Entrepreneurship (Hrsg.). Impact und Wirkungsanalyse in Nonprofit Organisationen, Unternehmen und Organisationen mit gesellschaftlichem Mehrwert: Vom Wirkungsmodell über die Messung, Bewertung bis zur Steuerung, Darstellung und Kommunikation – Wirtschaftsuniversität Wien (wu.ac.at). Zugegriffen: 02.07.2023.

Hoffmann, P., Scharpe, K., & Wunsch, M. (2021). 3. Deutscher Social Entrepreneurship Monitor 2020/21. Social Entrepreneurship Netzwerk Deutschland e.V. (SEND) (Hrsg.). DSEM-2020-21.pdf (send-ev.de). Zugegriffen: 02.07.2023.

Kleemann-von Gersum, B. (2017). „Eine Lösung können hybride Finanzierungsmodelle sein". Interview mit Dr. Freiburg, M. *Frankfurter Allgemeine Sonntagszeitung* 2017 (11), (S. 5). https://fa-se.de/static/fa_se_de/uploads/2018/04/FAS-2017-Eine-L%C3%B6sung-k%C3%B6nnen-hybride-Finanzierungen-sein.pdf?x69731. Zugegriffen: 02.07.2023.

https://fa-se.de/wp-content/uploads/2017/11/FASE-Interview-Hybride-Finanzierungsmodelle-FAZ-2017.pdf. Zugegriffen: 02.07.2023.

Osbelt, K. (2019). Social Entrepreneurship - Entstehung und Bedeutung. SEND – Social Entrepreneurship Netzwerk Deutschland e. V. (Hrsg.) und Technische Universität Berlin. https://www.send-ev.de/uploads/definition_socialentrepreneurship.pdf. Zugegriffen: 02.07.2023.

PHINEO gAG (2021). SKala-Initiative Tätigkeitsbericht 2021. SKala – Gemeinsam Menschen bewegen - Deutsch (phineo.org). Zugegriffen: 02.07.2023.

Rock, J. (2014). Anything goes. Anmerkungen zur Debatte um Innovation, Wirkung und Entrepreneurship in der Sozialen Arbeit. S. 43–60. In V. Brinkmann (Hrsg.). *Sozialunternehmertum.* Schneider .

Scheck, B., & Spiess-Knafl, W. (2014). Die Besonderheiten von Sozialunternehmen hinsichtlich Finanzierung und Reporting. S. 139–152. In V. Brinkmann (Hrsg.). *Sozialunternehmertum.* Schneider .

Schober, C., & Then, V. (2015). Was ist eine SROI-Analyse? Wie verhält sie sich zu anderen Analyseformen? Warum sind Wirkungen zentral? Die Einleitung. S. 1–22. In C. Schober & V. Then (Hrsg.). *Praxishandbuch Social Return on Investment. Wirkung sozialer Investitionen messen.* Schäffer-Poeschel .

Stockmann, R. (2010). Wissenschaftsbasierte Evaluation. S. 55–100. In R. Stockmann & W. Meyer, (Hrsg.). *Evaluation. Eine Einführung.* Budrich.

Wachsmuth, E., Brinkmann, H., & Hense, J. (2019). Wirkungsorientierung in der Non-Profit- Programmarbeit – Wirkungsmodelle und Wirkungsmodelltypen als Instrumente der Steuerung und Evaluation. *Zeitschrift für Evaluation 2019* (2), (S. 291–306).

Wolfgang Gehra, Prof. Dr. (gehra@hm.edu) Diplom-Kaufmann, seit 2014 Professur für Sozialmanagement und seit 2021 Innovationsprofessur für Entrepreneurship und Innovation. Als Co-Studiengangsleiter vertritt er die Wirtschaftswissenschaften im interdisziplinären Studiengang Management Sozialer Innovationen an der Fakultät für angewandte Sozialwissenschaften der Hochschule München. Zwanzig Jahre Managementerfahrung als mittelständischer Unternehmer und in leitenden Positionen sowohl in Profit- als auch in Nonprofit-Organisationen bedeuten einen vielfältigen Erfahrungshintergrund und dementsprechenden Fokus in Forschung und Lehre in Bezug u. a. auf Social Entrepreneurship, soziale Innovationen, (Social) Intrapreneurship, Gemeinwohl-Ökonomie und nachhaltiges Rechnungswesen.

Barbara Hieronymus (barbara-hieronymus@t-online.de) 2011 Abschluss des Bachelorstudiums Soziale Arbeit an der Hochschule München. Seit 2011 Tätigkeit als Sozialpädagogin, überwiegend im Bereich der Eingliederungshilfe für chronisch psychisch kranke Menschen. 2021 Abschluss des Masterstudiums Sozialmanagement an der Hochschule München.

Policy Entrepreneurship in der Sozialen Arbeit – Drei Fallbeispiele aus der Schweiz

Tobias Kindler und Konstantin Kehl

Inhaltsverzeichnis

1 Einleitung

Fachpersonen der Sozialen Arbeit bezwecken mit ihrer Arbeit neben der individuellen Unterstützung von Adressat*innen die Gestaltung gesellschaftlicher Rahmenbedingungen (Benz und Rieger 2015). Ihre Expertise ermöglicht es

T. Kindler (✉)
OST – Ostschweizer Fachhochschule, Institut für Soziale Arbeit und Räume, St.Gallen, Schweiz
E-Mail: tobias.kindler@ost.ch

K. Kehl
Institut für Sozialmanagement, ZHAW Zürcher Hochschule für Angewandte Wissenschaften, Zürich, Schweiz
E-Mail: kehl@zhaw.ch

B. Schmidtke et al. (Hrsg.), *Sozial - Innovativ - Nachhaltig,* Perspektiven Sozialwirtschaft und Sozialmanagement,
https://doi.org/10.1007/978-3-658-42847-1_17

ihnen, vor dem Hintergrund gesättigter Berufserfahrung an der Basis sozialpolitische Diskurse und Entscheidungsprozesse zu begleiten, zu fördern oder gar zu initiieren (Amann und Kindler 2021, 2022). Sie können damit entscheidende Akteur*innen engagierter Reformkoalitionen sein, deren hartnäckiges und koordiniertes Handeln für politischen Wandel oftmals konstitutiv ist (Kehl 2016).

Diese politikgestaltende Funktion wird in vielen berufsethischen Leitlinien hervorgehoben (AvenirSocial 2010; DBSH 2014; OBDS 2017). So heißt es wortwörtlich im schweizerischen Berufskodex der Sozialen Arbeit: „Soziale Arbeit initiiert und unterstützt (…) sozialpolitische Interventionen" (AvenirSocial 2010, S. 7). Ergänzend dazu sind Sozialarbeitende aufgefordert, sich „mit ihren staatsbürgerlichen Mitteln für eine soziale, demokratische Gesellschaft ein[zusetzen]" (ebd., S. 13). Auf übergeordneter Ebene werden auch in den Kommentaren zur internationalen Definition Sozialer Arbeit Interessenvertretung und Politikformulierung als professionelle Aufgaben beschrieben (IASSW und IFSW 2014).

Obschon also politisches Handeln in der Berufsethik als wichtiger Bestandteil der Profession markiert ist, befindet sich sowohl die theoretische Auseinandersetzung als auch die empirische Forschung zu diesem Handlungsmodus Sozialer Arbeit noch in den Kinderschuhen (Kindler und Kulke 2022; Weiss-Gal 2017). An dieser Lücke setzt der vorliegende Beitrag an, indem er das von Kingdon (1984) entwickelte, politikwissenschaftliche Multiple Streams Framework sowie die Figur des Policy Entrepreneurs (Mintrom 2020) auf die Soziale Arbeit überträgt. Nach einer theoretischen Rahmung wird in den folgenden Abschnitten auf Grundlage von drei realen Fallbeispielen aus der Schweiz skizziert, wie Fachpersonen der Sozialen Arbeit als Policy Entrepreneurs tätig werden und politische Prozesse beeinflussen können.

2 Vom Policy Cycle zum Multiple Streams Framework

Bei der Auseinandersetzung mit dem politischen Wirken von Sozialarbeitenden kann das in den Politikwissenschaften etablierte Modell des Policy Cycle (Blum & Schubert 2018) als erste Annäherung dienen (siehe Klammer et al. 2020). Nach diesem Verständnis wird Politik als Chronologie aufeinanderfolgender Entwicklungsstufen verstanden. In der ersten Phase, der Problemdefinition, geht es im Wettstreit unterschiedlicher Positionen in der öffentlichen Auseinandersetzung zunächst darum, bei einer kritischen Masse der den politischen Diskurs bestimmenden Akteur*innen ein Problembewusstsein zu erzeugen. In der folgenden Agenda-Setting-Phase entscheidet sich entlang der Überzeugungskraft von Lösungsvorschlägen und ihren Befürwortenden, welche Themen es auf die Tagesordnung des politisch-institutionellen Systems schaffen. In der Politikformulierungsphase werden dort Handlungsalternativen geprüft, Umsetzungskonzepte und Argumentarien sowie abschließend Gesetzesentwürfe erarbeitet, bevor diese in den nächsten Phasen implementiert und evaluiert werden. Ein Hauptkritikpunkt an dieser Darstellung politischer Prozesse zielt auf die Idealtypisierung des Policy Cycle ab und moniert, dass in realen Entscheidungsprozessen diese Phasen selten isoliert und chronologisch, sondern emergent, sich wechselseitig beeinflussend und teilweise gleichzeitig auftreten (Herweg 2015).

Anknüpfend an dieser Kritik entwickelte Kingdon (1984) das Multiple Streams Framework (MSF). Anders als das Phasenmodell skizziert das MSF politischen Wandel als mehrdeutigen und von Gleichzeitigkeit geprägten, teilweise anarchischen Prozess. Das Modell nutzt zur Beschreibung politischer Entscheidungsprozesse das Bild von drei Strömen: (1) Der Problem Stream enthält Informationen über Probleme, die einer politischen Entscheidung bedürfen, aber im Wettbewerb um die Wahrnehmung und Bewertung verschiedener Akteur*innen stehen. (2) Im Policy Stream kreisen zunächst alle politischen Ideen, Konzepte und Lösungsvorschläge. Diese werden von den relevanten Akteur*innen verhandelt, bevor sie z. T. mit Elementen anderer Ansätze verknüpft und letztlich der Öffentlichkeit präsentiert werden. Kriterien dafür, dass sie Beachtung finden, sind ihre technische, finanzielle und politische Machbarkeit, sowie ihre Vereinbarkeit mit den Grundüberzeugungen der involvierten Akteur*innen. (3) Der Politics Stream vereinigt die aktuelle Stimmungslage, die Macht von Interessengruppen sowie personen- und ressortbezogene Veränderungen in den politischen Institutionen. Die drei Ströme laufen über weite Strecken isoliert voneinander und können unterschiedliche Fließgeschwindigkeiten aufweisen. Themen kommen auf die Agenda, wenn die drei Ströme zum entscheidenden Zeitpunkt zusammenlaufen und sich dadurch ein Möglichkeitsfenster öffnet, in dem bestimmte Lösungsvorschläge mit bestehenden Problemen verknüpft werden.

3 Die Kopplung der drei Ströme durch Policy Entrepreneurs

Diese Kopplung der drei Ströme kann durch Policy Entrepreneurs begünstigt werden. Policy Entrepreneurs werden beschrieben als „energetic actors who engage in collaborative actions in and around government to promote policy innovations leading to significant policy change“ (Mintrom 2020, S. 33). Für sie stellt sich die Frage, wie Probleme mit Lösungen oder Lösungen mit dem passenden Problem zu verknüpfen sind. Denn das MSF stellt die Annahme auf, dass es in der Politik keineswegs nur darum geht, auf Herausforderungen zu reagieren, sondern dass Policy Entrepreneurs gelegentlich aktiv darauf hinarbeiten und den adäquaten Zeitpunkt suchen, um ihre präferierten Konzepte und Reformprogramme aus der Schublade zu ziehen. Hierfür bedarf es sachkundiger und verhandlungserprobter Persönlichkeiten, die Gelegenheiten des Wandels ergreifen und unter Einsatz ihrer Ressourcen für politische Ziele werben (Kingdon 1984). Ihr Erfolg hängt nicht ausschließlich von einem Gespür für gesellschaftliche Problemlagen, Interessen und Kontakten ab, sondern davon, ob sie das politische Spiel auf verschiedenen Ebenen und mit möglichst vielen Mitspieler*innen aus unterschiedlichen Kontexten – von der Nachbarschaftsinitiative bis hin zur städtischen Departementsleitung – beherrschen und die Bedürfnisse vielfältiger Adressat*innen zu würdigen wissen. Um sich in solcher Weise erfolgreich in politische Aushandlungsprozesse einbringen zu können, verfügen Policy Entrepreneurs typischerweise über bestimmte *Eigenschaften,* die gefördert werden können, sowie spezifische *Kompetenzen,* die lernbar sind, und sie wenden bestimmte, erfolgsversprechende *Strategien* an (Mintrom 2019).

Als wichtige Eigenschaften von Policy Entrepreneurs diskutiert Mintrom (2020) Ehrgeiz, gesellschaftliche Sensibilität, Vertrauenswürdigkeit, Sozialkompetenz und Hartnäckigkeit. Das Vorantreiben einer politischen Innovation ist oftmals mit hohem Ressourceneinsatz verbunden, sodass viel Ehrgeiz vonnöten ist, um entsprechende Projekte erfolgreich zu gestalten. Um zur richtigen Zeit am richtigen Ort die Kopplung der drei Ströme zu gewährleisten, müssen Policy Entrepreneurs über ein hohes Maß an gesellschaftlicher Sensibilität verfügen. Hierbei geht es darum, feinste Gelegenheiten für politischen Wandel wahrzunehmen und diesen mit den jeweils passenden Netzwerken, Strategien und Instrumenten anzustoßen. Policy Entrepreneurs können zwar als „leading figures“ (Mintrom 2020, S. 9) beschrieben werden, handeln aber niemals ausschließlich allein. Sie benötigen starke Koalitionen und Unterstützungsnetzwerke. Zum Aufbau solcher sind sie darauf angewiesen, dass potenzielle Unterstützer*innen sie als vertrauenswürdig und kompetent wahrnehmen. Policy Entrepreneurs treiben die von ihnen fokussierten Innovationen jeweils in einem gesellschaftlichen Gefüge voran. Sie tun gut daran, ihre Ziele, Maßnahmen und Strategien mit relevanten Akteur*innen abzugleichen. Hierzu bedarf es starker Sozialkompetenz und Empathie. Nicht zuletzt müssen sie Hartnäckigkeit beweisen, wollen sie politische Erfolge erzielen: Politische Innovationen entwickeln sich oftmals träge und vielfach erscheint das angestrebte Ziel als unerreichbar. Hier gilt es, auch in von Komplexität geprägten Situationen einen kühlen Kopf zu bewahren (ebd.).

Im Unterschied zu Eigenschaften können Kompetenzen erlernt werden. Für das Vorantreiben politischer Innovationen erweisen sich insbesondere die folgenden Kompetenzen als hilfreich: Strategisches Denken, Teamfähigkeit, konsequente Evidenzbasierung (Sammeln und Präsentieren von Daten), überzeugende Argumentation, Ansprache unterschiedlicher Zielgruppen, Verhandlungsgeschick und Netzwerken (Mintrom 2019).

Die Beschreibung von Eigenschaften und Kompetenzen gibt eine erste Idee davon, wer oder wie Policy Entrepreneurs sein können – bzw. sein müssen, wenn sie erfolgreich agieren wollen. Darüber hinaus gelten die erwähnten Eigenschaften und Kompetenzen aber auch als Voraussetzungen für die effektive Anwendung politischer Strategien. Mintrom (2019) beschreibt die folgenden Strategien als erfolgsversprechend im Rahmen von Policy Entrepreneurship: Probleme (um-) deuten, Netzwerke nutzen und erweitern, Koalitionen absichtsvoll aufbauen und bespielen, als Vorbild handeln und Änderungsprozesse in die Fläche tragen (skalieren).

4 Policy Entrepreneurship in der Sozialen Arbeit

Typische Eigenschaften, Kompetenzen und Strategien von Policy Entrepreneurs und Fachpersonen der Sozialen Arbeit überschneiden und ergänzen sich in vielerlei Hinsicht. So werden viele der skizzierten Kompetenzen in Studiengängen der Sozialen Arbeit gelehrt, bspw. strategisches Denken, das Arbeiten in Teams, der Umgang mit unterschiedlichen Datenquellen, Storytelling oder auch das zielgerichtete Adressieren verschiedener Anspruchsgruppen (Kindler und Amann 2022). Auch die benannten Eigenschaften von Policy Entrepreneurs, wie Vertrauenswürdigkeit, Sozialkompetenz oder Hartnäckigkeit, können unverändert als zentrale Voraussetzungen für eine Tätigkeit in der Sozialen Arbeit übernommen werden. Und in der Tat gibt es Hinweise darauf, dass Fachpersonen der Sozialen Arbeit an der Schnittstelle zwischen Sozialer Arbeit an der Basis und Policy Entrepreneurship auf politischer Ebene tätig werden (Aviv et al. 2021;

Cohen 2021). Da diese bislang ausschließlich der englischsprachigen Literatur entnommen sind, wird in den folgenden Abschnitten skizziert, wie auch in der Schweiz Fachpersonen der Sozialen Arbeit neben bzw. im Rahmen ihrer beruflichen Tätigkeit im Einzelfall als Policy Entrepreneurs auf politische Prozesse Einfluss nehmen. Die Fallbeispiele und Namen der vorgestellten Personen sind real und wurden für diesen Beitrag in Form von explorativen Interviews erhoben.[1] Die in Anführungszeichen hervorgehobenen Aussagen wurden unverändert aus den Interviewprotokollen übernommen.[2]

4.1 Simone Boll und die Betreuungs- und Unterbringungssituation unbegleiteter Minderjähriger im Kanton Graubünden

Simone Boll ist seit 2011 als Sozialarbeiterin beim Sozialdienst der Gemeinde Davos im Kanton Graubünden in der Schweiz tätig. In dieser Funktion bemerkte sie, wie in der Schweiz die Asylgesuche von unbegleiteten Minderjährigen ab 2008 beständig zunahmen. Zwischen 2008 und 2013 waren es im Kanton Graubünden 41, allein im Jahr 2014 waren es bereits 28 und 2015 deren 86. Unbegleitete minderjährige Asylsuchende und Flüchtlinge wurden damals im Kanton Graubünden zentral im Transitzentrum in Davos Laret zusammen mit erwachsenen Einzelpersonen und Familien untergebracht, was gravierende Probleme nach sich zog.

Die damalige gesetzliche Grundlage war äußerst lückenhaft und führte für die Betroffenen zu kindeswohlgefährdenden Situationen. So stand bspw. nur eine einzige Beistandsperson 86 minderjährigen Asylsuchenden als Vertrauensperson zur Seite. Zusätzlich mussten die betroffenen Kinder und Jugendlichen einen Schulweg von knapp zwei Stunden Hin- und zwei Stunden Rückweg auf

---

[1] Nachfolgend wiedergegebene Zitate von Simone Boll beziehen sich auf Interview S. B. (2022), von Michael Herzig auf Interview M. H. (2021) und von Bruno Keel auf Interview B. K. (2022).

[2] Die Autoren bedanken sich bei den Kolleg*innen dafür, dass sie als Interviewpartner*innen zur Verfügung standen, ihre fachliche Perspektive einbrachten und die Finalisierung des vorliegenden Textes konstruktiv-kritisch unterstützt haben. Der Vollständigkeit halber soll darauf hingewiesen werden, dass Simone Boll und Bruno Keel gelernte Sozialarbeitende sind, wohingegen Michael Herzig über keine formale Berufsausbildung in Sozialer Arbeit verfügt. Er war aber seit den 1990er Jahren für Themen der Sozialen Arbeit in der Stadtverwaltung Zürich verantwortlich, leitete Teams von Sozialarbeitenden und ist als Dozent am Departement Soziale Arbeit der Zürcher Hochschule für Angewandte Wissenschaften (ZHAW) tätig.

sich nehmen oder die ihnen zugeteilte finanzielle Nothilfe von 360 Franken pro Monat selbständig einteilen und verwalten. „Stellen Sie sich vor, dies entspricht 12 Franken pro Tag und davon müssen Essen, Pflegeprodukte, Freizeitaktivitäten, Kommunikationsmittel, Ausgaben für öffentlichen Verkehr etc. bezahlt werden", so Boll. Darüber hinaus war vorgesehen, dass die Kinder und Jugendlichen spätestens zwei Monate nach ihrer Anerkennung als Flüchtling eine eigene Wohnung beziehen müssen. „Diese Zustände waren aus fachlicher Perspektive eindeutig unzumutbar und unprofessionell."

Boll nahm dies zum Anlass, sich fortan für eine Verbesserung der Rahmenbedingungen der Kinder und Jugendlichen einzusetzen. Im Jahr 2014 verfasste sie einen Brief zuhanden der fünf Regierungsräte, in dem sie auf die oben benannten Missstände aufmerksam machte. Dieser wurde von den Adressat*innen unzufriedenstellend beantwortet und das Schreiben wurde als emotionalisierend diskreditiert.

Für Boll besteht der Grundsatz, „dass die Menschenrechte ausnahmslos für alle in der Schweiz Ansässigen gelten. Die Hilfesysteme müssen entsprechend so strukturiert sein, dass die gesetzlichen Grundlagen unabhängig vom Aufenthaltsstatus umgesetzt werden, dass sie eine wirkliche Hilfe für die eigene Lebensführung bieten und nicht im Dienste der Repression und Gängelung der Betroffenen stehen." Daher ließ sie sich von diesem ersten Rückschlag nicht entmutigen und startete ihren zweiten Anlauf über einen alternativen Zugang: Sie kontaktierte den damaligen Landammann von Davos und Mitglied des Bündner Großen Rats, Tarzisius Caviezel, machte ihn mit den aktuellsten Zahlen vertraut und verwies darauf, wie die ungenügende Betreuungs- und Unterbringungssituation der Kinder und Jugendlichen sich durch eine langfristig steigende Sozialhilfequote negativ auf die Finanzen der Stadt auswirken würde. Unter anderem mit diesen Argumenten fand sie Gehör bei dem FDP-Politiker und „er bat mich unmittelbar, ein schriftliches Argumentarium zusammenzustellen."

Diesen Auftrag nahm Boll gerne an und verfasste in aufwendiger Arbeit ein Papier, das Caviezel in der Februarsession 2015 des Bündner Parlaments in Form einer parlamentarischen Anfrage an die Kantonsregierung einreichte. Diese beantwortete den Vorstoß bereits am 6. Mai 2015, allerdings nur sehr oberflächlich und aus fachlicher Sicht erneut nicht zufriedenstellend. „Dieses Ergebnis hatten wir antizipiert und deshalb bereits im Voraus einen parlamentarischen Auftrag ausgearbeitet." Dieser Auftrag forderte die Kantonsregierung dazu auf, ein Konzept für eine fachliche Versorgung der unbegleiteten Minderjährigen zu erarbeiten. Konkret sollte eine geeignete und menschenwürdige Unterbringungs- und Betreuungsstruktur für die Kinder und Jugendlichen etabliert und die anfallenden Kosten nach einem Finanzschlüssel solidarisch auf die Gemeinden des Kantons verteilt werden. „Da bei diesem politischen Geschäft das Kindeswohl im Zentrum stand, forderten wir in unserem Auftrag zudem, dass die Arbeiten dringlich umgesetzt werden sollten."

Damit der Auftrag für die Kantonsregierung Verbindlichkeit erlangte, musste eine Mehrheit des Bündner Großen Rates dem Text zustimmen. Auch hier war Boll äußerst aktiv und nutzte im Vorfeld der Abstimmung neben dem starken Netzwerk von Caviezel auch ihre eigenen Kontakte. „Ich kontaktierte ganz bewusst Schlüsselpersonen aus allen politischen Parteien. Dabei achtete ich darauf, mein Argumentarium der jeweiligen Persönlichkeit, Parteizugehörigkeit und politischen Einstellung meines Gegenübers anzupassen." Diese Lobbyarbeit war erfolgreich: Bereits in der Junisession 2015 wurde der Auftrag mit den Stimmen von 110 von 120 Parlamentarier*innen an die Regierung übergeben, welche durch dieses rekordverdächtige Abstimmungsergebnis zusätzlich unter Druck gesetzt wurde.

In der Folge trat eine angemessene Übergangsregelung in Kraft, die bereits wesentlich zur Entspannung der Situation beitrug. Gleichzeitig erarbeitete die Regierung eine Revision des Gesetzes über die Unterstützung Bedürftiger (BR 546.250), in das neu der Artikel 5a integriert wurde. Dieser regelt seit Inkrafttreten der Revision am 1. Januar 2017 auf einer fachlichen Basis die Betreuung und Unterbringung von unbegleiteten Minderjährigen ebenso wie eine gerechte Verteilung der Kosten unter den Gemeinden des Kantons.

Dieser politische Erfolg war nur möglich dank des großen Einsatzes von Boll. Sie hat zwischen 2014 und 2017 mit viel Leidenschaft und Hartnäckigkeit dieses Projekt hauptsächlich im Rahmen ihrer Freizeit vorangetrieben. Wichtig für das Gelingen ihrer Arbeit war aber dennoch auch die Unterstützung der ihr fachlich vorgesetzten Personen. Neben den bereits benannten politischen Methoden bediente Boll sich auch der folgenden fünf Strategien:

- „Zahlen und Fakten sind von enormer Bedeutung", weiß die Sozialarbeiterin: Eine wichtige politische Strategie ist das Präsentieren von Daten. So hat Boll z. B. statistische Daten gesammelt und laufend negative Vorfälle dokumentiert, um diese im geeigneten Moment als Argumentarium nutzen zu können.
- Neben Zahlen und Fakten erweisen sich auch konkrete Fallbeispiele oder Begehungen vor Ort als erfolgsversprechende Methode. So hat Boll bspw. eine Delegation des Regierungsrates sowie einzelne Parlamentsmitglieder durch das Transitzentrum geführt und sich bei dieser Gelegenheit mit überzeugenden Argumenten kritischen Fragen gestellt.
- Politisches Timing: Im Kanton Graubünden werden die politischen Gremien jeweils für eine Amtszeit von vier Jahren gewählt. Während in den ersten

zwei Jahren oftmals Eingewöhnung in der neuen Rolle und die vertiefte Einarbeitung in bestehende Geschäfte im Zentrum stehen, will im dritten Jahr möglichst viel bewirkt werden, damit im vierten Jahr die Chancen auf eine Wiederwahl steigen. „Diesen politischen Zyklus haben wir mitbedacht und unsere Forderungen bewusst gegen Ende des zweiten Legislaturjahres eingebracht."

- Politik als Tauschgeschäft: Der verbündete Großrat Caviezel hat das Anliegen von Boll nicht ausschließlich aus altruistischen Beweggründen unterstützt, sondern versprach sich durch die Zusammenarbeit Vorteile. So hat Boll Argumente zusammengetragen, die Vorstoß-Texte und auch seine Reden verfasst. „Zudem war ich während der Ratsdebatten immer telefonisch erreichbar und konnte bei Rückfragen in Echtzeit beraten." Im Tausch dafür hat Caviezel das politische Projekt ins kantonale Parlament getragen.
- Networking: Um in politischen Kreisen als Fachexpert*in angesehen zu werden, ist es notwendig, sich hartnäckig immer wieder in unterschiedlichen Netzwerken aktiv einzubringen. Dies erfordert Mut und ein Selbstverständnis, wonach Sozialarbeitende über spezifisches, wertvolles Wissen verfügen.

Das außerordentliche Engagement von Boll hat nicht nur kantonal Spuren hinterlassen. 2016 und 2017 wurde sie als Expertin im Bereich Migration, Integration und rechtspopulistische Strömungen als Referentin zum World Economic Forum (WEF) eingeladen. Dort wurde die Königin von Jordanien auf sie aufmerksam, die sie 2017 als Referentin nach Jordanien einlud. Dieses Beispiel zeigt, wie Sozialarbeitende mit ihrer Expertise wesentlich zu politischem Wandel auf lokaler, kantonaler, nationaler und sogar internationaler Ebene beitragen können.

4.2 Michael Herzig und der Zürcher Strichplatz

Nach der Lösung des Drogenproblems rund um den Platzspitz in den 1990er Jahren standen Politik und Verwaltung in Zürich nach der Jahrtausendwende vor der nächsten großen Herausforderung: die Neuorganisation der weitgehend ungeregelten Straßenprostitution in der einwohnerstärksten Stadt der Schweiz. Hintergrund war die stark florierende Sexarbeit am Sihlquai nahe dem Hauptbahnhof und im Langstrassenquartier aufgrund vermehrter Zuwanderung aus Osteuropa, mit zum Teil untragbaren hygienischen Zuständen sowie offener Gewalt durch Freier.

Michael Herzig, ausgebildeter Historiker, seit 1998 als Sucht- und Drogenbeauftragter für das Stadtzürcher Sozialdepartement im Einsatz, ab 2004

Geschäftsbereichsleiter Sucht und Drogen, sah das Problem aufgrund der Verknüpfung zwischen Drogen und Sex Work in der täglichen Arbeit kontinuierlich anschwellen. Er brachte deshalb die Straßenprostitution gegenüber seinen Vorgesetzten zur Sprache und nahm zur Kenntnis, dass sich die Medien mit jeder Zuspitzung der Situation mehr über die Verhältnisse inmitten der Limmatstadt echauffierten. Im Fahrwasser dieser Entwicklung initiierte er in den Jahren 2003 und 2004 verwaltungsinterne und politische Diskussionen über die Zukunft der Straßenprostitution.

Bereits damals reifte in ihm die Idee, einen geschützten Ort für Sexarbeitende in Zürich zu schaffen. Seine ursprünglichen Überlegungen waren simpel: Man definiere eine Zone rund um die ‚Partymeile' Langstrasse, in der Prostitution toleriert und der Arbeitsalltag von Sexarbeitenden durch sozialarbeiterische Interventionen gewaltfrei und selbstbestimmt gestaltet wird. Es dauerte nicht lange, bis seine Vorschläge mit zum Teil empörter Ablehnung quittiert wurden. „Das können wir nicht tun!", hieß es von Kolleg*innen in der Verwaltung und der Politik, zumal sich das aufstrebende Arbeiterviertel gerade als neues ‚In-Quartier' etablierte.

Also setzte sich Herzig intensiv mit Konzepten in anderen Ländern auseinander. Da ihm die Argumente seiner Kolleg*innen sowie der Lokalpolitik bisweilen zu technokratisch, zu realitätsfern erschienen, gelangte er zu der Überzeugung, dass man sich etwas am besten vorstellen kann, wenn man es mit eigenen Augen sieht. Er schlug dem damaligen Präsidenten der Sozialkommission des Gemeinderats mit Erfolg vor, die Kommission zu einer Studienreise in die Niederlande einzuladen, bei der sich die Kommissionsmitglieder ein Bild von Orten geregelter Prostitution machen konnten.

In der Zwischenzeit zog Ungemach in der Verwaltung auf. Sozial- und Polizeidepartement der Stadt Zürich lieferten sich einen Streit um die Hoheit in der öffentlichkeitswirksamen Angelegenheit und bremsten sich gegenseitig aus. Nach einigem Hin und Her wurde die Projektleitung bei Herzig im Sozialressort angesiedelt, doch dem leidenschaftlichen Netzwerker war klar, dass es ohne die Unterstützung der Polizei nicht funktionierte. So bestellte er ein Projektteam, bestehend aus Expert*innen des Sozial- und Polizeidepartements. Ab diesem Moment entstand eine kooperative Zusammenarbeit, in die alle ihre Ideen und Meinungen einbringen konnten und Entscheidungen im Konsens getroffen wurden. Gemeinsam sammelten sie weitere Eindrücke durch Begehungen und Gespräche mit Verantwortlichen in Deutschland, wo sie positive, aber auch abschreckende Erlebnisse verbuchen konnten. Dem Team wurde bspw. klar, dass eine Situation wie in einer deutschen Großstadt, in welcher es den Eindruck gewann, dass die dortige Prostitutionszone faktisch durch Rockerbanden organisiert wurde, keine Option für Zürich sei. „Falls wir sowas in der Schweiz machen“, so Herzig zu sich und seinen Mitstreiter*innen, „dann müssen wir als Stadt investieren, dann müssen wir die Kontrolle haben.“

Nach langen Wegen durch die Verwaltung und schlussendlich im Frühjahr 2012 vom Stimmvolk abgesegnet, konnte der Strichplatz im August 2013 nach fast zehn Jahren Vorbereitung seine Tore öffnen. Seitdem gibt es einen Ort, an dem Straßenprostitution am Zürcher Stadtrand abends und nachts in geregelter Form stattfindet, Sexarbeitende von Sozialarbeitenden und Beratungspersonen der Organisation ‚Flora Dora‘ begleitet sowie von Sicherheitspersonal geschützt werden. Was war nötig dafür?

- Ehrgeiz und Hartnäckigkeit: Herzig hat sich von seinem Ziel, Prostitution „etwas besser zu machen“, nicht abbringen lassen, sondern Wege ans Ziel gefunden. Auch nach der Etablierung des Projekts im Sozialdepartement habe er regelmäßig Sätze gehört wie „Sowas gab es noch nie, sowas können wir nicht machen.“ Er hat dennoch an seinen Ideen festgehalten.
- Politische Sensibilität, Kompromissbereitschaft, Pragmatismus: Wäre er völlig frei in seinen Entscheidungen gewesen, Herzig hätte die Tolerierung von Prostitution in einem heute sehr nachgefragten Wohnquartier vorangetrieben. Doch dies war mit der Politik und Verwaltung nicht zu machen. Der Strichplatz ist für ihn deshalb ein Kompromiss, der die Straßenprostitution in Zürich sicherer gemacht habe, aber nicht das „Nonplusultra“ sei. Was ihn wurmt, ist der Grundsatz der örtlichen Regulierung: „Dort darfst du anschaffen, dort nicht. Und dass nach wie vor mit bürokratischen Maßnahmen versucht wird, Prostitution zu behindern, und dass dies immer auf Kosten der Sexarbeitenden geht und nie auf Kosten der Freier oder Bar- und Bordellbetreibenden.“ Bezeichnend für ihn ist, dass das Strichplatz-Areal in einer Industriezone angesiedelt wurde, in der man neben Sexarbeitenden vor allem auf alternative Künstler*innen und Asylsuchende treffe – „Leute, die man nicht im bürgerlichen Wohnquartier haben will“. Er ist nicht besonders stolz auf den Strichplatz: „Ich habe immer gewusst, dass das ambivalent ist. Dass ich dem Stadtrat damit auch dabei helfe, nicht viel ändern zu müssen.“
- Opponent*innen gewinnen, Vertrauenswürdigkeit, Sozialkompetenz: Die potenzielle Nachbarschaft in Zürich-Altstetten war alles andere als begeistert vom Strichplatz-Projekt und lehnte die Vorlage bei der kommunalen Abstimmung mehrheitlich ab. Das hatte Herzig antizipiert und frühzeitig versucht, das Quartier zu involvieren. Für ihn war klar: „Wir müssen die Leute vorinformieren, wir dürfen sie das nicht aus den Medien erfahren lassen.“

Unglücklicherweise verfolgte der Stadtrat eine andere Taktik und kommunizierte das Projekt in den Medien ohne Einbezug der Nachbarschaft. Herzig musste in Altstetten vorstellig werden und sich „zusammenfalten lassen", wie er heute sagt. Die Diskussion wurde sehr emotional geführt, „fast handgreiflich", es gab baurechtliche Einsprachen, einen Stimmrechtsrekurs, „jeder hat jedes Register gezogen". Erst nach vielen Gesprächen, kontinuierlichem Vertrauensaufbau und langem Tauziehen habe man die Gegner*innen besänftigen können.

- Koalitionen schmieden, Stakeholder-Management: Der Strichplatz war anfänglich über die Parteigrenzen hinweg umstritten, er wurde „von links und rechts bekämpft", so Herzig. Die SVP lehnte das Projekt kategorisch ab, Grüne und SP waren gespalten, NGOs sahen in ihm reine Repression. Niemand wollte sich dem Vorwurf aussetzen, Zürich noch attraktiver für Sex Work zu machen oder gar Zuhälterei zu fördern. Deswegen war es wichtig, eine „Koalition der Mitte" aus SP, FDP und CVP mit maßgeschneiderten Argumenten, die auf die Bedürfnisse ihrer Wähler*innen eingingen, zu gewinnen. Außerdem brauchte es neben den Gewerbetreibenden in der Nachbarschaft des Areals vor allem das Polizeidepartement. In diesem Zusammenhang war elementar, zu betonen, dass der Strichplatz keine „gesetzlose Zone" werden wird, sondern er mit Fachpersonen der Sozialen Arbeit sowie Sicherheitspersonal etwas für die Sexarbeitenden sowie für die Nachbarschaft tut. „Das war Zuckerbrot und Peitsche", kommentiert der heutige Hochschuldozent, „wenn man so will: eine Kombination aus Verdrängung und Hilfe. So viel Hilfe wie möglich und nur so viel Repression wie unbedingt nötig. Dafür brauchten wir vor allem die Polizei. Die hätte Prostitution am liebsten aus der Stadt herausgehalten, die Linken wollten genau das Gegenteil, völlige Deregulierung. Da mussten wir eine tragfähige Zwischenposition finden. Es war ein Eiertanz und wir hatten oft ein schlechtes Gefühl dabei." Also haben Herzig und sein Team immer wieder darauf hingewiesen, „dass man etwas investieren muss, um sozialen Frieden und Ordnung im innerstädtischen Quartier zu haben". Seine guten, persönlichen Kontakte ins Polizeidepartement aufgrund der jahrelangen Tätigkeit in der Drogenpolitik seien dabei selbstverständlich nicht schädlich gewesen.
- Der „richtige Zeitpunkt": Im Zuge der EU-Osterweiterung hat die Zahl der Sexarbeitenden in der Stadt Zürich stark zugenommen. Dies verschärfte den Problemdruck für Politik und Verwaltung, bereitete aber auch den Boden dafür, dass plötzlich Lösungen denkbar wurden, die einige Jahre zuvor womöglich noch an erbittertem Widerstand gescheitert wären. „Ich bin mir nicht sicher, ob die Stadt in den 90er Jahren schon bereit für den Strichplatz gewesen wäre, da gab es in Zürich ganz andere Probleme."

4.3 Bruno Keel und die Kampagne Pro Sozialcharta

Bruno Keel war neben seiner Arbeit als Spitalsozialarbeiter von 2004 bis 2008 als Delegierter der International Federation of Social Workers (IFSW) am Europarat in Straßburg tätig. In dieser Funktion wurde er immer wieder mit der Tatsache konfrontiert, dass die Schweiz als einer der letzten verbleibenden 47 Europaratsstaaten die Europäische Sozialcharta noch nicht ratifiziert hat. Diese stellt für die Soziale Arbeit auf europäischer Ebene das zentrale Menschenrechtsinstrument dar. Unter dem Dach des Berufsverbands Soziale Arbeit Schweiz, AvenirSocial, rief er deshalb die Kampagne ‚Pro Sozialcharta' ins Leben, deren Akteur*innen zwischen 2007 und 2018 darauf hinarbeiteten, die Ratifikation dieser Charta auf die politische Agenda der Schweiz zu bringen.

Als entscheidenden Startschuss für die Kampagne erwies sich das Treffen von Keel im Jahr 2008 mit der Präsidentin der Internationalen Nichtregierungsorganisationen (NGOs) im Europarat, Annelise Oeschger. Sie machte Keel darauf aufmerksam, dass die Schweiz ab November 2009 für ein halbes Jahr den Vorsitz des Europarats innehaben werde. „Eine solche Gelegenheit ergibt sich für die Schweiz nur alle 25 Jahre", erklärt Keel, „und natürlich will man sich dann der internationalen Öffentlichkeit von der besten Seite zeigen." Oeschger riet ihrem Gegenüber, diesen Zeitpunkt strategisch zu nutzen und die Kampagne in Parlament und Bundesrat hochzufahren. „Wir wollten die politisch Entscheidungstragenden unter Druck setzen – die Schweiz sollte durch die Anerkennung der beiden zentralen Menschenrechtspakte ihre humanitäre Tradition im präsidialen Halbjahr hervorstreichen und ihre Verbundenheit zum Europarat unter Beweis stellen."

Hilfreich war in dieser Startphase, dass Keel als Delegierter des IFSW im Europarat akkreditiert war, was ihm den direkten Zugang zu Europaratsparlamentarier*innen aus der Schweiz ermöglichte. „Die NGOs und das Europaratsparlament tagten jeweils zur selben Zeit im gleichen Hauptgebäude in Straßburg. So konnte ich Volksvertreter*innen aus der Schweiz in der Mensa oder Cafeteria ohne Voranmeldung unkompliziert ansprechen", blickt Keel zurück.

Keel war nicht als Einzelkämpfer engagiert, sondern um die Zusammenstellung eines engagierten Kampagnenteams bemüht. Dabei griff er auf sein großes fachliches Netzwerk zurück, sodass z. B. drei Masterstudierende im Rahmen ihres Studiums das Team verstärkten und Qualifikationsarbeiten zur Thematik verfassten. Keel nutzte und erweiterte sein bestehendes Netzwerk auch, um die Unterstützung von NGOs zu gewinnen. „Die Kampagne wurde letztlich von mehr als 70 Organisationen und 70 Einzelpersonen unterstützt – dazu gehörten u. a.

Amnesty International, verschiedene Hochschulen, der Schweizerische Gewerkschaftsbund oder Pro Infirmis.“ In der konkreten politischen Tätigkeit setzten Keel und sein Team auf einen breiten Methodenmix:

- „Tanz um die Mehrheit“: Da die Ratifikation der Sozialcharta als linkes Anliegen betrachtet wurde und auch deshalb in der Vergangenheit mehrfach scheiterte, arbeitete das Kampagnenteam darauf hin, eine Politikerin aus der bürgerlichen Mitte als Initiantin eines neuen politischen Vorstoßes im Parlament zu gewinnen. Dank der Vermittlung von Amnesty International war die Ständerätin Anne Seydoux von der CVP (heute: Die Mitte) bereit, ein Postulat einzureichen.
- Juristische Expertise: Es wurde ein juristisches Gutachten zur Vereinbarkeit der Sozialcharta mit dem schweizerischen Recht in Auftrag gegeben, welches im weiteren Verlauf als Argumentationsgrundlage diente.
- Lobbying: „Wir versorgten Politiker*innen im National- und Ständerat mit Vorlagen für parlamentarische Vorstöße und trafen uns zu Einzelsitzungen mit Parlamentsmitgliedern unterschiedlicher Parteizugehörigkeiten.“ Diese Bemühungen führten dazu, dass 2010 die Außenpolitische Kommission des Ständerats einem Postulat zustimmte, welches den Bundesrat beauftragte, einen Bericht über die Vereinbarkeit der Sozialcharta mit der schweizerischen Rechtsordnung und über die Zweckmäßigkeit einer möglichst raschen Ratifizierung vorzulegen. Zusätzlich ließ sich das Kampagnenteam durch ein renommiertes Lobbying-Beratungsbüro coachen. Keel: „Wir wurden als Auftraggeber dieser PR-Firma dann automatisch zu deren halbjährlich stattfindenden Netzwerk-Apéros eingeladen. Dort traf sich jeweils die Schweizer Politprominenz zum Austausch, was uns interessante Kontakte bis tief ins bürgerliche Lager hinein ermöglichte.“
- Medienarbeit: Ergänzend zu diesem erfolgreichen Agenda-Setting auf juristischer und parlamentarischer Ebene fand das Anliegen der Kampagne Eingang in die mediale Berichterstattung. Keel gab Interviews in Zeitungen, im Radio und Fernsehen. „Ein Glücksfall für unsere Medienarbeit war, dass sich der Bundeshauskorrespondent des Schweizer Radios stark für unsere Kampagne interessierte. Dank ihm schaffte es Pro Sozialcharta dreimal mit mehrminütigen Beiträgen in die renommierte Radiosendung ‚Echo der Zeit‘.“
- Ergänzende Aktionen im öffentlichen Raum zielten darauf ab, die Wahrnehmung der Thematik in der breiten Öffentlichkeit weiter zu befeuern. „Wir organisierten beispielsweise die ‚Aktion Silbertablett‘, im Rahmen derer wir den Parlamentarier*innen vor dem Bundeshaus die Sozialcharta zusammen mit einem Croissant auf dem Silbertablett servierten.“

- „Neben Politiker*innen und der Öffentlichkeit darf auch die Rolle der Verwaltung nicht unterschätzt werden", ist Keel überzeugt: Das Kampagnenteam stand mit ranghohen Verwaltungsbeamt*innen im Departement für auswärtige Angelegenheiten im Austausch, pflegte Beziehungen zum Staatssekretär und speziell zur Direktion für Völkerrecht, die für das Dossier Sozialcharta zuständig war. „So wussten wir immer gut Bescheid, in welchem politischen Gremium innerhalb der komplizierten Berner Polit-Mechanik unser Anliegen demnächst behandelt werden wird. Dadurch konnten wir unsere Lobbying-Aktivitäten gut abstimmen und gezielt vorgehen."

2014 erschien der Bericht des Bundesrats als Antwort auf das oben erwähnte Postulat. Der Bericht hielt fest, dass aus juristischer Sicht einer Ratifizierung der Sozialcharta nichts mehr im Wege stehen würde, zu konkreten Ratifikationsschritten nahm der Bundesrat hingegen keine Stellung. Wenngleich die Ratifikation somit bis heute aussteht, gelang es Keel und dem Kampagnenteam erfolgreich, die Problematik öffentlichkeitswirksam zu thematisieren und bis in die höchsten nationalen Entscheidungsgremien zu tragen. Keel ist inzwischen weiter als Policy Entrepreneur auf internationaler Ebene unterwegs: Er vertritt die IFSW am UNO-Standort in Genf, wo er für die Themengebiete Gesundheit, Armut und WHO zuständig ist und die Perspektive der Sozialen Arbeit in Entscheidungsprozesse einbringt.

5 Abschluss

Der vorliegende Beitrag skizziert exemplarisch, wie Fachpersonen der Sozialen Arbeit konkret politischen Wandel anstoßen und gestalten können. Die drei Fallbeispiele aus der Schweiz verdeutlichen, dass Sozialarbeitende in vielfältiger Weise über Eigenschaften, Kompetenzen und Strategien verfügen, um als Policy Entrepreneurs politische Entscheidungsprozesse zu beeinflussen. So wird in den beschriebenen Beispielen offensichtlich, wie Simone Boll, Michael Herzig und Bruno Keel zwar unterschiedlich vorgingen, aber jeweils ein hohes Maß an Ehrgeiz, gesellschaftlicher Sensibilität, Vertrauenswürdigkeit, Sozialkompetenz und Hartnäckigkeit für ihre Anliegen ausschöpfen konnten. Um ihre Projekte erfolgreich voranzutreiben, arbeiteten sie kollaborativ in Teams, sammelten systematisch Daten und überzeugende Argumente, verhandelten mit unterschiedlichen Anspruchsgruppen, schmiedeten Koalitionen und agierten in interprofessionellen Netzwerken.

Wird Soziale Arbeit nicht ausschließlich auf individuelle Hilfe im Einzelfall reduziert, sondern zugleich als aufmerksame Gestalterin gesellschaftlicher Strukturen verstanden, können der Policy-Entrepreneurship-Ansatz sowie das MSF Anregungen geben, wie professionelles Agieren Sozialer Arbeit auf politischer Ebene gelehrt und umgesetzt werden kann. Dies ist auch für die Wirkungsdebatte im Sozialwesen interessant, in der bislang noch selten thematisiert wird, ob und wie Fachpersonen und Organisationen ihre politikgestaltende Funktion wahrnehmen und politische Wirkung entfalten (Kehl et al. 2023). Um noch besser zu verstehen, wie ‚Social Work Policy Entrepreneurs' effektiv und professionell Einfluss auf Politik nehmen können, braucht es systematische Forschung sowie weitere Fallbeispiele zur Thematik – international und im deutschsprachigen Raum.

Literatur

Amann, K., & Kindler, T. (2022). Social workers in politics – A qualitative analysis of factors influencing social workers' decision to run for political office. *European Journal of Social Work, 25*(4), (S. 655–667). https://doi.org/10.1080/13691457.2021.1977254.

Amann, K., & Kindler, T. (Hrsg.). (2021). *Sozialarbeitende in der Politik. Biografien, Projekte und Strategien parteipolitisch engagierter Fachpersonen der Sozialen Arbeit* Frank & Timme.

AvenirSocial. (2010). *Berufskodex Soziale Arbeit Schweiz.* AvenirSocial.

Aviv, I., Gal, J., & Weiss-Gal, I. (2021). Social workers as street-level policy entrepreneurs. *Public Administration, 99*(3), (S. 454–468). https://doi.org/10.1111/padm.12726.

Benz, B., & Rieger, G. (2015). *Politikwissenschaft für die Soziale Arbeit. Eine Einführung.* Springer.

Blum, S., & Schubert, K. (2018). *Politikfeldanalyse: Eine Einführung.* Wiesbaden: Springer.

Cohen, N. (2021). *Policy entrepreneurship at the street level.* Cambridge University Press.

Deutscher Berufsverband für Soziale Arbeit e.V. [DBSH] (2014). Berufsethik des DBSH. *Forum Sozial,* Heft 4, (S. 1–43).

Herweg, N. (2015). Multiple Streams Ansatz. In G. Wenzelburger & R. Zohlnhöfer (Hrsg.), *Handbuch Policy-Forschung* (S. 325–354). Springer VS.

IASSW, & IFSW (2014). *Global definition of social work.* https://www.ifsw.org/what-is-social-work/global-definition-of-social-work.

Interview B. K. (2022). Interview mit Bruno Keel geführt am 7. Januar 2022.

Interview M. H. (2021). Interview mit Michael Herzig geführt am 22. Dezember 2021.

Interview S. B. (2022). Interviews mit Simone Boll geführt am 17. Januar und 7. März 2022.

Kehl, K. (2016). *Sozialinvestive Pflegepolitik in Deutschland. Familiäre und zivilgesellschaftliche Potenziale im Abseits wohlfahrtsstaatlichen Handelns.* Springer.

Kehl, K., Gemperle, S., Reiser, M., & Liesen, C. (2023). *Deutung von Wirkung in Organisationen des Sozialwesens: Ergebniszusammenfassung.* ZHAW.

Kindler, T., & Amann, K. (2022). Strategies of social workers' policy engagement – a qualitative analysis among Swiss social workers holding elected office. *Journal of Policy Practice and Research, 3(4),* (S. 302–315). https://doi.org/10.1007/s42972-022-00058-1.

Kindler, T., & Kulke, D. (2022). Politicized social work future – a quantitative study comparing social work students' voluntary political participation in Austria, Germany, and Switzerland. *Journal of Policy Practice and Research, 3(4),* (S. 289–301). https://doi.org/10.1007/s42972-022-00057-2.

Kingdon, J. W. (1984). Agendas, alternatives, and public policies. Little Brown.

Klammer, U., Leiber, S., & Leitner, S. (2020). *Social work and the making of social policy.* Policy Press.

Mintrom, M. (2019). So you want to be a policy entrepreneur? *Policy Design and Practice, 2*(4), (S. 307–323). https://doi.org/10.1080/25741292.2019.1675989.

Mintrom, M. (2020). *Policy entrepreneurs and dynamic change.* Cambridge University Press.

Österreichischer Berufsverband der Sozialen Arbeit [OBDS] (2017). *Berufsbild der Sozialarbeit.* OBDS.

Weiss-Gal, I. (2017). Social workers' policy engagement: A review of the literature. *International Journal of Social Welfare, 26*(3), (S. 285–298). https://doi.org/10.1111/ijsw.12239.

Tobias Kindler, M.Sc. (tobias.kindler@ost.ch) Sozialpädagoge, OST – Ostschweizer Fachhochschule, Institut für Soziale Arbeit und Räume & Hebrew University. Finanzielle Förderung: Schweizerischer Nationalfonds [Doc.CH, 207259]. Arbeitsschwerpunkte: Policy practice, politische Soziale Arbeit, politisches Engagement von Sozialarbeitenden.

Konstantin Kehl, Prof. Dr. (kehl@zhaw.ch) Politikwissenschaftler, ZHAW – Zürcher Hochschule für Angewandte Wissenschaften, Institut für Sozialmanagement. Arbeitsschwerpunkte: Sozialpolitik, Wirkungsanalyse, Change und Innovation in Non-Profit-Organisationen.

Nachhaltigkeitsmanagement in sozialwirtschaftlichen Organisationen

Peter Stepanek

Inhaltsverzeichnis

Seit 2015 stellen die Sustainable Development Goals (SDGs) als Teil der „Agenda 2030 für eine nachhaltige Entwicklung" der Vereinten Nationen einen wichtigen Referenzrahmen dar. „Durch ihre universelle Gültigkeit und aufgrund des ganzheitlichen Entwicklungsansatzes, der die drei Dimensionen Wirtschaft, Soziales und Ökologie gleichrangig berücksichtigt, und dabei auch die Wahrung der

P. Stepanek (✉)
Sozialwirtschaft und Soziale Arbeit, Wien, Österreich
E-Mail: peter.stepanek@fh-campuswien.ac.at

B. Schmidtke et al. (Hrsg.), *Sozial - Innovativ - Nachhaltig*, Perspektiven Sozialwirtschaft und Sozialmanagement,
https://doi.org/10.1007/978-3-658-42847-1_18

Menschenrechte, Rechtsstaatlichkeit, Good Governance, Frieden und Sicherheit einfordert, stellt die Agenda 2030 ein Novum dar“ (Bundeskanzleramt o.J.). Die Staatengemeinschaft aus 193 Staaten hat sich dazu verpflichtet, Maßnahmen zur Erreichung dieser 17 nachhaltigen Entwicklungsziele zu setzen und den Fortschritt und die Zielerreichung in freiwilligen Nationalberichten zu dokumentieren. Die Schweiz hat 2018 ihren ersten nationalen Bericht publiziert (Eidgenössisches Departement für auswärtige Angelegenheiten ED 2018, S. 5), Österreich 2020 (Bundeskanzleramt o. J.) und Deutschland 2021 (Bundesregierung 2021). Die SDGs sind für viele Organisationen der Sozialwirtschaft ein Rahmenwerk, das sowohl für die Formulierung einer Nachhaltigkeitsstrategie, zur Integration in die Arbeit mit Klient*innen oder als Grundlage, um gesellschaftliche Themen zu adressieren, Relevanz hat. Priska Fleischlin, die UN-Beauftragte des Internationalen Berufsverbandes für Soziale Arbeit (IFSW), sieht bei Sozialarbeiter*innen ein großes Potenzial, an der Transformation zu nachhaltigen Gesellschaften mitzuwirken: „Wenn wir alle mit der gemeinsamen Definition für Soziale Arbeit, entlang den ethischen Prinzipien den lokalen Gegebenheiten angepasst, die SDG als Instrument anwenden, tragen wir ganz klar zu einer guten und gelingenden Transformation der Welt bei“ (Fleischlin 2020, S. 15). Sozialorganisationen sehen sich durch die SDGs in ihrer jahrzehntelangen Arbeit bestätigt, weil die meisten SDGs (z. B. Armut, Ernährung, Gesundheit und Wohlergehen, Bildung, Gleichheit) auch Ziele der Sozialen Arbeit darstellen. Da die nachhaltigen Entwicklungsziele sehr breit formuliert sind, sind sie für viele Menschen, Unternehmen und Organisationen anschlussfähig. Für die komplexen Aspekte der Nachhaltigkeit oder des Klimaschutzes sind sie recht allgemein formuliert. Dennoch stellen sie einen passenden Bezugsrahmen für die Formulierung von nachhaltigen Organisationszielen dar (Könighofer 2020). Sie prägen neben den Ergebnissen der zahlreichen Klimakonferenzen und den wissenschaftlichen Erkenntnissen aus aller Welt den Diskurs zu Nachhaltigkeit. Umweltschutz und Klimaschutz sind nicht zuletzt durch die Verabschiedung der SDGs zu viel besprochenen Themen geworden. Sie sind in der Mitte der Gesellschaft angekommen (Tschötschel 2021) und in alle Wirtschaftsbereiche vorgedrungen, auch in die Sozialwirtschaft, die sich mit Nachhaltigkeit aus dem Blickwinkel der sozialen Infrastruktur eines Landes oder als soziale Dienstleister*in auseinandersetzt.

1 Wirtschaften innerhalb der planetaren und sozialen Grenzen

Bereits 1972 wurden vom *Club of Rome* die Grenzen des Wachstums beschrieben. Seit damals wird die Wissenschaft nicht müde, auf die negativen Folgen hinzuweisen: Erderwärmung, Zerstörung von Lebensräumen, massive Reduktion der Artenvielfalt, Verschmutzung der Meere, u.v.m. ist der Preis, den wir für – noch mehr – wirtschaftliches Wachstum bezahlen. Dennoch wuchs – wie Abb. 1 zeigt – die wirtschaftliche Aktivität weltweit rasant weiter an (IMF 2022).

Die OECD sieht den weltweiten Materialverbrauch auf einem Allzeithoch und prognostiziert ohne Gegenmaßnahmen eine weitere Verdopplung pro Kopf bis 2066 (Repanet 2019). Diese Entwicklung zeigt der jährliche Erdüberlastungstag. Dieser Tag zeigt, wann die nachhaltig nutzbaren Ressourcen, die jährlich zur Verfügung stehen, innerhalb eines Jahres verbraucht sind. Im Jahr 2022 war es der 29. Juli. Die Länder der DACH-Region liegen wesentlich schlechter: Österreich am 6,4., Deutschland am 4,5. und die Schweiz am 13,5. (Umweltbundesamt

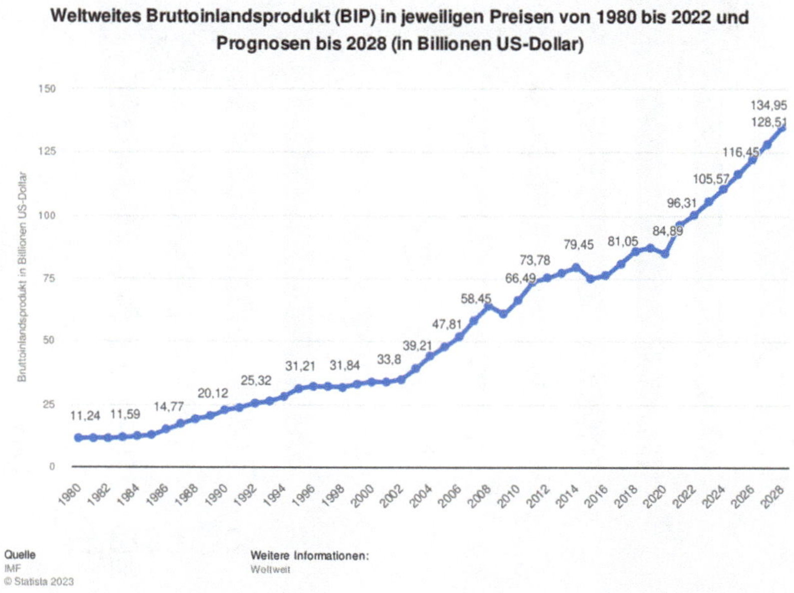

Abb. 1 Weltweites Bruttoinlandsprodukt (IMF 2022)

2022). Dass die Ressourcen nicht unendlich bzw. zu jedem Zeitpunkt an jedem Ort verfügbar sind, hat das Jahr 2022 ganz deutlich gezeigt, kam es doch bei vielen Waren und Rohstoffen aufgrund der Corona-Pandemie und des Krieges in der Ukraine zu Störungen in den Lieferketten oder Engpässen. Auch die klimatischen Veränderungen werden offensichtlich. Bei der Weltklimakonferenz 2015 in Paris wurde vereinbart, den CO_2-Ausstoß so einzudämmen, dass die Erderwärmung bis Ende des 21. Jhdt. nur 1,5 Grad im Vergleich zum vor-industriellen Zeitalter betragen wird. Aktuelle Prognosen sehen düsterer aus. Bestenfalls steuern wir auf ein +2-Grad Szenario, realistischerweise werden es 2,8–3,2 Grad mehr. Janson (2021) sieht gar einen Anstieg von 4,8 Grad (siehe Abb. 2).

Die Wirtschaft kann nicht länger losgelöst von planetaren und sozialen Grenzen agieren. Raworth (o.J.) greift diesen Gedanken in der Donut Ökonomie auf und formuliert, dass sich wirtschaftliche Aktivitäten, die allen Menschen ein

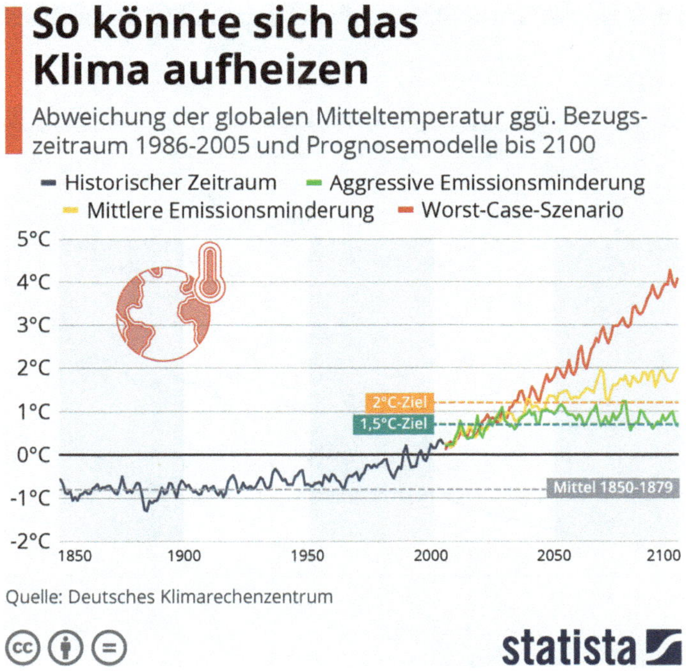

Abb. 2 Abweichung der globalen Mitteltemperatur gegenüber der vorindustriellen Zeit und Prognosemodelle bis 2100 (Janson 2021)

Leben in Würde und Wohlstand ermöglichen, nur im Rahmen der planetaren und sozialen Grenzen möglich sind. Die neun – vom *Stockholm Resilience Centre* formulierten – planetaren Grenzen bilden wie Abb. 3 zeigt, die Obergrenzen, da diese Ressourcen begrenzt zur Verfügung stehen und nicht unendlich genutzt werden können. 2022 wurde ein Bericht veröffentlicht, wonach bereits sechs der planetaren Grenzen als überschritten anzusehen sind: Klimawandel, neuartige Gebilde, Landnutzungsänderung, Nährstoffkreisläufe und Biosphäre sowie Süßwasser (Harfmann & Schober 2022). Die soziale Mindeststandards stellen für alle Unternehmen die moralische Untergrenze dar. Für die Unterschreitung der sozialen Grenzen, in besonderem Maße in den Ländern des globalen Südens, gibt es zahlreiche Berichte der OECD, der WHO, der UNIDO, der Weltbank, der UNICEF, der UNIDO, der UNHCR und vieler anderer NGOs. Es braucht ein gesellschaftliches Commitment, klare internationale Regeln und Druck seitens der Konsument*innen, damit soziale Mindeststandards global eingehalten werden. Die Sozialwirtschaft, die selbst in der Regel innerhalb dieser planetaren und sozialen Grenzen agiert, kann Aktivitäten setzen, dass diese Grenzen von anderen Wirtschaftsbereichen eingehalten werden.

Das Erhalten der Ressourcen für zukünftige Generationen und die Berücksichtigung der Bedürfnisse der ärmsten Menschen stehen bei der bekanntesten Definition von Nachhaltigkeit aus dem Bericht der Brundtland-Kommission aus 1987 im Mittelpunkt: „Sustainable development is the development that meets the needs of the present without compromising the ability of future generations to meet their own needs. It contains two key concepts: – the concept of ‚needs' in particular the essential needs of the world's poor to which overriding priority should be given; and – the idea of limitation imposed by the state of technology and social organizations on the environments ability to meet present and future needs" (WCED 1987, S. 54) Die EU verfolgt mit dem European Green Deal die Senkung des CO_2-Ausstoßes um 55 % bis 2030. Bis 2050 soll die EU CO_2-neutral sein und das wirtschaftliche Wachstum vom Ressourcenverbrauch entkoppelt werden. Darüber hinaus wurden saubere Luft, sauberes Wasser, Biodiversität, energieeffiziente Gebäude, gesundes und bezahlbares Essen, mehr öffentliche Verkehrsmittel, saubere Energie und moderne, sauberere Technologien, langlebige, reparierbare, wiederverwertbare Produkte, zukunftsfähige Arbeitsplätze und Vermittlung der für die Transformation notwendigen Kompetenzen und wettbewerbsfähige und krisenfeste Industrie als Vorteile beschrieben (Europäische Kommission o.J.). Ein besonders wichtiger Hebel ist die Transformation zur Kreislaufwirtschaft. Die Europäischen Kommission hat das Potential der Sozialwirtschaft zur Transformation der Wirtschaft durch eine faire und inklusive Erholung und für den ökologischen und digitalen Wandel

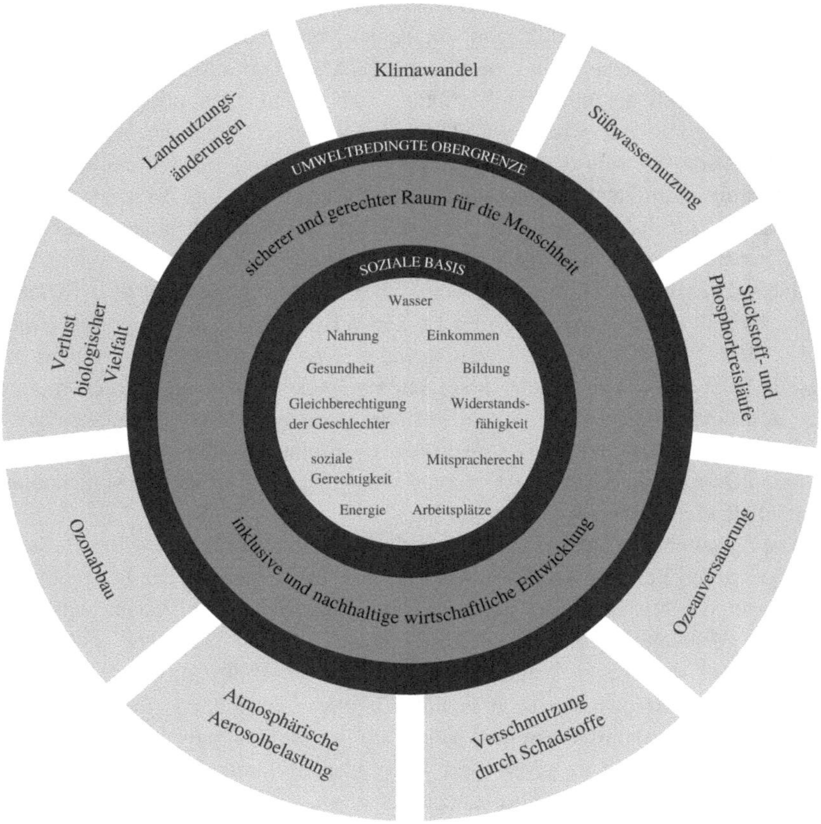

Abb. 3 Donut-Ökonomie nach Raworth (Stepanek 2022, S. 88, zitiert nach Raworth (o.J.))

erkannt und möchte in den nächsten Jahren dieses Potenzial mit dem *Aktionsplan Sozialwirtschaft* fördern (Europäische Kommission 2021). Durch verschiedene Maßnahmen werden die richtigen Voraussetzungen für eine florierende Sozialwirtschaft und Möglichkeiten zur Unternehmensgründung und -entwicklung für sozialwirtschaftliche Organisationen geschaffen, sowie die Sozialwirtschaft und ihre Potentiale anerkannt. Die EU setzt dafür Förder- und Forschungsprogramme auf, die den Beitrag der Sozialwirtschaft zum Wandel auf europäischer Ebene fördern und Nachhaltigkeit in den sozialwirtschaftlichen Organisationen stärkt.

2 Die unterschiedlichen Blickwinkel auf Nachhaltigkeit in der Sozialwirtschaft

Die Beschäftigung mit dem Thema Nachhaltigkeit aus der Perspektive der Sozialen Arbeit und der Sozialwirtschaft zeigt drei unterschiedliche Ansätze:

1. Nachhaltigkeit kann in der Arbeit mit Klient*innen einfließen, als Handlungsfeld gesehen werden bzw. ein politisches Mandat der Sozialen Arbeit darstellen, wenn es z. B. um Umweltgerechtigkeit oder Energiearmut geht.
2. Die Sozialwirtschaft kann den gesellschaftlichen und wirtschaftlichen Wandel zu mehr Nachhaltigkeit begleiten und eine wichtige Rolle in der Transformation zu alternativen Wirtschafts- und Gesellschaftskonzepte einnehmen.
3. Die Organisationen können die eigenen negativen Auswirkungen auf ihre Umwelten und Stakeholder reduzieren sowie die positiven stärken und eine Nachhaltigkeitsstrategie entwickeln und ein Nachhaltigkeitsmanagement implementieren.

2.1 Nachhaltigkeit in der Arbeit mit Klient*innen und das politische Mandat

Leider werden bei der Bekämpfung der Klimakatastrophe soziale Themen der Nachhaltigkeit weniger intensiv besprochen. Mit dem Ressourcenverbrauch, den Umweltbelastungen, der Zunahme an wirtschaftlicher Aktivität, dem Anstieg des Verkehrs und den klimatischen Veränderungen gehen immer auch soziale Aspekte, Probleme, Missstände und Ungerechtigkeiten einher. Unter dem Schlagwort *Umweltgerechtigkeit* werden z. B. die ökologischen Auswirkungen auf verschiedene Bevölkerungsgruppen in Mitteleuropa oder die starken Auswirkungen auf den globalen Süden beschrieben (Baud & Wegscheider-Pichler 2019). Diese Fragen werden noch mehr Relevanz bekommen. Die Soziale Arbeit muss zum Sprachrohr werden, um auf nationaler und internationaler Ebene auf ungleiche Betroffenheit vom Klimawandel und den damit verbundenen gesellschaftlichen und wirtschaftlichen Auswirkungen hinzuweisen. Die Bedeutung der Sozialen Arbeit und der Sozialwirtschaft hierfür zeigt sich in Beiträgen verschiedener Autor*innen (Stepanek 2022, S. 32):

Sustainable Social Work: Auseinandersetzung mit den SDGs, der sozialen Nachhaltigkeit, der Arbeit mit Gemeinschaften zu Nachhaltigkeit sowie Aspekte der Degrowth-Bewegung aus dem Blickwinkel der Sozialen Arbeit, z. B. bei Rinkel und Powers (2019).

Ecological Social Work: Förderung eines ökologischen Bewusstseins bei Sozialarbeiter*innen; damit Umweltthemen in die Arbeit mit Klient*innen und Gemeinschaften integriert werden z. B. bei McKinnon und Alston (2016).

Green Social Work: Plädoyer von Dominelli (2012), dass sich die soziale Arbeit mit Umweltthemen beschäftigen muss. Berücksichtigt Methoden der Sozialarbeiter*in und strukturelle Aspekte der sozialen Organisationen; fokussiert auf Umweltgerechtigkeit und die Wechselwirkung zwischen Gleichberechtigung, Sicherung des Wohlergehens und dem Schutz der Umwelt.

Environmental Social Work: Zeigt die Relevanz des Zusammenspiels zwischen ökologischen, gesundheitlichen und sozialen Gleichstellungsproblemen, präsentiert Möglichkeiten, Umweltthemen in die Praxis und die Ausbildung der Sozialen Arbeit zu integrieren; z. B. bei Gray et al. (2012).

2.2 Gesellschaftlicher und wirtschaftlicher Wandel

Es wurden verschiedene Theorien und Konzepte entwickelt, wie ein umweltfreundliches und sozial verträgliches Wirtschaftssystem aussehen kann, wie z. B. die Gemeinwohl Ökonomie, die Feministische Ökonomie, die Solidarökonomie, die Ökosoziale Marktwirtschaft, die Kreislaufwirtschaft oder die Sharing Economy. Manche sehen eine Fortschreibung der wirtschaftlichen Logik mit „grünem Anstrich" (z. B. Green Economy) andere einen gänzlichen Umbau des Wirtschafts- und Gesellschaftssystems (Postwachstumsökonomie). Für die Sozialwirtschaft ergeben sich interessante Anknüpfungspunkte (Stepanek 2022, S. 37 ff.; Lebensministerium 2015), z. B. als Säule der Sharing Economy (z. B. Tauschläden), als Teil der Solidarökonomie (z. B. gemeinnützige Genossenschaften) oder der Kreislaufwirtschaft (z. B. Reparaturdienst). Die Sozialwirtschaft kann selbst als Best Practice für ein Wirtschaften gesehen werden, dass nicht nur finanzielle Ziele verfolgt, sondern eine soziale (und ökologische) Mission.

2.3 Nachhaltigkeit im Management der Sozialwirtschaft

Neben der Arbeit mit Klient*innen und der Mitwirkung an der Transformation der Gesellschaft und der Wirtschaft stellt die Implementierung von Nachhaltigkeit in das Management der sozialwirtschaftlichen Organisationen einen wichtigen Aspekt dar, der in den folgenden Abschnitten beschrieben wird.

Zunächst werden die drei Dimensionen der Nachhaltigkeit, die die Grundlage des Nachhaltigkeitsmanagement bilden, beleuchtet.

3 Die drei Dimensionen der Nachhaltigkeit

Nachhaltigkeit verlangt, wie Abb. 4 zeigt, eine integrierte Betrachtung von Ökologie (Planet), Sozialem (People) und Ökonomie (Profit) (Pufé 2014, S. 121).

Diese integrierte Steuerung der verschiedenen Ziele stellt eine Herausforderung dar, da das nachhaltige Ziel- und Kennzahlensystem sehr komplex werden kann (z. B. Energie- und Wasserverbrauch, Abfallmanagement, Energiequellen, Lieferketten, Antriebsarten des Fuhrparks, Gesundheitsförderung- und Arbeitnehmer*innenschutzmaßnahmen, Beteiligung von Klient*innen, Mitsprache und geteilte Führung, Beschwerdemanagement, Rücklagenbildung u.v.m.). Zu Beginn der Auseinandersetzung mit Nachhaltigkeit ist es sinnvoll, sich auf einige, wenige Aspekte zu konzentrieren, die machbar und relevant sind. Nachhaltigkeit und ihre Komplexität zu verstehen und die Frage beantworten zu können, warum sich die Organisation gerade für eine gewisse Auswahl an Themen interessiert, kann identitätsstiftend wirken. Dafür eignen sich Standards und Berichtsvorlagen wie das European Management Audit Scheme (EMAS), die Gemeinwohl-Matrix, der SDG-Kompass oder die Global Reporting Initiative, die die verschiedenen Themen in den drei Bereichen der Nachhaltigkeit erklären und praktische

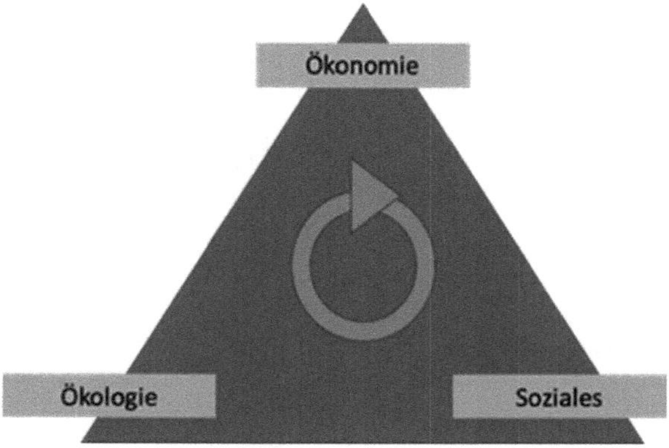

Abb. 4 Das Nachhaltigkeitsdreieck (Stepanek 2022, S. 90 in Anlehnung an Pufé 2014, S. 121)

Tipps für mögliche Kennzahlen und Maßnahmen liefern. Organisationen, die das „Warum“ und das „Wie“ schlüssig beantworten können, werden nicht nur bei der Umsetzung von Nachhaltigkeitsmaßnahmen die Nase vorn haben, sie werden als verantwortungsvoll wahrgenommen und sind in hohem Maße attraktiv für ehren- und hauptamtliche Mitarbeiter*innen. In den folgenden Abschnitten werden einige zentrale Aspekte der Nachhaltigkeit für sozialwirtschaftliche Organisationen vorgestellt. Eine umfangreichere Auflistung findet man bei Stepanek (2022 S. 92 ff.).

3.1 Ökologische Nachhaltigkeit

Soziale Organisationen erbringen im Vergleich zu anderen Branchen ihre Dienstleistungen mit relativ geringen Ressourceneinsatz, bei denen der ökologische Fußabdruck nicht sehr hoch zu sein scheint. Dennoch müssen sie den eigenen Impact reflektieren. Dabei wird es zwischen ambulanten und stationären Angeboten erhebliche Unterschiede geben. Die größten Hebel dürften die Bereiche Mobilität, Energie, Lebensmitteln und Abfall bieten, die in Tab. 1 zusammengefasst sind:

Stepanek (2022, S. 100 zitiert nach Internationaler Controllerverein 2011, S. 4; Pufé 2014, S. 127 ff.) beschreibt bei der ökologischen Nachhaltigkeit den Aufbau von Ressourcenbewusstsein, die Reduzierung der eingesetzten Materialien, einen sparsamen Umgang mit Energie, Wasser, Boden, das Recycling und Wiederverwendung, den Einsatz von erneuerbarer Energie, die Reduzierung bzw. Vermeidung von Schadstoffbelastung und das Abwassermanagement als wichtige Bereiche für die Sozialwirtschaft. Organisationen können mit verschiedenen Tools ihre CO_2-Bilanz erstellen und ihren ökologischen Fußabdruck berechnen.

Tab. 1 Ansatzpunkte für ökologischen Nachhaltigkeit in der Sozialwirtschaft

Mobilität	• Arbeitswege und Dienstreisen der Mitarbeiter*innen • Anfahrt zum/vom Arbeitsort nach Hause • Anreise der Klient*innen
Energie	• Höhe des Energieverbrauchs • Anteil der erneuerbaren Energie
Lebensmittel	• Anteil regionaler und biologischer Lebensmittel im stationären Bereich • Effizienter Einsatz der Lebensmittel und Müllvermeidung

3.2 Soziale Nachhaltigkeit

Unter sozialer Nachhaltigkeit werden die sozialen Auswirkungen auf verschiedene interne und externe Stakeholdergruppen verstanden, sowie die Verantwortung für das soziale und gesundheitliche Wohl der Mitarbeiter*innen und Freiwilligen beschrieben. Die Orientierung an den Erwartungen der verschiedenen Stakeholder ist eine für die Sozialwirtschaft gewohnte Praxis (z. B. im Sozialmarketing, beim Projektmanagement oder bei der Wirkungsorientierung). Soziale Nachhaltigkeit stellt die Beziehung und die Auswirkungen der Tätigkeit der Organisation auf diese Stakeholder in den Mittelpunkt der Betrachtung und geht über die eigentliche Arbeit der Organisation in der Erfüllung ihrer sozialen Mission hinaus. Die Maßnahmen zielen auf soziale Verantwortung, Ethik, Partizipation und Inklusion, Gerechtigkeit, Gesundheit, Diversität, Menschenwürde, Mitbestimmung am Arbeitsplatz, Schutz am Arbeitsplatz, Gewaltschutz, Einhaltung von Gesetzen und Schutznotwendigkeiten sowie Partnerschaften. Sie richten sich an Klient*innen, Mitarbeiter*innen, Anrainer*innen, sowie an alle Menschen in den Zulieferketten (Stepanek 2022, S. 102 zitiert nach Pufé 2014, S. 127 ff.; Eller 2019). Eine Stakeholderanalyse ist ein geeigneter erster Schritt, um die internen und externen Gruppen zu identifizieren. Die Analyse der Zulieferketten stellt meist eine größere Herausforderung dar. Es empfiehlt sich eine schrittweise Vorgehensweise für verschiedene Produktgruppen oder Lieferkanäle.

3.3 Ökonomische Nachhaltigkeit

Was man als ökonomische Nachhaltigkeit versteht, ist weniger eindeutig. Eine Möglichkeit bietet die makroökonomische Betrachtungsebene, wie Wirtschaft sozial und ökologisch verträglich organisiert sein kann. Die Antwort liefern unterschiedliche alternative Wirtschafts- und Gesellschaftskonzepte wie z. B. die Postwachstumsökonomie, die Gemeinwohl-Ökonomie oder die Solidarische Ökonomie. Ökonomische Nachhaltigkeit kann mit „gutem Wirtschaften" und mit dem Bestreben beschrieben werden, die Organisation langfristig und finanziell solide am Leben zu halten (Schulz 2022). In Analogie zu verschiedenen betriebswirtschaftlichen Analysen kann man die Finanzierung, die Liquidität, die Produktivität und die Rentabilität im Blick haben. Überschneidungen zu den anderen beiden Nachhaltigkeitsdimensionen finden sich bei der Frage, in wie fern die angebotenen Produkte und Dienstleistungen auch nachhaltig sind (welche Ressourcen zum Einsatz kommen), ob die Organisation ihre Nutzer*innen und Mitarbeiter*innen beteiligt und schützt, ihren rechtlichen, steuerlichen und gesellschaftlichen Verpflichtungen nachkommt, gegen Korruption und für Transparenz sorgt und welchen Beitrag sie zu einer nachhaltigen Entwicklung liefert (Stepanek 2022, S. 116 ff. zitiert nach Pufé 2014, S. 127; ÖGUT o.J, S. 7 ff.)). Die gemeinsame Steuerung der drei Ebenen der Nachhaltigkeit ist die zentrale Aufgabe des Nachhaltigkeitsmanagements.

4 Nachhaltigkeitsmanagement & Green Controlling als neue Managementbereiche

Stand 2022 gibt es für die Sozialwirtschaft noch keine gesetzlichen Vorgaben, über die Nachhaltigkeitsstrategien und Maßnahmen zu berichten, wie das z. B. für sehr große Unternehmen auf europäischer und nationalstaatlicher Ebene bereits in den 2010er Jahren eingeführt wurde. Es ist geplant, dass in den nächsten Jahren der Kreis der Unternehmen und Organisationen, die von dieser Verpflichtung betroffen sind, erweitert wird. Auch bei öffentlichen Ausschreibungen oder Vergaben wird verstärkt auf Nachhaltigkeit geachtet. Ausgehend von Vorgaben der Europäischen Kommission, die z. B. verbindliche Mindestkriterien und Zielvorgaben für die umweltorientierte öffentliche Beschaffung plant, werden Kostenträger*innen, Fördergeber*innen, Stiftungen und Impactinvestor*innen ein verstärktes Augenmerk darauflegen, welche Nachhaltigkeitsziele eine sozialwirtschaftliche Organisation oder ein Social Business formuliert hat und welche Maßnahmen gesetzt werden, diese zu erreichen (Stepanek 2021). Der Druck wird auch seitens der Spender*innen, der Unterstützer*innen, der Mitglieder*innen und der eigenen Mitarbeiter*innen und Klient*innen zunehmen. Schon jetzt gibt es zahlreiche Best-Practice-Beispiele aus der Sozialwirtschaft:

- Wien Work hat bereits 2004 mit Nachhaltigkeitsberichterstattung begonnen.
- Die Organisation autArK hat auf der eigenen Website eine Nachhaltigkeitsstrategie als Teil ihres Leitbilds veröffentlicht.
- Der Verein Dialog hat in einem Mitarbeiterbeteiligungsprozess das Thema auf die Agenda gesetzt.
- Das Sozialwerk St. Georg initiiert ein Projekt, bei dem Ehrenamtliche zu Umweltscouts ausgebildet werden und bearbeitet das Thema gemeinsam mit Klient*innen.

Nachhaltigkeitsmanagement, Green Controlling[1] und Nachhaltigkeitsreporting werden in den kommenden Jahren zu neuen, bedeutenden Aufgabenfeldern in der Sozialwirtschaft werden. Auch wenn die inhaltliche Auseinandersetzung zeigt, dass Nachhaltigkeit als ganzheitlicher, integrierter Managementansatz verstanden werden muss, wird in vielen Organisationen eine schrittweise Annäherung an das Thema sinnvoll sein. Für Eller (2018, S. 250) sollen Nonprofit-Organisationen zumindest ein Nachhaltigkeitskonzept entwickeln, dass eine Wesentlichkeitsanalyse, die Definition und Einbindung von Stakeholdern, die organisatorische Verankerung der Nachhaltigkeit in der Organisation und eine transparente Kommunikation im Sinne des Reportings umfasst. Schneider (2017, S. 223 f.) formuliert 12 Fragen, die Organisationen zeigen, inwiefern Nachhaltigkeit bereits verankert ist. Daraus ergeben sich verschiedene Managementbereiche:

- Nachhaltigkeitsziele und nachhaltige Unternehmensziele
- Nachhaltige Organisationskultur
- Nachhaltige Personalpolitik und gelebte Partizipation
- Nachhaltige Organisationsentwicklung und nachhaltiges Wissensmanagement
- Nachhaltige Prozesse und Managemententscheidungen
- Nachhaltiger Customer-Journey
- Nachhaltigkeit im Stakeholder-Management
- Nachhaltige Zusammenarbeit in der Branche und mit Zulieferbetrieben
- Kooperation und Wissenstransfer

In Anlehnung an das Zielsystem nach Horak et al. (2007, S. 181), das die Mission im Zentrum sieht, zeigt Abb. 5 jene Bereiche, wo Nachhaltigkeit in sozialwirtschaftlichen Organisationen einen besonders hohen Einfluss bzw. eine strategische Relevanz hat. Diese zentralen Bereiche zeichnen sich durch ein hohes Maß an Abhängigkeit und Interaktion aus.

- Im Bereich **nachhaltige Mission & Wirkung** verknüpfen sozialwirtschaftliche Organisationen die Fragen, warum es die Organisation braucht und welche Wirkungen sie bei Klient*innen und in der Gesellschaft erzielen möchte, mit Nachhaltigkeitszielen. Die Wirkungsziele können durch Aspekte

[1] Der Begriff Green Controlling umfasst alle Bereiche der Nachhaltigkeit, nicht nur ökologische Aspekte. Er wurde im deutschsprachigen Raum bereits zu Beginn der 2010er Jahre vom Internationalen Controllerverein etabliert (Internationaler Controllerverein (o. J.): Green Controlling. https://www.icv-controlling.com/de/arbeitskreise/ideenwerkstatt/green-controlling.html, 16.08.2022.

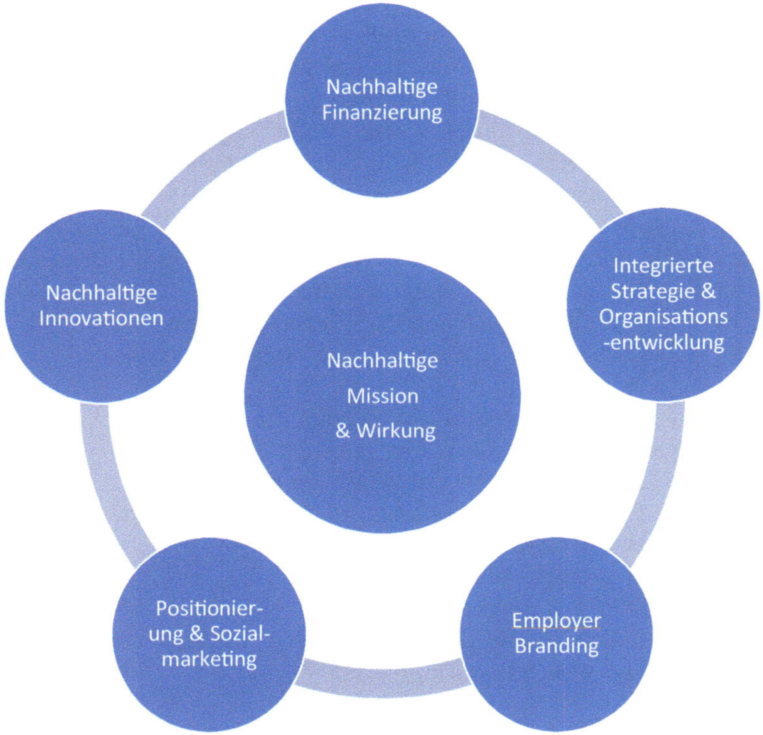

Abb. 5 Nachhaltige Managementbereiche in SWO. (Eigene Darstellung)

der ökologischen und sozialen Nachhaltigkeit ergänzt bzw. differenziert werden. Sie bilden die Grundlage für alle Formal- und Sachziele der Organisation. Die meisten Organisationen formulieren eigene Nachhaltigkeitsziele, die sie getrennt von den Wirkungs-, Formal- und Sachzielen betrachten. Dies ist in einem ersten Schritt einfacher, kann aber zu Zielkonflikten zwischen Nachhaltigkeits- und Organisationszielen führen, wenn z. B. Finanzziele im Widerspruch zu nachhaltigen Investitionen oder Maßnahmen für die Mitarbeiter*innen im Bereich der sozialen Nachhaltigkeit stehen.

- Eine **integrierte Strategie & Organisationsentwicklung** ermöglicht es, die nachhaltige Mission, die Wirkungsziele und die ökologischen, ökonomischen und ökologischen Nachhaltigkeitsziele zu erreichen. Zum Management der integrierten Strategie steht das gesamte Spektrum an Tools des strategischen Managements zur Verfügung. SWOT-Analyse, PESTEL-Analyse, Stakeholder-Analyse, Analyse der Kernkompetenzen, Konkurrenzanalyse, Portfolio-Analyse oder GAP-Analyse (Stepanek 2022, 137 ff.; Kortendieck & Stepanek 2019, S. 82 ff.) können für die Nachhaltigkeitsstrategie adaptiert werden. Ein entsprechendes Kennzahlensystem und internes sowie externes Benchmarking (also der Vergleich mit anderen) stellt eine Voraussetzung für das Green Controlling dar. Wichtig erscheint, dass es zu einer nachhaltigen Organisationsentwicklung kommt, entsprechende Kompetenzen und Know-How aufzubauen und Nachhaltigkeit in die eigenen Angebote und Prozesse zu integrieren.

- **Positionierung & Sozialmarketing:** Die Positionierung als nachhaltige Organisation ist gegenüber den Geld- und Ressourcengeber*innen im Sinne des Sozialmarketings von Relevanz. Die konsequente Ausrichtung der Leistungen an den Erwartungen der Stakeholder wird durch die Einbeziehung von Nachhaltigkeit in die Arbeit mit Klient*innen oder die Vertretung ihrer Interessen erreicht. Die Kommunikation zielt darauf, auf die Leistungen zur nachhaltigen Entwicklung aufmerksam zu machen, gesellschaftliche Aspekte der Nachhaltigkeit anzusprechen und im Sinne der Umweltgerechtigkeit als Sprachrohr für benachteiligte Gruppen gegenüber der Politik aufzutreten.
- Mit der Positionierung als nachhaltige Organisation eng verbunden ist das **Employer Branding,** also die Positionierung als nachhaltige Arbeitgeber*innenmarke. Das bedeutet, ökologische und soziale Nachhaltigkeit zu leben und in den meisten Fällen eine Veränderungen der Führungskultur, die Beteiligung von Mitarbeiter*innen in Entscheidungsprozesse, eine Umgestaltung der Arbeitsbedingungen, u.v.m. Unter dem Schlagwort New Work werden auch in der Sozialwirtschaft verschiedene Veränderungen, die sich auf ein Umdenken in der Gestaltung der Zusammenarbeit, der Organisationsstrukturen, der Regelungen und der Prozesse beziehen, diskutiert (Epe 2018). Mitarbeiter*innen erwarten, dass sich der/die eigene Arbeitgeber*in mit Fragen der Nachhaltigkeit beschäftigt bzw. an einer nachhaltigen Entwicklung mitwirkt (Umweltdialog 2021). Ob eine Organisation in Zukunft im Wettbewerb um die besten Mitarbeiter*innen und Freiwilligen „die Nase vorn haben" wird, hängt auch vom nachhaltigen Spirit in der Organisation ab.
- Organisationen sind gefordert, **nachhaltige Innovationen** zu entwickeln. Das kann sich auf Prozessinnovationen beziehen (wenn z. B. Verbrauchsmaterial oder Energie eingespart oder Beteiligungsprozesse initiiert werden), auf die Entwicklung gänzlich neuer Angebote (z. B. Reparaturservice, Nachhaltigkeitsprojekte, Beratungsangebote, u. a.) oder die Ansprache neuer Zielgruppen,

die aufgrund von Nachhaltigkeitsthemen in den Fokus rücken (z. B. Angebote für Menschen, die unter Hitze leiden, Angebote für Unternehmen, die sich im Bereich der sozialen Nachhaltigkeit engagieren wollen). Innovationsfähigkeit im Sinne des New Work bedeutet nach Epe (2018) auf Basis einer sinnhaften Arbeitsgestaltung in selbst organisierten Teams und durch die Einbeziehung der Bedürfnisse und Bedarfe der Menschen, neue Wege zu gehen: „Dies führt dazu, dass qualitativ hochwertigere soziale Arbeit unter komplexen Bedingungen geleistet werden, die Organisationen agil auf sich verändernde Rahmenbedingungen reagieren und damit insgesamt die Arbeitgeberattraktivität sozialer Organisationen gesteigert werden kann". Man darf davon ausgehen, dass es innovative Organisationen der Sozialwirtschaft leichter haben, ihre Angebote zu finanzieren. Gerade im Bereich der nachhaltigen Produkte und Angebote ergeben sich für Social Business interessante Märkte und Chancen, die sich (teilweise) über den Markt finanzieren. Seitens der Europäischen Union ist im Sinne der Förderung der Kreislaufwirtschaft und der Sozialwirtschaft mit einem verstärkten finanziellen Engagement zu rechnen.

Der Umbau hin zum nachhaltigen Management ist ein umfassender Prozess. Zu Beginn der Auseinandersetzung mit Nachhaltigkeit steht die Wesentlichkeitsanalyse. Organisationen müssen die wesentlichen Bereiche erkennen, für die in weiterer Folge Ziele und Kennzahlen entwickelt werden. Um die Komplexität zu reduzieren und Veränderungen anzustoßen, empfiehlt sich die Beschäftigung mit einem der verschiedenen Nachhaltigkeitsstandards, wie z. B. Gemeinwohl-Bilanz, EMAS, Global Reporting Initiative (GRI) oder dem SDG-Kompass. Sie leiten praxisnah durch den Prozess der Reflexion und der Ziel- und Maßnahmenformulierung und bieten Ansatzpunkte für konkrete Maßnahmen. EMAS, GRI und die Gemeinwohl-Matrix ermöglichen die Zertifizierung, die gerade im Wettbewerb um Fördermittel einen Vorteil darstellen können. Durch die Auseinandersetzung mit einem Standard können Organisation relevante Themen/Bereiche der ökologischen, sozialen und ökonomischen Nachhaltigkeit identifizieren, dafür Ziele formulieren und Kennzahlen definieren und schlussendlich ein ganzheitliches Reporting implementieren (Stepanek 2022, S. 183 ff.).

5 Nachhaltigkeitsmanagement in der Sozialwirtschafts-Lehre

Um den Anforderungen der zukünftigen Arbeitergeber*innen gerecht zu werden, gilt es, Fach- und Führungskräfte in der Sozialwirtschaft für diese neuen Managementbereiche zu qualifizieren. Es braucht ein Verständnis von Nachhaltigkeit und dem Zusammenspiel der ökologischen, sozialen und ökonomischen Nachhaltigkeit und das Know-how, wie diese Ziele in die Steuerung der Organisation aufgenommen werden können. Führungskräfte müssen in Zukunft nicht nur Nachhaltigkeitsziele formulieren und steuern können, sondern die Organisationen und ihre Mitarbeiter*innen im Sinne von Sustainable Leadership auch führen können. Nachhaltigkeitsmanagement sollte demgemäß in die Curricula des Sozialmanagements und der Sozialwirtschaft einfließen. Von 2020 bis 2023 widmen sich in einem von Erasmus + geförderte Projekt vier Hochschulen und zwei Unternehmen aus Österreich, Deutschland, der Tschechischen Republik und Rumänien diesem Schwerpunkt. *eco3 – Sutainability Management and Green Controlling in the Social Economy* stattet die zukünftigen Führungskräfte mit dem nötigen Know-how aus, um nachhaltige Managementaspekte in Organisationen der Sozialwirtschaft zu implementieren und Veränderungsprojekte voranzutreiben. Im Projekt werden verschiedene Lern- und Lehrmaterialien entwickelt, die praxisnahes Lernen ermöglichen. Dazu gehören zwei Planspiele, bei denen Studierende in verschiedenen Rollen die Komplexität des Nachhaltigkeitsmanagements und der nachhaltigen Steuerung (= Green Controlling) erfahren. Das Projekt unter der Leitung der FH Campus Wien möchte damit Impulse in die Sozialwirtschaft und in die Hochschullandschaft senden, sich verstärkt mit Nachhaltigkeit zu beschäftigen. Alle Lern- und Lehrunterlagen stehen ab August 2023 interessierten Hochschulen und Praktiker*innen open access auf www.eco3projekt.org zur Verfügung (eco^3 o. J.).

Literatur

Baud, S., & Wegscheider-Pichler, A. (2019). *Umweltgerechtigkeit; Sozioökonomische Unterschiede bei von Umwelteinflüssen Betroffenen und im Umweltverhalte; Mikrozensus Umwelt und EU-SILC – Statistical Matching.* Informationen zur Umweltpolitik, 198. Kammer für Arbeiter und Angestellte für Wien.

Bundeskanzleramt (o.J.). Nachhaltige Entwicklung – Agenda 2030/SDGs. https://www.bundeskanzleramt.gv.at/themen/nachhaltige-entwicklung-agenda-2030.html. Zugegriffen: 03.06.2022.

Bundesregierung (2021). Bericht über die Umsetzung der Agenda 2030 für nachhaltige Entwicklung. Freiwilliger Staatenbericht Deutschlands zum HLPF 2021. https://www.bmz.de/resource/blob/86824/6631843da2eb297d849b03d883140fb7/staatenbericht-deutschlands-zum-hlpf-2021-data.pdf. Zugegriffen: 16.08.2022.

Dominelli, L. (2012). *Green Social Work: From Environmental Crises to Environmental Justice*. Polity.

Eidgenössisches Departement für auswärtige Angelegenheiten ED (2018). Die Umsetzung der Agenda 2030 für nachhaltige Entwicklung durch die Schweiz. Länderbericht der Schweiz. 2018. https://www.eda.admin.ch/dam/agenda2030/de/documents/laenderbericht-der-schweiz-2018_DE.pdf. Zugefriffen:03.06.2022.

eco3 (o.J.). eco3 – Sustainability Management and Green Controlling in the Social Economy. https://eco3project.org/. Zugegriffen: 16.08.2022.

Eller, H. (2019). Nachhaltigkeit in Nonprofit-Organisationen (NPO): Umfrage zum Zustand der ökologischen und sozialen Nachhaltigkeit. Zürcher Hochschule für angewandte Wissenschaft. https://digitalcollection.zhaw.ch/bitstream/11475/19943/3/2019_Eller_Nachhaltigkeit%20NPO.pdf. Zugegriffen 03.06.2022.

Eller, H. (2018). Nachhaltigkeit in NPO – Eine Fallstudie mit dem Alters- und Pflegezentrum in Amriswil. In M. Gmür, R. Andeßner, D. Greiling, & L. Theuvsen (Hrsg.). *Wohin entwickelt sich der Dritte Sektor. Konzeptionelle und empirische Beiträge aus der Forschung*. (S. 247–254). VMI.

Epe, H. (2018). Warum New Work. https://www.ideequadrat.org/warum-new-work/. Zugegriffen: 16.08.2022.

Europäische Kommission (2021). Kommission legt Aktionsplan zur Förderung der Sozialwirtschaft und zur Schaffung von Arbeitsplätzen vor. https://ec.europa.eu/social/main.jsp?langId=de&catId=1537&furtherNews=yes&newsId=10117. Zugegriffen: 03.06.2022.

Europäische Kommission (o.J.). European Green Deal. https://ec.europa.eu/info/strategy/priorities-2019-2024/european-green-deal_de#thebenefitsoftheeuropeangreendeal, Zugegriffen: 03.06.2022.

Fleischlin, P. (2020). Die UN-Nachhaltigkeitsziele –ein Aufruf an die Soziale Arbeit. *Sozial Aktuell* | Februar 2020. (S. 12–15).

Gray, M., Coates, J., & Hetherington, T. (2012). *Environmental Social Work.*

Harfmann M., & Schober S. (2022). Was passiert, wenn das Wasser ausgeht. https://orf.at/stories/3263842/ Zugegriffen: 03.06.2022.

Horak, Ch., Matul, Ch., & Scheuch, F. (2007). Ziele und Strategien von NPOs. In C. Badelt, M. Meyer, & R. Simsa (Hrsg), *Handbuch der Nonproftit Organisationen*, 4. Auflage, Stuttgart: Schäffer-Poeschl.

IMF (2022). Weltweites Bruttoinlandsprodukt (BIP) in jeweiligen Preisen von 1980 bis 2021 und Prognosen bis 2027 (in Billionen US-Dollar). In Statista. https://de-1statista-1com-1ou0i90vr0dad.han.fh-campuswien.ac.at/statistik/daten/studie/159798/umfrage/entwicklung-des-bip-bruttoinlandsprodukt-weltweit/. Zugegriffen: 07.07.2022.

Janson, M. (2021). So könnte sich das Klima aufheizen. https://de-1statista-1com-1ou0i90vr0dad.han.fh-campuswien.ac.at/infografik/26127/abweichung-der-globalen-mitteltemperatur-gegenueber-vorindustrieller-zeit-und-prognosemodelle-bis-2100. Zugegriffen: 07.07.2022.

Könighofer, M. (2020). Nachlese: arbeit plus Innovation Lab SDGs. https://arbeitplus.at/nachlese-arbeit-plus-innovation-lab-sdgs/. Zugegriffen: 15.08.2022.

Kortendieck, G. & Stepanek, P. (2019). *Controlling in der deutschsprachigen Sozialwirtschaft. Eine Einführung.* Springer VS.

Internationaler Controllerverein (2011). Green Controlling - eine (neue) Herausforderung für den Controller? https://www.icv-controlling.com/fileadmin/Assets/Content/AK/Ideenwerkstatt/Files/Studienbericht_Green_Controlling_final.pdf. Zugegriffen 07.07.2022.

Lebensministerium (2015). Zukunftsdossier No. 3a. Alternative Wirtschafts-und Gesellschaftskonzepte. 2. und erweiterte Auflage. https://wachstumimwandel.at/wp-content/uploads/WiW_Dossier3a_Alternative_Wirtschafts_und_Gesellschaftsmodelle.pdf. Zugegriffen: 07.07.2022.

McKinnon, J., & Alston, M. (2016). *Social Work – Towards Sustainability.* Macmillan Education.

Österreichische Gesellschaft für Umwelt und Technik (ÖGUT) (2020). Wesentliche ökologische, soziale und ökonomische Aspekte zur Beurteilung von Nachhaltigkeitsberichten. Positionspapier. https://www.oegut.at/downloads/pdf/nh-berichterstattung-positionspapier.pdf. Zugegriffen: 27.06.2022

Pufé, I. (2014). *Nachhaltigkeit.* 2. Auflage. UTB.

Raworth, K. (o. J.). What on Earth is the Doughnut? https://www.kateraworth.com/doughnut/. Zugegriffen: 07.07.2022.

Repanet (2019). Ressourcenverbrauch wird sich bis 2060 verdoppeln. https://www.repanet.at/ressourcenverbrauch-wird-sich-bis-2060-verdoppeln/. Zugegriffen 27.05.2022.

Rinkel, M., & Powers, M. (2019). *Social Work – Promoting Community & Environmental Sustainability.* Vol. 3. International Federation of Social Workers.

Schneider, A. (2017). Nachhaltigkeit als Herausforderung und Zielsetzung des Managements sozialer Unternehmen. In W. Grillitsch, P. Brandl, & S. Schuller (Hrsg). *Gegenwart und Zukunft des Sozialmanagements und der Sozialwirtschaft. Aktuelle Herausforderungen, strategische Ansätze und fachliche Perspektiven* (S. 213–228). Springer VS.

Schulz, S. (2022). Drei Säulen der Nachhaltigkeit: Ökologie, Wirtschaft und Soziales. https://utopia.de/ratgeber/drei-saeulen-der-nachhaltigkeit-modell/. Zugefriffen: 13.08.2022

Stepanek, P. (2022). *Sozialwirtschaft nachhaltig managen. Eine Einführung.* Springer VS.

Stepanek, P. (2021). Nachhaltigkeitsmanagement – Ökonomisch, ökologisch, sozial In *Sozialwirtschaft aktuell*, Jg.31, Heft 13, Juli 2021, NOMOS Verlag.

Tschötschel, R. (2021). Nicht mehr übers Ob – es ist höchste Zeit, über das Wie im Klimaschutz zu sprechen. https://www.klimafakten.de/meldung/nicht-mehr-uebers-ob-es-ist-hoechste-zeit-ueber-das-wie-im-klimaschutz-zu-sprechen. Zugegriffen: 12.08.2022.

Umweltbundesamt (2022). Country Overshoot Days 2022. https://www.umweltbundesamt.de/sites/default/files/medien/6232/bilder/earth_overshoot_day_2022.jpg. Zugegriffen: 27.5.2022.

Umweltdialog (2021). Arbeitnehmer erwarten mehr Nachhaltigkeit. https://www.umweltdialog.de/de/management/unternehmenskultur/2021/Arbeitnehmer-erwarten-mehr-Nachhaltigkeit.php. Zugegriffen: 16.08.2022

WCED (1987). Development and international economic co-operation: Environment. Report of the world Commission on Environment and Development A/42/427. United Nations. https://digitallibrary.un.org/record/139811. Zugegriffen: 15.05.2022.

Peter Stepanek, FH-Prof. Mag. (peter.stepanek@fh-campuswien.ac.at) Studiengangsleiter Europäisches Masterstudium Sozialwirtschaft und Soziale Arbeit an der FH Campus Wien. Er forscht zu Nachhaltigkeitsmanagement, Wirkungsorientierung und Controlling in der Sozialwirtschaft und leitet verschiedene Forschungsprojekte in diesem Bereich.

Transdisziplinäre Bildungsarbeit für nachhaltige Entwicklung

Daniela Molzbichler und Sabrina Stattmann

Inhaltsverzeichnis

D. Molzbichler · S. Stattmann (✉)
Department Angewandte Sozialwissenschaften, Fachhochschule Salzburg, Puch, Österreich
E-Mail: sabrina.stattmann@fh-salzburg.ac.at

D. Molzbichler
E-Mail: daniela.molzbichler@fh-salzburg.ac.at

B. Schmidtke et al. (Hrsg.), *Sozial - Innovativ - Nachhaltig,* Perspektiven Sozialwirtschaft und Sozialmanagement,
https://doi.org/10.1007/978-3-658-42847-1_19

1 Im Zeitalter der anthropogenen Erderwärmung – einleitende Worte

Mehr als 99 % der wissenschaftlichen Publikationen, die sich seit 2012 mit klimabezogenen Themen beschäftigen, sind sich darin einig, dass der Klimawandel menschengemacht ist (Lynas et al. 2021). Wissenschaftler*innen verschiedener Disziplinen sind sich auch darin einig, dass dringend und intensiver gehandelt werden muss.

Der Verweis auf die Dringlichkeit zu handeln, ist nicht neu. Mit der Veröffentlichung von „The Limits to Growth" 1972 (Meadows et al.) und weiteren unzähligen wissenschaftlichen Auseinandersetzungen zu Klimawandel, Erderwärmung sowie deren weltweite Auswirkungen auf Gesellschaft und Umwelt ist inzwischen offensichtlich, dass der Ressourcenverbrauch katastrophale Folgen hat, sofern es zu keinen weitreichenden Veränderungen des menschlichen Handelns auf Mikro-, Meso- und Makroebene kommt.

Darüber hinaus brachten vor allem innovative wissenschaftliche Zugänge und Methoden, wie etwa Erdsystemanalysen (Schellnhuber et al. 2004) neue Erkenntnisse: Mittlerweile ist davon auszugehen, dass es eine nichtlineare Dynamik der Erderwärmung gibt, und dass die Gefahr so genannter Kippelemente „tipping elements" im Erdklimasystem in der Vergangenheit zu wenig in Betracht gezogen wurde. Zudem ist es teilweise schwer absehbar, mit welchen Folgen etwa durch die Erwärmung des arktischen Meereises und des Grönländischen Eisschildes genau zu rechnen ist oder inwieweit sich die Niederschläge in der Sahelzone verändern (Lenton et al. 2008; Schewe/Levermann 2022; siehe auch ESD – Earth System Dynamics 2022).

Trotz steigender regionaler und internationaler Anstrengungen sowohl auf zivilgesellschaftlicher wie auch politischer und wirtschaftlicher Ebene, sind diese bei weitem zu gering, um die Erderwärmung bei höchstens + 1,5 Grad (COP 21) zu stabilisieren. Daher muss der Fokus auf Stärkung nachhaltiger Entwicklung auf allen Handlungsebenen der Menschen liegen.

1.1 Nachhaltigkeit – eine kurze Begriffserklärung

Es empfiehlt sich vorab zu klären, was unter Nachhaltigkeit respektive nachhaltiger Entwicklung verstanden wird. Vor allem muss auf die Brundtland Definition hingewiesen werden, da es unterschiedliche Verständnisse und Definitionen zu Nachhaltigkeit gibt und der Begriff mittlerweile inflationäre Verwendung findet.

Das Wort „Nachhaltigkeit“ kommt ursprünglich aus der Forstwirtschaft, denn bereits im Jahr 1713 stellte Hans Carl von Carlowitz fest, dass immer nur die Menge an Holz geschlagen werden sollte, die mithilfe von Aufforstung, Säen und Pflanzen nachwachsen kann. Ziel war es, eine Balance zwischen der Welt und dem Lauf der Dinge zu halten (Theßenvitz 2021, S. 46–48). Meist wird jedoch auf die wohl bekannteste Definition des Nachhaltigkeitsbegriffs aus dem Brundtland Report verwiesen, welcher 1987 erstmals ein Leitbild einer nachhaltigen Entwicklung aufstellte. Aufbauend auf die Veröffentlichung des Abschlussberichts der „World Commission on Environment and Development“ mit dem Titel „Our Common Future“ der Namensgeberin Gro Harlem Brundtland besagt dieser, dass eine Entwicklung, die den Bedürfnissen der Gegenwart gerecht wird, nicht die Befriedigung der Bedürfnisse zukünftiger Generationen beeinträchtigen darf (Report of the World Commission on Environment and Development 1987; Holzbaur 2020, S. 51).

Im Juni 1992 fand in Rio de Janeiro mit Teilnehmer*innen aus 178 Staaten erstmalig die UNO-Konferenz für Umwelt und Entwicklung statt. Ziel war die Ermittlung von Handlungsvorgaben zur Erreichung einer nachhaltigen globalen Entwicklung (Lokale Agenda 21 1992). Diese beruht auf der Erkenntnis, dass sich der Schutz der Umwelt nur durch die Beachtung von sozialen und wirtschaftlichen Faktoren gewährleisten lässt. Das 3-Säulen-Modell beinhaltet eine ökologische, soziale und ökonomische Säule. Häufig ist hier auch die Rede von der Triple Bottom Line „Planet, People, Profit“. Bei der Konferenz Rio +10 in Johannesburg 2002 wurden diese drei Säulen genauer ausgearbeitet. Das 3-Säulen-Modell kann einerseits als wichtiger Schritt dahingehend gesehen werden, dass die Interdependenzen sichtbarer werden und der alleinige Fokus auf einen Bereich zu kurz greift. Andererseits wird jedoch das 3-Säulen-Modell dahingehend kritisiert, dass die drei Säulen nicht gleichwertig gesehen werden dürfen, sondern dass die ökologische Säule Priorität haben sollte und auch, dass hier mehrere Dimensionen, die essentiell wären, zu wenig Beachtung finden (siehe auch Elkington 2018).

Eine der Säulen bezieht sich auf ökologische Nachhaltigkeit und beinhaltet die Erhaltung der natürlichen Ressourcen für zukünftige Generationen und die damit verbundene Grundvoraussetzung eines bewussten sowie maßvollen Umgangs mit der Natur. Die Notwendigkeit zur Regeneration natürlicher Ressourcen steht hier im Fokus. Beispiele hierzu sind etwa der suffiziente Umgang mit nicht erneuerbaren Rohstoffen, die Förderung der Biodiversität oder das Modell des ökologischen Fußabdrucks. Ganz im Sinne der Sustainable Development Goals (SDGs) und des Ansatzes „leave no one behind“ steht ein respektvoller Umgang miteinander sowie die Frage nach der Organisation von Gesellschaften im Mittelpunkt der Säule soziale Nachhaltigkeit. Dabei geht es um Fragen nach Gerechtigkeit und Chancengleichheit, um Friedenssicherung, beispielsweise um Zugänge zu Bildungs- und Gesundheitssystemen. Ökonomische Nachhaltigkeit verbindet ökonomische, ökologische und soziale Logiken – und nicht die finanzielle Wertschöpfung auf Kosten der Umwelt oder Menschen. Dabei kann etwa der Triple-Bottom-Line Ansatz, Frame of Reference oder social motivation hilfreich sein.

Green Economy im Kontext nachhaltiger Entwicklung und Armutsbekämpfung sowie institutionelle Rahmenbedingungen nachhaltiger Entwicklung waren Schwerpunktthemen der Konferenz Rio +20 (UNEP – Principle 10 and the Bali Guideline). Auf dieser Konferenz wurde zudem die Entwicklung der SDGs beschlossen, auch wenn zu dieser Zeit noch keine konkreten Ziele ausformuliert waren, so konnte man sich auf Grundsätze einigen (Holzbaur 2020, S. 36, S. 74, S. 80–83). Im Kern bezieht sich die Agenda 2030 (= SDGs) auf folgende 5Ps: People, Planet, Prosperity, Peace and Partnership – damit impliziert ist die Erkenntnis der gegenseitigen Abhängigkeiten dieser Kernelemente, die sich wiederum in den 17 SDG-Zielen spiegeln.

1.2 Interdependenzen der Handlungsebenen

Wie zuvor erwähnt gilt es, auf allen Ebenen anzusetzen. Das heißt, dass es auf jede Person, jede Gruppe und deren Verhaltensweisen ankommt, da die Auswirkungen jeden Bereich unseres Alltags betreffen. Außerdem müssen Vereinbarungen und Regelungen getroffen werden, die schließlich auf Makro-, Meso- und Mikroebene umgesetzt und auch eingehalten werden müssen, wie etwa das +1,5 Grad Ziel (COP 21).

Auf Mikroebene lässt sich festhalten, dass (1) das Wissen über die globale Erderwärmung und deren Auswirkungen Einfluss auf das individuelle Verhalten hat und die Handlungsbereitschaft stärkt. (2) Die Wahrnehmung von klimabedingten Veränderungen im eigenen Umfeld (etwa Hitze), (3) das Vertrauen in Institutionen (in politische Vertreter*innen…) sowie (4) soziale Faktoren („wir machen da jetzt auch mit“) und (5) das Zutrauen der Selbstwirksamkeit („ich merke, ich kann etwas dazu beitragen“) essentielle Faktoren sind, um möglichst Viele zum nachhaltigen Handeln zu motivieren. Beispiele, konkrete Vorschläge und Tipps (Mülltrennung, -vermeidung, Energiegemeinschaften etc.) können darüber hinaus dazu beitragen, die Handlungsbereitschaft auszubauen (PHA2SE 2019; siehe auch Uhl-Hädicke 2022).

Auf Meso- und Makroebene sind es vor allem bereits beschlossene Maßnahmen und gemeinsame Abkommen (wie die Vermeidung und Verringerung des Ausstoßes von Treibhausgasen etc.), die es gilt, auf allen Ebenen umzusetzen. Außerdem müssen weitere wichtige Vereinbarungen getroffen werden, um vor allem den „tipping elements" Einhalt zu gebieten. Eine der wohl bekanntesten Abkommen ist die Agenda 2030 für nachhaltige Entwicklung respektive Sustainable Development Goals (SDGs), die im September 2015 bei einem UN-Gipfeltreffen in New York beschlossen wurden. Sie besteht aus insgesamt 17 Zielen für eine gemeinsame nachhaltige Entwicklung (UN 2015). Ökologische, soziale und ökonomische Nachhaltigkeit werden hier gleichermaßen gewichtet und gemeinsam angestrebt. Hervorzuheben ist dabei, dass die 17 Ziele nicht voneinander abgekoppelt, sondern miteinander verwoben sind. Diese Ziele beinhalten wiederum 169 Teilziele. Alle UN-Mitgliedsstaaten haben sich dazu verpflichtet, diese Ziele auf allen Ebenen umzusetzen. Diesbezüglich gibt es eine Fülle an Zwischenberichten und Darstellungen etwa EU- sowie bundesweite Evaluierungen und Monitorings (siehe etwa eurostat 2022; Bundeskanzleramt 2020; Umweltgesamtrechnungen 2022; SDGwatch 2022).

Erwähnt werden muss, dass es auch berechtigte Kritiken zu den SDGs gibt. Die häufigsten konzentrieren sich dabei auf das fehlende Bereitstellen von (vereinbarten) Ressourcen, Verwässerungen in der Umsetzung sowie Widersprüchlichkeiten zwischen den Zielen (Schlagwort: Wirtschaftswachstum). Kritisiert wird aber auch die Fokussierung auf ökonomische Nachhaltigkeit auf Kosten der ökologischen Zielsetzungen (Zeng et al. 2020, Global Sustainable Development Report 2019).

Trotz Kritik sind mittlerweile die SDGs in vielen Bereichen fester Bestandteil, so auch auf Hochschulebene, etwa wenn es um Forschungsförderungen oder internationale Mobilitätsprogramme und innovative interdisziplinäre Lehrangebote geht (siehe etwa FFG). Stärkere Ausrichtung hin zu den SDGs gibt es an Österreichs Hochschulen und Universitäten vor allem durch das UniNEtZ, aber auch die Allianz Nachhaltiger Universitäten oder das Bündnis nachhaltiger Hochschulen beziehen sich auf die Agenda 2030 (siehe UniNEtZ 2022; Allianz nachhaltiger Universitäten 2022; Bündnis nachhaltiger Hochschulen 2022).

Einen wesentlichen Beitrag für eine breitere Auseinandersetzung mit Klimawandel und nachhaltiger Entwicklung leistet Greta Thunberg als Leitfigur der Fridays for Future Bewegung. Neben vielen unterschiedlichen Personen, Vereinen und Zusammenschlüssen zu nachhaltiger Entwicklung, kam mit Fridays for Future 2018/2019 eine neue weltweite sozialen Bewegung ins Rollen. Binnen kürzester Zeit erhielt FFF Unterstützung aus verschiedenen Gruppen, mit deren Know-how und Wirkungsbereichen. So gibt es mittlerweile etwa „Entrepreneurs for Future", „Parents for Future", „Students for Future" und „Scientists for Future".

Darüber hinaus sind die stetig steigenden klimatischen Veränderungen aufgrund der Erderwärmung nicht mehr zu übersehen. Auch in Gesellschaften verändert sich die Einstellung zu Klimaschutzmaßnehmen. Mittlerweile befürworten etwa in Österreich 88 % der österreichischen Bevölkerung Klimaschutzmaßnahmen (Lachsteiner 2020), jedoch reichen die derzeitigen Vorschläge für die Umsetzungen nicht aus, um nachfolgenden Generationen eine lebenswerte Zukunft zu garantieren und um globalen Klimagerechtigkeitsansprüchen gerecht zu werden. Daher ist eine vertiefende Auseinandersetzung mit Nachhaltigkeitsthemen auch für Hochschulen essentiell, denn nur so können Studierende auf zukünftige Herausforderungen vorbereitet werden. Dies beinhaltet aber auch eine Auseinandersetzung mit neuen Lehrmethoden und Bildungsansätzen, welche im Folgenden kurz erläutert werden.

2 Nachhaltige Entwicklung: Lehren und Lernen

Das Bedürfnis nach einer stärkeren Verankerung des Themas nachhaltige Entwicklung auf Hochschulebene ist spürbar. Es besteht bei immer mehr Studierenden und Mitarbeiter*innen an Hochschulen der Wunsch, dass sich die eigene Einrichtung an dieser Stelle weiterentwickelt. Neben fachbezogener und fachübergreifender Lehre sowie disziplinärer und interdisziplinärer Forschung, spielen studentisches Engagement und selbstverständlich der Wissenstransfer in die Gesellschaft eine wichtige Rolle. Auch soziale Nachhaltigkeit an der Hochschule, Nachhaltigkeitskommunikation (Leitlinien, Kommunikation, Weiterbildung und Transfer) sowie der Hochschulbetrieb (Energie- und Umweltmanagement) und vor allem eine dementsprechend wirkende Governance sind essentiell, um eine gemeinsame Nachhaltigkeitsstrategie einer Hochschule professionell in die gelebte Praxis umzusetzen. Die zuvor genannten Bereiche greifen ineinander über respektive sind eng miteinander gekoppelt. Im Rahmen dieses Artikels liegt der Fokus auf Lehre und Transfer, um ganz im Sinne von SDG 4 die Verbreitung von notwendigen Kenntnissen für nachhaltige Entwicklung zu fördern.

2.1 Bildung für die sozialökologische Transformation[1]

Innerhalb der Globalen Agenda 2030 ist Bildung maßgeblich für die Zielerreichung, weshalb diese sowohl als eigenständiges SDG hervorgehoben wird, als auch in mehreren anderen Zielen eingeschlossen ist. Dem zugrunde liegt die Vision einer lebens- und gesellschaftsverändernden Bildung, die niemanden zurücklässt. Der Zweck und die Relevanz von Bildung für die menschliche Entwicklung und für wirtschaftliche, soziale sowie ökologische Nachhaltigkeit steht dabei im Mittelpunkt, weshalb sich auch die UNESCO innerhalb der Bildungsagenda 2030 diesen Zielsetzungen verschreibt und verschiedene Strategien zur Zielerreichung vorschlägt. Im Bereich der tertiären Bildung geht es insbesondere um die Förderung von akademischer und beruflicher Bildung sowie lebenslangem Lernen für Menschen aller Altersgruppen, unabhängig von ihren soziokulturellen Hintergründen (vgl. UNESCO 2017, S. 5–14). Auch das Bundesministerium für Bildung, Wissenschaft und Forschung erkennt die Wichtigkeit dieser Zielsetzung und hat Nachhaltigkeit bzw. die Globale Agenda 2030 im Sinne der gesellschaftlichen Verantwortung in die „Dritte Mission" von Hochschulen integriert (vgl. BMBWF 2019). Roessler (2015) definiert die „Dritte Mission" als Leistungen der Hochschulen, die unmittelbar in die Gesellschaft hineinwirken sowie Strömungen aus der Gesellschaft, die in die Hochschule fließen (ebd. 2015, S. 2).

Bezogen auf diese Definition erscheint das Konzept von Global Citizenship Education (GCED) als geeigneter Ansatz, um der dritten Mission vollumfänglich gerecht zu werden. Die UNESCO beschreibt GCED als ihre Antwort auf immer noch bestehende Ungleichheiten, Armut und Menschenrechtsverletzungen, die nach wie vor den Frieden und die nachhaltige Entwicklung gefährden (vgl. UNESCO 2023).

Im Sinne der „dritten Mission" haben Universitäten und Hochschulen auch eine große gesellschaftliche Verantwortung. Um dieser in einer sich rasant wandelnden Gesellschaft gerecht werden zu können, ist eine Anpassung der Bildungskonzepte und -angebote notwendig. Im Rahmen dieses Artikels wird daher ein besonderes Augenmerk auf die Zielsetzung von SDG 4 und das darin enthaltene Bildungskonzept gelegt, welches im Weiteren vorgestellt wird.

---

[1] Da sich die globale Klimakrise immer mehr verschärft, braucht es Veränderungen in allen Dimensionen der Nachhaltigkeit und nicht nur in einzelnen Politikfeldern. Dies impliziert tiefgreifende Transformationen in den Strukturen von Wirtschaft und Gesellschaft. Nachhaltige Entwicklung kann nur gelingen, wenn dabei auch soziale Entwicklungen und Problemstellungen mitberücksichtigt werden. Die ökologische Frage ist mit der sozialen Frage verknüpft, weshalb es eine neue Art der gesellschaftlichen Zusammenarbeit braucht (vgl. Sharp et al. 2020, S. 7).

2.2 Global Citizenship Education als neues Bildungsparadigma

Das Konzept von Global Citizenship Education basiert auf einem holistischen Ansatz und befähigt durch Wissens- und Kompetenzvermittlung zum aktiven Umgang mit globalen Herausforderungen. Dabei werden individuelle sowie soziale Kompetenzen durch Reflexionsvermögen und politische Urteils- und Handlungskompetenz erweitert, wodurch das Bildungskonzept eine wesentliche Rolle bei Umsetzung der SDGs spielt. GCED soll fächerübergreifende und fächerverbindende Bezüge schaffen, um die Dimensionen der Nachhaltigkeit (ökologisch, ökonomisch, sozial) zu verknüpfen (vgl. BMBWF 2023).

Global Citizenship Education wird aber auch als „Umbrella"-Konzept bezeichnet, welches verschiedene Ansätze umfasst, wie etwa entwicklungspolitische Bildung und Globales Lernen, Friedenspädagogik, Menschenrechtsbildung, politische und interkulturelle Bildung sowie Bildung für nachhaltige Entwicklung. Als internationale Leitlinie braucht GCED diese konzeptionelle Breite, um in möglichst allen Mitgliedsstaaten Zustimmung zu finden. Allerdings wird dadurch die Herausarbeitung verbindlicher Kernelemente erschwert, was wiederum zu Unsicherheiten führen kann (vgl. Grobbauer 2019, S. 111 f.). Im Mittelpunkt von Global Citizenship Education steht die Entwicklung hin zu einer Weltgesellschaft, da es immer notwendiger wird, dass sich Menschen als Weltbürger*innen sehen, um Verantwortung für nachhaltige Entwicklung zu übernehmen. Allerdings fokussiert GCED nicht nur auf die individuelle Ebene, sondern regt auch an, sich mit politischen Strukturen und Rahmenbedingungen globaler Entwicklung zu beschäftigen sowie globale Gerechtigkeit zu thematisieren (vgl. Grobbauer & Wintersteiner 2018, S. 9). Um diesem Anspruch gerecht zu werden, fußt das Konzept auf drei Eckpunkten: dem kritischen Lehren und Lernen, dem Begriff Global Citizen und Selbstreflexivität. Im Bereich des kritischen Lehrens und Lernens sollen Lernende für die komplexen Herausforderungen von globalen Zusammenhängen sensibilisiert werden und einen Anstoß erhalten, die eigenen Wertevorstellungen und Ansichten auch kritisch zu betrachten sowie zu analysieren, um möglicherweise das eigene Denkgebäude infrage zu stellen. Politische Handlungskompetenz, kritisches Denkvermögen, historisch kritisches Denken, insbesondere eine postkoloniale Perspektive sind daher wesentliche Bestandteile der Didaktik. Außerdem werden die Werte der Friedens- und Menschenrechtsbildung sowie soziale Gerechtigkeit miteinbezogen. Der Begriff Global Citizen stellt einen weiteren wichtigen Bezugspunkt für die Lehre dar und muss einer kritischen Auseinandersetzung unterzogen werden. Durch Perspektiven über den

Nationalstaat hinaus sollen neue Denkräume eröffnet und Partizipationsmöglichkeiten erweitert werden. Selbstreflexivität als dritter Eckpunkt bezieht neben der individuellen Ebene auch das Konzept GCED selbst mit ein, wobei die postkoloniale Perspektive auch hier eine wesentliche Rolle spielt. Da der Begriff Global Citizen auch mit dem Anspruch einer universellen Geltung verbunden ist, muss ebendies kritisch reflektiert werden, um nicht ein Werkzeug eines neuen Imperialismus darzustellen (vgl. Scherling & Mauric 2018, S. 10 f.).

GCED ist im deutschsprachigen Raum ein noch relativ neues Konzept mit eher geringer Verbreitung. Da es aber sowohl in der Globalen Agenda als auch in der Bildungsagenda 2030 Erwähnung findet und von der UNESCO präferiert wird, erscheint eine Übernahme in die Lehre an Hochschulen sinnvoll. Im Folgenden wird skizziert, inwiefern dies an der Fachhochschule Salzburg im Rahmen des Projektes 1FH Sustain initiiert werden konnte.

3 Nachhaltige Entwicklung an der Fachhochschule Salzburg

Um das Thema Nachhaltigkeit und nachhaltige Entwicklung stärker in den Fokus zu rücken wurde bereits 2020 von Lutz Dorsch (Senior Lecturer am Department Green Engineering and Circular Design) und Daniela Molzbichler (Senior Lecturer Department Angewandte Sozialwissenschaften) an der FH Salzburg eine Austausch- und Vernetzungsplattform „FH Sustain“ ins Leben gerufen. Im MS TEAMS Kanal können sich Mitarbeiter*innen aus Lehre, Forschung und Verwaltung sowie Studierende rund um das Thema einbringen und austauschen. Derzeit umfasst dieser Kanal über 60 Mitglieder*innen (03/2023). Auch im FH-Kollegium gibt es seit April 2021 eine ARGE zu Nachhaltigkeit, welcher Vertreter*innen aller Kurien und Departments angehören. Die Curriculumsentwicklung und Bildung für nachhaltige Entwicklung stehen hier im Fokus, weshalb im Sommer 2021 auch eine Mitarbeiter*innenumfrage unter dem Titel „R2S – Road to Sustainability“ durchgeführt wurde. An dieser haben 43,5 % der Mitarbeiter*innen teilgenommen und insgesamt konnten 225 Ideen bzw. Vorschläge zu einer nachhaltigeren Gestaltung der FH Salzburg gesammelt werden. Daraus entstand das Projekt „1FHSustain“ – welches über den FH-Zukunftsfonds finanziert wird, in der ARGE Nachhaltigkeit verankert ist und im Herbst 2022 gestartet wurde. Die Zielsetzung sowie die bisherigen Ergebnisse des Projekts werden im Weiteren kurz vorgestellt.

3.1 1FH Sustain – ein Projekt zur Verankerung von Nachhaltigkeit in der Lehre

Insgesamt zielt das Projekt darauf ab, bereits vorhandene Lehrveranstaltungen zu Nachhaltigkeitsthemen zu identifizieren, weitere Themenfelder zu entwickeln und Nachhaltigkeit insgesamt stärker in der Hochschullehre zu verankern. Ein weiteres Ziel ist die Entwicklung eines Themenkataloges und ein Ausbau des Angebots im Rahmen des bundesweiten Projektes „Open your Course for Climate Crisis" (OC4CC)[2] mit dem Titel „Beyond the plate". Das Projekt 1FHSustain kann dem Sustainable Development Goal (SDG) 4 „Hochwertige Bildung – Möglichkeiten des lebenslangen Lernens für alle schaffen" zugeordnet werden und orientiert sich insbesondere an folgendem Unterpunkt der Globalen Agenda 2030: 4,7 „– bis 2030 sicherstellen, dass alle Lernenden die notwendigen Kenntnisse und Qualifikationen zur Förderung nachhaltiger Entwicklung erwerben, unter anderem durch Bildung für nachhaltige Entwicklung und nachhaltige Lebensweisen, Menschenrechte, Geschlechtergleichstellung, eine Kultur des Friedens und der Gewaltlosigkeit, Weltbürgerschaft und die Wertschätzung kultureller Vielfalt und des Beitrags der Kultur zu nachhaltiger Entwicklung" (Generalversammlung UN 2015, S. 18).

Das Interesse und die Notwendigkeit einen stärkeren Fokus auf „nachhaltige Entwicklung" an der FH Salzburg anzustreben steht in diesem Projekt an erster Stelle. Die Ergebnisse der Studierenden- und Mitarbeiter*innenumfrage an der FH Salzburg 2021, die Jugendstudie der Stadt Salzburg 2020, aber auch Vorhaben und Gesetzgebungen auf Landes-, Bundes- und EU-Ebene bestärken diese Sichtweise. Das Projekt möchte insbesondere zu folgenden Punkten einen Beitrag leisten:

- Digitalisierung und Nachhaltigkeit – Bildungskonzepte für nachhaltige Entwicklung im digitalen Zeitalter (innovative Lehrmethoden).
- Die Entwicklung und Implementierung von partizipativen Nachhaltigkeitsstrategien an Hochschulen.
- Bildungskonzepte für Nachhaltigkeit und sozialökologische Transformation in allen Studienplänen an Universitäten und Hochschulen verankern.
- Etablierung von Weiterbildungsprogrammen für Hochschullehrende an Universitäten und Hochschulen mithilfe von Global Citizenship Education und Bildung für nachhaltige Entwicklung.

---

[2] Siehe hierzu auch https://at.scientists4future.org/oc4cc-open-your-course-for-climate-change/

Die Zielgruppe umfasst folgenden Personenkreis: Studierende des Studiengangs der angebotenen Lehrveranstaltung, Studierende anderer Studiengänge der FH Salzburg (studiengangs- und departmentübergreifend), Incomings der FH Salzburg, Studierende anderer Hochschulen in Salzburg, Lehrende und Forschende der FH Salzburg. Ganz im Sinne der „Dritten Mission" wird der Personenkreis um den Transfer in die Gesellschaft erweitert. Dies soll vor allem durch Vernetzung und die Öffnung von Veranstaltungen nach außen hin gelingen.

Die dauerhafte Verankerung der entwickelten Maßnahmen in die Struktur der Fachhochschule Salzburg stellt ein weiteres wesentliches Ziel dar, um Weiterentwicklung und Verstetigung sicherzustellen. In diesem Sinne sollen einerseits bereits in den einzelnen Studiengängen vorhandene Nachhaltigkeitsthemen identifiziert und andererseits weitere Themenfelder entwickelt werden. Diese sind dann fächerübergreifend (inter- bzw. transdisziplinär) zu verknüpfen. Ein erster wichtiger Meilenstein in diese Richtung konnte im Mai 2023 im Rahmen von „Open your course for climate crisis" erreicht werden. Das dabei entwickelte Veranstaltungskonzept wird im Weiteren vorgestellt.

3.2 „Beyond the Plate[3]" – die Veranstaltungswoche zu Nachhaltigkeit

Grundlegendes Ziel des Projektes ist es, ein kontinuierliches Angebot zu nachhaltiger Entwicklung im Rahmen von „Open your Course for Climate Crisis" (OC4CC) zu etablieren. Bei OC4CC handelt es sich um eine bundesweite Aktion, sodass insbesondere durch das Angebot von Online-Veranstaltungen, die Hochschul-Community in Salzburg öffentlichkeitswirksam sowohl bei potentiellen Studierenden und bei der Science-Community Aufmerksamkeit erreichen, als auch einen wichtigen Beitrag für den Transfer zur Gesellschaft (Third Mission) leistet kann. Die Aktion hat das Ziel die Themen Klimakrise, Biodiversität und Nachhaltigkeit in Lehrveranstaltungen an Hochschulen und Universitäten einzubringen. Hierzu wurden zwei Veranstaltungen im Mai und November 2023 geplant, wobei die erste Veranstaltungsreihe bereits durchgeführt wurde. Geplant ist ein zweiter Teil im November, wobei der Fokus insbesondere auf die Einbettung in die Strukturen an der FH Salzburg und den Ausbau der Kompetenzen im Bereich transformative Bildung gelegt wird. Weiters soll die konzeptionelle Entwicklung eines Moduls „Nachhaltige Entwicklung" Bestandteil des Projektes 1FHSustain sein.

[3] Siehe auch: https://www.fh-salzburg.ac.at/fhs/die-fh/nachhaltigkeit/beyond-the-plate.

Dazu wurde eine Veranstaltungswoche unter dem Motto „Beyond the Plate“ konzipiert, wobei der Blick über den Tellerrand hinaus, sinnbildlich für das Fachübergreifende als wesentliches Merkmal nachhaltiger Entwicklung steht. Mit ihren sechs Departments und 33 Studiengängen bietet die FH Salzburg hier beste Voraussetzungen. „Beyond the Plate“ steht aber auch für das Kennenlernen von Sichtweisen anderer Menschen, mit anderen Hintergründen über den Hochschulcampus hinaus. Daher basiert das Veranstaltungskonzept auf zwei Säulen[4], die als „Open Series“ und „Open Style“ bezeichnet werden. Die Säule „Open Style“ ist als Plattform bzw. Marktplatz gedacht, um kontinuierlich hochschuleigene Veranstaltungen mit starkem Bezug zu nachhaltiger Entwicklung anbieten zu können. Aus den Themenkatalogen werden Open Lectures sowie Wahlfachbündel zusammengestellt und als Lehrangebot für unterschiedliche Zielgruppen beschrieben. Die Lehrveranstaltungsformen bestehen zielgerichtet aus einer Mischung aus Präsenz- und Onlineveranstaltungen sowie eLearning-Modulen. Innovative Lehr- und Lernmethoden, die bereits Anwendung finden, wurden ebenfalls miteingebunden. „Open Series“ hingegen folgt dem Konzept einer Ringvorlesung. Hier wird in vier Veranstaltungen ein Themenbereich aus unterschiedlichen Fachrichtungen beleuchtet, um die Inhalte abschließend im Rahmen einer fünften Veranstaltung zusammenzuführen.

Bei der erstmaligen Durchführung von „Beyond the Plate“ zwischen 8. und 12. Mai 2023 wurde der Handlungsbedarf auf dem Weg zu einer nachhaltigen Gesellschaft thematisiert. Ein besonderer Fokus wurde dabei auf die Bedeutung aktiver Einzelpersonen bzw. Gruppen (Aktivist*innen) gelegt, da es ohne Aktivismus in den vergangenen Jahrzehnten sowohl im Umwelt- und Naturschutz, als auch im sozialen Bereich deutlich weniger Veränderung gegeben hätte. Da durch Aktivismus Meinung artikuliert und wahrnehmbar gemacht werden kann, bedarf es ebendieser aktiven Einflussnahme, um den notwendigen Wandel hin zu einer nachhaltigen Gesellschaft voranzutreiben. Auch wenn der Begriff im gegenwärtigen Diskurs, insbesondere in Verbindung mit Klimaaktivismus, durch einzelne Gruppen kritisch gesehen wird, so sind Aktivismus und aktivistische Gruppen ein wichtiger und notwendiger Baustein gesellschaftlicher Veränderungsprozesse. Zudem wird hier auch der kritische Ansatz von Global Citizenship Education aufgegriffen, um neue Denkräume für die Teilnehmenden zu eröffnen.

Bei der Auftaktveranstaltung am 8. Mai 2023 wurde thematisch in die Open Series eingeführt und die Komplexität von Nachhaltigkeit betrachtet. Die

---

[4] Das Konzept der 2 Säulen wurde von Dipl. Ing. (FH) Lutz Dorsch, M.BP. entwickelt, welcher gemeinsam mit Mag.[a] Dr.[in] Daniela Molzbichler federführend für das Projekt verantwortlich ist.

nachfolgenden Veranstaltungen standen unter den Begriffen „Shaping Society – Wege zu einer klimasozialen Gesellschaft“, „Understanding Sustainability – Die Welt neu denken lernen“ und „Changing Society – Menschliches Verhalten: Ein Handbuch bitte!“ Da, wie bereits erwähnt, Inter- bzw. Transdisziplinarität grundlegend für eine nachhaltige Entwicklung ist, wurde dies auch bei der Auswahl der Vortragenden berücksichtigt. Neben Lehrenden aus den Departments für Angewandte Sozialwissenschaften und Green Engineering and Circular Design konnten auch eine Kulturanthropologin und ein Gesundheitsexperte für die Woche gewonnen werden. Ganz im Sinne von Global Citizenship Education stand nach jedem Vortrag ausreichend Zeit für Diskussion und Reflexion zur Verfügung. Zur Abschlussveranstaltung wurden Aktivist*innen von den Fridays for Future, den Scientists for Future, Erde brennt, der Letzten Generation und der Anti-Atomkraftbewegung eingeladen, um im Rahmen einer Podiumsdiskussion unterschiedliche Möglichkeiten und Beweggründe für Aktivismus zu diskutieren. Damit der Zugang zum Angebot für alle Interessierten möglichst niederschwellig gestaltet werden kann, wurde die Veranstaltung hybrid durchgeführt. Insgesamt konnte beim ersten Durchlauf der Veranstaltung ein breites Publikum (160 Personen) bestehend aus Studierenden der Salzburger Universitäten und Hochschulen, Aktivist*innen sowie Interessierte aus der Zivilgesellschaft und Mitarbeitenden der FH Salzburg erreicht werden.

3.3 Learnings und Weiterführung

Bereits im Frühjahr 2021 wurden u. a. durch Mitglieder*innen der Arbeitsgruppe Nachhaltigkeit Versuche unternommen die Nachhaltigkeit der FH Salzburg zu erfassen. Ein Ergebnis in diesem Zusammenhang war ein Arbeitspapier, welches entsprechende Handlungsfelder identifizierte. Aufbauend darauf wurde im Weiteren versucht Kriterien für die Bewertung von Lehrveranstaltungen in Bezug auf Nachhaltigkeitsthemen zu erstellen. Eine Adaption von vorhandenen Methoden (z. B. von der BOKU Wien) erwies sich aufgrund der unterschiedlichen Fachrichtungen an der FH Salzburg als nicht praktikabel. In einem weiteren Schritt sollte untersucht werden, ob durch den Ansatz, Inhalte einer Lehrveranstaltung SDGs zuzuordnen, eine Bewertung möglich ist. Mangels Ressourcen wurden hier bislang keine Ergebnisse erzielt.

In den Studiengängen werden Nachhaltigkeitsthemen behandelt, die sich aus den Lehrinhalten ergeben. Es wird jedoch nicht immer ein konkreter Bezug zu nachhaltiger Entwicklung bzw. zu den SDGs hergestellt. Es gibt vereinzelt Lehrangebote, die einen klaren Fokus auf nachhaltige Entwicklung respektive

SDGs legen und teilweise werden Kooperationen ereignisbezogen oder kontinuierlich zwischen Studiengängen durchgeführt. Es fehlt jedoch ein Überblick über die Angebote, wodurch eine fachübergreifende Lehre erschwert wird. Die Entwicklung einer Methode zur Bewertung von Lehrveranstaltungen in Bezug auf Nachhaltigkeitsinhalte, insbesondere für Hochschulen mit einem breit gefächerten Lehrangebot, bedarf eines wissenschaftlicheren Unterbaus. Zunächst erfordert es einer Erhebung des vorhandenen Lehrangebots, dass in das Themenfeld der nachhaltigen Entwicklung bzw. SDGs fällt, um auch etwaige Lücken identifizieren zu können. Eine solche Erhebung wurde zu Beginn des Projekts an der FH Salzburg durchgeführt, um sowohl auf bereits vorhandenes aufbauen zu können als auch in weiterer Folge vorhandene Lücken zu schließen.

Das Projekt 1FHSustain kann die Grundlage schaffen für ein Lehr-, Lern- und Weiterbildungskonzept zur nachhaltigen Entwicklung, mit welchen einerseits junge Menschen fächerübergreifendes Wissen vermittelt bekommen und sich die FH Salzburg andererseits ein Alleinstellungsmerkmal erarbeiten kann. Aufbauend auf den in diesem Projekt entwickelten Strukturen können sowohl eine Vielzahl von unterschiedlichen Modulen als auch neue Angebote wie etwa Short Term Mobilities oder Hackathons entstehen und den jeweils aktuellen Anforderungen angepasst werden. Dieses umfangreiche Potential resultiert aus dem breiten Themenspektrum der FH Salzburg – und ermöglicht es hier zukunftsorientierte Angebote zu schaffen. Allerdings erfordert das Projekt eine Unterstützung durch die Mitarbeiter*innen in den Studiengängen und den Services sowie die Bereitschaft der FH Salzburg sich dem Thema Nachhaltigkeit zu verpflichten. Ohne diese Unterstützung kann das Projekt nicht gelingen. Insgesamt sollen die 33 Studiengänge und sechs Departments, welche die Fachhochschule Salzburg darstellen, gemeinsam für eine nachhaltige Entwicklung eintreten. Aber wie können jetzt einzelne Inputs, Aktionswochen und motivierte Lehrende so eingebunden werden, dass das Thema Nachhaltigkeit auch nachhaltig, also dauerhaft, in den Lehrplänen aufgenommen und fixiert wird. Welche Regeln oder/und Freiheiten braucht es?

Der deutsche Wissenschaftsrat hat für eine zukunftsfähige Ausgestaltung von Studium und Lehre Empfehlungen ausgesprochen. Diese gliedern sich in drei Kernbotschaften. Zum einen sollen den Lehrenden mehr Handlungsspielräume und weniger konkrete Regeln in der Lehre gegeben werden. Dies würde zu weniger Steuerung durch Wettbewerb führen und dafür das Vertrauen in Interaktionen und Kooperationen fördern. Man dürfe den Studierenden, den Lehrenden aber auch der Hochschulpolitik einen Abbau von Bürokratie, eine Veränderungsbereitschaft und den Willen zu neuen Formaten und Gestaltungen zutrauen. Der zweite Punkt fordert mehr Qualität statt Quantität in den Hochschulen. Es soll ein Prioritätenwechsel stattfinden, in dem interne und externe Belohnungssysteme Lehre gleichauf mit der Forschung setzen und dementsprechend honorieren und bezahlen. Als letzten Punkt wird die Diversität des Studienwegs angesprochen. Es geht um mehr verantwortungsvolle Experimente, vielfältige Angebote und eine zu implementierende Fehlerkultur und das Einführen von Best Practice Beispielen. Dies soll durch eine Minderung der Komplexität dazu dienen anzuerkennen, dass der Studienweg bei Studierenden unterschiedlich ist und auch darauf eingegangen werden muss. Durch andauernde Erneuerungsprozesse können so Ressourcen effizient eingesetzt und neue Konzepte sanktionsfrei erprobt werden, um die Leistungsfähigkeit der Hochschulen qualitativ hochwertiger zu gestalten. Im Weiteren verdeutlicht der Wissenschaftsrat, dass den Hochschulen eine entscheidende Rolle bei den Herausforderungen zukommen. So sollen die einzelnen Ansätze an verschiedenen Hochschulen aufgegriffen und auf das gesamte Hochschulsystem ausgeweitet werden. Dafür sei eine Veränderungsbereitschaft und vor allem Ausdauer nötig, denn die letzten Jahre haben durch verschiedene Faktoren wie dem gestiegenen administrativen Aufwand zu einer allgemeinen Grundstimmung der Überlastung geführt. Durch eine Richtungsänderung, in der sich die Gesamtheit des Hochschulpersonals auf den Weg zu einer nachhaltigeren Transformation macht, sei dies am leichtesten zu bewerkstelligen, da die Beteiligten der Hochschulen allesamt in Wechselwirkung stehen. Für diese Umsetzung gibt der Wissenschaftsrat folgende Vorschläge mit:

- Die Umsetzung soll möglichst fach- und hochschulspezifische Ansätze bieten
- Veränderung der Curricula vom kleinsten Widerstand hin zu den schwierigeren, wobei hier zu beachten ist, dass dies gerade in nachgefragten Studien den größten Effekt hat. Bei den einfacher umsetzbaren könnte man aber neue Lern- und Lehrformate testen. Zudem wird empfohlen Detailregeln reduzieren.
- Durch mehr Mittel die Dynamik zur Erprobung von systemischen Ansätzen an den Hochschulen fördern. Diese dann auch zu evaluieren und Modelle daraus entwickeln, evtl. auch im Austausch mit anderen Hochschulen.
- Um die Qualität der Betreuungs- und Lehrrelationen der Studierenden zu verbessern, sollte mehr hauptamtliches Lehrpersonal dauerhaft angestellt werden, ohne dass dies dazu führt, dass mehr Studierende angenommen werden. Dies sei nötig, um die Studierenden in die akademische Fachgemeinschaft zu integrieren.

Abschließend kann gesagt werden, dass es für eine Transformation in der Lehre an den Hochschulen auch eine Transformation der Arbeitsbedingungen geben muss. Dadurch könnten Hochschulen als Arbeitsplatz attraktiver gestaltet und die Qualität der Lehre verbessert werden. Im Sinne der „dritten Mission“ würden diese Veränderungen wiederum zur gesellschaftlichen Transformation beitragen und den Weg hin zu einer nachhaltigen Entwicklung stärken (vgl. Wissenschaftsrat 2022, S. 70 f.).

4 Zusammenfassung

Das +1,5 Grad Ziel, nämlich die Begrenzung der mittleren globalen Erwärmung auf unter +1,5 Grad gegenüber dem vorindustriellen Zeitalter, ist keine naturwissenschaftlich scharf definierte Grenze, sondern ein wissenschaftspolitischer Ansatz, demzufolge die trotzdem zu erwartenden massiven Klimafolgen unterhalb dieser Grenze innerhalb unseres derzeitigen globalen Wirtschafts-, Politik- und Sozialsystem beherrschbar sind.

Darum gilt es einen ganzheitlichen Ansatz zu finden, der alle Systeme mit umfasst. An den Hochschulen und Universitäten haben Lehrende und daraus resultierend auch Studierende ein enormes Multiplikationspotential, um in die Gesellschaft und die verschiedenen Systeme zu wirken. Damit aber Nachhaltigkeit in der Lehre dauerhaft implementiert werden kann, braucht es deshalb motivierte/motivierende Lehrende, die das Thema vorleben und mit Know-How, Spaß sowie Empowerment in ihre Lehre, aber auch in den Hochschulalltag einbringen.

Zusätzlich zur Lehre braucht es aber auch Regeln und Vorgaben für den Alltag an Universitäten und Hochschulen, etwa bei Beschaffungen, Dienstreisen der einzelnen Institutionen inklusive eines gesamten Rahmenwerks und einer ganzheitlichen Strategie für Nachhaltigkeit. In Österreich wird dies zum Beispiel von der Allianz Nachhaltiger Universitäten Österreichs gefördert und organisiert. Es muss beispielsweise einfach und übersichtlich sein, wo man welche (Lehr-) Materialien, Ansprechpersonen oder Informationen findet. Zudem sollte Nachhaltigkeit innerhalb der eigenen Disziplin gelebt werden. Ebenso wichtig ist, dass in der Lehre und Forschung die Anträge dementsprechend formuliert sind und Nachhaltigkeit nicht nur ein extra „Zuckerl“ bleibt, falls man noch Zeit dafür hat, wie es bis jetzt oft der Fall ist. Ferner sollte jede Institution auch ihren eigenen CO_2- Abdruck verbessern. Dies kann durch Reiserichtlinien, Energiesparen oder den Umstieg auf Erneuerbaren Strom und vieles mehr passieren.

Im Sinne der „dritten Mission“ haben Hochschulen die Verantwortung an der notwendigen sozialökologischen Transformation mitzuarbeiten und diese insbesondere durch den Transfer in die Gesellschaft zu unterstützen. Auch Österreichs Klimapionierin Helga Kromp-Kolb (2023) beschreibt in ihrem neuen Buch mit dem Titel „Für Pessimismus ist es zu spät. Wir sind Teil der Lösung." die notwendige Zusammenarbeit aller (vgl. ebd. 2023). Genau hier müssen Universitäten und Hochschulen ansetzen, um statt Pessimismus und Zukunftsängsten neue Handlungsstrategien und Denkansätze an ihre Studierenden weitergeben zu können. Denn noch ist alles möglich und durch die sozialökologische Transformation kann auch Gutes gelingen.

Literatur

Allianz Nachhaltiger Universitäten. (2022). https://nachhaltigeuniversitaeten.at/. Zugegriffen: 27.08.2022.

BMBWF, Bundesministerium für Bildung, Wissenschaft und Forschung. (2019). Dritte Mission. Leistungsvereinbarungsperiode 2019-202. https://www.bmbwf.gv.at/Themen/HS-Uni/Hochschulgovernance/Leitthemen/Dritte-Mission.html. Zugegriffen: 14.06.2022.

BMBWF, Bundesministerium für Bildung, Wissenschaft und Forschung. (2023). *Globales Lernen und Global Citizenship Education.* https://www.bmbwf.gv.at/Themen/schule/schulpraxis/ba/globales_lernen.html. Zugegriffen: 14.06.2023.

Bundeskanzleramt (Hrsg.) (2020). *Österreich und die Agenda 2030. Freiwilliger Nationaler Bericht zur Umsetzung der Nachhaltigen Entwicklungsziele / SDGs (FNU).* Digitalprintcenter des BMI.

Bündnis nachhaltiger Hochschulen. (2022). https://www.fh-campuswien.ac.at/studium-weiterbildung/aktuell/news-und-events/zweiter-platz-beim-sustainability-award-fuer-das-buendnis-nachhaltige-hochschulen.html. Zugegriffen: 27.08.2022.

Elkington, J. (2018). 25 Years Ago I Coined the Phrase „Triple Bottom Line." Here's Why It's Time to Rethink It. *Harvard Business Review*. Zugegriffen: 10. 11, 2019.

ESD - Home (2022). https://earth-system-dynamics.net/. Zugegriffen: 14.06.2023.

Eurostat (2022). *Sustainable development in the European Union. Monitoring report on progress towards the SDGs in an EU context.* 6th edition. Publications Office of the European Union.

FFG - Österreichisches Forschungsförderungsgesellschaft. (2022). Nachhaltigkeitsaspekte in der FFG: SDGs und European Green Deal. https://www.ffg.at/sdg. Zugegriffen: 29.09.2022.

Generalversammlung UN (2015). Transformation unserer Welt: die Agenda 2030 für nachhaltige Entwicklung. https://www.un.org/depts/german/gv-70/band1/ar70001.pdf. Zugegriffen: 18.06.2023.

Global Sustainable Development Report (2019). *The Future is Now: Science for Achieving Sustainable Development.* UNDESA.

Grobbauer, H. (2019). Global Citizenship Education als transformative politische Bildung zwischen Theorie und Praxis. In G. Lang-Wojtasik (Hrsg.), *Bildung für eine Welt in Transformation. Global Citizenship Education als Chance für die Weltgesellschaft* (S. 107–120). Verlag Barbara Budrich.

Grobbauer, H., & Wintersteiner, W. (2018). Eine Schule des Weltbürgertums. Global Citizenship Education: von der Theorie zur Praxis. In H. Grobbauer & W. Wintersteiner (Hrsg.), *Global Citizenship Education in der Praxis. Erfahrungen, Erfolge, Beispiele österreichischer Schulen* (S. 7–9). Österreichische UNESCO Kommission.

Holzbaur, U. (2020). *Nachhaltige Entwicklung. Der Weg in eine lebenswerte Zukunft.* Springer.

Kromp-Kolb, H. (2023). *Für Pessimismus ist es zu spät. Wir sind Teil der Lösung.* Molden Verlag, Styria GmbH.

Lachsteiner, M. (10. September 2020). *Erste österreichische Sinus-Milieu-Studie zur Klimakrise.* [Präsentation]. Global 2000 Pressekonferenz. https://www.muttererde.at/wp-content/uploads/2020/09/PA-20200910-G2-ME-Integral-Sinus-Milieu-Studie.pdf. Zugegriffen: 14.06.2023.

Lenton, T. M., Held, H., Kriegler, E., Hall, J. W., Lucht, W., Rahmstorf, S., & Schellnhuber, H. J. (2008). *Tipping elements in the Earth's climate system.* Proceedings of the National Academy of Sciences, Online Early Edition.

Lokale Agenda 21 (1992). Konferenz der Vereinten Nationen für Umwelt und Entwicklung. Rio de Janeiro. https://www.un.org/depts/german/conf/agenda21/agenda_21.pdf. Zugegriffen: 26.08.2022.

Lynas, M. et al. (2021). Greater than 99% consensus on human caused climate change in the peer-reviewed scientific literature. 19 October 2021. *Environmental Research Letters,* Volume 16, Number 11.

Meadows, D. H., Meadows, D. L., Randers, J., Behrens III, William W. (1972). *The Limits to Growth.* Universe Books.

PHA²SE — Planetary Health Action Acceptance Study Erfurt (2021). Ergebnisse aus dem wiederholten querschnittlichen Monitoring von Wissen, Risikowahrnehmung, Vertrauen, Einstellungen und Verhalten in der Klimakrise. https://projekte.uni-erfurt.de/pha2se/summary/analysis/. Zugegriffen: 18.06.2022.

Report of the World Commission on Environment and Development. (1987). Our Common Future http://www.un-documents.net/wced-ocf.htm. Zugegriffen: 26.08.2022.

Roessler, I. (2015). Third Mission. Die ergänzende Mission neben Lehre und Forschung. https://www.wissenschaftsmanagement.de/dateien/dateien/weiterbildung/downloaddateien/wim_2015_02_isabell_roessler_third_mission.pdf. Zugegriffen: 14.06.2022.

SDGwatch (2022). https://www.sdgwatch.at/de/. Zugegriffen 27.08.2022.

Sharp, H., Petschow, U., Arlt, H. J., Jacob, K., Kalt, G., & Schipperges, M. (2020). Neue Allianzen für sozial-ökologische Transformation. Umwelt Bundesamt (Hrsg.) https://www.umweltbundesamt.de/sites/default/files/medien/5750/publikationen/neue_allianzen_fuer_sozial-oekologische_transformationen.pdf. Zugegriffen: 25.06.2023.

Schellnhuber, H. J., Crutzen, P., Clark, W., Claussen, M., & Held, H. (Hrsg.). (2004). *Earth System Analysis for Sustainability.* MIT Press.

Scherling, J., & Mauric, U. (2018). Drei Eckpunkte von Global Citizenship Education. In H. Grobbauer & W. Wintersteiner (Hrsg.), *Global Citizenship Education in der Praxis. Erfahrungen, Erfolge, Beispiele österreichischer Schulen* (S. 10–11). Österreichische UNESCO Kommission.

Schewe, J., & Levermann, A. (2022). Sahel rainfall projections constrained by past sensitivity to global warning.*Geophysical Research Letters*, 49, e2022GLhttps://doi.org/10.1029/2022GL098286.

Theßenvitz, S. (2021). *Nachhaltig wirtschaften im 21. Jahrhundert. Ein Aufruf zu ökonomisch klugem Handeln.* Springer VS.

Uhl-Hädicke, I. (2022). *Warum machen wir's nicht einfach – Die Psychologie der Klimakrise.* Molden.

Umweltgesamtrechnungen (2022). https://www.umweltgesamtrechnung.at/sustainable-devolopment-goals. Zugegriffen: 27.08.2022.

UN (2015). *Transforming our World: The 2030 Agenda for Sustainable Development* https://sdgs.un.org/publications/transforming-our-world-2030-agenda-sustainable-development-17981. Zugegriffen: 27.08.2022.

UNESCO. (Hrsg.). (2017). Bildungsagenda 2030. Aktionsrahmen für die Umsetzung von SDG 4. Inklusive, chancengerechte und hochwertige Bildung sowie lebenslanges Lernen für alle. Deutsche UNESCO Kommission. https://www.unesco.at/fileadmin/Redaktion/Publikationen/Publikations-Dokumente/2016_Bildungsagenda_2030_Aktionsrahmen_Kurzfassung. Zugegriffen: 14.06.2022.

UNESCO (2023). Global Citizenship Education. https://en.unesco.org/themes/gced. Zugegriffen: 14.06.2022.

UNEP (2015). *Principle 10 and the Bali Guideline.* https://www.unep.org/civil-society-engagement/partnerships/principle-10 2012. Zugegriffen: 26.08.2022.

UniNEtZ (2022). https://www.uninetz.at/. Zugegriffen: 27.08.2022.

Wissenschaftsrat (2022). Empfehlungen für eine zukunftsfähige Ausgestaltung von Studium und Lehre. https://www.wissenschaftsrat.de/download/2022/9699-22.pdf?__blob=publicationFile&v=13. Zugegriffen: 18.06.2023.

Zeng, Y., Maxwell, S., Runting, R. K. et al. (2020). Environmental destruction not avoided with the Sustainable Development Goals. *Nat Sustain 3,* (S. 795–798). https://doi.org/10.1038/s41893-020-0555-0

Daniela Molzbichler, Mag.a Dr.in (daniela.molzbichler@fh-salzburg.ac.at) Mag.a Dr.in Daniela Molzbichler ist Leiterin des Departments Angewandte Sozialwissenschaften an der Fachhochschule Salzburg. Sie ist Fachbereichsleiterin für Transformation & Development, sowie Nachhaltigkeitsbeauftragte an der FH Salzburg. Ihre Arbeitsschwerpunkte sind Konfliktmanagement, nachhaltige Entwicklung und sozial-ökologische Transformation, Diversität und Intersektionalität. Darüber hinaus engagiert sie sich im Friedensbüro Salzburg, am Afro-Asiatische Institut sowie in der entwicklungspolitischen Zusammenarbeit und ist Teil der S4F Salzburg.

Sabrina Stattmann, BA, MA (sabrina.stattmann@fh-salzburg.ac.at) Sabrina Stattmann, BA, MA ist Junior Lecturer am Department Angewandte Sozialwissenschaften und Gender & Diversity Beauftragte der FH Salzburg. Ihre Arbeitsschwerpunkte sind Global Citizenship Education, transformative Bildung, Diversität und Intersektionalität sowie Soziale Innovation. Als Sozialarbeiterin beschäftigt sie sich zudem mit Sozialer Arbeit im Kontext der sozial-ökologischen Transformation.

FSC
www.fsc.org
MIX
Papier | Fördert gute Waldnutzung
FSC® C083411

Kolibri 360 GmbH
Ferdinand-Jühlke-Straße 7
99095 Erfurt, Deutschland
produktsicherheit@kolibri360.de